学术引领系列

国家科学思想库

地球科学学科前沿丛书

大气科学和全球气候变化研究进展与前沿

黄荣辉　吴国雄　陈　文　刘屹岷　周连童　王　林　等编

科学出版社
北　京

图书在版编目(CIP)数据

大气科学和全球气候变化研究进展与前沿/黄荣辉等编．—北京：科学出版社，2014

（地球科学学科前沿丛书）

ISBN 978-7-03-041074-0

I. ①大… II. ①黄… III. ①大气科学-研究进展 ②气候变化-研究进展 IV. ①P4

中国版本图书馆 CIP 数据核字（2014）第 127758 号

责任编辑：石 卉 程 凤 / 责任校对：桂伟利

责任印制：徐晓晨 / 封面设计：无极书装

编辑部电话：010-64035853

E-mail：houjunlin@mail. sciencep. com

科学出版社 出版

北京东黄城根北街 16 号

邮政编码：100717

http://www.sciencep.com

北京凌奇印刷有限责任公司印刷

科学出版社发行 各地新华书店经销

*

2014 年 8 月第 一 版 开本：720×1000 1/16

2025 年 2 月第七次印刷 印张：24 1/4

字数：498 000

定价：118.00 元

（如有印装质量问题，我社负责调换）

地球科学学科前沿丛书

编委会

丛书序

随着人类经济社会以及地球科学自身的快速发展，社会发展对地球科学的需求越来越强烈，地球科学研究的组织化、规模化、系统化、数据化程度不断提高，地球科学的研究越来越依赖于技术手段和研究平台的进步，地球科学的发展日益与经济社会的强烈需求紧密结合。深入开展地球科学的学科发展战略研究与规划，引导地球科学在认识地球的起源和演化以及支撑社会经济发展中发挥更大的作用，已成为国际地学界推动地球科学发展的重要途径。

地球科学在我国经济社会发展中发挥着日益重要的作用，妥善应对我国经济社会快速发展中面临的能源问题、气候变化问题、环境问题、生态问题、灾害问题、城镇化问题等的一系列挑战，无一不需要地球科学的发展来加以解决。大力促进地球科学的创新发展，充分发挥地球科学在解决我国经济社会发展中面临的一系列挑战，是我国地球科学界责无旁贷的义务。而要实现我国从地球科学研究大国向地球科学强国的转变，必须深入研究地球科学的学科发展战略，加强地球科学的发展规划，明确地球科学发展的重点突破与跨越方向，推动实现地球科学发展的一些领域率先进入国际一流水平，才能更好地解决我国经济社会发展中的相关问题和维护国家的发展权益。为此，中国科学院学部自2010年开始，在以往开展的学科发展战略研究的基础上，在一些领域和方向上重点部署了若干学科发展战略研究项目，持续深入地开展相关学科发展战略研究。根据总体要求，中国科学院地学部常委会已研究部署了十余项战略研究项目，内容涉及大气、海洋、地震、环境、土壤、矿产、油气、空间等多个领域。这些战略研究深刻分析了相关学科的发展态势和发展现状，提出了相应学科领域未来发展的若干重大科学问题，规划了相应学科未来十年的优先发展领域和发展布局，取得了较好的研究成果。

为系统梳理学科战略研究成果，推动地球科学的研究和发展，中国科学院地学部常委会决定，自2014年起，在常委会自主部署的学科发展战略项目中，每年选择1～2个关注地球科学学科前沿的战略研究成果，以“地球科学学科前沿丛书”形式公开出版。这些公开出版的学科战略研究报告，重点聚焦于一些蓬勃发展的前沿领域，从21世纪国际地球科学发展的大背景和大趋势出发，从我国地球科学发展的国家战略需求着眼，深刻洞察国际上本学科发展的特点与前沿趋势，特别关注相应学科领域和其他学科领域的交叉融合，规划提出学科发展的前沿方向和我国相应学科跨越发展的布局建议，有力推动未来我国相应学科的深入发展。

期望通过地球科学家们的不断努力，对我国地球科学未来10～20年的创新发展发挥引领和促进作用，推动我国地球科学相关领域跻身于国际前列。同时期望本系列战略报告的出版，对广大科技工作者触摸和了解科学前沿、认识和把握学科规律、传承和发展科学文化、促进和激发学科创新有所裨益，共同促进我国的科学发展和科技创新。

中国科学院地学部主任　陈　颙

2014年6月

前　言

为回顾国际和我国近百年来大气科学发展历程，以及中国科学家对国际大气科学和全球气候变化研究进展所做的贡献，分析当前国际大气科学和全球气候变化研究的特征、动向和趋势，提炼出大气科学和全球气候变化研究重大前沿科学问题、符合我国发展需求的重大战略研究方向及相应的措施，经中国科学院地学部常务委员会批准，将“大气科学与全球气候变化重大科学问题”作为中国科学院地学部大气科学的学科发展战略研究合作项目。自2011年4月18日项目启动以来，来自中国科学院大气物理研究所、中国气象局及与大气科学有关大学的两院院士、著名学者、学科带头人及部分业务骨干，经过近两年的辛勤调研，就大气科学和全球气候变化各个分支领域近百年的发展历程及当前的研究现状做了系统的回顾，并且分析了大气科学和全球气候变化各个分支领域的特征及发展趋势，以及需要重点发展的研究领域及关键的科学问题；在此基础上，凝练出大气科学和全球气候变化的重大科学问题。此外，为了使我国从气象大国走向气象强国，就当前急需发展的计算和观测平台、人才方面应采取的重大措施提出了建议。

与会专家普遍认为：在多次研讨会上，许多学者关于大气科学和全球气候变化各领域国内外研究进展的回顾、对将来重大前沿科学问题的展望，以及提出的使我国从气象大国发展成为气象强国应采取的重大措施和建议，对一些科技管理和科学基金部门制订未来大气科学和全球气候变化研究发展规划和计划，以及重点研究项目和关键课题将起到很好的参考和借鉴作用。为此，中国科学院地学部“大气科学与全球气候变化重大科学问题”工作组和秘书组把这些方面的文章汇编成本书以供有关部门和学者参考之用。

本书共分三部分：第一部分是大气科学和全球气候变化研究的国际前沿与科学问题，包括四篇文章，分别由黄荣辉院士、吴国雄院士、卞建春研究员和王守荣研究员等撰写。第二部分是大气科学和全球气候变化若干领域研究进展回顾与问题，包括十一篇文章，分别由黄荣辉院士、丁一汇院士、王会军研究员、张人禾研究员、李建平研究员、高守亭研究员、徐永福研究员、周天军研究员、刘屹岷研究员，以及胡永云教授等撰写。第三部分是为使我国从气象大国发展成为气象强国应采取的措施和建议，包括五篇文章，分别由黄荣辉院士、浦一芬研究员、郄秀书研究员、卞建春研究员、杨修群教授等撰写。本书经黄荣辉院士、吴国雄院士、陈文研究员、刘屹岷研究员、周连童副研究员和王林副研究员等统稿、修改。中国科学院学部学科发展战略研究合作项目“大气科学与全球气候变化的重大科学问题”对本书的出版给予了大力支持和资助，特别是地学部办公室申倚敏主任和龚剑明博士多次询问本书的进展情况，科学出版社石卉、程凤编辑对本书进行了认真编辑，在此一并表示衷心的感谢。由于时间匆忙，加上各位学者看问题的角度不同，书中难免有不妥之处，也可能挂一漏万，望读者批评指正。

编　者

2013 年 1 月 26 日

目　　录

措施与建议

国际前沿与科学问题

大气科学和全球气候变化研究的发展及重大科学问题*

一个国家要在某学科发展上有所作为，不仅要不断掌握该学科当前在国际上的发展状态、特征和动向，而且要针对本国的经济、社会及科技发展态势对该学科发展的需求，提出该学科的重大前沿科学问题。为此，中国科学院地学部把“大气科学与全球气候变化重大科学问题”作为当前我国学科发展战略研究的一个重要项目。这个项目的主要宗旨是回顾国际和我国近百年来（特别是最近 60 年）大气科学发展历程及中国科学家对国际大气科学和全球气候变化研究进展所做的贡献；分析当前国际大气科学和全球气候变化研究发展的特征和趋势；提炼我国当前大气科学和全球气候变化研究的重大科学问题，从而提出符合我国发展需求的重大战略研究方向及应采取的发展措施。此前，笔者就 20 世纪大气科学的发展成就、特点及今后的发展动向做了一些调研。本文则是这些调研的一个不成熟的总结，并且在此基础上，就我国今后 10～20 年特别是“十三五”期间大气科学和全球气候变化研究的重大前沿科学问题提出一些粗浅的看法。

一、20 世纪大气科学和全球气候变化研究的发展及重大成就

回顾 20 世纪大气科学的成就，对 21 世纪初大气科学的发展具有重要的科学意义。在 20 世纪，由于大气观测技术的不断完善，特别是空基和地基遥感技术的发展和应用，以及计算机技术的迅速发展，大气科学得到了非常迅速的发展，成为一门拥有众多分支领域的综合性的现代科学（黄荣辉，2001；国家

---

* 黄荣辉、周德刚、武亮、刘永，中国科学院大气物理研究所季风系统研究中心

自然科学基金委员会，1995)。在20世纪的100年中，大气探测、大气环流与大尺度动力学、数值天气预报与数值试验、中小尺度气象学、大气物理、大气环境与大气化学、中层大气、气候系统动力学与气候预测、全球气候变化等方面的研究都取得了重大进展。现将这些进展概括如下。

（一）建立了全球多层次、多尺度的三维大气观测网

大气探测是大气科学的基础，只有具备充分的观测资料，大气科学的各分支领域才有可能得到发展。经过百年的努力，全球已建立了多层次、多尺度的可定时观测的三维大气观测网，它不仅包括常规观测网，而且还包括空基遥感和地基遥感等非常规观测网（国家自然科学基金委员会，1995；许健民，2000)。

1. 建立了多层次、多尺度可定时观测的大气观测网

在20世纪初，大气探测一般只能在地面上对大气温、湿、压进行观测。20世纪20年代无线电探空仪的发明（1928年）及30～40年代第二次世界大战对天气预报的需求，使得高空大气探测迅速在陆地上推广；到了50年代，在全球的陆地上初步形成了可定时进行观测的高空和地面观测网；在60年代，气象卫星发射成功，使得对大气的空基遥感探测成为可能。因为对大气的空基遥感具有许多优点，特别是可以探测到海洋、沙漠和高原区域上空大气中难以用常规方法观测到的气象要素，因此，在60年代之后，卫星遥感资料、图像和数据广泛应用于对地球大气各种要素分布的分析。通过这些遥感资料不仅可以得到全球云的分布状况，而且可以获得更高层次的气象要素。经过近半个世纪的努力，大气探测已形成了全球多层次、多尺度可定时观测的三维探测网，不仅在全球建立了地面、高空气象要素的常规观测网，而且形成了以气象卫星为中心的全球非常规大气观测网（许健民，2000)。这个全球大气观测网不仅可以为研究大尺度大气环流的变化，以及中小尺度气象系统的发生、发展提供丰富的观测事实，而且还可以为天气预报和气候预测提供大量的观测资料。

2. 建立了空基大气遥感观测体系

从20世纪70年代末起，大气遥感技术不仅实现了空基定性遥感向定量遥感的转变，而且建立起高轨地球静止环境业务卫星的观测系统（GOES)。这个系统由四个地球静止卫星组成，它的观测区域覆盖了地球大部分地区。此外，还建立了第三代低轨业务卫星系统。由于两个业务气象卫星系统可以连续观测

到没有常规观测地区大气的气象要素，如海洋、沙漠、高原地区上空的气象要素，因此，这个观测体系不断得到发展和完善，特别在90年代之后它得到进一步发展，由被动空基遥感向自动空基遥感转移。例如，将地面上所用的雷达探测安装在气象卫星上，使大气各层的温、压、湿，以及低层风和可降水量的探测误差大大减小，并且，使全球的风场和雨强的探测也成为可能。可以说，空基遥感技术的广泛应用，使得全球天气和气候探测系统的建立成为可能（邱金桓，2000）。

3. 地基遥感技术的发展

在空基遥感技术发展的同时，地基遥感技术也大大发展，除将天气雷达和多普勒天气雷达广泛应用于中小尺度系统的探测外，还利用微波、红外线和激光来探测大气的温、湿等要素。现在，使用激光探测器可测定大气的温度、水汽、气压、气溶胶浓度、风、湍流、云、降水和能见度等气象要素和物理量，这为局部大气环境的研究提供有用的观测资料。因此，微波、红外线和激光等地基遥感资料在气象和环境业务中不断得到应用。

4. 大气辐射的测量成为大气和地球系统观测的重要手段

20世纪40～50年代大气分子光谱的精细研究，使得利用高空传感器对地球大气各种辐射的遥感测量成为可能。1960年，美国成功发射了“泰罗斯一号”气象卫星，这为空基遥感测量大气各种要素的变化开辟了新途径。空基遥感技术的发展不仅使其他大气科学分支领域大大发展，也使得大气物理学本身得到发展。到了20世纪90年代，大气辐射的测量已成为对大气和地球系统进行空基遥感观测的重要手段，它不仅使大气科学得到很大发展，而且也使得地球科学有关学科取得明显的进展。因此，这也是20世纪大气科学研究的重要成就。

（二）建立了大气环流波动理论体系和天气预报的理论基础

大气环流与大尺度动力学不仅研究全球大气运动的形态、性质、演变及其机制，而且研究水平尺度为5000～6000千米及以上大尺度扰动系统的演变及其机制。大气环流与大尺度动力学研究的发展是20世纪大气科学理论研究发展的核心部分，它的发展带动了大气科学其他分支领域的发展（黄荣辉，2001）。

1. 挪威学派的锋面学说

受到 V. Bjerknes 思想的影响，J. Bjerknes 在 20 世纪 20 年代总结了大量天气变化现象，提出了锋面和气旋的立体模型，并与他的合作者提出气旋是极锋上发展起来的不稳定波动的理论，创立了挪威的 Bergen 学派或简称为挪威学派（Bjerknes，1919；Bjerknes and Solberg，1921；1922）。Bergen 学派用天气图分析来推测天气的演变被认为是具体地把 V. Bjerknes 所提出的当时无法得到数值解的流体动力学方程应用到大气中。迄今，锋面学说依旧在国际上广泛应用于天气分析和天气预报中。这是 20 世纪大气科学一个重要的理论成就。

2. 大气长波理论的建立

20 世纪，在大气环流与大尺度动力学研究发展史上最重要的研究应是 30～40年代以 Rossby 为首的芝加哥学派所创立的大气长波理论。这个重要理论的创立，不仅有它的观测事实的基础，而且也有它的理论基础。

1928 年发明了无线电探空仪以后，高空大气观测逐渐增多，高层气流的观测事实逐渐清楚，Rossby 从理论上和观测方面发现了控制天气和大气环流变化的大气长波，并且，他从二维无辐散涡度方程出发推导出了长波公式，求得了与实际吻合的长波移速和发展率。这种长波与地面天气图所看到的高、低压相对应（Rossby，1939）。在这之后，他的学生和合作者 Charney、Eady、郭晓岚和叶笃正等相继提出了斜压不稳定理论、正压不稳定理论及大气长波的频散理论（Charney，1947；Eady，1949；Kuo，1949；Yeh，1949），对大气长波产生机制做了深入研究，很好地说明了大气环流的演变。这些理论形成了在大气科学理论中占有重要位置的芝加哥学派，这也是 20 世纪大气科学理论最重要的研究成就。

芝加哥学派所创立的大气长波理论不仅为大气环流的波动理论体系和天气预报提供了理论依据，而且也使得后来的数值天气预报和大气环流数值试验成为可能。它奠定了现代大气环流与大气动力学的基础。这个理论使得人们对大气环流的看法有一个根本性改变。以 Rossby 为首的芝加哥学派提出：大气环流是复杂的，是非对称的，它的变化是基本气流与扰动相互作用的结果，扰动通过角动量和热量输送滋养着基本气流，而基本气流又为扰动发展提供能量。这种看法与 20 世纪以前所提出的轴对称大气环流的看法相比，不仅更符合实际，而且更辩证、更科学。此外，芝加哥学派在研究方法方面引入了小扰动理论，使得控制大气环流的非线性方程有办法求解，这为以后的动力学理论发展提供了一种有效的方法。

3. 关于大气环流形成机理的研究

芝加哥学派提出大气环流的波动学说，使大气环流形成理论得以深入发展，并且，在第二次世界大战以后，世界各地建立了大量的高空观测站，使得许多大气环流事实被揭示出来，这就使得20世纪50年代大气环流的研究产生了两个分支：一是关于全球大气环流形成机制的研究；二是关于大气环流的数值模拟的研究。

从20世纪50年代起，人们对大气环流的形成机制做了很多研究，特别是从大气运动的能量平衡来解释大气环流的演变。Lorenz提出有效位能的概念（Lorenz，1967），他指出了大气温度在空间分布的不均匀性是引起大气运动的根本原因，这使得人们对大气环流演变的物理本质有了更深刻的认识。

在这里应该指出，20世纪50年代，我国在大气环流变化方面进行了许多国际领先的研究。我国学者叶笃正等分析了大量东亚大气环流演变的事实，提出了东亚大气环流季节转换是突变的（Yeh et al.，1959），这个看法比80年代国际上许多学者提出的大气环流的非线性突变要早20年之多。并且，Rossby在30年代就提出大气运动的地转适应理论（Rossby，1938），这个理论在50年代不断得到完善和发展，但有一个基本问题，准地转平衡是如何形成的？究竟是风场向气压场调整还是气压场向风场调整？叶笃正指出，这是一个运动尺度问题，对于大尺度运动，应是风场向气压场调整，而对于中小尺度运动，应是气压场向风场调整（Yeh，1957）。曾庆存严格地证明了这个论断（曾庆存，1963a；1963b）。此外，我国学者还发展了半地转适应、球面大气适应和有外源强迫的地转适应等理论。

青藏高原是全球最高、最大的高原，叶笃正和高由禧首先提出了青藏高原对东亚大气环流的形成和变异不仅起到明显的动力作用，而且起到重要的热力作用（叶笃正和高由禧，1979），特别是青藏高原对亚洲夏季风的形成和变异起到重要作用。

4. 热带大气环流与波动的研究

在20世纪50年代以前，人们对中高纬度大气环流与大尺度波动的研究比较充分，而对热带地区大气环流则研究比较少。从60年代起，热带观测资料的增多，使得热带大气环流与波动的研究掀起热潮。在60年代中后期，Matsuno从理论上首先发现了在赤道地区除了存在着中纬度罗斯贝（Rossby）波和重力波外还存在着局限在赤道附近的 Rossby-重力混合波和开尔文（Kelvin）波（Matsuno，1966）。之后，这个理论发现被观测证实。Matsuno 这个发现开辟了热带大气和海洋动力学研究的新途径。正是这个发现为 80 年代热带太平洋厄尔尼诺/南方涛动（ENSO）循环动力学、低频振荡，特别是 Madden-Julian 振荡（MJO）动力学，以及近来兴起的热带气旋和台风生成的波动论提供了理论基础，并且应用上述两种波动很好地解释了赤道平流层纬向风存在着准二年周期振荡（QBO）。

由于热带观测资料的增多，从 20 世纪 70 年代起人们逐渐认识到热带强盛的积云对流活动对热带及全球大气运动的重要性，提出了热带大气运动第二类条件不稳定，即 CISK，从动力上描述积云对流与大尺度相互作用过程；与此同时，提出对流参数化方案，这些方案对研究热带大气动力学起了很大作用，不仅可以更好地解释热带大气环流许多事实，而且使热带天气的数值预报与大气环流数值模拟都有了很大改进。

在 20 世纪 70 年代初，Madden 和 Julian 从观测事实发现热带太平洋纬向风变化存在着 30～60 天周期的振荡（Madden and Julian，1972），后来又证实了全球热带大气都存在着这种振荡，只不过有些地区强，有些地区弱。80 年代，气象学家用 CISK-Kelvin 波和 CISK-Rossby 波很好地说明了热带 30～60 天周期的振荡。

5. 关于大气环流异常遥相关与行星波动力学的研究

20 世纪 80 年代，随着全球大气环流研究的发展，人们发现了全球大气环流异常存在着“遥相关”现象，如 Wallace 和 Gutzler（1981）发现北半球冬季大气环流异常存在太平洋/北美型（PNA 型）和欧亚型（EU 型）等遥相关型；Nitta（1987）发现北半球夏季大气环流异常呈现出 PJ 振荡；黄荣辉等从理论分析和数值模拟结果提出东亚/太平洋型（EAP 型）遥相关（Huang and Li，1987；黄荣辉和李维京，1988；Huang，1992）。这些遥相关型对东亚和我国夏季气候变异的预测有着重要作用。

上述这些观测事实的发现引起了行星波动力学研究的新发展。这些新发展已大大超过芝加哥学派所讨论的范围及所用的数理知识。行星波动力学研究的发展主要在 20 世纪 80 年代初，这是由气象学家解释大气环流异常遥相关的机制引起的。然而，关于行星波研究的兴起应追溯到 20 世纪 50 年代关于大气环流准定常扰动形成的研究。从 20 世纪 50 年代起，人们就研究了大气环流中平均槽脊的形成，即准常定行星波的形成原因。有的学者强调地形强迫在准常定行星波形成中的作用（Charney and Eliassen，1949），而有的学者强调非绝热加热是形成准常定行星波的原因（Smagorinsky，1953）；我国学者叶笃正等指出地形与非绝热加热都是形成准常定行星波的根本原因，这个看法至今仍是正确的（Staff Members of Academia Sinica，1958）。

在研究准定常行星波形成机制的同时，许多学者研究了准定常行星波在垂直切变基流中的垂直传播（Charney and Draizin，1961；Dickinson，1968）。与此同时，Hoskins 和 Karoly 首先研究了准定常行星波在球面大气中的传播，把叶笃正在 40 年代所得到的 Rossby 波的频散规律推广到球面大气的二维传播（Hoskins and Karoly，1981），从而很好地解释了大气环流异常的遥相关现象；与此同时，黄荣辉和岸保勘三郎还利用波在缓变介质中的传播特性与球面大气的数值模式的计算结果提出了准定常行星波在实际基本气流中的三维传播存在着两支波导的理论（Huang and Gambo，1982；黄荣辉和岸保勘三郎，1983），解释了大气环流三维遥相关的机制。

此外，我国学者曾庆存还利用波包概念研究了非均匀基流下瞬变行星波的演变规律（Zeng，1983a；1983b），他的研究很好地说明了在正压和斜压大气中行星尺度扰动的演变特性。

6. 关于大气中波-流相互作用和无加速原理的研究

随着行星波动力学研究的深入，波-流相互作用的研究在 20 世纪 70～80 年代初掀起热潮，英国学者 Andrews 和 McIntyre 引入波作用量概念，证明了大气环流中一个新的基本原理——波作用量守恒原理，并提出广义 Eliassen-Palm 通量（简称为 E-P 通量）（Andrews and McIntyre，1976；Eliassen and Palm，1961）。这是一个诊断波在基本气流中的传播及其与基本气流相互作用的一个新的物理量。这里我们必须提到无加速原理，前面已经阐述了 Rossby 的环流观点，波动是大气环流中不可缺少的，由于波输送热量与角动量，才会造成如上所述大气环流的分布与演变。然而，Charney 和 Draizin（1961）提出在一定条件下波与基本环流不相互作用，这对古典大气环流无疑又是一个新的认识。这个理论在 80 年代应用 E-P 通量从非线性观点得到很好的证明（Edmon et al.，1980）。

7. 提出了在自然科学界中产生重大影响的非线性动力学

在 20 世纪 60 年代初，Lorenz 对非线性动力学的发展做出了重大贡献。他提出了在大气非线性运动方程组的解中存在着分叉、混沌及怪吸引子的现象（Lorenz，1963a；1963b；1963c）。他的理论在自然科学界引起很大轰动，这个理论不仅使大气动力学大大发展，而且使得数学、物理学甚至生物学、工程技术科学也得到重大的发展，产生很大的突破。非线性大气动力学的出现是大气科学对自然科学重大贡献的一个典范。Lorenz 所提出的这些理论对现代科学的各个领域所取得的突破性进展有很大贡献。在 Lorenz 提出非线性理论系统之前，对科学问题的认识要么是确定论，要么是随机论。然而，Lorenz 提出确定论与随机论不能截然分开，它们之间是相互联系的，在非线性动力体系中，有序运动在一定条件下可以演变成无序运动，这无疑是科学认识的一次重大突破。

（三）大气环流不仅可以客观预测，而且可以进行各种数值试验

数值天气预报与大气环流数值试验是利用超大型计算机，应用地球流体动力学方程和有关物理法则，对未来天气进行定量预报，以及对全球和区域大气环流平均状况和演变进行再现和预测。大气环流波动理论体系的建立及计算机的快速发展，使得数值天气预报和大气环流数值模拟取得重大进展。

1. 可以在大型计算机上进行数天的天气预报

1950 年，Charney 所领导的研究小组利用尺度分析方法，建立了准地转模式，并在 ENIAC 计算机上成功地做出第一张数值天气预报图（Charney et al.，1950）。这个研究的成功说明了天气预报能够从经验估计变成客观的、定量的预报，使得天气预报从一门定性的分析技术变成一门数理科学。20 世纪 60 年代，原始方程模式的提出及试验的成功（Zeng，1963）显示出比准地转模型更多的优点，因此，在 70～80 年代，世界各地广泛应用原始方程模式来制作数值天气预报，从而大大提高了数值天气预报的准确率并使得预报时效延长；到了 90 年代，数值天气预报模式分辨率的提高及气象卫星遥感资料的大量应用，使得数值天气预报时效达到 10 天左右，并开始试验月和季的数值气候预测。因此，可以应用大型计算机客观、定量地对数天的天气变化进行预报，甚至对月、季度时间尺度的气候演变进行预测，这是 20 世纪大气科学的一个重要的应用研究成就。

2. 大气科学可以在超大型计算机上做各种数值实验

由于 Phillips 于 1956 年利用斜压准地转大气环流的数值模型成功地进行了大气环流的数值实验（Phillips，1956），人们认识到大气环流数值实验具有许多用数值解无法达到的优点，所以，在国际上掀起利用计算机来进行大气环流数值模拟的研究热潮。从 20 世纪 60 年代初起，世界上许多研究小组利用原始方程模式来模拟大气环流，从而改进大气环流的数值模拟，因而在 60 年代中

后期，国际上出现了许多物理量计算齐全、有代表性的原始方程大气环流数值模式，如美国的地球流体动力学实验室（GFDL）、加利福尼亚大学洛杉矶分校（UCLA）和美国大气研究中心（NCAR）都先后构造了原始方程模式，并对大气环流进行了数值模拟（Manabe，1969；Arakawa，1972；Kasahara and Washington，1971）。这些模式成功地用原始方程模式模拟了大气环流的变化，其模拟结果表明了使用原始方程模式模拟的结果要比准地转模式好得多。这时期的大气环流模式与60年代的模式相比要完善得多，其模式的主要特点如下：①把积分的水平区域从北半球扩展到全球；②由辐射引起的加热、冷却在模式的积分中每步都作为气温、水汽、云量的函数来计算；③所考虑的大气的垂直范围从对流层扩展到平流层；④在模式中以参数化形式考虑了小尺度现象，如在积云内的水汽凝结及水滴蒸发所产生的加热、冷却等，并且考虑了边界层作用等；⑤已开始将大气环流模式与海洋环流模式耦合，从数值试验的对象来看，已从月环流的演变发展到季节、年际环流变化的模拟。由于利用这些模式大大提高了大气环流的数值模拟精度，于是在70～80年代，利用全球原始方程大气环流数值模式来模拟全球大气环流的演变已成为大气环流研究的一个很有效的手段和方法。并且，从90年代至今，国际上不仅发展了高分辨率的全球大气环流的数值模式和模拟，而且发展了区域大气环流的数值模式和模拟。这样，大气环流数值模式和模拟的发展使得大气科学有可能像物理学、化学、生物学在实验室做实验一样，可以在超高速大型计算机上进行大气状态和环流的演变等各种数值模拟实验，从而促进了大气科学的迅速发展。

（四）大气物理学的发展

大气物理学是研究大气中物理过程的一门分支学科，它包括大气光学、声学、电学、云雾物理、边界层物理及大气辐射等。大气物理学是大气科学中比较古老而基本的一门分支学科，由于大气物理学中各分支学科，如云雾物理学、边界层物理学、中层大气物理学等已逐渐发展，并且它们已单独成为大气科学的一门分支学科，所以，当今大气物理学着重研究大气各种波段的辐射和传输特性及观测，辐射对气候的影响，以及大气中雷、电等发生的原因和规律（吕达仁，2000）。

1. 大气的辐射和传输特性的研究

第二次世界大战以后，随着分子光谱学和光谱分析技术的发展，大气中各种成分的辐射特性及其在大气中的传输研究在20世纪50～60年代掀起高潮（Goody，1964；Kandratiev，1969），并且广泛应用于气象卫星对地球和大气的天基遥感（Smith，1970）。这不仅促进了其他大气科学分支学科的发展，也使得大气物理学本身得到发展。到了20世纪90年代，大气辐射的测量已成为大气和地球系统天基遥感的重要手段（Vonder Haar and Suomi，1970），这是20世纪大气物理学研究的重要进展之一。

2. 大气辐射在气候系统中的作用

在20世纪80年代以后，温室气体CO_2、CH_4等在大气中浓度的改变引起全球变暖，并对全球环境变化产生了严重影响，这个问题引起世界上许多国家科学家的关注（Houghton，1998）。因此，关于这些气体浓度改变气候效应的研究使得大气辐射学的研究迅速发展，这不仅使得大气物理学的研究更深入，也使得大气辐射物理过程与大气动力过程的研究相结合。

3. 雷电物理学的发展

由于雷电对人民生命财产有重大危害，所以，关于雷电物理学的研究在20世纪以前就有许多，可以说雷电物理是大气物理最早研究的重要课题。经过一个多世纪的研究，人类认识到雷电产生的物理过程，特别是20世纪研究了如何避开雷电的危害，在避雷和雷电定位方面的研究取得重大进展（郄秀书，2000）。到了20世纪80～90年代，人工引发雷电技术不断得到发展与完善。可以说这是雷电物理学研究的重要进展，它具有广泛的应用前景。

（五）中小尺度天气系统不仅可以预报，而且在某种程度上可以进行人工影响

中小尺度天气系统会带来狂风暴雨，造成严重的天气灾害，带来严重的经济损失。随着经济的发展，由中小尺度天气系统造成的灾害和经济损失越来越大，因此，在20世纪70年代，世界各地加强了中小尺度气象学的研究，使中小尺度气象学有了很大发展（黄美元，1996）。

1. 不仅认识到中小尺度天气系统的形成机制，而且可以在某种程度上模拟和预测它

由于中小尺度天气系统会造成严重灾害，所以，世界上许多国家很重视中小尺度天气系统结构和动力特征的研究。从20世纪80年代起，天气监测网越

来越密集，使得有些区域的中小尺度气象学的研究成为可能。从而使得中小尺度气象学的研究蓬勃发展。近年来通过加密观测实验，气象学家逐渐认识到中小尺度天气系统的特征、结构，以及发生、发展的动力，热力成因。陶诗言系统地研究了中国暴雨中尺度系统结构特征及其发生、发展过程（陶诗言，1980）。在 20 世纪，中小尺度气象学中一个突出的研究进展是从观测和实验提出了关于超级雷暴单体、多雷暴单体、飑线、中尺度对流复合体（MCC）等不同类型的中小尺度强风暴概念模型，并且从风切变、重力波、中尺度运动的稳定性及中尺度系统与环境场相互作用提出了中尺度天气系统的演变过程和机制（Atkinson，1981）。此外，大尺度环流的数值模式逐渐成熟，这就使得利用高分辨率区域数值模式来模拟中小尺度天气系统的演变成为可能。所以，近年来世界上许多国家很重视研制高分辨率有限区域的中小尺度天气系统数值模式，利用这些数值模式来模拟和预报中小尺度天气系统的发生、发展。从 20 世纪 80 年代起，不仅能模拟积云的发展，而且能模拟中尺度飑线和中尺度对流复合体，并且随着超高速计算机的发展和卫星资料四维同化的应用，中尺度模式在许多发达国家已用于中尺度系统的数值业务预报和暴雨的临近预报（Browning，1982）。

2. 关于云降水物理学研究的发展

中小尺度气象学中一个关键的科学问题是大气中云的形成和降水的物理过程。随着这个问题研究的深入，出现了一个新的分支领域，这就是云物理学。云物理学是研究云的形成过程、组成、性质、结构和分布，它是 20 世纪 40 年代就已形成的一门大气科学分支学科。在 20 世纪 40 年代，在云物理学的研究中就提出碘化银对冰晶形成的催化作用。之后，云物理学的研究取得了重要进展，从物理学和化学的相变理论到与大气动力过程相互作用的动力理论的深入研究，使得这门分支学科包含丰富的内容。20 世纪 60 年代，在云物理学的研究中就发展了云的动力与微物理相结合的理论和数值模拟，在美国、英国等国建立了风暴云的动力和物理概念；到了 80 年代，云物理学的研究不仅朝着风暴云动力与物理学及其在风暴雪灾预测、人工消雹中的应用发展，而且在云物理学与化学相结合（特别是酸雨的形成）及云与气溶胶的气候效应等方面进行了深入研究（吕达仁，2000）。80 年代之后，由于云和降水的物理过程和化学过程研究的掀起，云物理学增添了不少新的研究内容，所以，云物理学就成为云降水物理学。

3. 可以局部影响中小尺度天气系统

随着云物理学的发展，并且由于干旱和冰雹等灾害的严重性，气象学家从20世纪50年代起就认识到利用物理方法可以提高云降水效率或使雹云消散，从而可以避免或减轻干旱和雹灾造成的损失，或者减轻干旱和冰雹灾害的程度，这促使人工影响天气试验兴起。在60～90年代，随着云物理学研究的深入和人工影响天气技术的不断发展，人工影响天气试验在世界许多地区进行和迅速推广，并且取得了一定程度的成功。人工影响天气试验的成功说明了人类在局部地区，在某种程度上可以影响天气的变化（黄美元，1996）。现在由于抗灾防灾的需要，并随着云和降水物理学的深入研究及大气科学各分支学科的发展，可以相信，在21世纪人工影响天气将有可能取得突破性进展。

（六）大气环境与大气化学研究的发展，成为民众和政府关注的一个重要的大气科学分支领域

大气环境学是研究大气边界层的物理过程、污染物的扩散过程、酸雨和空气质量的预报与调控，而大气化学研究大气中气体成分的变化及其化学过程，特别是研究温室气体和痕量气体浓度变化、气溶胶化学过程、大气与海洋中物质的循环，以及它们的气候效应。

1. 大气环境与大气化学研究的兴起

在20世纪40年代以前，大气科学着重研究大气中发生的宏观的动力、热力过程及各种物理现象的成因，这些研究都把大气看成一个化学稳定的物理体系。然而，第二次世界大战以后，随着工业生产的发展及人类活动的加剧，大气中CO_2浓度不断增加，而平流层O_3不断耗损，以及在大气边界层中SO_2等污染物质的扩散、酸雨不断加重等，这些问题在20世纪60～80年代就引起全球科学家的注意，使得大气科学中出现新的分支学科，即大气环境学与大气化学（Smith，1970）。因此，大气环境科学和大气化学成为人类改善生存环境质量的重要的科学基础，这也是20世纪大气科学的重要进展之一。并且，由于研究的需要，从80年代以后，在全球开展了一系列有关大气环境学和大气化学研究的大型试验，如全球对流层试验（GTE）、平流层气溶胶试验（SAGE）和为期15年的“全球对流层化学计划”（GTCP）等。这些大型观测试验揭示了大气环境学和大气化学研究的新篇章。

2. 大气污染与边界层物理的研究

大气边界层是主要大气污染源地，而大气边界层的主要特点是它的湍流性。从20世纪60年代开始，关于边界层结构、特性的探测和分析研究得到很大发展，并且应用到大气环境学的研究，特别是开展了大气边界层污染物的扩散特性的研究。到了20世纪80～90年代，边界层大气污染的区域输送及模拟、大气污染的预测和调控机制的研究得到很大发展。因此，边界层物理学应用到大气环境的分析、模拟、预测和调控中，这也是20世纪大气科学的一个重要应用研究成就。

3. 温室气体及其气候效应的研究

各国工业化进程的加快及人类大量砍伐森林，使得CO_2、CH_4这类温室气体在大气中浓度呈指数形式增长（Houghton，1998）。到了20世纪80年代，大气中CO_2浓度每年以1.3ppm的速度在增长。温室气体的增加，导致全球气候变暖，致使全球海平面上升、旱涝灾害加剧、中纬度地区干旱化等问题的出现（Houghton，1998）。这些问题已引起全世界科学家和各国政府的关注，因此，大气中温室气体浓度的监测及其气候效应从80年代起成为国际大气科学界重要的前沿研究问题。另外，1987年南极出现O_3洞，并且在这之后频繁出现O_3洞，这引起大气科学学者们对O_3的光化学反应及光化学-辐射-动力相互作用研究的兴趣。现在由于上述问题，全世界正在加强CO_2、CH_4等温室气体及O_3这类大气中痕量气体的监测，研究其源、汇、浓度水平的变化，以及使用数值模式对大气各种成分的循环过程加以数值模拟；并且，全世界制定了许多公约，以便控制这些气体浓度的过快上升，从而保持一个可持续发展的地球环境。因此，温室气体CO_2、CH_4浓度的增加及平流层O_3的耗损等问题的出现掀起了全球环境的研究热潮，这是20世纪大气科学研究的重大进展之一。

4. 降水化学与气溶胶化学研究的开展

由于大气污染的加重，在水滴下落时与SO_2等污染物的结合会变成酸雨而降落到地面，严重污染和毁坏农作物，这个问题已引起全世界的关注，因而从20世纪70年代起，许多国家制订了大规模综合研究计划，对云水、雾水和降水进行采样，监测酸雨，并对酸雨产生机制的降水化学进行了深入研究。并且，由于大气气溶胶浓度直接影响气候，特别是如PM2.5的大气中细颗粒粒子浓度的增强引起了的雾霾天气天数的剧增，直接危害人们的身体健康。所以，从 80 年代起气溶胶的谱结构、辐射和光化学特性、气候效应等问题的研究迅速发展。

除在上述四方面有广泛的应用研究外，当代大气化学还有下面几个基本研究：大气成分的源与浓度变化，均相与异相化学转化过程，大气成分的干、湿清除过程，以及大气成分变化对全球气候和生态环境的影响等。

为了要控制大气质量和治理大气中的污染，从而改善人类的生存环境，实现经济和社会的可持续发展，大气环境学和大气化学的研究不仅引起各国科学家和政府的重视，而且深受世界各国民众关注。因此，大气环境学和大气化学研究迅速发展并成为各国民众和政府关注的一个大气科学分支领域，这也是 20 世纪大气科学的重要进展之一。

（七）关于中层大气科学的研究进展

中层大气（middle atmosphere）是 20 世纪 70 年代以后广泛使用的一个新名词，指从对流层顶到约 100 千米高度之间的大气层。它由平流层、中间层（mesosphere）与热层下层所组成，占大气总量的 20%左右。随着飞机飞行高度的增高，空间遥感和日-地关系研究的发展，中层大气的研究得到国际科学界的日益重视，已成为大气科学与空间科学交叉的热门研究课题之一。在 70 年代后期，一个由卫星、火箭、高空气球、中层大气雷达构成的全球中层大气探测系统开展了“中层大气研究计划”（MAP），使得中层大气的研究获得很大进展。

中层大气与对流层大气不同，它没有水蒸气的凝结，不与海洋及地表直接进行动量和热量交换，不直接受到地形的作用，因此会产生中层大气固有的大气环流。但是，由于中层大气位于对流层之上，这样在对流层产生的波动有些会传播到中层，如在对流层由大尺度地形和海陆纬向分布的不均匀性所产生的行星波可以传播到平流层与中间层，并且波在传播中，它的能量密度是守恒的，所以，波在垂直传播中，它的振幅随高度增加，并与大气密度的平方根成反比，这样，本来在对流层不引人注目的重力内波传播到中间层就变成很可观的现象，因此，平流层与中间层大气环流也是很复杂的。

由于中层大气含有 O_3 等痕量气体与其他微量成分的气体，它们的光化学反应直接影响着平流层的物理状态，并且由于重力波在中层大气的重要作用及 O_3 的光化学反应，重力波、行星波与基本气流的相互作用对气候变化有重要影响。因此，研究中层大气基本动力和物理过程不仅对搞清中层大气环流形成与变化的物理机制有重要意义，而且对研究气候变化与近空间环境也有重要意义（陈文等，2000）。

1. 中层大气行星波动力学的研究

众所周知，平流层与中间层大气不会像对流层那样自己产生各种波动，因此，若单独存在平流层与中间层大气，那么平流层与中间层的大气环流只能是轴对称纬向环流。但是，许多观测资料表明，冬季平流层与中间层大气却存在着振幅很大的行星波。关于平流层的行星波是如何产生的，早在 20 世纪 60 年代初就有人开始研究。许多研究表明，平流层准定常行星波产生的机制中，平流层内部的斜压不稳定过程并不是主要因素，它主要是对流层强迫产生的行星波向平流层传播的结果。关于这个问题，许多研究表明了冬季准定常行星波通过极地和低纬两波导分别传播到高纬平流层和低纬度对流层上层。因此，对流层大气中因受地形与热源强迫所产生的行星波向平流层及中间层传播，从而形成了平流层及中间层大气的行星波与准定常扰动（Charney and Draizin，1961；Dickinson，1968；Andrews and McIntyre，1976；Huang and Gambo，1982；黄荣辉和岸保勘三郎，1983）。

中层大气中除有准定常行星波外，还有瞬变行星波，在夏季还观测到周期为 2 天、波数为 3 向西移动的瞬变行星波，这些波动可能与中层大气的正压和斜压不稳定有关。

2. 中层大气重力波动力学的研究

中间层顶温度在南北方向呈现出冬半球高于夏半球的反常分布，围绕着这一问题的物理解释使得重力波的研究大大发展。研究表明，上传重力波与大气潮汐波在中间层的不稳定可以平衡反常温度分布所要求的经圈环流而产生的地转偏向力（陈文等，2000）。因此，中层大气重力波的产生机制及传播特性等的研究在 70 年代后期所实施的“中层大气研究计划”之后得到很大发展（朱迅，1987）。

3. 中层大气波与基本气流的相互作用

波与基本气流的相互作用是中层大气（平流层与中间层直到热层下部）环流产生演变的主要动力过程。Reed 和 Rogers（1962）发现了热带平流层下层纬向平均气流是东西风交替出现，其变化周期是稳定的，大约是 26 个月，通常把这种现象称平流层准两年周期振荡，简称 QBO。这种现象的产生机制在一段时间内不清楚，直到发现热带平流层存在着 Rossby-重力混合波和 Kelvin 波以后，Lindzen 和 Holton（1968）利用这种上传的 Rossby -重力混合波、Kelvin 波与平流层基本气流的相互作用成功地解释了 QBO 现象。

Scherhag（1952）发现了平流层爆发性增温。之后许多观测资料证实了平流层爆发性增温是北半球平流层大气环流中的一种特殊现象，这种现象是：在冬季，平流层大气的温度在某区域有时会发生剧烈上升，几天之内增温幅度可高达 50℃，并且极区周围空气增暖，造成温度梯度反向，这种急剧增温带来平流层环流急剧变化，极夜急流迅速减弱和崩溃，极区周围出现东风气流。关于平流层爆发性增温机制在较长的时期内不清楚，但在 20 世纪 70 年代初，Matsuno 从动力学观点提出准定常行星波沿极地波导从对流层向平流层传播，致使北半球冬季平流层有时会产生爆发性增温，从而成功地解释平流层爆发性增温机制（Matsuno，1971）。近年来，利用变形欧拉平均运动方程来解释平流层爆发性增温机制的研究比较多。这些研究都指出行星波上传对平流层爆发性增温的作用。

4. 臭氧（O_3）在中层大气的输运

众所周知，O_3 生成源在赤道地区，但观测表明 O_3 总量最大值位于高纬度地区，并且近年来由于发现南极大气中臭氧在减少，特别是发现了南极“臭氧洞”，所以，关于 O_3 在中层大气的输运的研究发展非常迅速（WMO，1994）。

在 20 世纪 60 年代以前，关于中层大气 O_3 的输运最初都是利用一维模式，这种模式可以考虑波的传播与吸收所引起 O_3 混合比的变化，反过来，O_3 混合比的变化又引起了基本态的变化，从而使波的传播与吸收也发生变化；从 70 年代末到 80 年代初，研究表明 O_3 在平流层的净输运是剩余环流（residual circulation）所引起的，显然引用拉格朗日平均环流理论来研究平流层与中间层大气中痕量气体的输运过程要比用欧拉平均环流理论更合理。因此，从 80 年代以后，这个理论广泛用来研究 O_3、气溶胶粒子与放射性物质在大气中的输运。近年来，我国学者研究表明平流层 QBO 和行星波对 O_3 的输运有很大作用。

目前，国际上正在实施以火箭为中心的中层大气风系的探测网，在中层大气计划的基础上，对中层大气重力波的破碎及其与基本气流相互作用进行较系统的研究。

（八）气候系统动力学和数值模拟与预测的研究正在蓬勃发展

从 20 世纪 70 年代后期起，大气科学研究取得的一个突破性进展就是人们认识到气候变化不仅仅是由发生在大气内部的动力、热力过程所造成的，更重要的是大气圈、水圈、冰雪圈、岩石圈和生物圈所构成的气候系统中各圈层相互作用的结果。因此，从70年代末以后，气候系统动力学与气候预测变成大气科学中一个具有重要意义的科学问题（徐飞亚和黄荣辉，1996）。国际上为了开展气候系统动力学与气候预测研究，已相继成立了许多研究中心，如国际气候预测研究所（IRICP），专门研究几个月至几年的气候预测的数值模式，并且许多区域和国家相继建立了区域性研究中心，如英国建立了Hadley气候研究和预测中心、德国建立了Max-Planck气象研究所、日本成立了气候系统研究中心及全球变化前沿研究所等；此外，加拿大和澳大利亚也相继建立了气候研究中心。这些中心的主要任务是通过国际合作来发展先进的气候系统耦合模式，进行月-年际气候变化预测实验及大气中温室气体倍增所导致的气候增暖趋势预估等研究。因此，气候系统动力学与气候预测研究的发展是20世纪大气科学所取得的重大进展之一。

1. 气候变化与气候系统动力学研究的发展

大气科学家充分认识到要弄清不同时空尺度气候变化的成因，就必须进行长时间和足够空间分辨率的观测，以便弄清楚气候系统中各圈层相互作用的热力、动力和化学过程，并且也认识到要弄清地球气候系统中动力、热力和化学过程就必须利用观测资料、理论和数值模式来详细分析研究陆-气耦合的气候子系统、海-气耦合的气候子系统及雪冰-大气耦合的气候子系统等对气候变化的重要作用。由于计算机技术的迅速发展及卫星遥感技术的发展，并且由于人们对大气、海洋的热力和动力特性，以及陆面、冰雪的热力特性认识的提高，现在已有可能把气候系统中各子系统用较详细的数学模型来描述，并把它变成耦合数值模式，即气候数值模式，从而在某种程度上可以模拟甚至可以在某种程度上预测季度和年际时间尺度的气候变化，以及预估更长时间尺度的温室气体浓度增加所引起的气候变化。

2. 气候系统的数值模式和数值模拟研究

由于计算机计算速度和容量的迅速发展、卫星遥感技术的发展，以及人们对大气、海洋、热力和动力特性，陆面的热力特性认识的提高，已有可能把气候系统中各子系统用较详细的数学模型来描述，并把它变成数值模式，从而在某种程度上来描述季度、年际的气候变化及温室气体浓度增加的气候效应。在20世纪80年代以后，由于“世界气候研究计划”（WCRP）、“热带海洋与全球大气研究计划”（TOGA）（WMO，1985）、“地圈-生物圈研究计划”（IGBP）、

“全球能量水分循环研究计划”（GEWEX）、“全球洋流实验”（WOCE），以及“气候变率及其可预报性研究计划”（CLIVAR）相继实施（WMO，1995），气象学家不仅有可能构成一个较完善的海-陆-气耦合模式来模拟年际和年代际的气候变化，以及模拟物理气候系统对外界强迫因子（如温室气体和气溶胶浓度变化）的响应，而且有可能对气候系统和生物圈相互作用做更深入的了解，把气候系统、生物圈、人类活动因素作为一整体，并利用数学模型来描述。这样，大气科学家利用这些气候系统模式完全有可能更深入地理解控制气候变化的各子系统相互作用及其与生物圈、人类活动相互作用的物理、水文、化学和生物过程。

3. 短期气候变化的预测研究

由于计算机的快速发展和大气环流模式的完善，人们已有可能预报 10 天以下的天气演变。但是，目前在业务预报上还不能利用有效的方法来预报月以上时间尺度的短期气候变化。因此，研究季度、年际时间尺度的气候变化在什么空间尺度是可预报的，这是自 20 世纪 90 年代以来国际大气科学重要的研究课题。从 20 世纪 90 年代开始，许多气候研究小组都在努力发展动力过程和热力过程协调一致的全球大气-海洋-冰面-陆面-生态系耦合模式，研究时间尺度从季节到年，空间尺度从区域到全球的短期气候变化的预测理论和方法（WMO et al.，1995）。因此，20 世纪大气科学的一个显著进展是月-季度时间尺度的短期气候变化的预测在许多先进国家开展实验，并对 ENSO 事件和拉尼娜（La Niña）事件的发生及其所影响的年际气候变化能做出有一定准确度的预测。

（九）全球增暖及其对环境的影响不仅成为世界科学研究的热点，而且成为国际外交关注的焦点

20 世纪大气科学的重要进展之一是各国科学家和政府认识到全球在变暖且引起地球环境的变化。这个问题不仅引起科学界的极大关注，而且也引起了世界各国民众和政府的重视，并成为国际上外交关注的问题之一（叶笃正，1996）。因此，全球气候变化及其对环境影响的研究迅速在全球展开，现在它已成为大气科学的一个重要分支领域。

1. 全球气候变化及其对环境影响的研究和评估已成为世界科学研究的热点

20 世纪 80 年代以前，全球气候变化问题的严重性实际上没有被人们所认

识，只是到了80年代，人类活动所带来大气中CO_2浓度急速增加，导致全球变暖并在全球范围造成了严重的影响，如旱涝气候灾害的加剧，大片土地干旱与沙漠化、粮食减产、水资源缺乏、生态环境恶化、海平面升高等问题日趋严重，这才引起了人们对此问题的重视（Houghton，1998）。于是，从20世纪80年代以来，大气中CO_2等温室气体浓度的增加引起的全球增暖问题成为国际地球科学中重要的研究热点之一。最近几年不仅在大气科学，而且在海洋学、地理学、生态学、水文学、地质学和社会学等相关领域都掀起了对它的研究热潮。

为了应对全球气候变化所带来的挑战，国际社会已采取了从全球气候变化的事实、特征、成因和趋势的科学研究到气候变化对环境、生态、水资源、食品、人类健康等影响的科学报告，并再到制定相关的国际条约的系列行动。为了评估全球气候变化及其对全球环境的影响程度，世界气象组织（WMO）和联合国环境规划署（UNEP）于1988年联合成立了政府间气候变化专门委员会(IPCC)。这个委员会邀请了世界各地的科学家按照一定程序对全球气候变化的事实、特征、成因和趋势，以及全球气候变化对全球环境、生态、水资源、食品、人类健康产生的影响展开评估，并且于1990年、1995年、2001年和2007年发表了四次评估报告（王伟光等，2010）。这些评估报告不仅评估了与全球气候变化相关的一些重要科学问题，如全球气温的变率及变化趋势、温室气体和气溶胶的辐射强迫对气候的影响过程和数值模型等，而且评估了气候变化对环境、生态、水资源、食品和人类健康的影响程度等，特别是在IPCC几次报告中都强调了人类活动造成的大气中CO_2浓度的上升可能是近50年全球变暖的主要原因（王伟光等，2010）。这些评估报告在联合国气候变化大会的谈判中起到重要作用。

2. 关于气候变化与生物圈相互作用的研究

在全球气候变化研究中一个重要的科学问题是气候变化与生物圈相互作用。由于人们认识到大气中CO_2浓度的变化直接影响到全球气温的变化，而地球大气中CO_2不仅仅是人类工业生产所排放的，它与生物圈有很大关系。生物圈既能排放CO_2，又能吸收CO_2。然而，生物圈与气候变化的相互作用是很复杂的：一方面，生物圈不仅通过碳循环的作用对气候变化起到重要作用，植物能吸收CO_2，有减少大气中CO_2含量的作用，而且对地表的反照率、地表与大气之间的热量、水汽和能量的交换也有很大影响，因此，生物圈对气候的变化有很大影响；另一方面，气候对生物圈也有很大的影响，气候的变化不仅影响气温、阳光，而且影响土壤和大气的湿度和水分，这是一切生物赖以生存的三大基本条件。但是，由于涉及生物过程，生物圈与气候变化的相互作用变得很复杂，为此，国际上从20世纪90年代起实施了“国际地圈-生物圈研究计划”(IGBP)，这个计划大大促进了全球变化在世界各地的研究（IGBP，1995）。

3. 关于人类活动对气候变化的研究

人类活动对气候变化有很大影响，人类活动通过两种途径来影响温室气体CO_2、CH_4等的浓度：一方面，人类的工业生产和生活大量使用矿物燃料放出CO_2，并且在农业生产中也大量产生CH_4，导致大气中温室气体不断增加；另一方面，工农业生产和人类生活的需要又在大量毁林，致使吸收CO_2的过程减弱，这也使得大气中温室气体不断增加。大气中CO_2浓度的增加会使气温上升，这早在19世纪已为科学家所认识（Arrhenius，1896）。然而，大气中温室气体浓度上升对全球增暖起到关键作用，这是20世纪大气科学家和其他领域科学家经过许多努力才取得的一个重要认识（Manabe et al.，1994；Bengtsson，1997）。由于气候系统的不同子系统在不同时间尺度上有着复杂而且经常是混沌的相互作用，所以，今后人类活动所产生的温室气体究竟会引起全球多大的增暖，这至今还是一个没有搞清的问题，即使现在有许多研究，但这些研究结果都各不相同，有很大的不确定性。这可能是今后大气科学和全球气候变化研究中一个重大科学问题。

4. 气候变化问题已成为各国政府为促进社会和经济可持续发展必须考虑的一个重要问题

全球气候变化及其影响不仅成为国际上重要的科学研究课题，而且已成为各国政府在制定政策与进行经济建设决策时必须考虑的一个重要问题。从20世纪90年代起，全球气候变暖及其影响不仅仅只停留在研究和评估上，而且已成为制定相关的国际条约等一系列外交活动的重要内容（张泉涌，2011）。特别是1992年6月在联合国环境与发展大会上，许多国家已签署了《气候变化框架公约》，并于1995年3月在德国柏林召开缔约国第一次大会，确定了在议定书中发达国家温室气体排放的削减目标；1997年12月在日本京都召开了缔约国大会，通过了具有约束力的《京都议定书》，许多国家签订了此议定书。这都标志着全球气候变化问题已成为各国政府为促进本国社会和经济持续发展所必须考虑的一个重要科学和政策问题。

2007年12月在印度尼西亚巴厘岛召开的全球气候变化大会，提出了减缓全球变暖的“巴厘岛路线图”；2009年12月7～18日在丹麦哥本哈根召开了全球气候变化大会，确定了全球年均气温上升应控制在 2.0℃之内，并要求发达国家在 2020 年前实现减少温室气体排放的应有量化目标，而发展中国家应适合国情减缓变暖行动；2010 年 11 月 29 日～12 月 10 日在墨西哥坎昆召开了全球气候变化大会，讨论了如何降低温室气体的排放，以及如何筹集和分配为对抗全球变暖而设立的基金份额；2011 年 12 月初又在南非德班召开了全球气候变化大会。通过这一系列的全球气候变化大会，气候变化问题不仅已成为各国政府促进社会和经济可持续发展必须考虑的一个重要问题，而且已成为国际上外交斗争的焦点之一。

二、当代大气科学和全球气候变化研究的发展特点

从上述对 20 世纪和 21 世纪初大气科学和全球气候变化研究成就的回顾可以看到，从 20 世纪 70 年代后期起，大气科学研究取得的突破性进展之一是：人们认识到气候变化不仅仅是由发生在大气内部的动力、热力过程所形成的，更重要的是地球大气、海洋、冰雪和陆面相互作用的结果。因此，从 20 世纪 70 年代后期至 21 世纪初，大气科学发展有如下特点（黄荣辉，1996；黄荣辉等，2000）。

（一）发展带有全球性重大综合性科学问题

当今，国际大气科学和全球气候变化研究发展的一个特点就是发展带有全球性重大综合性科学问题，并实施全球性研究计划。

1. “世界气候研究计划”

在 20 世纪 80 年代以后，各国科学家认识到要弄清气候系统各子系统的相互作用就必须广泛进行国际合作，实施全球性的大型研究计划与实验。1980～2004 年，全球相继实施并完成了“热带海洋与全球大气研究计划”（TOGA）及“全球洋流实验”（WOCE）；最近几年，在“世界气候研究计划”（WCRP）框架下实施了全球能量水分循环研究计划（GEWEX），以及“气候变动及其可预测性研究计划”（CLIVAR），并于 2004 年将这两个计划联合进行加强期实验（CEOP）；此外，还有从 1992 年起实施的“平流层大气及其在气候中作用研究计划”（SPARC）及从 1994 年起实施的“气候变动与冰冻圈研究计划”

(CLIC) 等 (WCRP，2010)。这些计划的实施使得气候学家不仅有可能构成一个较完善的海-陆-气耦合气候系统模式来模拟年际和年代际的气候变化，以及模拟气候系统对外界强迫的响应，而且有可能对气候系统和生物圈相互作用做更深入的了解。这些也为把气候系统、生物圈、人类活动因素作为一整体，利用数学模型来描述打下基础，因而，大气科学家在此基础上完全有可能更深入地理解控制气候变化的各子系统相互作用及其与生物圈、人类活动相互作用的物理、水文、化学和生物过程。

WCRP 经过 20 余年的实施，取得了巨大成就。WMO 与国际科联理事会 (ICSU) 联合科学委员会 (JSC) 对 WCRP 的实施给予充分的肯定 (WCRP，2010)，指出了 CLIVAR 对研究气候变化是非常有效的，至今仍然吸引着世界上很多著名科学家的关注。毋庸置疑，CLIVAR 在以下几方面做出了重大贡献：气候变化的监测和成因、气候强迫和反馈 (气候的敏感性)、减少气候模式中的系统误差、模拟碳和水循环的相互作用、全球和区域尺度的气候预测。因此，经过 CLIVAR 的实施，科学家确信：在区域气候的数值模拟中降尺度是一个正确的科学方法，并且从 CLIVAR 中的人类活动对气候影响的评估 (ACC) 来看，CLIVAR 对 IPCC 的评估报告做出了重大贡献。

2. 地球系统观测和预测协调研究计划

然而，JSC 指出了 CLIVAR 的研究问题与另一些 WCRP 子项目相比，显得太复杂、太庞大，研究与观测不相协调。因此，鉴于科学家对气候预测和监测相协调的重要性和必要性的认识，以及气候变化对社会和经济发展的严重影响，JSC 在 WCRP 实施的基础上提出在 2005～2015 年实施一个新的战略行动规划，即“地球系统观测和预测协调研究计划” (Coordinated Observation and Prediction of the Earth System，COPES) (WMO，2006；WCRP，2005)。

COPES 是一个建立在 WCRP 基础之上的新的国际性气候研究计划，目的是加强和巩固 WCRP 所取得的研究成果，激励新的科学研究行动，使 WCRP 的成果在科学界和社会上都赢得广泛的承认。这个计划的“协调”是对地球各圈层的“监测”，对地球气候、环境、生态和水资源“可定量的预测”和对“关键的重要气候过程”的了解等科学研究中最本质的部分，这也是与 WCRP 和其他有关计划中的重要科学问题的有机结合。因此，COPES 是 WCRP 的延伸和发展。

COPES 的科学目标是：能够对天气、气候变化做出无缝隙预报，从而适应自然界不间断的天气和气候的连续变化，以便提高天气、气候预测在社会和经济发展中所产生的直接、适当的利益和价值。COPES的主要研究内容如下：确定现存模式和数据进行全球范围气候的季节预测的可行性和期望技巧（expected skill），进一步发展和测试气候变化集成预测方法；研究各种时间尺度区域气候变化的基本科学原理、最佳的预测方法和目前的预测方案；发展一个便于监测的精细气候和大气化学的耦合模式；发展一个全球气候监测系统，此系统能够提供长时间、高质量、均匀时间分布的观测数据。

COPES不仅需要一个包括大气、海洋、陆地和冰雪等地球系统各圈层的气候系统模式，而且还需要和IGBP、IHDP有更密切的合作，以便发挥它的社会影响、经济和社会效益。

3. 全球观测系统研究与可预报性试验

全球观测系统研究与可预报性试验（THORPEX）是一项在世界气象组织（WMO）指导下的为期10年的世界天气研究计划（WMO，2005）。这个计划的主要目的是：通过组织WMO成员方的力量，广泛而深入地开展全球大气科学研究、观测系统实验、可预报性等方面的联合研究。其科学目标是：加速提高1～14天的预报准确率，并使这些先进的预报产品能够在世界经济和社会发展中发挥更大的作用。

（二）大气科学和全球气候变化研究向综合的趋势发展

当今地学的一个发展趋势是：加强地球系统的观测，重视不同地球系统的子系统之间相互作用的研究，跨学科的协调研究成为主流。为此，国际地学界制订21世纪发展规划都选择了以地球系统科学为框架的发展战略，并发展与不同科学计划相协调的伙伴计划。为此，WCRP、IGBP、IHDP（“全球环境变化人文因素计划”）和DIVERSTAS（“生物多样性计划”）已决定结成“地球系统科学联盟”（Earth System Science Partnership，ESSP），并共同实施以下四个联合研究计划：“全球碳循环研究计划”（GCP）、“全球环境变化与食物系统研究计划”（GECAFS）、“全球水循环系统研究计划”（GWSP）及“全球环境变化与人类健康研究计划”（GECHH）（叶笃正和季劲钧，2005）。

显然，这些研究计划是在WCRP实施基础上朝环境、水资源、生态，以及有关食物安全和人类健康等科学研究的进一步发展和拓宽，从而更好地发挥WCRP对经济和社会的价值。然而，由于ESSP过于庞大，它并没有很好地在全球开展这些研究计划。

（三）突出学科交叉

在21世纪初，大气科学和全球气候变化研究发展的一个显著特点是突出学科交叉：由于提出了全球气候系统的概念和地球系统科学的概念，大气科学和全球气候变化的研究已从气圈、水圈、生物圈、冰雪圈和岩石圈的相互作用来理解全球气候的变化，理解发生在大气中的各种运动和过程（包括物理的、化学的和生物的过程），从而赋予大气科学新的概念；并且，要把这些复杂的动力的、物理的、化学的、生物的过程变成数值模式，从而可以在计算机上模拟和预测这些不同时空尺度下大气状态的变化。因此，为了研究如此复杂的学科，大气科学和全球气候变化的研究必须充分利用现代化的科学技术手段，不但要应用先进的数学、物理、化学和生物等学科成果和方法，而且要利用卫星遥感等现代化探测手段、超大型计算机系统等先进的计算工具、先进的信息网络通信工具、GPS技术等。

（四）大气科学重视观测系统的建设和新观测技术的应用

大气科学的发展为什么较地学其他学科要快？这不仅由于大气观测较其他地学领域易于观测，而且由于大气科学重视全球观测网的建设。正如前面所述，大气科学已建立了全球多层次、多尺度的三维大气观测网。这个观测网为大气科学各分支学科的研究，以及天气、气候的预报提供了大量的观测资料，从而促进了大气科学各分支学科的迅速发展。

在21世纪初，大气科学特别重视观测试验系统的建设和新观测技术的应用。目前，国际几个大型研究计划，如CLIVAR、GEWEX，还有最近提出的WWRP（“世界天气研究计划”）都是把观测试验系统的建设放在首位。为了改进对陆面过程的了解，必须在全球不同的气候区进行全面、系统的陆面过程观测试验研究，因此，自20世纪80年代中期以来，在WCRP和IGBP的协调下，在全球具有代表性的主要气候区或生态区相继进行了一系列大型的陆-气相互作用试验研究。这些试验研究均从局地的土壤-植被-大气相互作用的加强观测入手，借助空间遥感资料由点及面，从时间及观测空间进行扩展，并通过数值模拟把已有的认识集中起来，对一个区域尺度上的陆面过程或陆-气相互作用进行系统分析，从而建立较好的陆面过程模式。这样，为全球大气环流模式或全球气候数值模式提供了较好的陆面过程参数化方案。

1. 全球进行的典型下垫面陆-气相互作用观测试验

从20世纪80年代中期起，国际上进行了几个大型陆-气相互作用观测试验。它们分别是：①在20世纪80年代进行了湿润区水分收支和蒸发通量的水文-大气试验（Hydrologic-Atmospheric pilot Experiment for the Study of Water Budget and Evaporation Flux at the Climatic Scale，HAPEX/MOBILMY），主要研究湿润地区陆面过程的特征，并在大、中、小三种尺度下湿润区水汽和蒸发通量与气候变异之间的关系方面取得进展（Andre et al.，1986）；②在20世纪90年代初，在欧洲又进行了欧洲干旱化区域野外观测试验（European Field Experiment in a Desertification-threatened Area，EFEDA），此计划的完成，对欧洲半干旱地区陆面过程特征有了新的认识（Bolle et al.，1993）；③在90年代，在加拿大进行了为期4年的北半球生态系-大气研究计划（The Boreal Ecosystem-Atmosphere Study，BOREAS），对加拿大北部森林与大气之间的相互影响及其对气候变化的影响进行了深入研究（Sellers et al.，1995）。通过这些大型的野外观测试验获取了大量不同下垫面陆-气相互作用的观测资料，同时也发展了一系列陆-气相互作用模式，如BATS、SiB等著名的陆面过程模式。

2. 我国开展的几个典型的下垫面陆-气相互作用观测试验

提高我国气候变动与异常的预测水平，搞清地球系统的能量和水分循环这一重要的气候过程仍是国家经济、社会科学发展的需求，也是国际地球系统研究的发展趋势。因此，为满足国家防灾减灾、应对气候变化的需求和适应大气科学发展的趋势，我国先后开展了几个典型下垫面能量和水分循环及其对气候的影响观测试验。我国在“九五”期间（1996～2000年）进行了五大大气科学试验：青藏高原地-气系统物理过程及其对全球气候和中国灾害性天气影响的观测研究（TIPEX）、淮河流域能量和水分循环试验（HUBEX）、南海季风试验（SCSMEX）、内蒙古半干旱草原土壤-植被-大气相互作用试验（IMGRASS）及《国家重点基础研究发展规划》首批启动项目“我国重大气候灾害的形成机理与预测理论研究”所实施的中国西北干旱区陆-气相互作用观测试验（NWC-ALIEX）。这些观测试验不仅在推动我国大气科学的发展方面做出重大贡献，而且也对促进国际大气科学的发展起到一定作用。

3. 中国西北干旱区陆-气相互作用观测试验

为了揭示我国典型干旱下垫面的能量和水分循环特征及其对气候的影响，

提高我国气候的研究水平，为防灾减灾及应对气候变化提供可靠的科学依据，继“黑河地区地-气相互作用野外观测试验”（HEIFE）之后，2000～2011 年在敦煌戈壁下垫面进行了中国西北干旱区陆-气相互作用观测试验。该观测试验不仅科学意义重大，而且考虑到干旱区陆-气相互作用试验应重视的几个问题，如复杂下垫面陆面过程的观测、干旱区陆面过程观测的空间尺度到模式的网格尺度的转化、地表能量的不平衡、陆面过程与极端天气的相互作用、水文过程的复杂性和观测试验的代表性等问题。中国西北干旱区陆-气相互作用观测试验取得许多重要科学成果（黄荣辉等，2011）：①对典型干旱下垫面（主要是戈壁和沙漠）主要陆面过程参数进行各种观测试验；收集并整编这些观测试验资料，建立中国西北干旱区陆-气相互作用观测数据库；②通过对野外观测资料和卫星遥感资料的分析研究，提出我国西北典型干旱区重要的陆面过程参数，确定了描述干旱荒漠、戈壁下垫面地-气交换的总体输送系数，特别是揭示了西北典型干旱区的厚边界层、高感热输送和低粗糙度特征；③根据所观测的典型干旱区陆面过程参数对干旱区的陆面过程模式中的参数进行优化，并改进了干旱区陆面过程模式；④通过观测试验揭示非均匀地表大气边界层内风、温、湿度场与陆面相互作用的物理机制，以及沙尘暴发生和过境时各辐射分量、风场等的变化；⑤揭示干旱区荒漠地区（主要是戈壁和沙漠）和邻近绿洲地区的能量和水分循环的过程和机制，特别是揭示了我国西北干旱区春季、夏季是欧亚大陆的感热中心，对此区域的大气环流和气候变异起了“热垫”作用；⑥通过资料分析和数值模拟揭示了我国西北干旱区陆-气相互作用对东亚季风系统的变异。

这些不同下垫面陆-气相互作用观测试验所获得的各种资料在我国大气环流和气候研究中得到广泛应用。

（五）超高速大型计算机系统的发展促进了气候系统的模拟与预测，使地球系统的数值模拟更快发展

20 世纪 40～50 年代，数值天气预报的需求促进了电子计算机的发明，而电子计算机的发展又大大促进了数值天气预报的发展和大气环流数值试验的实现；到了 60～70 年代，由于计算速度为百万次/秒至十亿次/秒的 IBM 和 Cray 计算机为代表的大型、超大型计算机的发展又促进季节、年际大气环流数值模拟的发展，以及短期、中期（10 天左右）数值天气预报的成功与发展；而在

80～90年代，以计算速度为百亿次/秒至千亿次/秒的海量存储并行机和 IBM-SP 计算机为代表的超级计算机的发展对包括大气、海洋、陆地和冰雪耦合的气候系统数值模式的研究，年际、年代际气候变化的数值模拟，以及短期（季节～年度）气候变异的数值预测发展起到重要作用。

当前，国际大气科学界已制订了一个为期 10 年（2005～2015 年）的地球系统的观测和预测协调研究计划（COPES）。这个计划旨在通过观测系统的建设并利用高性能计算机（计算速度为几十万亿次/秒至万万亿次/秒）对气候、环境、水资源和生态系统的变化进行数值模拟和预测。为此，国际上相继研制了超大型高性能的计算机系统，如日本在 2003 年就投入使用计算速度为 34 万亿次/秒的地球模拟器（Earth Simulator）；美国劳伦斯-利费莫尔国家实验室于 2005 年开始使用了计算速度为 136.6 万亿次/秒的 IBM 蓝色基因（Blue Gene）高性能计算系统，这个超大型高性能计算系统为地球系统数值模式的实现提供了平台。并且，日本在 2012 年使用计算速度为万万亿次/秒（第二代地球模拟器）的高性能超级计算系统。因此，超高速大型高性能计算系统的发展不仅带动了气候系统的数值模拟和预测研究的发展，而且大大促进了高分辨率地球系统的数值模拟。

三、2015～2025 年国际大气科学和全球气候变化研究发展所面临的几个具有挑战性的科学问题和我国对此领域研究的需求

为了提出 2015～2025 年我国大气科学和全球气候变化研究的重大科学问题，不仅要了解过去大气科学和全球气候变化研究发展所取得的重大成就和发展特点，而且必须了解今后国际在这方面的发展中具有挑战性的重大前沿科学问题及我国对此领域的需求。

（一）国际大气科学和全球气候变化研究中具有挑战性的重大科学问题

从 21 世纪初国际大气科学的发展趋势及一些发达国家所制订的 2015～2025 年大气科学和全球气候变化研究的发展规划来看，今后 10～20 年国际大气科学和全球气候变化研究发展具有挑战性的几个重大问题如下。

1. 地球系统科学

1）地球系统的物理、化学和生物等过程的相互作用研究

回顾20世纪大气科学的发展成就及其特点，大气科学经历了两个发展阶段：第一个阶段是从20世纪20年代到70年代中期，人们主要从大气内部的动力、热力过程来研究天气和大气环流的变化；第二个阶段是从20世纪70年代后期到21世纪初，人们已认识到大气环流和气候的变化不仅仅是因为大气内部的动力、热力变化，更重要的是大气、海洋、冰雪和陆面相互作用的结果。当前大气科学的发展将进入第三个阶段，即人们将认识到由于地球系统的气圈、水圈、冰雪圈、岩石圈、生物圈和人类活动等五个圈层在物理、化学、生物等过程的相互作用，地球系统的气候、水循环、环境和生态是互相影响的。因此，当前大气科学和全球气候变化研究的一个重点是从全球气候研究向地球系统研究转移。

今后地球系统的观测与模拟将逐渐成为一个国际性大气科学和全球气候变化的重大前沿研究课题，因此，美国、英国、日本等一些发达国家有关大气科学和气候变化的主要研究机构都在制订21世纪地球系统的研究计划。例如，NASA在2000年之后陆续推出一个今后25年的地球科学事业（Earth Sciences Enterprise，ESE）大型科学战略计划（冯筠等，2004）。

2）地球系统模式

在分析地球系统的物理、化学和生物过程相互作用的基础上，如何把上述过程用数学来描述，并且变成数值模型，这是当前地球科学研究中的一个重大科学问题。为此，当前一些发达国家正在积极研制第一代地球系统模式（ESM），即包括气圈、水圈、冰雪圈、岩石圈、生物圈和人类活动各圈层的物理（包括动力和热力）、化学、生物和水文过程及其相互作用的地球系统数值模式。

2. 应对气候变化

CO_2、CH_4等温室气体在大气中浓度的增加，致使全球不断增暖，从20世纪90年代又有加速增暖的倾向，它给21世纪全球和区域气候将带来不良的影响。因此，从21世纪初起人们更重视地球系统中的大气和海洋的碳、氮、磷等化学循环过程对气候和环境的影响。一些发达国家都在制订大气和海洋的碳、氮、磷等化学循环过程对气候影响的研究计划，如化学-气候的联合研究计划是美国大气科学研究中心（NCAR）今后10年的一个优先研究领域。NCAR不仅在亚马孙河流域实施大尺度大气-生物圈研究试验（LBA），而且研

制气溶胶、臭氧与痕量气体的化学模式，并与通用气候系统模式（CCSM）耦合，发展CCSM生态化学数值模式来研究碳、氮、磷的释放及其在地球系统中的输运等科学问题。

3. 极端天气气候的预测及其影响评价

在21世纪，大气科学和气候变化的研究不仅要发展准确的天气和季节气候预报模式和方法，从而发展无缝隙天气和气候预报，而且要重视把这些预报、预测产品应用到交通、能源管理、农业和水产系统，以及国家安全计划中。国际上许多研究中心都在发展高分辨率的气候系统数值模式，如日本气候变化前沿研究所正在发展一个大气分150层、水平分辨率10千米的气候数值模式。此外，许多国家正在发展气候系统模式（CCSM）集成，特别是发展多种模式的"超级"集成，利用"超级"集成对气候系统变化进行集合模拟与预测。例如，美国的NCAR今后将发展气候评价计划（罗云峰和周小刚，2004）。这个计划将包括以下四个方面：气候与大气中的排放物相互作用研究、气候对农业和生态系统影响模型的研制、环境资料在气候数值模式中的应用研究、气候对国家政策的影响研究等。

4. 太阳对地球系统的影响及比较行星大气学

随着宇宙飞船和太空探测器等技术的发展，当前一些发达国家不仅重视太阳对地球系统影响的研究，而且发展行星大气的比较研究，特别是将开展地球、火星、金星上层大气的比较研究。一些发达国家的大气科学研究者也正在把地球大气环流模式改编成适合研究火星、金星、木星大气环流的数值模式。行星大气环流的比较是一个崭新的大气科学研究领域。

5. 全球大气观测系统

今后，国际上要发展一个全球气候观测系统（GCOS），这个系统能观测整个垂直大气柱的物理和化学特性，观测的参数不仅是风、温、湿、压，而且还包括大气中污染物、气溶胶、O_3、O_2、CO_2、水汽等要素的浓度。这个观测系统的实现将可以为地球系统的分析研究和数值模拟提供所需的观测数据。

6. 地球系统模式用的超级计算机系统

地球系统模式需要计算速度为百万亿次/秒至万万亿次/秒的计算系统，为此，一些发达国家正在发展高性能超级计算机，并实施相应的研制计划。例如，NCAR正在制订"用于ESM的地球科学计算计划"，该计划将量化计算需求，并对将来所需的计算能力进行规划，该计划的一个直接目的就是在国家信息技术议程中给出地球科学需要的超级计算的轮廓（罗云峰和周小刚，2004）；日本已制订 2006～2012 年世界最高水平的“高性能超级计算技术发展计划”，为了模拟地球系统，在 2012 年已研制出一个计算速度为万万亿次/秒的高性能超级矢量计算系统。

（二）中国对大气科学和全球气候变化研究的需求

今后 10～20 年（特别是“十三五”期间），中国经济和社会发展对大气科学和全球气候变化研究发展可能有如下需求。

1. 天气气候灾害的发生机制与预测

由于我国处于东亚季风区，受季风年际、年代际变化的影响，旱涝、酷暑、低温雨雪等气候灾害，以及台风、暴雨等天气灾害频繁发生，沙尘暴时常发生，这些给我国带来严重的经济损失。国家为减轻这些灾害造成的损失，急需提高灾害性天气气候的预报准确率，因此，灾害性天气气候的发生特征、规律、成因和预测仍是国家今后对大气科学和全球气候变化的重大需求。

2. 应对气候变化及气候谈判

全球气候变化问题已是一个全球性严峻问题，世界各国应对这个严峻问题既有分歧又有合作，但合作是大势。各国不仅通过合作对全球气候变化的现状、特征、成因、趋势和影响进行评估，如 IPCC 报告，而且通过召开一系列政府间的气候变化大会以便制定减缓温室气体排放的国际条约，这当中充满着分歧和斗争，但也有合作的呼声。我国是世界上最大的发展中国家，也是自然灾害多发的国家。受季风和台风的影响，旱涝、低温、酷暑、暴雨等极端天气气候频繁发生，每年给国民经济造成巨大损失和严重人员伤亡。因此，如何科学地应对全球和我国的气候变化，减灾防灾并争取在国际气候变化大会上有更多的话语权，是当前我国大气科学和全球气候变化研究的一个重大科学问题。这要求我国大气科学和全球气候变化研究不仅要掌握全球气候变化的现状、特征、成因、趋势和影响，而且要把握东亚和我国气候变化的基本情况、主要特征、成因和机制，了解今后我国气候可能的变化趋势，以便为国家制定应对气候变化政策提供科学依据，为在国际气候谈判中争取更多的话语权提供可靠的科学依据。

3. 大气环境质量的监测与预测

由于工业的迅速发展及城市化进程的加速，我国大气质量没有根本好转，局部地区环境日益恶化，大气中 PM2.5 等微细颗粒含量不断上升，出现雾和霾天气的天数不断增多、范围不断扩大，并且突发性环境灾害事件时有发生。因此，环境保护、大气质量的监测和预报要求越来越迫切。这也是今后国家的重大需求。

4. 我国不同区域对全球气候变暖的不同响应

全球气候变暖在我国不同区域气候变异有不同响应，如从 20 世纪 70 年代中后期至今，华北持续性干旱，长江、淮河流域雨涝频繁，华南和江南酷暑不断，而我国西南地区干旱接连发生，这些灾害已严重影响到区域的可持续发展。因此，我国不同区域对全球气候变暖的不同响应急需研究。

5. 人工影响天气的原理和效率

由于干旱对我国许多地区经济和社会的危害日益严重，为减轻干旱对农业的影响，当前，在我国人工影响天气的试验和作业迅速发展，特别是人工增雨作业蓬勃发展。然而，目前人工影响天气的有些机制还没有搞清楚，效率急需提高，这亟待进一步研究。

6. 水资源短缺

华北地区从 20 世纪 70 年代中后期至今发生了持续性干旱，近几年我国西南地区也经常发生严重干旱，对这些地区的水资源产生重要影响。水资源的短缺不仅严重影响这些区域的工农业生产，而且已严重影响这些地区人民的生活用水，这急需开展气候与水文相互作用的研究。

7. 国家安全的需求

国家安全和各种卫星的试验与发射对大气科学和全球气候变化的研究不断提出更高的要求。

鉴于今后国际大气科学和全球气候变化研究的发展趋势，以及国家经济和社会发展对大气科学发展的需求，我国今后 10～20 年特别是“十三五”期间大气科学和全球气候变化研究的发展战略应是：在科学上要积极参与国际大气科学和全球气候变化研究，提出具有挑战性的重大科学问题；在研究上要根据国家的需求，抓住机遇，制订在国家社会和经济发展中有重要影响的综合性、前瞻性大气科学和全球气候变化的重大研究计划，以便使我国尽快从大气科学和全球气候变化研究大国变成国际大气科学和全球气候变化研究强国。在具体措施上，应根据国家可能的投入，发挥我国大气科学的优势来制订研究计划，并且这个计划要有一定的时效性。

四、2015～2025 年我国大气科学和全球气候变化研究应重视的几个具有挑战性的重大前沿科学问题

从上述我国大气科学和全球气候变化 2015～2025 年（特别是“十三五”期间）学科发展战略的若干想法出发，建议我国大气科学和全球气候变化研究在今后 10～20 年应重视的具有挑战性的重大前沿科学问题如下。

（一）灾害性天气和气候发生机制及其预测研究

鉴于灾害性天气、气候每年给我国造成重大经济损失和人员伤亡，灾害性天气和气候仍然是我国大气科学和全球气候变化研究中具有挑战性的重大科学问题。这包括以下几个前沿问题。

（1）从东亚气候系统来研究我国旱涝气候灾害的发生机制。

（2）亚澳季风系统变化与 ENSO 循环的相互作用研究。

（3）季风与干旱区环流的相互作用研究。

（4）东亚气候变化的可预测性研究。

（5）东亚季风暴雨的频发性与突发性机制研究。

（6）台风与强风暴动力学模拟和预报研究。

（7）高影响天气和气候事件动力学及预测研究。

（二）亚洲季风和非季风区域对全球气候变化响应研究

全球气候变化对我国气候和环境有重要影响，然而我国东南部处于东亚季风区，而我国西部处于中亚干旱区，这两区域对全球气候变化的响应是不同的。为此不仅要研究季风区对全球气候变化的响应，而且要研究非季风区对全球气候变化的响应。为此，应开展以下几个前沿问题的研究。

（1）人类活动引起的土地覆盖、土地利用和生态系统的变化及其对全球气候变化的影响研究。

（2）人类活动引起的全球化学和区域的空气质量对全球气候变化的影响

研究。

（3）对全球气候变化响应的非均匀性研究。

（4）季风区对全球气候变化的响应研究。

（5）非季风区（干旱、半干旱区）对全球气候变化的响应研究。

（6）我国近海和邻近海海况对全球变化的响应和适应研究。

（7）在全球变暖背景下东亚不同下垫面能量和水分循环变化及其对极端气候影响研究。

（8）全球气候变化给工农业生产和经济的可持续发展带来的后果评估。

（9）人类活动对全球气候变化的适应研究。

（三）应对气候变化的研究

全球气候变化及其评估，以及国际气候变化谈判已成为各国民众和政府所关注的重大问题，应对气候变化已成为国际上一个共同的行动。为了应对气候变化，当前一个重大科学问题是大气化学与气候的相互作用。为此，应开展以下几个前沿问题的研究。

（1）海洋和陆地的碳、氮循环观测研究。

（2）地球系统的碳、氮循环模拟研究。

（3）二氧化碳、甲烷和臭氧层变化及其对未来气候影响的评估。

（4）气候变化对温室气体（包括碳循环）、痕量气体和大气污染的影响观测和研究。

（5）气溶胶（特别是 PM2.5）、臭氧与痕量气体的化学模式及其与新一代的全球气候数值模型的耦合研究。

（6）平流层光化学与气候的相互作用动力学研究与模式研制。

（四）地球系统数值模型的发展与整合研究

地球系统的数值模型不仅是当前地球科学共同面临的具有挑战性的重大科学问题，而且也是大气科学面临的一个重大科学问题。当前，应重视以下几个科学问题的研究。

（1）研制模块式的地球系统的数值模式（包括气候、环境、水资源和生态）。

（2）研制新一代高分辨率的全球气候数值模型并对不同情景下全球气候变化趋势进行预估。

（3）改进和整合现有的陆面过程和海洋环流数值模型，并使之成为地球系统的数值模式的一个模块。

（4）研制和发展新一代水文数值模型，并使之成为地球系统的数值模式的一个模块。

（5）改进和发展生态数值模型，发展地球生物化学过程的数值模型并使之成为地球系统的数值模式的一个模块。

（6）研制和发展新一代超高分辨率的中尺度天气数值模型，并使之能够与地球系统的数值模式相嵌套。

（7）整合和集合地球系统各分系统数值模型研究。

（五）跨尺度的水循环研究

不同下垫面能量和水分循环是影响天气、气候变异的重要过程，并且跨尺度的水循环是关系到水资源的重大问题。为此，必须重视以下几个科学问题的研究。

（1）不同下垫面（季风湿润区、半干旱区、干旱区和高寒区）能量和水分循环的观测试验。

（2）不同下垫面大尺度降水与水资源变化的诊断分析。

（3）不同下垫面的辐射、边界层、水汽、对流与降水过程之间的多尺度相互作用研究。

（4）流域尺度水汽输送、降水、蒸发、地表水与水资源的关系诊断分析。

（5）云微物理过程和云系统的模拟研究。

（6）不同下垫面能量和水分循环变化与气候变异的相互作用过程、机制和模拟研究。

（六）环境灾害的发生机理与预测理论研究

由于我国工业迅速发展和城市化进程加快，我国环境问题日益突出，特别是近年来灰霾天气发生天数迅速增加、酸雨加剧。为此，必须重视以下几个科学问题的研究。

（1）我国长江流域与华南地区酸雨的形成机制与变化趋势研究。

（2）我国北方沙尘暴的形成机制与时空变化特征研究。

（3）突发性环境灾害中有害物质的传播与预测模式。

（4）霾和雾形成机制和预报模型研究。

（5）城市光化学雾的形成机制与预测模式研究。

（6）PM2.5 等微细有害物质的传播与集聚及其危害研究。

（七）人工影响天气机制和效率研究

随着云降水物理学的发展，以及干旱、冰雹等灾害的加剧，人工影响天气试验及作业在我国广泛开展。为此，今后应重视以下几个科学问题的研究。

（1）云降水微物理过程的研究。

（2）不同云型人工增雨的效率分析与评估。

（3）人工消雹效率分析与评估。

（4）提高人工增雨效率的原理研究。

（5）人工消雾机制的研究。

（6）新的催化剂及原理研究。

（八）比较行星大气学研究

当前深空探测技术迅速发展，一个新的大气科学分支——比较行星大气学的研究正在兴起。一些发达国家对此已开展不少研究。为此，我国也应开展如下一些研究。

（1）地球平流层大气与对流层大气相互作用过程研究。

（2）地球系统对太阳活动变动的响应研究。

（3）地球、火星、金星上层大气环流的比较研究。

（4）研制火星、金星、木星大气环流模型。

以上是笔者认为的我国今后 10～20 年中应该重视的大气科学和全球气候变化研究中具有挑战性的重大前沿科学问题，有些重大前沿问题不是要立即展开研究，而是待时机成熟再开展。

五、我国大气科学和全球气候变化研究 2015～2025 年应重视的若干措施

为了解决上述八个具有挑战性的重大科学问题，2015～2025 年我国大气科

学和全球气候变化研究应重视的几项措施如下。

（一）加强大气科学高层次人才培养，使我国成为大气科学和全球气候变化研究的人才强国

人才是强国的根本。要使我国从大气科学和全球气候变化研究大国向强国发展，首先要求我国从大气科学和全球气候变化研究人才大国向强国发展。当前为减轻天气和气候灾害造成的损失及应对全球气候变暖，国家和一些部门已出台了很多科技研究计划，并在许多院校兴办了全球气候变化研究院。这不仅对大气科学的高层次人才培养提出更多需求，而且也为我国成为大气科学和全球气候变化研究人才强国提供机遇。

但是我们应看到，当前我国大气科学教育无论是学科建设还是人才培养还有许多不能适应国家社会和经济发展的需求，以及国际大气科学研究的发展的问题，如有关大气科学的院校分支学科布局不合理，专业设置缺乏特色，高层次人才缺乏、博士学位论文的前沿性和创新性不够等。因此，要使我国成为国际大气科学和全球气候变化研究的强国，就必须各方努力，下大力气把我国大气科学学科建设和高层次人才的培养放在首要地位，使我国尽早成为国际大气科学高层次人才培养的强国。

（二）拥有地球系统模拟的高性能超级计算机系统

地球系统模拟需要运算速度达百万亿/秒至千万亿次/秒甚至万万亿次/秒的计算机。在今后的 10～20 年中，我国大气科学和全球气候变化的研究中应有计算速度为千万亿次/秒至万万亿次/秒的高性能超级计算机，并且应把此规划尽早纳入“国家信息技术中长期发展规划”中。当前，在大气科学和全球气候变化研究结构中应尽快落实“地球系统数值模拟装置”。

（三）发展非常规资料的四维同化的研究

为了提高天气和气候预测水平，不仅要扩充国际和我国的大气和气候观测资料数据库，并与国家 GIS 信息共享，而且要发展先进的四维资料同化方案，特别是把多普勒雷达、GPS，以及地基和空基遥感观测系统所得的资料能够进

行有效的同化，使之不仅能够提供全球气候、天气和环境业务和研究所需的资料，而且为地球系统模式、新一代气候数值系统模式、有限区域数值模式提供所需的初始值。

（四）重视大气观测试验基地的建设

要加强气候变化物理基础的研究，开展海-气相互作用及不同下垫面陆-气相互作用的观测试验是当今国际大气科学和气候变化研究的发展动向。因此，为了使我国成为大气科学和全球气候变化研究的强国，不仅要发展现有的天气和气候的常规观测网，而且要加强大气本底观测站和 O_3 观测站的建设；加强中层大气雷达观测基地建设，特别是发展青藏高原、西北干旱区、黄土高原和内蒙古草原的半干旱区，以及季风湿润区的能量和水分循环观测基地，使之能够成为干旱、半干旱区、季风湿润区和高原高寒区等我国典型下垫面的能量和水分循环观测试验基地。

总之，在今后的10～20年中，我国大气科学界应该努力拼搏、务实创新、团结一致、与时俱进，用科学发展观指导我国大气科学和全球气候变化的理论和应用研究，使我国从大气科学和全球气候变化研究大国变成强国，并在某些领域跻身于世界一流水平。

参考文献

陈文，黄荣辉，等. 2000. 关于中层大气动力学的研究进展与问题//国家自然科学基金委员会，等. 现代大气科学前沿与展望. 北京：气象出版社：157-162.

《第二次气候变化国家评估报告》编写委员会. 2011. 第二次气候变化国家评估报告. 北京：科学出版社：710.

冯筠，高峰，曲建升. 2004. NASA地球科学事业（ESE）计划中的科学问题. 地球科学进展，19：910-917.

国家自然科学基金委员会. 1995. 大气科学. 北京：科学出版社：196.

黄美元. 1996. 前景广阔的云和降水学以及人工影响天气//国家自然科学基金委员会地球科学等. 现代大气科学前沿与展望. 北京：气象出版社：122-124.

黄荣辉. 1996. 现代大气科学基础研究发展趋势、特点与前沿研究课题//国家自然科学基金委员会，等. 现代大气科学前沿与展望. 北京：气象出版社：7-11.

黄荣辉. 2001. 大气科学发展的回顾与展望. 地球科学进展，16：643-657.

黄荣辉，岸保勘三郎 . 1983. 关于冬季北半球定常行星波传播另一波导的研究 . 中国科学（B辑），26（10）：940－950.
黄荣辉，陈文，张强，等 . 2011. 中国西北干旱区陆-气相互作用及其对东亚气候变化的影响 . 北京：气象出版社：356.
黄荣辉，李维京 . 1988. 夏季热带西太平洋上空的热源异常对东亚上空副热带高压的影响及其物理机制 . 大气科学，12（特刊）：116－167.
黄荣辉，章国材，陆则慰 . 2000. 21 世纪初大气科学前沿与展望——在第三次全国大气科学前沿学科研讨会上的总结报告//国家自然科学基金委员会地球科学学部，等 . 21 世纪初大气科学回顾与展望 . 北京：气象出版社：3－9.
吕达仁 . 2000. 大气物理学 20 世纪成就与 21 世纪展望//国家自然科学基金委员会地球科学学部，等 . 21 世纪初大气科学回顾与展望 . 北京：气象出版社：159－164.
罗云峰，周小刚 . 2004. NCAR 下一个 10 年新的研究方向 . 地球科学进展，19：903－909.
邱金桓 . 2000. 关于大气遥感研究的若干问题//国家自然科学基金委员会地球科学部等 . 21 世纪初大气科学回顾与展望 . 北京：气象出版社：176－179.
陶诗言 . 1980. 中国之暴雨 . 北京：科学出版社：225.
王明星 . 1996. 大气化学和全球气候变暖问题//国家自然科学基金委员会，等 . 现代大气科学前沿与展望 . 北京：科学出版社：143－147.
王伟光，郑国光，等 . 2010. 应对气候变化报告——坎昆的挑战与中国的行动 . 北京：社会科学文献出版社：34－39.
郄秀书 . 2000. 雷电研究进展及展望//国家自然科学基金委员会地球科学学部，等 . 21 世纪初大气科学回顾与展望 . 北京：气象出版社：189－192.
徐飞亚，黄荣辉 . 1996. 气候系统动力学与气候预测是当代大气科学的一个前沿研究课题//国家自然科学基金委员会等 . 现代大气科学前沿与展望 . 北京：科学出版社：117－121.
许健民 . 2000. 2000 年后气象卫星的发展趋势//国家自然科学基金委员会地球科学学部等 . 21 世纪初大气科学回顾与展望 . 北京：气象出版社：165－171.
叶笃正 . 1996. 关于全球变化的若干科学问题//国家自然科学基金委员会地球科学学部，等 . 现代大气科学前沿与展望 . 北京：科学出版社：17－22.
叶笃正，高由禧 . 1979. 青藏高原气象学 . 北京：气象出版社：279.
叶笃正，季劲钧 . 2005. 迎接大气科学发展即将到来的新飞跃 . 地球科学进展，20：1047－1052.
曾庆存 . 1963a. 大气中适应与演变过程 . I. 气象学报，33：163－173.
曾庆存 . 1963b. 大气中适应与演变过程 . II. 气象学报，33：281－289.
张泉涌 . 2011. 全球气候变近 . 台北：五南图书出版公司：229－241.
朱迅 . 1987. 中层大气重力波的研究 . 气象学报，47：207－216.
Andre J C，Coutorbe J P，Perrier A. 1986. HAPEX/MOBLIHYIA hydrologic atmospheric experiment for the study of water budget and evapotation flux at the climate scale. Bull Amer Meteor Soc，67：138－144.

Andrews D G, McIntyre M E. 1976. Planetary waves in horizontal and vertical shear: the generalized Eliassen-Palm relation and mean zonal acceleration. J Atmos Sci, 33: 2031 - 2048.

Arakawa A. 1972. Design of the UCLA general circulation model. Tech Rep Dept Metor, (17): 116.

Arrhenius S. 1896. On the influence of cabonic acid in the air upon the temperature on the ground. The Philosophical Mag, 41: 237 - 276.

Atkinson B W. 1981. Mesoscale Atmospheric Circulations. London: Academic Press: 496.

Bengtsson L. 1997. Numerical simulation of climate change due to human's impact. AMBIO, 26 (01): 48 - 65.

Bjerknes J. 1919. On the structure of the moving cyclone. Geof Publ, 1 (2): 8.

Bjerknes J, Solberg H. 1921. Meteorolgoical conditions for the formation of rain. Geof Publ, 2 (3): 60.

Bjerknes J, Solberg H. 1922. Life cycle of cyclone and the polar front theory of atmospheric circulation. Geof Publ, 3 (1): 18.

Bolle H J, DeBruin H A R, Strieker H. 1993. EFFDA: european field experiment in a desertification threatened area. Ann Geophys, 11: 173 - 189.

Browning K A. 1982. Nowcasting. New York: Academic Press: 256.

Charney J G, Draizin P G. 1961. Propagation of planetary-scale disturbances from the lower into the upper atmosphere. J Geophys Res, 66: 85 - 109.

Charney J G. 1947. The dynamics of long waves in a baroclinic westerly current. J Meteor, 4: 135 - 162.

Charney J G, Eliassen A. 1949. A numerical method for predicting the perturbations in the middle-latitude westerlies. Tellus, 1: 38 - 54.

Charney J G, Fjortoft R, Von Neumann J. 1950. Numerical integration of the barotropic vorticity equation. Tellus, 2: 237 - 254.

Dickinson R E. 1968. Planetary Rossby waves propagating vertically through weak westerly wind wave guide. J Atmos Sci, 25: 984 - 1002.

Eady E J. 1949. Long wave and cyclone wave. Tellus, 1: 33 - 52.

Edmon M J, Hoskins B J, McIntyre M E. 1980. Eliassen-Palm section for the troposphere. J Atmos Sci, 37: 2600 - 2617.

Eliassen A, Palm E. 1961. On the transfer of energy in stationary mountain waves. Geophy Publ, 22: 1 - 23.

Goody R M. 1964. Atmospheric Radiation. Oxford: Oxford University Press.

Hoskins B J, Karoly D J. 1981. The steady linear response of a spherical atmosphere to thermal and orographic forcing. J Atmos Sci, 38: 1179 - 1196.

Houghton J. 1998. 全球变暖. 戴晓苏，等译. 北京：气象出版社.

Huang R H，Gambo K. 1982. The response of a hemispheric multi-level model atmosphere to forcing by topography and stationary heat sources. I，II. J Meteor Soc Japan，60：78 - 108.

Huang R H，Li W J. 1987. Influence of the heat source anomaly over the tropical western Pacific on the subtropical high over East Asia. Chengdu：Proceedings of the International Conference on the General circulation of East Asia：40 - 51.

Huang R H. 1992. The East Asia/Pacific pattern teleconnection of summer circulation and climate anomaly in East Asia. Acta Meteorologica Sinica，6（1）：25—37.

IGBP. 1995. Spatial extrapolation and modeling on IGBP transects. Global Change Report，36：15 - 20.

Kandratiev K Y. 1969. Radiation in the Atmosphere. New York：Academic Press.

Kasahara A，Washington W M. 1971. General circulation experiment with a six-layer NCAR model including orography. Coldness and surface temperature calculations. J Atmos Sci，28：657 - 701.

Kuo H L. 1949. Dynamic instability of two-dimensional nodivergent flow in a barotropic atmosphere. J Meteor，6：105 - 122.

Lindzen R S，Holton J R. 1968. A theory of the quasi-biennial oscillation. J Atmos Sci，25：1099 - 1107.

Lorenz E N. 1963a. The predictability of hydrodynamic flow. Trans. New York Acad Sci，2：25，409 - 432.

Lorenz E N. 1963b. The predictability of a flow which pocesses many scale of motion. Tellus，21：289 - 307.

Lorenz E N. 1963c. Atmospheric predictability as revealed by naturally occurring analogue. J Atmos Sci，26：636 - 646.

Lorenz E N. 1967. The Nature and Theory of the General Circulation of the Atmosphere. WMO. No. 218，TP115：161.

Maddox R A. 1980. Mesoscale convective complexes. Bull Amer Meteor Soc，61：1374 - 1387.

Madden R A，Julian P R. 1972. Description of global-scale circulation cells in the tropics with a 40～50 day period. J Atmos Sci，29：1109 - 1123.

Manabe S，et al. 1994. Response of a coupled ocean-atmosphere model to increasing atmospheric cabon dioxide. AMBIO，23：44 - 49.

Manabe S. 1969. Climate and the ocean circulation. I. The atmospheric circulation and the hydrology of the earth's surface. Mon Wea Rev，97：739 - 774.

Matsuno T. 1966. Quasi-geostrophic motions in the equatorial area. J Meteor Soc Japan，44：25 - 43.

Matsuno T. 1971. A dynamical model of the stratospheric sudden warming. J Atmos Sci，28：1479 - 1494.

Nitta TS. 1987. Convective activities in the tropical western Pacific and their impact on the Northern Hemisphere summer circulation. J Meteor Soc Japan，64：373－390.

Phillips N A. 1956. The general circulation of the atmosphere-A numerical experiment. Quart. J Roy Meteor Soc，82：123－164.

Reed R J，Rogers D G. 1962. The circulation of the tropical stratosphere in the year 1954－1960. J Atmos Sci，19：127－135.

Rossby C G. 1938. On the mutual adjustment of pressure and velocity disturbances in certain simple current，systems. II. J Mar Res，2：239－263.

Rossby C G. 1939. Relation between variation in the intensity of the zonal circulation of the atmosphere and the displacements of the semi-permanent centers of action. J Mar Res，2：38－55.

Scherhag R. 1952. Die explosionsartigen stratospharener warmungen des spatwinters. Berichte des Deutchen Wetterdienstes in der US-Zone，6，Nr. 38：51－63.

Sellers P J，Hall F，Ranson K J，et al. 1995. Boreal Ecosystem Atmosphere Study（BORES）：An overview and early results from the 1994 field year. Bull Amer Meteor Soc，76：1549－1577.

Smagorinsky J. 1953. The dynamical influence of large-scale heat sources and sinks on the quasi-stationary mean motions of the atmosphere. Quar J Roy Meteor Soc，79：342－366.

Smith W L. 1970. Iterative solution of the radiation transfer equation for the temperature and absorbing gas profile of an atmosphere. Appl Optics，9（9）：1993－1999.

Staff Members of Academia Sinica. 1958. On the general circulation over eastern Asia. Tellus，10：299－312.

Vonder Haar T H，Suomi V E. 1970. Satellite observation of the earth's radiation budget. Science，163：667－669.

Wallace J M，Gutzler D S. 1981. Teleconnections in the geopotential height field during the Northern Hemisphere winter. Mon Wea Rev，109：784－812.

WCRP. 2005. Coordinated Observation and Prediction of the Earth System（COPES）. Geneva：WMO/TI-NO：1291.

WCRP. 2010. 世界气候研究计划成就．李建平，等译．北京：气象出版社：84.

WMO. 1985. Tropical Ocean/Global Atmosphere. An International Scientific Plan. World Climate Research Program. Geneva：WMO.

WMO. 1994. Scientific Assessment of Ozone Depletion. Project Report 1994. No. 37. Geneva：WMO.

WMO. 1995. CLIVAR Scientific Plan. WCRP-89. Geneva：WMO/TD：690.

WMO. 2005. THORPEX－A World Weather Research Program. Geneva：WMO：978.

WMO，ICSU，UNESCO. 1995. CLIVAR-A Study of Climate Variability and Predictability. WCRP-89. Geneva：WMO/TD：690.

WMO. 2006. 世界气候研究计划 2005—2015 年战略框架．李建平，等译．北京：气象出版社：109.

Yeh T C. 1949. On energy dispersion in the atmosphere. J Meteor，6：1－16.

Yeh T C. 1957. On the formation of quasi-geostrophic motion in the atmosphere. J Meteor Soc Japan，The 75th Anniversary Volume：130－134.

Yeh T C，Tao S Y，Li M C. 1959. The abrupt change of circulation over the Northern Hemisphere during June and October//The Atmosphere and Sea in Motion，Scientific Contribution to Rossby Volume. New York：The Rockefellers Press：249－267.

Zeng Q C. 1963. The application of primitive thermo-hydrodynamic equations to short range weather prediction in a two-level model. Scientia Sinica，12：402－424.

Zeng Q C. 1983a. On the evolution and interaction of disturbances and zonal flow in rotating baroclinic atmosphere. J Meteor Soc Japan，60：24－31（in Russian）.

Zeng Q C. 1983b. The evolution of Rossby-wave packet in a three-dimensional baroclinic atmosphere. J Atmos Sci，40：73－84.

未来地球*

全球变化是国际科学联合理事会（简称国际科联，ICSU）长期关注的问题之一，其关注重点正从着重理解人类对地球系统的影响转变到更广泛的领域，包括理解和预测全球环境变化的后果，以及人类应对全球环境变化的方法和策略。“未来地球”（Future Earth）计划是刚刚由国际科联、国际社会科学联盟（ISSC）发起，联合国教科文组织（UNESCO）、联合国环境署（UNEP）、联合国大学（UNU）和国际全球变化研究资助机构（IGFA）等组织牵头的大型科学计划，为期十年（2013～2022年）。“未来地球”计划旨在应对全球环境变化给各区域、国家和社会带来的挑战，加强自然科学与社会科学的沟通与合作，为全球可持续发展提供必要的理论知识、研究手段和方法。

从2008年ICSU-ISSC“地球系统发展计划”（Earth System Visioning）开始，经历了2009年重大挑战、2010年“贝尔蒙论坛”（Belmont Forum）、2012年伦敦“压力下的地球”（Planet Under Pressure），ICSU和ISSC发布了一系列声明和文章，反复强调地球系统科学跨学科交叉、数据共享、地球系统模型开发、科学研究和发明对可持续发展的贡献，政府与民众更积极的参与，以及青年科学家、不发达地区的能力培养等问题对未来全球变化研究的重要性，旨在打破目前的学科壁垒，重组现有的国际科研项目与资助体制，填补全球变化研究和实践的鸿沟，使自然科学与社会科学研究成果更积极地为可持续发展做贡献。“未来地球”计划也是第一次将“人类发展”这个影响地球环境的主要因素放在了其研究框架的主要位置（图1）。

国际科联认为全球可持续性发展中的一个重大挑战是对科学革新的需求，或者说是对消除关键障碍以确定如何处理全球变化及其影响的理解的需求。它给出了全球可持续发展中的五项重大挑战。在每项重大挑战中，又列出了一些

* 吴国雄、刘屹岷，中国科学院大气物理研究所

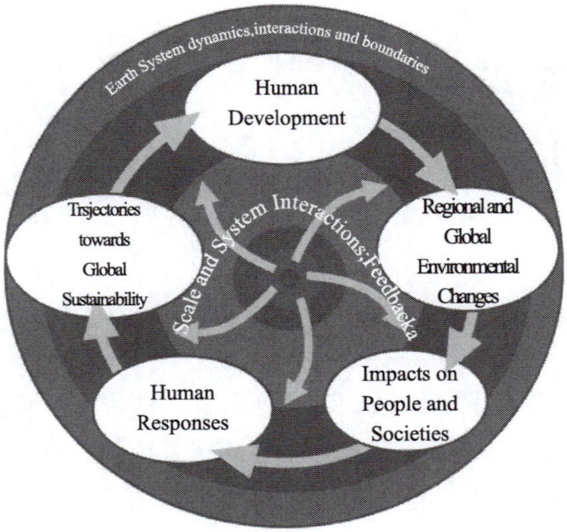

图 1　未来地球计划框架图

资料来源：ICSU 网站

需要优先解决的最重要的科学问题。

挑战一：增强对未来环境状况及其对人类影响的预测的可靠性，其中应优先研究的问题有两个。

（1）人类活动可能引发环境发生何种显著变化；这些环境变化会如何反馈给人类自身，人类又该如何应对？

（2）全球变化对脆弱地区会造成怎样的威胁；为了减少这些威胁，脆弱地区又该采取哪些行动？

挑战二：建立对全球及区域环境变化的观测体系，其中应优先研究的问题有两个。

（1）为了观测耦合的社会-环境系统，我们该如何行动；为了更好地响应、适应和调节全球变化趋势，我们该从什么尺度进行观测？

（2）适宜的观测和传播信息体系应该具有哪些特性？

挑战三：确定如何预测、应对和避免高风险的全球环境变化，其中应优先研究的问题有四个。

（1）耦合的社会-环境系统中发生何种程度的变化会导致重大风险直至造成灾害性的后果？

（2）应如何确定、分析和追踪耦合的社会-环境系统中的阈值的近似点或间断点；什么情况下阈值是不能确定的？

（3）为了防止、适应或扭转突变局面，尤其是重大的连续性的环境变化，应采取何种策略？

（4）为了促进和支持政府决策者和普通居民采取适当应对措施，该如何有效推广关于全球变化风险的科学知识和响应方式？

挑战四：确定保证全球可持续发展的制度和行为，其中应优先研究的问题有六个。

（1）在国家、区域及全球尺度上，何种体系和组织架构能更有效地满足社会-环境系统的内在发展需求；应如何搭建这种体系？

（2）为实现全球可持续发展，经济系统该如何调整？

（3）何种人类行为和生活方式改变能更好地实现全球可持续发展且为各国所接受；它们该如何实现？

（4）在各种社会变革、复杂的区域环境形势和不断增长的全球环境压力下，各国该如何通过制度调整来分配和调动资源，以减轻贫困和维护社会公平？

（5）应对全球环境变化挑战该如何与其他挑战（特别是涉及贫困、冲突、公正和人类安全的挑战）相结合？

（6）有效、合理、公平和全面的环境方案应如何在多种尺度上推行；为了促进适宜的制度、经济和人类行为改变，我们该采取什么行动？

挑战五：开发并评估应对全球环境变化的创新性技术和社会应对方案，其中应优先研究的问题有两个。

（1）为了应对全球环境变化，国家系统该采取何种激励机制以加强技术、政策和体制创新；有何更合适的模式可供采用？

（2）应如何促进创新和关键领域评估？

目前，未来地球计划设置了八个研究方向：①地球的现状；②对全球环境变化的响应；③降低全球变化的风险；④社会发展与福祉需要的资源；⑤关键及敏感区域的变化；⑥与海洋共生存；⑦通向可持续发展的变革途径；⑧其他。

同时还指出了影响未来地球计划的关键交叉领域：①地球观测系统；②数据共享系统；③地球系统模型；④发展地球科学理论；⑤综合与评估；⑥能力建设；⑦科学与政策的沟通与平台。

“未来地球”计划是ICSU-ISSC改变目前全球变化研究格局与研究方法的大胆尝试，旨在将全球变化研究与可持续发展结合起来，更好地为社会和大众服务，这也是未来地球科学研究的出口。ICSU-ISSC吸取了过去“只有科学计划、没有实施经费”的教训，“未来地球”计划在整合目前相关 GEC 项目（IGBP、WCRP、IHDP、DIVERSITAS、ESSP、START）的同时，与 Belmont Forum 合作在全世界推动和实施该计划。Belmont Forum 是由十几个国家的科研资助单位组成的委员会，国家自然科学基金委员会是中国在 Belmont Forum 的正式代表。Belmont Forum 采用 top-down 的形式发起和支持与“未来地球”计划相关的研究，每年面向全球的科学家募集科研项目。

从“未来地球”计划涉及的研究方向可以发现国际科联与地球系统科学联盟的目光已从过去单纯的地球物理过程和人类活动研究深入到环境-社会耦合系统中来，并将重点放在人类社会的稳定和发展层面，强调了通过技术和制度创新和推广，以及集体和个人的共同努力，适应和减缓气候变化，并最终达成良性的全球可持续发展。这也将是指导我国科学研究的前沿方向。

参与该计划对促进我国相关领域的科研工作的意义主要包括五个方面。

（1）该研究计划具有综合性，这对我们国家重大项目的研究具有借鉴意义。我国许多的重大项目，虽然也涉及多个学科，但往往是分而不合，即没有在一个统一的科学理论框架下进行综合研究。例如，目前我国的重大地学项目，虽然涉及地球物理、地质及地球化学，看似具有综合性，但往往仅是不同学科研究结果的拼合而已。

（2）该研究计划将促进中国应对气候变化的科学研究更多地关注适应性研究；促进中国重视人与自然和谐相处的科研发展；推动中国各级政府科学处理经济发展与环境保护的矛盾。

（3）该研究计划指明了我国研究的未来方向，我们应该根据计划的呼吁，开展相应的研究，将计划建议推荐给科技部、中国科学院、国家自然科学基金委员会，为我国制订未来研究计划提供参考，并积极参与组织框架的讨论。

（4）该计划对建立我国在全球及区域范围内环境变化的自主观测体系也有着重大的借鉴作用。借鉴国外的地球观测系统（earth observing system，EOS）及结合中国环境资源卫星将加速发展的情况，建立起完善的观测体系。在遥感卫星的设计（如传感器的设计等）与软件的开发（地面接收系统、相应的产品输出系统及数据分发系统等），以及地面样点或样带的设置等方面的研究，国外都有着较为成熟的研究体系，通过参与此计划，对我国发展出更完善的自主观测体系有着良好的促进作用。

（5）该计划不仅有助于促进我国相关研究的开展，特别是适用于当前社会结构调整的优化；同时，由于我国是开展可持续发展研究的理想实验室，该计划的开展有助于我国紧跟甚至达到国际相关研究的领先水平。

作为国际科联重要成员国，我国应积极参加到该计划中去，包括制定科学研究方向和指导政策，以及加入相应的国际组织中。在某些优势领域牵头，逐渐实现我国相关研究的国际化及引领作用。应组织多学科、多部门参与研究。在资源共享的基础上，要体现我国的特色。既借鉴外国的先进研究成果，也比较我国与国外研究成果之间的差别和联系，从而在理论和实践上都做出贡献。

国际大气平流层研究最新发展方向简介*

为了回顾国际和我国近百年来大气科学的发展历程，以及中国科学家对国际大气科学和全球气候变化研究发展所做的贡献；分析当前国际大气科学和全球气候变化研究发展特征动向和趋势；提炼出大气科学和全球气候变化研究重大前沿科学问题，以及符合我国发展需求的重大战略研究方向及相应的措施，中国科学院地学部启动了“大气学科与全球气候变化重大科学问题”的发展战略研究合作项目。本文将主要参考世界气候研究计划（WCRP）四大核心计划之一的“平流层-对流层过程及其在气候中的作用”（SPARC）在其官方网站（http：//www. sparc-climate. org）公布的主题和重要项目，简要介绍大气平流层研究领域的国际最新发展方向。

一、SPARC 的研究主题

平流层大气过程在地球气候系统中起着十分重要的作用。一方面，平流层臭氧通过吸收紫外辐射而调节太阳辐射强迫，平流层一些重要气体（主要是臭氧、二氧化碳和水汽）也具有重要的红外辐射强迫。另一方面，平流层与对流层之间具有非常强的动力相互作用。SPARC 的研究围绕以下三个主题。

（一）气候-化学相互作用

该主题关注的科学问题有三个。

---

* 卞建春，中国科学院大气物理研究所中国科学院中层大气与全球环境探测重点研究试验室（LA-GEO）

（1）平流层臭氧和其他组分将如何演变？

（2）平流层成分的变化将如何影响气候？

（3）平流层臭氧变化、紫外辐射及对流层化学之间的联系是什么？

大气化学通过控制很多重要温室气体的含量和分布，因而在气候扰动中起着十分关键的作用。例如，甲烷和对流层臭氧的浓度决定于大气化学过程。同样，平流层水汽和臭氧的浓度和分布也十分依赖于大气化学过程。

世界气象组织（WMO）、联合国环境规划署（UNEP）发布的《臭氧损耗科学评估：2010》报告（WMO and UNEP，2011），聚焦于平流层臭氧，强调了气候变化对大气化学的影响，以及化学变化对气候的影响。该评估报告的主要贡献来自于SPARC的化学-气候模式验证（CCMVal）项目。CCMVal探讨了气候与化学之间的相互作用，强调了平流层臭氧对大气成分（如CFCs）和气候的敏感性。化学-气候模式（CCM）考虑了化学-气候之间的全耦合，模拟过去和未来臭氧及臭氧层破坏物质（ODSs）的变化。

1960年之后，随着平流层氯和溴浓度（用等价平流层氯ESC表示）的持续增加，臭氧总量下降。ESC值已经过了其高峰期，目前处于缓慢下降阶段，这反映了1987年《关于消耗臭氧层物质的蒙特利尔议定书》（简称《蒙特利尔议定书》）的成功实施。相应地，所有预估表明臭氧总量最大损耗出现在2000年左右，即发生在ESC最高值出现之后没多久。此后，随着ESC的缓慢下降，臭氧总量增长（除了热带以外）。

然而，研究表明由ESC降低而引起的臭氧恢复在全球分布并不是一致的，而且并不是简单地恢复到1960年之前的臭氧值。温室气体（二氧化碳、甲烷、一氧化二氮和其他气体）的持续增加，将会导致平流层变冷，同时也将加速平流层Brewer-Dobson环流，从而加强对流层向平流层的物质输送，使得空气停留在平流层中的时间（即所谓的“空气年龄”）缩短。热力变化和动力变化（平流层变冷与动力交换加速）两个方面都减少了空气物质在从热带源区向中高纬度输送中的化学臭氧损耗。

在所有预估中，除了南极和热带地区，臭氧总量在21世纪中期都将恢复到1960年之前的水平，这比单独ESC降低引起的恢复要早一些。恢复的加快可以归因于上述热力和动力变化效应。这些效应甚至还将导致在21世纪末中纬度臭氧总量超过大规模工业排放ODSs之前的臭氧总量水平。这个增强也称作“超恢复”。相反，在南极地区，气候变化的效应小于其他地区。因此，南极春季臭氧总量仍受化学过程的控制，反映ESC的变化，在21世纪末这两个量都将接近1960年之前的水平。在热带地区，气候变化将导致臭氧总量在整个世纪都低于1960年之前的水平。虽然热带地区是臭氧的产生源区，但是在臭氧浓度恢复之前，增强的环流就已经非常有效地把空气从热带带走，向中纬度地区输送。

虽然臭氧层的未来演变是气候变化影响大气化学的一个很好的范例，然而反过来，大气成分的变化对气候也有很强烈的影响。根据2007年政府间气候变化工作委员会（IPCC）工作报告，工业革命之后，臭氧和卤代烃是仅次于二氧化碳的人类活动产生的温室气体，造成辐射强迫的增强。对流层大气成分的变化，通过改变向平流层的输入，从而改变了平流层大气成分浓度。反之，平流层的变化，也通过调整向对流层的输送，从而影响对流层臭氧和紫外辐射。例如，过去十年尽管采取协调净化空气措施来抑制人类排放的对流层臭氧前体物（如 NO_x 和挥发性有机化合物 VOCs），但是北半球对流层臭氧背景值仍处于一个较高水平，其中平流层富含臭氧的空气向对流层的输送是一个重要原因。对流层臭氧是一种重要的温室气体。

气溶胶是另一个重要的气候强迫因素。工业化之后，人为气溶胶对气候的效应部分抵消了温室气体辐射强迫的增加。气溶胶可以通过散射辐射和吸收辐射这些直接效应调节大气辐射。气溶胶效应强烈依赖于其化学组分和混合相态。气溶胶也具有较强的间接效应，充当云凝结核（CCN）与云（水、冰和卷云）相互作用。云也能够改变气溶胶及其光学特性、大小分布和充当 CCN 的能力。气溶胶间接效应，是气溶胶物理化学特性的函数，能够干扰云和水循环这两个气候系统的关键要素。平流层气溶胶大大改变平流层化学，并产生惊人的变化，如南极臭氧洞，对全球气候具有重大影响。

这里需要特别指出《蒙特利尔议定书》的贡献。它不仅逐步淘汰了许多含氯和溴等 ODSs 的生产从而保护了臭氧层，而且也保护了气候和支持了《京都议定书》，因为许多 ODSs 同时也是强温室气体。由于《蒙特利尔议定书》广泛被接受和有效实施，2003年时任联合国秘书长 Kofi Annan 称颂为“目前为止可能唯一最成功的国际环境协议”。如果没有《蒙特利尔议定书》，不仅臭氧层破坏将远大于目前所观察到的程度，而且人为气候强迫也要比现在高50%。

最后，需要指出的是，许多相互作用和反馈过程非常复杂，人们对其尚未有很好的认识。因此，清楚地理解气候系统中的各种作用过程是非常必要的。长寿命成分是《蒙特利尔议定书》和《京都议定书》的主体，但是对于短寿命成分而言，由于其时空变化大，即使通过观测和相关过程的模拟也不易评估其当前对气候强迫的贡献。目前，短寿命成分受到很多关注。清楚理解连接排放（源和前体物）与丰度的过程、丰度与气候强迫的过程，对准确预测未来气候和评估气候变化对地球系统的影响是非常必要的。这些问题是 SPARC 与国际全球大气化学（IGAC，系国际地圈-生态圈计划的一个核心计划）联合计划——“大气化学与气候计划”（AC&C）的中心问题。AC&C 打算架起对流层与平流层模拟之间的桥梁，这也是 SPARC 关于气候-化学相互作用主题的一个重要内容。

（二）平流层变化的检测、归因和预测

该主题关注的科学问题有三个。

(1) 平流层的长期变化和变率是什么？

(2) 如何从自然变率和人类活动效应两个方面解释平流层的长期变化？

(3) 我们如何预估未来平流层的演变，对这些预测有多大信心？

过去 30 多年，平流层组分和环流发生了显著变化，这些变化对全球气候系统具有重要的影响（全球平流层臭氧和下平流层温度的可靠观测记录，这份记录向前延伸到 20 世纪 50 年代后期，表明自 20 世纪 70 年代后期发生了显著变化）。平流层变化是自然变率与人为因素共同作用的结果，如火山喷发或太阳周期效应，温室气体与臭氧层破坏物质的变化。平流层也表现出很强的自然变率，但是目前尚没有很好的量化。为了预测平流层未来的演变及量化这些预测的不确定性，一项重要的任务就是理解平流层过去的变化，尤其是要发展全球模式能够模拟观测结果（包括自然变率）。平流层过去变化的检测和归因需要与发展预测未来演变的能力相配合。

过去 SPARC 活动关注平流层臭氧、温度、水汽和气溶胶历史变率（和不确定性）的量化，并一直关注高质量的平流层温度资料集。近期启动的项目将重新检查臭氧廓线过去变化的观测记录，也将评估痕量气体和气溶胶不同仪器交叉观测之间的一致性，因为这是融合不同观测形成一个“气候资料记录”的前提。

一个关键问题是在平流层气候系统的当前认识中，温度和组分观测结果相互之间是否一致。这个问题可以通过历史观测与化学-气候模式（CCM）模拟的比较来研究，其中 CCM 体现了我们对平流层物理化学及辐射-化学与动力过程耦合最好的认识。

例如，自 20 世纪 70 年代后期以来，地基观测和卫星仪器观测都显示上平流层臭氧持续减少，CCM 可以定量再现这一现象，同样卫星观测到自 1960 年早期以来全球平流层变冷这一现象也可以通过 CCM 很好地再现。这就给了我

们很大的信心，我们理解了这些长期变化的驱动因素。CCM 也可以用来预测平流层的未来演变，同时考虑气候变化和臭氧层破坏物质变化的效应及年际变率。

（三）平流层-对流层动力耦合

该主题关注的科学问题有三个。

（1）在对流层延伸期预报和确定对流层气候长期趋势中，平流层动力耦合与辐射耦合的作用是什么？

（2）平流层与对流层通过什么机制形成一个耦合系统？

（3）随着气候的变化，平流层的作用将会是什么？

平流层变化很重要，因为这些变化能够影响对流层天气和气候。然而，由于我们对平流层的作用了解不够（平流层约占中高纬地区空气质量的 25%），所以给气候预估带来了不确定性，尤其是因为我们不知道如何使得气候模式模拟平流层变化对地表气候的真实效应。平流层变化既有动力的又有化学的，因此不仅可以通过动力耦合，而且可以通过改变化学成分的交换和紫外辐射的变化来影响对流层。

例如，有人把南半球平流层臭氧损耗与对流层风的显著变化相联系。这些变化既影响了大洋环流（和海洋生物群），也影响了敏感区的降水（如澳大利亚）。有迹象表明，平流层持续异常可以影响北大西洋深层洋流。随着气候的持续变化，认识平流层在未来一个世纪中起什么作用非常重要。

定量认识平流层-对流层耦合非常重要，原因主要有以下三个。

（1）在季节内时间尺度上，天气、风暴路径和北半球环状模（NAM）位相受到平流层变率的影响（Baldwin and Dunkerton，2001；Thompson et al.，2005）。缓变的平流层在两个月以上的时间尺度上提供了一个改善预报的因素，可以接近 ENSO 的预报信息时效（Thompson et al.，2005）。

（2）随着平流层气候的变化，对流层急流位置发生迁移及热带宽度扩张（Thompson and Solomon，2002；Gillett and Thompson，2003；Son et al.，2008；Lu et al.，2009）。南极臭氧层的损耗导致流场与雨型向极地迁移（Perlwitz，2011）。南极臭氧损耗主要发生在晚冬、早春，紫外辐射吸收的减少导致极地平流层变冷。该变冷效应导致低层夏季反应的推迟，表现为急流的向极迁移。Kang 等（2011）认为澳大利亚干旱三分之一可归因于平流层臭氧损耗。

（3）将来，我们将会看到平流层辐射和动力过程都能影响地表气候、海洋和生物圈。地表风速和急流的改变会影响陆面气候和海洋环流，因而影响海洋生物和化学过程。这些变化，当它们发生在对降水敏感的区域时，将会对该区域的生态系统和人类社会的脆弱性产生重大影响。如果不能很好地了解对流层如何及为何受到影响，将很难解释气候模式结果，也很难预测未来平流层变化如何向下与地表耦合。

二、SPARC 研究项目

（一）化学-气候模式验证

CCMVal 的目标，是通过面向过程的评价，讨论和分析科学结果，从而促进 CCM 及 GCM 的认识。

该项目的一个期望结果是增强对 CCM 描述物理、化学和动力过程能力的认识。此外，该项目将关注认识 CCM 再现历史趋势和变率的能力，以及通过模式模拟集合提供的预测。要实现这些目标，将涉及比较 CCM 成分分布与观测中看到的成分变量之间的关系。该研究是模式-模式及模式-资料的比较。CCMVal 评估表给出辐射、动力、输送、平流层化学与微物理等方面的关键诊断量。该方法允许模式运行者根据他们自身的资源和兴趣确定任何领域的断量。CCMVal 项目帮助协调和组织世界范围内的 CCM 模式工作。这样，CCM 团体可以为 WMO/UNEP 和 IPCC 评估提供最大量的有用科学信息。

CCM 验证是有效预测的一个必要条件，但只是一个方面。另一个方面是保证在同样条件下做模式预测。然而，这是一个非常具有挑战性和复杂的问题，因为不同的模式研究组采用各种不同限制条件下的试验选项（如外强迫情景、SST 设定、试验方案），而且这是一个协调不同模式组的机遇。

在第一阶段（CCMVal-1），13 个研究组运行 CCM 模拟并与定位过程的研究比较这些结果（Eyring et al.，2006；2007）。在第二阶段（CCMVal-2），研究组将考虑更多的 CCM 模式与过程。CCMVal-2 的重大成果是 SPARC 第五号科学报告的刊出，并及时用于 2010 年 WMO/UNEP 臭氧评估。

（二）重力波

小尺度大气波动（称作重力波或浮力波）在对流层有波源，如过地形气流、对流及急流不平衡。随着这些波动向上传播，它们在对流层顶附近及以上的平流层和中间层大气环流中起重要作用。由于这些波动在观测中普遍存在，所以对这些波动及其效应的兴趣与理解随着全球大气模式分辨率的提高而不断增强。

用于天气预报和气候预测的全球环流模式已经开始分辨这些波动，但是重力波源在这些模式中分辨比较差（如地形）或采用参数化（如对流），使较小尺度重力波仍无法分辨，但这对于全球环流非常重要。因为，纬向平均风和温度的强度及季节至年际变率控制着行星波在平流层的传播或影响着臭氧化学。目前模式根据特定需求调整重力波拖曳参数化以便适应这些风场和温度场。例如，对于天气预报，中纬度地区对流层顶附近风场强度影响地表气压形势场。化学-气候模式需要极地平流层真实温度场来模拟臭氧洞的形成过程。重力波拖曳参数化在模拟这些过程中是非常关键的。

当前许多模式中的重力波参数化描述一些简单的控制环流效应的参数。以前这些参数约束比较差，但是来自卫星的新观测提供了多年全球信息。气球、雷达和其他观测仍是重要资料的来源。把这些资料与重力波分辨模式提供的信息结合起来对于给出认识现状和近期趋势所需的全球图像是很关键的。这是SPARC 重力波项目的一个短期目标。

气候模式最终寻求把波动产生及其对环流的效应与气候变化过程相联系。这些要求很高的水平和垂直分辨率，以便清晰地了解重力波产生过程及其变化控制过程。观测资料与气候模式中参数化波动及重力波分辨模拟的比较，有望改进现有参数化方案或创建新方法。这是 SPARC 重力波项目的第二个目标。

2008 年，SPARC 在多伦多召集部分中层大气气候模式和重力波动量通量与拖曳观测方面的专家，关注如何改进重力波效应在气候模式的描述。该小组准备一个综述论文（Alexander et al.，2010），介绍了近期在平流层分辨气候模式中的重力波效应研究、重力波动量通量全球分布的观测与分析及一些高分辨率模式（分辨重力波及其环流效应）研究结果。

SPARC 重力波项目的另一个小组开始比较观测全球模式中的重力波动量通量。其目标不仅仅是评估各种动量通量之间的一致性或不一致性，而是计划最终把现有全球观测融合成一个约束资料集，用于全球模式重力波参数化，也可用于现有及未来高分辨率模式模拟中的可分辨重力波。早期结果表明现有参数化方法在应用中存在一些优点和弱点。现行工作将为重力波变率提供新的描述方法，有可能产生新的参数化方法。

下一个项目将关注重力波波源及控制波动特性的过程/参数，这些参数对预测其环流效应很重要。这无疑需要一个新的研究组，专门研究产生波动的过程及其参数化。

（三）平流层过程及其在气候中的作用之太阳影响（SOLARIS）

现在人们已经认识到太阳活动对气候强迫的重要性，然而，对大气中的太阳信号及影响机制仍然不确定。为回答这些问题，人们成立了一个国际工作组SOLARIS，利用现代化学-气候模式（CCM），以及机制模式和观测，阐明太阳活动对气候的效应，特别关注中层大气化学和动力过程及其与地表的耦合。我们启动了一项新研究，详细分析自上而下太阳紫外效应和自下而上的对流层-平流层相互作用机制，以及高能粒子对气候的影响。

此外，SOLARIS 的目标是提供一个与太阳有关问题的协作和讨论平台。这包括推荐太阳辐射资料用于驱动中层大气和气候模式。

SOLARIS 项目是 GRIPS 太阳影响国际比较的一个延续。SOLARIS 项目与很多其他计划和组织合作，如 SPARC CCMVal、SPARC DynVar、“大气高能粒子雨计划”（HEPPA）、EU COST 计划（太阳变率对地球气候影响的评估），以及 SCOSTEP CAWSES II 计划（日-地系统气候与天气）的一号任务（Task I）。

与 HEPPA 的合作在 2011 年 2 月启动。HEPPA 把 CCM 与 CTM 大气模拟方面的科学家，以及卫星资料反演和分析方面的科学家召集在一起。与 SOLARIS 和 HEPPA 的联合研究将为太阳气候效应提供一个更加完整的图像。联合研究的一个目的是为下一轮 IPCC 推荐将来气候研究中需要研究的过程（太阳辐射和粒子）。

（四）动力变率

动力变率（DynVar）是一个国际气候模式研究项目，研究平流层环流对全球气候系统的影响，特别强调对流层与对流层之间的双向动力耦合。该项目促进耦合大气-海洋-海冰模式的发展和应用，从而回答以下问题：平流层环流如何影响对流层平均气候，如何影响各种不同尺度的气候变率，如何影响气候变化。

DynVar 的目标是以大气环流模式（AGCM）与海洋环流模式的耦合模式（OGAM）为主要研究工具，评估平流层-对流层双向动力耦合对地面气候的影响，利用简化模式与理论方式建立平流层-对流层耦合方面的知识也是 DynVar 的一个重要部分。

为了实现该目标，DynVar 项目注重和促进资料收集的研究，用于评估目的，如世界气候研究计划（WCRP）的耦合模式比较计划第五阶段（CMIP5）、季节至年际预报工作组（WGSIP）的平流层历史预报计划（SHFP）中的平流层季节后报，以及 CCMVal2 运行结果。

研究主题主要有四个。

（1）地面气候、气候变率及气候变化。

（2）平流层爆发性增温。

（3）副热带波动耦合。

（4）环状模与平流层记忆。

（五）痕量气体与气溶胶气候学——SPARC 资料项目

SPARC 痕量气体气候学项目（又称为 SPARC 资料项目瞄准卫星观测化学痕量气体的垂直分辨比较（从上对流层延伸至中间层底层，但主要关注平流层）。

准确了解痕量气体气候学（包括其变率）不仅对于其大小，而且对于数值模式模拟的验证都很关键；SPARC 的 CCMVal 项目注意到部分大气成分卫星产品彼此间似乎不一致，因此建议评估目前各种不同资料产品，用于支撑将来的模式评估。SPARC 资料项目旨在解决这个问题，并分析各种长短寿命痕量气体成分（O_3、H_2O、CH_4、N_2O、HNO_3、NO_x、HCl、ClO、OClO、HOCl、HF、BrO、SF_6、CO、气溶胶及其他）。分析臭氧、气溶胶和水汽气候学不仅支撑 SPARC 现行长期变化特征的研究项目，而且也为 NASA 与 ESA 目前开展的“资料融合”活动提供了有用信息。SPARC 资料项目成果将发表在 SPARC 报告中，内容包括 SPARC 长短寿命痕量气体成分（除了气溶胶、臭氧和水汽）的第一评估。

（六）资料同化

资料同化要求具有观测误差与模式误差方面的知识，也要求具有中层大气方面的知识。因此，推进同化技术要求同化专家与动力专家、化学专家及同化产品用户之间的互动。以前的研讨会主题包括平流层-对流层耦合、平流层的风、同化风场中的输送误差、化学资料同化、重力波参数化。

资料同化工作组与 WCRP 模式组 WGCM 和 WGNE 也有很大关联，是 SPARC 国际极地年（IPY）计划的一项重要内容。

（七）地球工程

2006 年，由 Paul Crutzen 和 Tom Wigley 在大气科学界推动地球工程的研究，他们提出一个抑制气候变暖的地球工程想法。他们认为，通过向下平流层人工播散 SO_2 模仿火山喷发效应，可以起到冷却地球表面的作用，因为火山喷发已经表明对气候有冷却作用。目前正在讨论集中“地球工程”方法。尽管去除 CO_2 有时也归为地球工程，但是 SPARC 研究只关注调整太阳辐射问题，尤其是产生平流层气溶胶云的想法。

然而，地球工程不可轻视，因为地球工程涉及空前的行星尺度操控，而且可能有严重后果。风险（依赖于独特的方式）可能包括六个方面。

（1）区域气候变化，包括全球降水减少及局地干旱。

（2）措施停止后的冷却效应快速逆转。

（3）海洋持续酸化。

（4）臭氧损耗。

（5）太阳光照射改变对农作物的影响。

（6）对卷云的未知影响。

即使风险可以接受，各种方法的技术可行性也无法保证，所需花费也很不确定，而且还有未解决的伦理和治理问题。然而，未来任何社会决定都必须科学知情，而且 SPARC 研究旨在利用全球化学气候模式考察平流层地球工程对气候与臭氧的影响。SPARC CCMVal 的几个模式组正在从事地球工程研究。

地球工程充满未知数，只有通过协作研究才能揭开这些谜团。Alan Robock正在领导一个 CMIP5 之下的地球工程模式比较计划（GeoMIP），利用所有参与气候模式开展特定试验。通过该计划，我们将会确定不同模式结果对地球工程气候效应的共同点与分歧。

(八) 第二阶段水汽 (WAVAS II)

2000年，SPARC颁布了上对流层与下平流层（UTLS）水汽评估报告（WAVAS-1）（Kley et al.，2000）。报告的主题是分析和评估UTLS水汽的长期变化，重点是观测到平流层水汽增加。该报告特别注重相关数据集的描述和比较，包括世界范围内的现场湿度计和遥感仪器，从而获得一个合适的数据集，可反推至20世纪40年代。报告讨论了UTLS水汽的分布和变率、相关过程，以及水汽增加对辐射、动力和化学的影响。但是该报告未能给出水汽长期变化的定量解释。

我们听从该报告的建议，继续执行气候观测计划，开展了新的UTLS水汽试验，发射了新的卫星观测计划，也开展了模式研究以便识别以前未知的过程。新的观测中出现了一个令人费解的问题，在寒冷的对流层顶区域不管是云内还是云外观测到大量的意想不到的高相对湿度。资料质量方面，了解绝对精度而不仅仅是不同感应器之间的相对差异，已经成为我们评估这些问题的一个关键。要回答这些精度问题，有必要开展现有湿度计及在研湿度计的交叉验证，在野外试验及实验室中开展。

鉴于以上进展，是时候更新2000年的WAVAS-1了，特别是有必要总结过去十年各种野外试验、实验室及模式结果，形成一个综述报告，增加最新卫星观测、野外观测资料，强化影响平流层水汽及其演变过程的现有认识。主要目标是评估近期观测的精度，并给将来的UTLS水汽研究提供新的建议和指导。因此，SPARC科学指导委员会在2007年提出了一个新的水汽项目（WAVAS-2）。

WAVAS-2要处理的主题有四个。

（1）资料质量：现场和遥感数据的可靠性。

（2）晴空与云内过饱和现象：能否在我们现有知识范围内解释该观测现象，或者我们需要新的理论概念与新的实验研究，如极低温度条件下的冰增长。

（3）UTLS水汽变化的近期观测：这些观测结果相互之间一致吗，我们能解释吗，我们能预测未来变化吗？

（4）对大气化学和气候的影响：UTLS水汽变化对辐射、化学、云及气候的影响是什么？

（九）第二阶段臭氧廓线

第二阶段臭氧廓线计划是由 SPARC、国际大气臭氧委员会（IOC）、IGACO-O3/UV（GAW）与大气组分变化监测网（NDACC）共同支持的一个项目。

科学背景如下：平流层臭氧全球尺度的垂直分布取决于平流层化学和输送。20 世纪 70 年代建立了全球范围的臭氧垂直分布气候学特征，主要基于臭氧探空和递转观测。从 1979 年起，卫星仪器开始准全球、准连续监测臭氧廓线，最长序列来自于 SAGE I & II 及 SBUV/2 的仪器记录。

从 20 世纪 70 年代开始，人为平流层臭氧破坏开始影响臭氧层，在 90 年代后期达到顶峰（用等效平流层氯 EESC 表示）。平流层臭氧廓线变化（依赖于纬度、季节）包含了人为化学臭氧损耗的重要信息。然而，在 20 世纪 90 年代来自 SAGE I & II、SBUV/2 及地基观测的信息表明部分结果与第一次 SPARC 评估报告（Harris et al.，1998）有冲突，发现许多资料质量问题。一个重要结果是北半球中纬度地区下平流层臭氧减少是臭氧总量显著下降趋势的最重要原因，此外上平流层是另一个重要臭氧损耗区（其原因是 CFC 及其他臭氧损耗物质在该区域的臭氧损耗）。

21 世纪开始以来，化学臭氧损耗缓慢下降，臭氧廓线变化信息对证实《蒙特利尔议定书》的正面效应很重要。然而，臭氧廓线也受到气候变化越来越多的影响，如数值模拟预测 Brewer-Dobson 环流变强了（Harris et al.，2008；Douglas et al.，2010）。可惜的是，目前缺乏可信的全球臭氧廓线变化信息，主要因为 SAGE 记录在 2005 年终止了（Douglas et al.，2010）。虽然存在其他仪器记录有可能获得这十年臭氧垂直变化信息，但是，从可用的卫星观测生成一个一致的臭氧廓线记录有很大挑战性，因为必须考虑不同卫星序列之间不可回避的漂移问题。当然，与此同时地基高质量臭氧廓线序列（包括 NDACC）变得越来越长了，在全球观测站也变多了，可以为廓线长期变化趋势分析提供了新的数据。

（十）大气化学与气候

当前，人为引起气候强迫的一个重要因素是化学活性成分。气候变化能够引起大气成化学组分的变化，改变排放及大气中的化学过程。研究气候-化学相互作用是全球变化研究中一个最重要同时也是最困难的核心问题。而且，化学活性成分更容易受到短期控制的影响，如通过改变排放，因而具有重大的政策相关性。此外，至少有两项重大评估——世界气象组织（WMO）的臭氧评估及政府间气候变化专门委员会（IPCC）气候变化评估——将受益于化学-气候相互作用认识的提高。

通过SPARC化学气候模式验证（CCMVal）的努力已经在这方面取得了显著成效，主要关注平流层化学-气候模式，并且直接用于最近的WMO/UNEP国际臭氧评估。还可以通过对流层化学-气候模式研究及对流层化学-气候与气溶胶模式的协作研究取得更多的进展。

SPARC计划的重点主要放在中层大气的模式研究上，而很少关注化学及化学过程的野外试验，也很少关注对流层。在“国际全球大气化学计划”（IGAC）中，重点是通过试验制约大气化学成分及过程。因此，SPARC与IGAC的指导委员会及其母组织WCRP与IGBP认为SPARC与IGAC协作研究将起到一个很好的效果，既可从观测（现场与遥感）方面获得新信息又将有助于确定如何优化将来的观测方案。

“大气化学与气候”（AC&C）作为WCRP与IGBP的一个联合项目于2006年签署，并由SPARC和IGAC负责执行。

AC&C的三个主要领域如下。

（1）气候对大气化学的影响。

（2）大气化学对气候的影响。

（3）气候对空气质量的影响。

AC&C项目涉及如下五个方面。

（1）识别围绕大气化学和气候的需要综合集成研究的一系列科学问题。

（2）识别既对处理关键科学问题很重要又没有认识清楚的大气过程。

（3）识别一系列可用于讨论不确定性的常用诊断量。

（4）协调模式和观测团队，从而观测可更加有效地用于制约模式，模式也为观测计划提供信息。

（5）帮助定义通用模式输出和资料约定、文件格式，以及建立模式输出和观测资料网站或资料中心。

在研活动有如下三项。

（1）后报：对流层臭氧和气溶胶20～25年后报（活动1）。

（2）垂直分布：界定什么控制大气中的气溶胶/其他分布，先关注5千米至对流层顶之间的对流层分布（活动2）。

（3）情景：大气化学与气候模式比较计划（ACCMIP），分析气候模式未来情景下的敏感性与不确定性（活动 3）。

（十一）卤素气体寿命

2010 年，WMO/UNEP 臭氧评估执行摘要提到寿命问题及与寿命有关的问题：新的证据表明有些重要的 ODS（如 CFC-11）寿命可能比以前评估报告给出的寿命要长一些。然而，由于缺乏佐证研究，本评估给出的 CFC-11 寿命维持不变，仍为 45 年。CFC-11 寿命的修订将影响其全球排放的估计值、臭氧破坏潜力（ODP）的计算值及某些其他卤代烃寿命的估计值。

BDC 的增强将减少热带下平流层臭氧含量，增加臭氧的向极输送，并且缩短长寿命 ODS 和其他痕量气体的大气寿命。”

对流层四氯化碳（CCl_4）含量的减小速度不像预期得那么快。向联合国环境署（UNEP）报告的排放变化很大，平均而言比从观测浓度趋势估计的排放要小一些。尽管该差异的大小对我们对 CCl_4 大气寿命认识的不确定性非常敏感，但是其变率无法用寿命的不确定性来解释。”

因此有必要重新评估重要卤素气体的寿命（如 CFC-11、CCl_4、Halon、HFCs、HCFCs 及相关成分），因为已经有许多证据表明实际寿命可能比 2010 年 WMO/UNEP 臭氧评估及化学-气候模式（CCM）中的给定值要长得多。这是调停自上而下、自下而上排放估计矛盾及模式预估中的一个重大不确定性。

SPARC“卤素气体寿命”项目将提供一个全面评估：①综述利用模式和观测估计寿命的理论；②更新确定寿命的动力学数据；③从痕量气体分布的观测推算的寿命；④模式估计的寿命，这将需要重新运行 CCM。

因此在该项目中，CCM 验证组将是重要的参加者。这些结果将成为下一次 WMO/UNEP 臭氧评估（预期在 2014 年出版）的重要信息来源。

（十二）温度趋势

平流层温度是一个最基本的气候记录，但是从历史记录得到的长期变化具有很大的不确定性。SPARC 平流层温度趋势研究组瞄准改进平流层温度长期变率及趋势的认识，包括分析不同来源资料的历史记录、详细比较不同复杂性的模式、解释过去及未来变化。目前的关注点是量化历史数据记录的不确定性（基于探空、卫星和激光雷达观测、平流层再分析产品），利用融合数据集量化长期变率及趋势。这些结果为 WMO/UNEP 臭氧评估及模式验证研究（如 CC-MVal）提供了重要信息。

三、SPARC 关注领域

（一）动力和观测基础

对流层主要通过各种向上传播的大气波动影响平流层。近期证据表明，平流层组织被自下而来的混沌波动强迫，对平流层环流产生长时间尺度变化。这些平流层变化可以影响对流层天气与气候。在北半球，该联系可以描述为平流层极涡强度与地表天气变率的主模态 NAM（北半球环状模）之间的联系。

当 NAM（与北大西洋涛动很相似）为正时，极地气压低于常值而低纬地区气压偏高，中纬地区西风气流增强，尤其在大西洋上空。北欧和美国绝大部分比常年偏暖、偏湿，而南欧比常值偏干。极涡强度的变化看上去似乎引起了地表 NAM 的变化，但是动力过程不太清楚。

然而，有可能利用平流层信息（或能够很好刻画平流层的预报模式）来改进 7～10 天预报极限的天气预报模式。平流层-对流层耦合认识的改进不仅有助于更好地预报月和季节时间尺度的天气，而且也有助于预测温室气体增加、平流层臭氧损耗、太阳变化和火山喷发等的气候效应。SPARC DynVar 项目是平流层-对流层耦合这一主题的一项关键内容。该项目促进了大气-海洋-海冰耦合大气环流模式的发展和应用，促进认识平流层环流如何影响对流层平均气候、气候变率和气候变化。

（二）气候变率和气候变化

一个变化的气候对全球社会和经济的影响是影响未来政府决策的一个关键因素。SPARC 的一个研究目标是大气成分的变化对环流和天气的影响，包括地表温度的升高、极端天气事件和海平面上升。平流层是气候系统变率和内部记忆的一个重要源。

平流层中气候相关过程对未来做出更加准确的气候预测，以及分析未来气候变化的原因是很重要的。在天气预报模式中加入平流层，将提高我们周预报和季节预测的精度，也将扩充我们十年以上预测的能力。

SPARC 为与气候变率和气候变化相关的几个关键领域提供了专业知识。

(1) SPARC 关于动力变率（DynVar）的项目考察平流层如何通过平流层-对流层动力耦合影响对流层，以及研究研究模式如何描述该影响过程。

(2) 气候模式中大气环流的描述受到模式如何抓住所谓重力波特征的很大影响，SPARC 重力波项目研究这一问题。

(3) 太阳及高层大气（90 千米高度以上）与平流层-上对流层（15～50 千米高度范围）之间的联系是 SPARC 太阳影响（SOLARIS）项目研究的课题。

(4) 平流层和上对流层温度趋势是 SPARC 温度趋势工作组的研究内容。

(5) 化学-气候模式验证（CCMVal）项目采用复杂的气候模式，很好地刻画平流层，包括平流层动力学和化学；评估这些模式模拟真实大气中过程的能力（与实际观测结果比较）。当前，CCMVal 项目的研究内容正向对流层领域扩展。

(三) 臭氧

臭氧与臭氧层对地球生命非常重要。SPARC 为 WMO/UNEP 四年一次的臭氧评估报告提供重要科学支持，评估《蒙特利尔议定书》签署实施效果。20 世纪由于人为 CFC 向大气的排放导致臭氧洞的发展，促进了 1987 年《蒙特利尔议定书》的实施。CFC 与其他臭氧层破坏物质不仅影响臭氧层和到达地球表面紫外辐射量，而且影响地球气候。臭氧层破坏物质对气候有很强的影响，因为它们是温室气体，而且它们破坏的臭氧本身也是一种温室气体。

SPARC 对自《蒙特利尔议定书》及其修正案签署之后四年一次的 WMO/UNEP 臭氧评估报告贡献很大。多亏《蒙特利尔议定书》的出台，使臭氧层破坏物质减少。例如，CFC 在 20 世纪 90 年代中期达到高峰后，目前正缓慢下降。

认识臭氧层未来如何恢复及正确预测臭氧恢复的方式，这就要求一系列工具，如化学-气候模式及地球气候系统的连续观测和监测。

在以前，SPARC 对臭氧评估过程的贡献包括四个方面。

(1) SPARC 化学-气候模式验证（CCMVal）项目，帮助验证和评估用于研究臭氧损耗和臭氧洞发展的模式，以及预测臭氧层恢复的模式。

(2) 对氧化氯（ClO）双分子的研究，回答了近期 Pope 等（2007）的结果，该结果对我们关于臭氧损耗过程的认识提出了疑问。

（3）卤素寿命的研究，这将更新我们对化学成分寿命的了解，对预测臭氧层恢复非常关键。

（4）臭氧廓线的再研究，这将更新和改进我们对臭氧垂直分布的了解，以及找到观测系统的缺陷。

（四）大气化学与气溶胶

大气化学是认识地球气候系统演变的一个里程碑。温室气体（GHGs）和臭氧损耗物质（ODSs）效应使地球表面变暖而使平流层变冷。SPARC 的研究促进了我们对影响地球气候化学过程的认识。

气溶胶在平流层很重要，因为其辐射特性及为异相化学反应提供化学反应表面，没有气溶胶这些反应将无法发生。SPARC 紧紧跟踪研究火山灰和硫向大气喷发的作用，以及如何在模式中如何表现该过程。SPARC 也正在开拓一个新的研究领域——地球工程，尤其是把人造硫化物粒子注入平流层，用来减缓由 GHGs 增长而导致的地表温度升高。

在以前，SPARC 对大气化学和气溶胶研究的贡献包括以下几个方面。

（1）实验室研究，如一氧化氯（ClO）双分子的活性与卤素寿命，直接影响大气化学研究团体。实验室研究评估大气组分特性，更新对化学成分在大气中寿命的认识。

（2）CCMVal 项目采用复杂的气候模式，详细描述平流层和平流层化学，评估这些模式模拟真实大气过程的能力（与实际观测比较）。

（3）与姐妹组织 IGAC 的联合项目——AC&C，综合研究对流层与平流层化学。

（4）SPARC 资料项目，目标是评估各种长短寿命痕量气体在现存不同卫星资料之间的差异。

（五）极地过程

极区受气候变化的影响并不一致。人们现在开始意识到这一复杂性，因而极区受到的关注日益增加。冰盖融化、海冰范围和厚度缩减不仅大大地影响极区而且影响全球的海岸。SPARC 正与其他研究组织组织力量研究与极区相关的科学问题。

IPY 是全球研究团体开展极区广泛研究的唯一机遇。SPARC IPY 项目研究极地平流层与中间层的结构与演变，以及与对流层的耦合。这一工作的实现得益于收集资料同化产品，这些产品综合了观测（卫星和地基）与天气预报或气候模式（扩展到平流层及以上）。

参考文献

Alexander M J，Geller M，McLandress C，et al. 2010. Recent developments on gravity wave effects in climate models，and the global distribution of gravity wave momentum flux from observations and models. Q J Roy Meteorol Soc，136：1103－1124.

Baldwin M P，Dunkerton T J. 2001. Stratospheric harbingers of anomalous weather regimes. Science，244：581－584.

Douglas A，Fioletov V E，et al. 2010. Stratospheric Ozone and Surface Ultraviolet Radiation，Chapter 2 in Scientific Assessment of Ozone Depletion：2010，Global Ozone Research and Monitoring Project-Report，(52)：516.

Eyring V，Butchart N，Waugh D W，et al. 2006. Assessment of temperature，trace species and ozone in chemistry-climate model simulations of the recent past. J Geophys Res，111：D22308.

Eyring V，Waugh D W，Bodeker G E，et al. 2007. Multimodel projections of stratospheric ozone in the 21st century. J Geophys Res，112.

Gillett N，Thompson D W J. 2003. Simulation of recent Southern Hemisphere climate change. Science，302：273－275.

Harris N R P，Kyrö E，Staehelin J，et al. 2008. Ozone trends at northern mid-and high latitudes -a European perspective. Ann Geophys，26：1207－1220.

Harris N，Hudson R，Phillipseds C. 1998. SPARC Report No1：SPARC/IOC/GAW Assessment of Trends in the Vertical Distribution of Ozone. WMO Ozone Research and Monitoring Project Report，No. 43.

Kang S M，Polvani L M，Fyfe J C，et al. 2011. Impact of polar ozone depletion on subtropical precipitation. Science，332：951－954.

Kley D，Russell J M，Philipseds C. 2000. SPARC Report No. 2：Upper Tropospheric and Stratospheric Water Vapour. WCRP－113，WMO/TD-No. 1043.

Lu J，Deser C，Reichler T. 2009. Cause of the widening of the tropical belt since 1958，Geophys Res Lett，36：L03803.

Perlwitz J. 2011. Atmospheric science：Tug of war on the jet stream. Nature Climate Change，1：29－31.

Pope F D, Hansen J C, Bayes K D, et al. 2007. The Ultraviolet Absorption Spectrum of Chlorine Peroxide, ClOOCl. J Phys Chem, 111 (20): 4322-4332.

Son S W, Polvani L M, Waugh D W, et al. 2008. The impact of stratospheric ozone recovery on the Southern Hemisphere westerly jet. Science, 320: 1486-1489.

Thompson D W J, Baldwin M P, Solomon S. 2005. Stratosphere /Troposphere coupling in the Southern Hemisphere. J Atmos Sci, 62: 708-715.

Thompson D W J, Solomon S. 2002. Interpretation of recent Southern Hemisphere climate change. Science, 296: 895-899.

WMO, UNEP. 2011. Scientific Assessment of Ozone Depletion: 2010. Global Ozone Research and Monitoring Project-Report, No. 52: 516.

WMO与NOAA战略规划解析*

战略规划系全局性、前瞻性和可操作性的总体发展规划，其内容主要包括战略方向、战略目标、战略计划、战略任务和政策措施等，是发展战略研究的核心内容之一，因而备受社会各界的高度重视。

气象与人类赖以生存的环境息息相关，是经济社会可持续发展的科技支撑，是国计民生的重要保障。因此，国际社会和各国政府对气象事业发展十分重视，把滚动制订中长期气象战略规划作为一项重要任务。近年来，面对防灾减灾和应对气候变化的新形势，有关国际机构和政府部门竞相制订了新一轮的战略规划，旨在加快气象科技创新的步伐，提高气象服务水平和效益，提升国际影响和地位。在新一轮的气象战略规划中，世界气象组织（WMO）和美国国家海洋和大气管理局（NOAA）的战略规划具有鲜明的特色和广泛的代表性。认真解读分析WMO和NOAA战略规划，对我国了解当今世界气象科技的前沿和动态，跟踪和赶超国际先进水平，具有重要的借鉴意义。

一、WMO战略规划

（一）WMO与WMO战略规划概述

WMO是联合国的下属组织之一，目前已拥有189个成员。其前身是成立于1873年的国际气象组织（IMO），1950年更名为世界气象组织。WMO的愿景是为全球天气、气候、水文和水资源及有关环境问题等领域的专业技术合作

---

* 王守荣、申丹娜、刘冬，中国气象局

和国际合作发挥领导作用，据此为全世界人民的安全和福祉，以及各国的社会经济效益做出贡献。WMO的使命是：①促进建立站网方面的国际合作，以开展气象、水文及与气象有关的地球物理观测，促进设立和维持各类中心，以提供气象和与气象有关的服务；②促进建立和维持气象及有关信息快速交换系统；③促进气象及有关观测的标准化，确保以统一的规格出版观测和统计资料；④促进气象学应用于航空、航海、水利、农业和其他人类活动；⑤促进业务水文活动，增进气象与水文部门间的密切合作；⑥鼓励气象及有关领域的研究和培训，并帮助协调国际方面的研究和培训。

WMO高度重视战略规划工作，在其秘书处专门设立战略规划办公室（Strategic Planning Office），负责战略规划的制订及相关的管理工作。WMO以基于结果的管理（RBM）理念为基础制订战略规划，非常注重战略规划的实效性，确保战略规划能收到预期结果。战略规划的流程如图1所示，共分为六个步骤。①确定WMO的发展方向。在总结经验、分析形势的基础上提出未来发展方向，指导战略规划。②制订WMO战略规划。确立未来发展的顶层目标、战略主旨、预期结果和关键业绩指标。③制订WMO秘书处运行规划。以WMO战略规划指导机构设置和调整，明确各部门的任务，确保战略目标的实现。④制订WMO运行规划。将战略规划的主旨、预期结果和关键成果转变为具有时限的具体计划活动、项目及绩效指标，并识别WMO各会员、技术委员会、区域协会和秘书处的贡献。⑤编制WMO基于结果的预算。把运行规划提供的服务和活动与资金挂钩，确定运行计划所需的常规资金及用于启动项目的自愿资金。⑥建立监测和评估系统。WMO强调战略规划的全程监测和评估。在规划编制过程中，重点对各级规划的内容和基于结果的预算组织评估。在规划实施过程中，通过监督与评价提供动态信息，掌控规划的实施进程和绩效，对战略规划过程十分重要，必要时可根据评价结果来调整战略方针和优先重点。规划过程形成四份基本文件：战略规划（Strategic Plan）、运行计划（Operating Plan）、基于结果的预算（Results-based Budget）和监督与评价系统（Monitoring & Performance Evaluation Plan）。

WMO战略规划过程坚持公开、开放和透明的原则，广泛吸收各会员、技术委员会、区域协会，以及联合国有关组织和社会公众参与规划的起草和评估。WMO战略规划的周期为四年，由四年一届的世界气象大会审议通过。2011年第十六次世界气象大会在日内瓦召开，批准了WMO 2012～2015年战略规划。

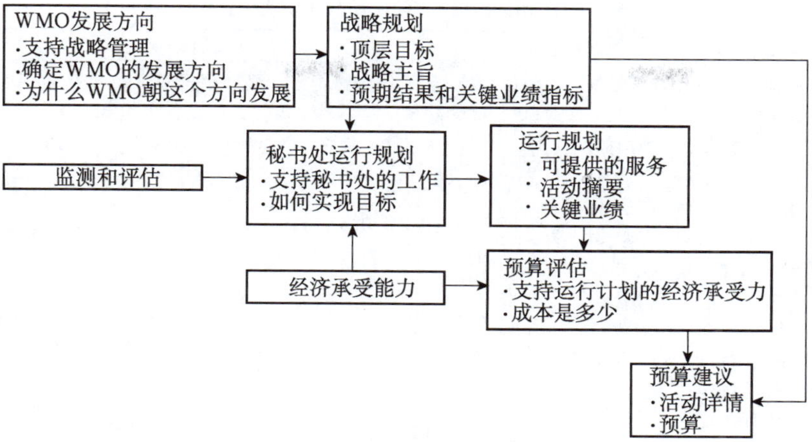

图 1 WMO 战略规划流程图

（二）WMO 新一轮（2012～2015 年）战略规划的核心内容

WMO 在总结以往的成就和经验、分析新时期的形势和挑战的基础上，制订了新一轮（2012～2015 年）战略规划。新一轮战略规划的结构参见表 1，核心内容主要有三个方面。①满足三大全球社会需求（GSN），即满足更好地保护人民生命和财产、消除贫困、可持续的生计和经济增长、可持续地利用自然资源等社会需求。②确立五项战略主旨（ST），即提高服务质量及改进服务的提供方式，促进科研和应用，以及技术开发与实施，加强能力建设，建立并加强伙伴关系和合作，加强善政（good management）。③确保八项预期结果（ER），即围绕社会需求和战略主旨，在气象服务、防灾减灾、预测预警、观测与资料、各国气象水文局（NMHS）（特别是发展中国家和最不发达国家）履责能力、伙伴合作关系、有效和高效的组织等方面取得预期结果。围绕八项预期结果又提炼了若干关键成果和绩效指标（KO），用以指导规划的实施和监督评估。

在战略主旨和预期结果中，有五个至关重要的战略优先重点领域。①全球气候服务框架（GFCS）。2009 年召开的第三次世界气候大会决定建立 GFCS，旨在推动气候服务信息系统（CSIS）的建设和气候用户界面计划的实施，加强以科学为依据的气候预测和服务的制作、提供、交付和应用。②航空气象服务。航空运输是世界贸易中一个关键的部分，在全球化经济的发展中起着重要

表 1　WMO 2012～2015 年战略计划结构表

三大全球社会需求	五项战略主旨	八项预期结果
一、更好地保护人民生命和财产（与灾害性天气、气候、水、和其他环境事件影响有关，并与提高陆上、海上和航空运输安全性有关）	（一）提高服务质量，改进服务的提供方式	(1) 提高会员的能力，根据用户需求提供高质量的天气、气候、水及相关环境预报、信息、警报和服务，以及改进对上述信息的获取，使这些信息能用于所有相关部门/行业的决策
	（二）促进科研和应用，以及技术开发与实施	(2) 提高会员减轻天气、气候、水及相关环境灾害风险和潜在影响的能力
二、消除贫困、可持续的生计和经济增长（结合千年发展目标），包括提高人民的健康水平和社会福祉（与天气、气候、水和环境事件及影响有关）	（三）加强能力建设	(3) 提高会员天气、气候、水及相关环境信息预测和预警的能力，尤其为减轻灾害风险、气候影响和适应战略的制定提供支持
	（四）建立并加强伙伴关系和合作	(4) 提高会员根据 WMO 制定的国际标准，调用、开发、实施并利用综合、可互操作的地基和空基观测系统，获取天气、气候和水文观测资料，以及有关环境和空间天气观测资料的能力
	（五）加强善政	(5) 提高会员促进并受益于全球天气、气候、水和相关环境方面的科研及科技开发的能力
三、可持续地利用自然资源，改善环境质量		(6) 提高 NMHS 履行各自职责的能力，特别是发展中国家和最不发达国家
		(7) 建立伙伴关系，加强合作活动，提高 NMHS 的服务提供水平，提高 WMO 为联合国系统、有关国际公约及各国战略问题所做贡献的价值
		(8) 成为一个有效和高效的组织

作用。航空运输的发展需要改进气象服务，提高国际导航的安全性、定时性和效率。③发展中国家和最不发达国家的能力建设。特别关注这些国家 NMHS 的教育和培训需求，提高对 NMHS 和区域中心提供的产品和服务产生的各种社会经济效益，扩大内外战略合作，加强筹资支持。④WMO 全球综合观测系统（WIGOS）和 WMO 信息系统（WIS）的实施。WIGOS 旨在以最佳成本效益的方式满足 WMO 科技计划和合作伙伴的观测需求，包括地球观测组织（GEO）的全球综合地球观测系统（GEOSS）的需求。WIS 则致力于有效地管理天气、气候、水，以及相关环境的信息和产品，并满足各种科学和服务的需求。⑤减轻灾害风险。在建立天气、气候、水和相关早期预警系统的基础上，通过提供相关环境产品、服务和制定一系列应急措施，以拯救更多人的生命，减少自然灾害的经济损失。

围绕战略主旨，WMO 将继续实施或启动一批科技计划，包括“世界天气监视网计划”（WWW）、“世界气候计划”（WCP）、“气象应用计划”（AMP）、“减轻灾害风险计划”（DRR）、“大气研究与环境计划”（AREP）、“水文和水资源计划”（HWRP）和“WMO空间计划”（WMOSP）；与其他组织联合发起的“世界气候研究计划”（WCRP）、“政府间气候变化专门委员会科学评估计划”、“全球气候观测系统计划”（GCOS）和“全球海洋观测系统计划”（GOOS）；“区域计划”（RP）及“最不发达国家计划”（LDCP）、“技术合作计划”（TCOP）等。

（三）WMO战略规划彰显的发展动向

通过比较分析WMO新一轮战略规划和上一轮（2008～2011年）战略规划（详见表2），可以看出WMO新的发展动向。①更加关注满足全球社会需求。以往的战略目标虽然也涉及社会需求，但重点是气象自身的顶层设计。新一轮战略规划将“战略目标”改为“社会需求”，绝不只是术语的变化，而实质上是战略导向的改变，意味着WMO把气象与保护全球人民生命财产安全、实现联合国千年发展目标、可持续利用自然资源和保护环境紧密联系起来，以满足这三大社会需求牵引的新时期气象事业的发展。②更加重视气象服务工作。以往的战略主旨中，总是把气象科技研发和应用放在首位，而新一轮战略规划则把“提高服务质量，改进服务的提供”作为五项战略主旨之首，可见气象服务已成为新时期气象事业的发展的重中之重。③更加突出重点发展领域。在以往的战略规划中，只是在战略主旨和预期结果中提出了若干业绩指标，没有明确战略优先重点领域。新一轮战略规划则提炼了气候服务框架、减轻灾害风险、航空气象服务、全球综合观测系统和信息系统、发展中国家和最不发达国家的能力建设等五项战略优先重点，显然是对世界范围加强应对气候变化、防灾减灾和气象服务，促进气象科技创新和推进气象现代化建设给出了鲜明的导向。④更加强调国际参与和合作。新一轮战略规划呼吁通过更广泛地参与国际计划和公约，提高国际社会对会员及其活动的公认度。同时WMO将协助各国，把其在全球峰会上和国际公约中所做的承诺变为切实可行的措施。

表 2　WMO 2008～2011 年战略规划结构表

顶层目标	战略主旨	预期结果
一、制作更精准、及时可靠的天气、气候、水和相关环境要素的预报和预警	（一）科技研发和应用，以监测和观测环境，针对重要的天气、水和气候条件发布预报和预警，以及认知地球系统	（1）提高会员制作更好的天气预报和警报的能力 （2）提高会员提供更好的气候预测和评估的能力
二、改进向公众、政府和其他用户提供有关天气、气候、水和相关环境的信息	（二）提供服务，以确保社会能够通过 WMO 会员提供的天气、水和气候信息及服务全面受益	（3）提高会员提供更好的水文预报和评估的能力 （4）整合 WMO 的观测系统
三、提供科技专业知识和咨询以支持政策和决策及实施既定的国际发展目标和多边协议	（三）能力建设，以支持和提高各会员，尤其侧重于发展中国家和最不发达国家为其各自社会提供基本环境服务的能力 （四）伙伴关系，与国际机构、其他组织、学术界、媒体和私人部门合作，扩大重要环境信息和服务的范围并提高服务质量 （五）有效的管理和善政，以确保环境信息和服务的可承受能力	（5）开发和实施 WMO 新信息系统 （6）提高会员对多种灾害早期预警和防灾备灾的能力 （7）提高会员利用天气、气候、水和环境的服务应用的能力 （8）会员和合作组织在决策和实施中更广泛地利用天气、气候和水的产品 （9）提高发展中国家，特别是最不发达国家会员履行职责的能力 （10）组织机构有效和高效地发挥职能 （11）有效和高效地管理和监督

二、NOAA 战略规划

（一）NOAA 及其战略规划概述

1970 年，NOAA 正式成立，隶属于美国商业部（DOC）。NOAA 的主要职责是：理解和预测气候、天气、海洋和海岸带的变化，分享和分发有关知识和信息，保护和管理海岸带、海洋生态系统和资源。当前，NOAA 下辖 6 个直属部门（国家天气局，国家海洋渔业局，国家海洋局，国家环境卫星、数据和信息局，海洋大气研究司，规划计划和综合司）和 16 个行政办公室。

为促进可持续发展和保持世界领先地位，NOAA 十分重视顶层设计和战略规划，专门设有规划计划和综合司负责战略规划工作。NOAA 战略规划的时间长度为一般为 5 年，但在实施规程中可随时滚动修订。1993 年，NOAA 首次推出了战略规划，此后相继制订了 7 个战略规划。为适应国内外的新形势和社会发展的需求，NOAA 不断地改进和完善战略规划工作（图 2），逐步加强了部门与社会的融合，既关注部门发展的合理性和精确性，又注重面向社会的开放性和共识性，不断提升战略规划的综合性和有效性。

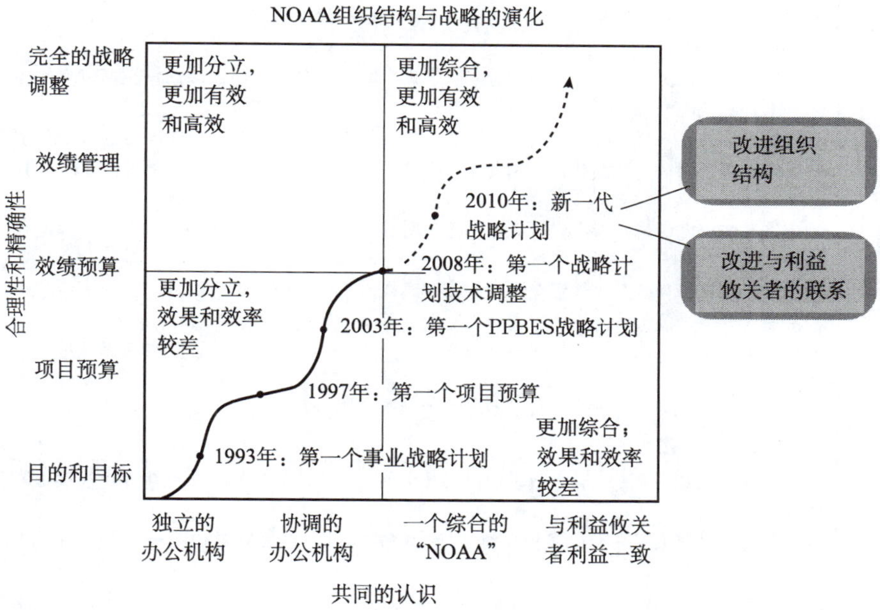

图 2 NOAA 战略规划思路的演变

（二）NOAA 当前（2009～2014 年）战略规划

2007～2008 年，NOAA 制订了当前（2009～2014 年）战略规划。其使命是：理解并预测地球环境的变化，保护和管理海洋及海岸资源，满足国家经济、社会和环境需求。愿景是：构建一个知识和信息社会，基于对海洋、海岸带和大气在全球生态系统中作用的综合理解，制定最佳的社会和经济决策。

在当前战略规划中，NOAA 设定了五项目标：①通过生态系统管理方法来保护、恢复和管理海岸、海洋资源的使用；②了解气候变率和变化，增强社会响应和应对气候的能力；③满足社会对天气和水信息的需求；④提供安全、有效和环境友好的交通信息以支持国家的商业；⑤为 NOAA 使命提供关键的支持。为确保各项目标的实现，NOAA 明确了具体的指标和最终的成果，并设置了一系列相应的重大计划。前四项目标相应的重大计划参见表 3。第五项目标包括卫星、飞机和舰队服务、模拟和观测基础设施、领导和合作服务四项分目标，其下也设有指标和最终的成果，并配置相应的重大计划。

表 3　NOAA 2009～2014 年战略规划各项目标的重大支撑计划

生态系统	● 水产业——从环境的角度，促进合理的水产养殖习惯和技术，以增加海洋食物产量，丰富濒临枯竭的海洋物种 ● 海岸和海产资源——通过协作的方式来管理社会对海岸和海产区域的使用，以保护生态系统，减小海岸区的脆弱性 ● 珊瑚礁保护——努力减小对珊瑚礁生态系统的危害，帮助针对这些危害实施的保护行动 ● 生态系统观测——监测和评估海岸和海洋生物物种及其栖息地的长期健康、品质和可持续性 ● 生态系统研究——发展海洋及海岸的管理科学，并将技术、评估和保护策略传递给资源管理者 ● 实施——确保为海洋生物资源提供的管理和代管工作符合联邦法律 ● 渔业管理——确保维持渔产丰富，以有助于可持续发展和生态系统 ● 栖息地——保护和恢复海岸、海洋及五大湖等为 NOAA 提供可靠资源的栖息地，并发展相关的科学和技术 ● 保护物种——通过规划、法规、合作、直接参与，以及扩大服务范围和教育，保护和努力恢复濒临灭绝的物种
气候	● 气候观测和监测——完善大气、海洋和北极的观测，使历史气候数据能保持连续性和长的时间序列 ● 气候研究和模拟——同化观测资料并运行模式，以归结气候影响因子，以及进行预测和规划 ● 气候服务的发展——评估气候影响，支持区域适应策略，开发新的产品以适应发展需求
天气和水	● 空气质量——制造空气质量信息、预报和决策支持的工具，以推动政策及排放管理 ● 海岸、海口和海洋——提供信息、产品、工具、预报和服务，帮助海岸和海上的使用者减小风险和脆弱性 ● 水文——监测和分析水资源，进行包括洪涝和干旱在内的所有水文气候灾害的预测和预警 ● 局地的预报和预警——通过地方机构和国家中心的网络形式，传递气候、水和天气信息，并进行预报和预警 ● 科学、技术和投入——促进天气和水的研究及技术发展，使之转变为现实可用的服务进步 ● 空间天气——向全球的客户传递警报、警告、预报、临近预报和数据，以保护技术体系和人类健康 ● 海啸——监察并预报海啸事件，及时发布预警和建议，管理和提高公众觉悟和公共教育
商业和交通	● 航空天气——为联邦航空局提供天气信息 ● 应急响应——提供预防、准备、响应和恢复等服务，以处理自然和人为的灾害 ● 测地学——为国家空间参考系统定义、维持和提供方法，这是安全高效的商业和交通的基础 ● 海洋运输体系——为水手提供水文地理和海洋学方面的信息，促进环境合理的港口发展 ● 海洋天气——监测和分析海上的天气资料，发布海上的预报和预警，并提供指导 ● 地表天气——利用局地的天气观测和预报，减轻雨、风、雪及冰等灾害对国道和高速公路的影响

（三）NOAA下一代（2013～2017年）战略规划

为适应国内外新形势、新需求和新挑战，NOAA首先明确了下一代（2013～2017年）战略规划的三点设计准则。①更新NOAA的使命和愿景。②建立以结果为导向的目标和指标，充分反映管理政策的重点，回应外部环境的长期挑战和机遇，阐明长期的社会效益。设计的目标和指标应是具体的、可测量的、可达到的、现实的和时限适宜的，应与NOAA现有和潜在的功能相适应，应基于当前战略规划取得的成就谋划未来的发展。③描述实现NOAA目标应具备的功能和能力。为加强下一代五年战略规划与长远规划的衔接，NOAA先期组织了25年（2011～2035年）愿景展望。2010年12月，NOAA发布了“NOAA下一代战略规划”，全面展示了NOAA新的愿景、使命、长期目标、重大计划和政策措施等战略部署。“NOAA下一代战略规划”框架如图3所示。

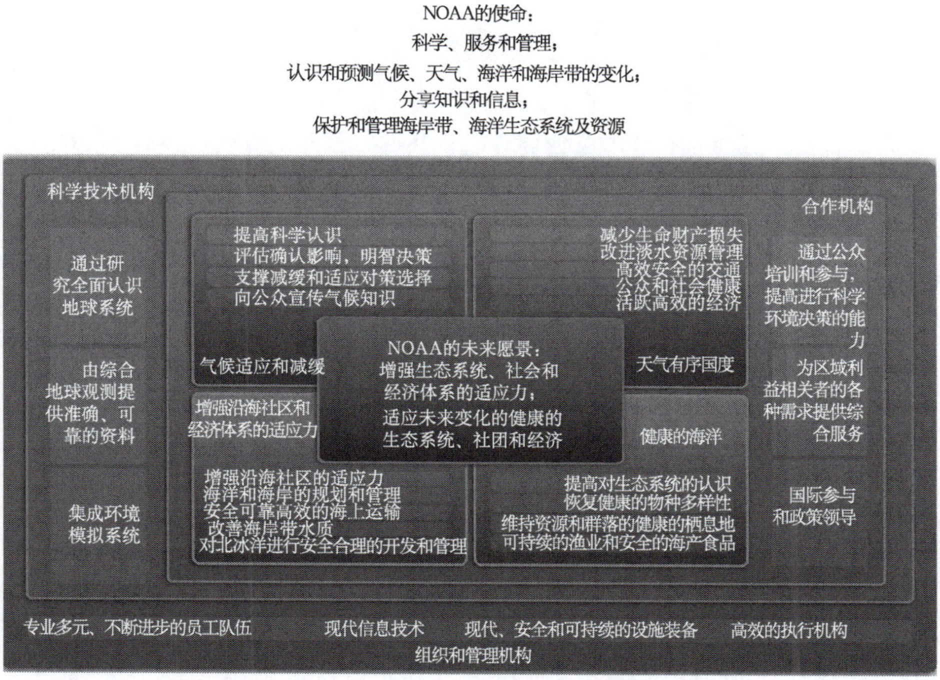

图3 NOAA下一代战略规划框架

“NOAA下一代战略规划”提炼的新愿景是“适应未来变化的健康的生态系统、社团和经济”，新的使命是“科学、服务和管理”。“科学”泛指科学技术，其含义是对海洋、大气及相关生态系统开展观测、监测、模拟和综合分析，针对其结构和行为进行系统的研究。“科学”为“服务”和“管理”提供现实的基础和未来的支撑。“服务”是指为商业、社区和人们日常生活提供可用的研究成果、资料、信息和知识，包括气候预测和预估，天气和水资源的报告、预报和预警，航海图表和航行信息，以及地球观测资料和科学数据集。“管理”是指NOAA直接利用其掌握的知识来保护公众和环境，行使其职权来规范和维持海洋渔业及其生态系统，保护海上自然保护区及其他保护区，响应生态应急事件，支持灾难恢复。

在规划未来愿景和使命的基础上，NOAA确定了四项长期目标。①气候适应和减缓。全社会对气候变化及其影响有着清楚的认识并能及时预测和响应。②天气有序国度。全社会对与天气有关的事件已做好防护并能积极响应。③健康的海洋。健康多产的生态系统维持着海洋渔业、栖息地和生物多样性。④增强沿海社区和经济体系的适应力。促进沿海和五大湖区环境和经济可持续发展。在各项长期目标之下，还明确了具体的战略指标和任务（表4）。

表4　NOAA新一代战略计划的长期目标及任务

长期目标	战略任务
气候适应和减缓	提高对气候系统变化及其影响的科学认识
	评估气候系统当前和未来状态，辨识其潜在影响并用于科学、服务和管理决策
	开展持续、可靠、及时的气候服务，支撑减缓和适应
	公众了解气候，认识气候变化的脆弱性并能明智决策
天气有序国度	减少生命财产损失和破坏
	改进淡水资源管理
	提高交通运输的效率和安全性
	改进空气和水质服务，造福公众及社会健康
	通过事关美国关键经济部门的环境信息，促进经济更加繁荣高效发展
健康的海洋	提高对生态系统的认识，为资源管理决策提供信息
	实现海洋和海岸带物种的恢复和健康
	健康的栖息地维护着海洋资源和群落的适应力和生机
	发展可持续渔业和安全的海洋食品，保障公众健康和社会繁荣
增强沿海社区和经济体系的适应力	增强沿海社区的适应力，使其适应灾害和气候变化的影响
	海洋和海岸带综合规划和管理
	安全高效和环境友好的海上运输
	提高海岸带水质，为人民健康和海岸带生态系统服务提供支撑
	安全、环境友好的北极通道和资源

在下一代战略规划中，NOAA还确定了三项能力建设的目标和任务。①科学与技术。重点任务是加强科学研究，深化对地球系统的整体认识和理解，建设持久、综合的地球观测系统以获取精细和可靠的资料，建设环境综合模拟系统。②服务与合作。重点任务是加强对公众的宣传和培训，促进公众和利益相

关者的参与，满足全国和区域不断扩展的综合服务需求，提升决策者基于科学信息的决策能力。加强国际合作，利用国内外的资源实现 NOAA 的战略目标。③组织与管理。重点任务是建立集约高效的业务系统和管理机构，提升人员队伍的能力，配备现代化、安全、可持续的基础设施和装备。

（四）NOAA 战略规划展示的发展动向

通过比较分析 NOAA 当前和下一代战略规划，可以看出 NOAA 新的发展动向。①突出科学技术的支撑作用。下一代战略规划强调对地球系统的整体研究和认知，强调评估自然环境变化和人类活动的交互影响，强调提升观测、监测、模拟科技水平，一方面是为了支撑 NOAA 在更高平台上的发展，另一方面也是在国际上抢占新的制高点，巩固其科技领导地位。②提升服务工作的战略地位。下一代战略规划把服务工作放在更加重要的位置，不仅要求 NOAA 满足全国和区域不断扩展的综合服务需求，主动提供信息产品和服务，而且鼓励决策者、利益相关者和社会公众积极参与 NOAA 的规划和服务工作，把 NOAA 的发展与社会经济的发展、生态环境的保护和全社会适应环境变化能力的增强融为一体。③重视加强内外的科学管理。下一代战略规划首先强调加强社会管理，更好地行使其防灾减灾、应急响应、应对气候变化、维护生态系统、保护海洋渔业和海上自然保护区等职权。战略规划亦重视 NOAA 内部的科学管理，要求加强组织机构的优化和人员、装备等方面的管理。④调整重点发展领域。在当前的战略规划中，NOAA 设定了生态系统、气候、天气和水、商业和交通服务 5 项优先领域，下一代战略规划则提出了气候适应和减缓、天气有序国度、健康的海洋、增强沿海社区和经济体系的适应力 4 项长期目标。从中不难看出，NOAA 把应对气候变化、防御气象灾害、保护海洋生态环境和提升社会适应能力作为未来的战略方向。

三、WMO 与 NOAA 战略规划的启示

WMO 和 NOAA 战略规划不仅具有鲜明的个性，而且还具有许多共同的先进特征。长期以来，我国也高度重视气象事业战略规划的制订，形成了独具特色的战略规划体系，出台了一系列的重要规划，对中国气象事业的发展发挥了重要作用。但“它山之石”值得我们分析和借鉴，WMO 和 NOAA 战略规

划的特色和经验对进一步完善我们的规划工作提供了许多有益的启示。针对我国气象战略规划的沿革和现状，建议重点加强下列几方面的工作。

（1）完善战略规划体系。在目前的气象规划体系中，重点是在“国民经济和社会发展 5 年规划纲要”指导下的国家和地方气象发展 5 年规划及专项规划。中长期规划、年度计划及评估监督体系是短板。因而建议加强和完善这三方面的工作：一是实现 10～15 年的中长期战略规划定常化、规范化，并根据形势的发展和工作的进展滚动修订；二是增设年度计划，以年度计划落实 5 年规划和中长期规划，并以年度计划指导年度预算，加强规划、计划与预算的衔接；三是健全评估监督体系，完善战略规划制定和评估流程，采取开放评议、全程评估的方式，对规划、计划和项目执行情况进行监督和评估，提供年度和专项评估报告。

（2）谋划科技创新的新突破。在 WMO 和 NOAA 战略规划中，都把科技创新作为事业发展的引擎和基石，围绕战略目标提炼了系统的科技计划，而且特别注重原始创新和科技成果在业务发展中的应用。目前我国已制订了《国家中长期科学和技术发展规划纲要（2006—2020 年）》，我们也应不失时机地制订气象科技中长期发展规划，全面部署原始创新、集成创新和引进吸收再创新，突出原始创新、原始积累和集成创新，强调“从业务中来，到业务中去”的科研导向，统筹集约地设计系列重大科技计划，取得一批世界级的科技成果，支撑发展方式的转变和现代气象现代化整体水平的提升。

（3）加强气象现代化总体设计。WMO 和 NOAA 战略规划从某种意义上讲就是新时期气象现代化的总体规划。WMO 战略规划围绕三大全球社会需求，确立五项战略主旨、八项预期结果、五个战略优先重点领域和一批重大科技计划，实际上就是新时期在全球推进气象现代化的蓝图。NOAA 战略规围绕“科学、服务、管理”三大使命，设立四项长期目标，确定能力建设重点，实际上就是巩固和加强其在现代气象和海洋领域的世界领导地位。我国在中长期气象战略规划中，应加强对气象现代化的顶层设计，加强对 5 年规划和专项规划的指导。围绕国务院《关于加快气象事业发展的若干意见》提出的第二部战略目标和中央领导同志重要指示精神，建议制订新时期气象现代化专项规划，明确指导思想、总体目标、战略任务、重大计划和工程项目及战略措施。

（4）制订公共气象服务长远规划。在 WMO 和 NOAA 战略规划中，都将其自身的发展融入了社会经济的发展，把公共服务工作放在了前所未有的重要位置，并制定了长远发展的方针和措施。我国的气象服务工作独树一帜，已经走在了世界的前列，正在引领着全球气象服务的发展。但从长远来看，我国的气象服务还有很多深层次的问题需要回答和解决。例如：怎样界定基本和非基本公共气象服务？如何从服务型政府的角度出发，加强和拓展基本公共气象服务，逐步放开非基本公共气象服务？怎样拓展专业气象服务的领域，诸如水文（流域）、海洋、环境气象服务等？怎样进一步理顺气象服务的体制机制？由此可见，我国需要制订公共气象服务的长远规划，高瞻远瞩，引领发展。

（5）强化和规范社会管理。WMO战略规划强调决策者、利益相关者要参与气象决策和服务，各国气象部门要加强国家、区域、局地相关的社会管理。NOAA战略规划更是重视社会管理，针对防灾减灾、应急响应、应对气候变化、保护生态系统、维系健康海洋的管理职责做出战略部署。我国气象部门作为国务院直属的事业单位，《气象法》等法律法规赋予了其相应的政府职能，但其目前履行社会管理的职能还不够到位，因此，有必要进一步强化和规范。应依据《气象法》等法律法规，以及国家赋予气象部门的政府职能和管理职责，明确气象社会管理的职责和职权，界定政府、部门和社会气象管理的分工，健全气象社会管理法规和标准，完善气象社会管理的体制和机制，统筹规划公共气象服务与气象社会管理工作，以推进全社会气象事业的科学发展。

参考文献

安培浚，高峰，曲建升. 2007. 美国国家海洋大气局优先研究领域介绍（2010～2014财年）. 世界科技研究与发展，29（6）：88-94.

胡英，等. 2004. 21世纪的优先领域——NOAA2003～2008财年及以后的卫星和信息服务战略计划. 气象软科学，（4）：125-137.

贾朋群，等. 2004. 21世纪新的优先领域——NOAA战略规划（附：NOAA相关统计数字）. 气象软科学，（4）：104-124.

贾朋群，郭彩丽. 2009. NOAA下一代战略：瞄准未来的挑战. 中国气象局培训中心. 咨询报告.

罗云峰，郭彩丽. 2011. NOAA新一代战略计划. 气象科技进展，1（3）：55-57.

王守荣. 2011. WMO和NOAA战略规划及启示. 中国气象学会第27届理事会气象软科学委员会成立大会暨2011年气象软科学学术年会（发展研究论坛）报告PPT.

National Oceanic and Atmospheric Administration. 2008. National Oceanic and Atmospheric Administration Strategic Plan FY 2009—1024.

National Oceanic and Atmospheric Administration. 2009. Scenarions for 2035：Long-Term Trends，Challenges and Uncertainties Facing Noaa.

National Oceanic and Atmospheric Administration. 2010. NOAA's Next-Generation Strategic Plan.

WMO. 2007. WMO 战略规划 2008—2011. WMO-No. 1028.

WMO. 2011. WMO 战略规划 2012—2015. WMO-No. 1069.

若干领域研究进展回顾与问题

东亚季风气候系统动力学与我国气候灾害预测
——我国大气科学的一个前沿研究课题*

一、引　　言

东亚地区夏季盛行偏南风，气流从海洋携带大量水汽，故东亚地区在夏季温暖而湿润并经常降雨；冬季东亚地区盛行偏北风，气流从西伯利亚和蒙古高原带来又冷又干的空气，故东亚地区在冬季不仅寒冷而且降雨很少。因此，东亚地区是典型季风气候。受东亚季风系统变化与异常的影响，东亚地区夏季洪涝和酷暑等气候灾害经常发生，而冬季经常发生冰冻、雨雪和低温灾害，春季又多沙尘天气，这些气候灾害给东亚季风区的经济带来严重损失。

我国地处东亚季风区，东临太平洋，西有世界上最高的高原——青藏高原。受东亚季风，以及地理位置、地形和地貌等因素影响，我国气象灾害不仅种类多，而且发生频率高，是国际上气象灾害频发的国家之一。气象灾害造成的经济损失约占我国自然灾害总损失的71％，在20世纪90年代气象灾害造成的损失可占到GDP的3％～6％，这当中约80％是旱涝气候灾害所造成。近年来，随着全球气候变暖，我国不仅旱涝、酷暑、低温、雨雪、冰冻气候灾害在加剧，而且引起洪涝灾害的台风、暴雨等突发性天气灾害频繁发生。这些频发多样的气象灾害不仅给我国人民生命财产及社会发展带来了严重影响，每年造成约200×10^8公斤的粮食损失和2000亿元以上的经济损失，而且还严重影响水资源，从而带来一系列的社会、环境等问题（黄荣辉等，2004）。

鉴于我国旱涝气候灾害的严重性及成因的复杂性，从20世纪90年代起我们就开展了一系列有关我国旱涝等重大气候灾害的形成机制和预测理论研究。

---

* 黄荣辉、周连童，中国科学院大气物理研究所季风系统研究中心。本研究得到中国科学院大气物理研究所重大项目“亚澳印大气候系统动力学”的部分资助

这些研究把20世纪80年代以来我国所发生的旱涝等重大气候灾害作为研究的切入点，从气候系统各圈层相互作用出发，深入地研究我国旱涝等重大气候灾害的时空变化、发生规律、成因与预测理论和数值模式（黄荣辉，2006），以及东亚季风环流系统的时空变化特征、过程及成因（Huang et al.，2012），从而提出了东亚季风气候系统概念及我国重大气候灾害的预测理论。这些研究成果不仅对大气科学的发展具有重大科学意义，而且对国家旱涝气候灾害预测水平的提高、减轻旱涝等重大气候灾害造成的经济损失也具有重要的经济和社会效益。

本文在系统总结我国关于东亚季风环流系统和东亚季风气候系统研究的基础上，指出东亚季风气候系统动力学与我国气候灾害预测是我国大气科学的一个前沿研究课题，并提出今后在此领域主要的研究课题。

二、我国气候灾害的严重性

所谓气候灾害是指在某段时间或时期内，降水、气温或风力偏离气候平均的距平值超过一定范围，从而造成灾害，并威胁到人民的生存与生物的成长，甚至破坏人类生存环境和生物的生长环境，并引起人民生命财产和经济的严重损失。因此，气候灾害是大范围、长时间的气候异常所造成的灾害，如长时间气温偏高、偏低，或者降水量偏多、偏少，风力偏强等，这些气候异常会带来干旱、洪涝、低温、冷害和沙尘暴等灾害。气候灾害是全世界自然灾害中最常见的、发生最频繁的一种灾害。在我国旱涝气候灾害造成的农作物受灾面积可占到受灾农作物总面积的70%以上。

（一）我国旱涝灾害的严重性

我国由于处于副热带的东亚季风区，降水的空间和时间分布都存在着严重的非均匀性，我国降水不仅主要集中在夏季，而且东部降水多，西部少，特别是夏季风的年际变异导致我国严重旱涝等重大气候灾害的发生。根据黄荣辉等（1997）的研究，旱涝气候灾害是对我国工农业生产和经济造成损失最严重的气候灾害。

1. 干旱气候灾害的严重性

干旱灾害主要是长时间降水偏少，造成土壤和地表水分缺乏，影响农作物生长，并会导致水资源缺乏和生态环境恶化，若长时间干旱，就会造成人畜饮水困难，严重影响人民的生存环境。

干旱是我国最常见、影响最大的气候灾害，每年因干旱造成的粮食减产约占气象灾害造成粮食总损失的50%。根据黄荣辉等（1997）的统计结果，全国各地均可发生干旱，全国每年平均旱灾面积约3.0亿亩，占我国耕地总面积的1/6左右。我国有些地区经常出现年降水量比常年偏少30%～50%，个别季度能出现比常年平均偏少60%～80%，致使发生严重干旱。由于气候变暖，华北地区在1977～1992年及1999～2009年，降水连年偏少，20世纪80～90年代的年平均降水量比50年代减少了近30%，发生了长时期的干旱。干旱带来的水资源缺乏，致使华北地区人均水资源占有量只有全国平均值的1/6，耕地亩均水资源占有量只有全国平均值的1/10。从20世纪90年代末到21世纪初，华北、东北南部地区及西南地区降水偏少，干旱更加严重，特别是我国西南地区（主要在云南、贵州和广西西北部）自2009年秋冬到2010年春季发生了持续三个季度的严重干旱。在这三个季度，此地区的降水量比常年偏少了40%以上，有的地区偏少了60%以上，受旱面积达0.8×10^7公顷（约1.2亿亩），遭受百年罕见的严重干旱（黄荣辉等，2012）。这次大旱不仅致使云南、贵州和广西西北部大量农作物歉收或绝收，而且致使2500万人生活用水困难。

2. 我国洪涝灾害的严重性

洪涝灾害是指大范围、长时间的降水偏多造成江河河水泛滥、大片土地淹没的灾害。洪涝灾害对农业、工业、水利、交通等会产生重大影响，从而造成巨大的经济损失和重大人员伤亡。根据叶笃正等（1996）、黄荣辉（1997）及黄荣辉等（2003）的研究，我国洪涝灾害仅次于干旱灾害，它对我国工农业和经济造成损失是非常严重的。

洪涝是我国仅次于干旱的气候灾害，洪涝每年造成的农作物受灾面积约占气象灾害总受灾面积的27.0%，个别严重洪涝年份受灾面积更大。全国平均洪涝受灾耕地为0.07×10^8～0.1×10^8公顷（1.0亿～1.5亿亩）。例如，1954年夏季，长江全流域发生特大洪涝，汛期降水量将近常年的2.5倍，最大降水量达1600毫米，是1949年以来汛期降水量最多的一年，受灾耕地面积达0.16×10^8公顷（约2.4亿亩），致使3万多人死亡；1998年夏季，长江流域、嫩江和松花江流域发生了特大洪涝，汛期降水量将近常年的2倍，最大降水量达1200毫米左右，受灾耕地面积高达0.2×10^8公顷（约3.0亿亩）左右，导致3000多人死亡和2600亿元的经济损失（黄荣辉等，1998a）；2003年夏季，淮河流域发生了严重洪涝，6月21日～7月22日期间淮河流域降水量达500～600毫米，比同期气候平均值多了1～2倍（张庆云等，2004）；2007年6月下旬至7月上中旬淮河流域与长江中上游普降持续性暴雨，特别是淮河流域在这段时间的降水量比同期气候平均值增加了2倍，产生了三次洪峰，在此流域发生了仅次于1954年的严重洪涝，国家不得不采取多处分洪应急措施，造成了严重的经济损失。此外，2010年8月8日，舟曲县所发生的特大山洪泥石流灾害造成了1700多人死亡和失踪。据统计，截止到2010年8月31日，我国各种天气、气候灾害造成了3500多亿元的经济损失，致使3185人死亡和1067人失踪（根据2010年9月1日《人民政协报》）。因此，2010年我国因各类天气、气候灾害造成的经济损失和人员伤亡超过了1998年的灾害损失。

（二）近年来我国冬季低温雨雪冰冻灾害的严重性

我国北方由于受东亚冬季风的影响，冬季经常遭受寒潮的侵袭，特别是20世纪70年代，我国北方低温雨雪冰冻灾害比较严重，而从80年代中后期起我国北方形成了持续性的暖冬，低温雨雪冰冻灾害较少发生。然而，最近几年我国北方低温雨雪冰冻灾害又变得严重。

1. 我国北方低温冰冻灾害的严重性

由于东亚冬季风的年代际变化，近几年，我国不仅北方经常遭受低温冰冻灾害，而且在南方低温雨雪冰冻灾害也时有发生，特别是2008年以来，由于东亚冬季风的年代际变化，严寒暴雪灾害又变得严重。例如，从2009年冬季以来，我国北方大部分地区最低气温突破历史记录，并伴有暴雪，东北、内蒙古和新疆北部地区极端气候达到－40～－30℃，甚至低于－40℃；并且，华北地区也有许多台站最低气温突破历史记录，并伴有暴雪。2010年1月4日北京南郊观象台积雪深度达23.4厘米，突破了历史极值，塘沽积雪也达26.3厘米，为1951年以来最大值。这次严寒和暴雪灾害一直延续到2010年1月。

2. 我国南方低温雨雪灾害的严重性

由于近年来东亚冬季风的加强，我国不仅北方经常遭受低温冰冻灾害，而且南方也遭受低温雨雪灾害。2008年1月，我国西北、西南、华中、华南和华东地区遭受50年来最严重的雨雪冰冻灾害，这些地区降雪量是常年的2倍，气温比常年偏低了4℃多，有的地区甚至偏低7℃多，华南最低温低于10℃的天气持续了18天之久，创1952年最高纪录。频繁的暴雪和长时间的持续低温使上述地区交通一度中断；大量旅客滞留；输电设备严重受损，严重影响输电；造成越冬作物冻死等灾害。据民政部统计，这次南方雨雪冰冻灾害造成1500多亿元的经济损失，107人死亡，农作物受灾面积达1.77亿，森林受损面积2.6亿亩，房屋倒塌35.4万间，滞留旅客达192.7万人。

（三）我国华南和江南夏季高温酷暑灾害的严重性

随着全球气候变暖，我国夏季气温升高，高温酷暑灾害经常发生，特别在华南、江南地区经常发生长时间的高温酷暑。在20世纪90年代中期，全国每年高温天数多达7.2天，在长江下游以南、高温天数可达20～30天，而在华中和华北高温天数达10～15天。近年来，不仅在我国华南和江南夏季高温酷暑加剧，而且在华北地区高温酷暑也经常发生，如2012年6～8月，我国华南、江南出现高温酷暑天气，高温强度和持续时间长为历史所罕见，华南和江南地区高温酷暑天气长达数十天，并且在华北地区也发生了高温酷暑天气，如北京7月最高温度超过35℃的高温天数达9天，比气候平均值高出6天，致使许多人中暑。

从上可以看到，我国气候灾害不仅发生面积广、频率高，而且灾种多，造成经济损失和人员伤亡严重。

三、东亚季风环流系统变异与我国气候灾害发生的关系

季风是全球气候系统中一个重要的环流系统，它应是带来不同降水型的盛行风向随季节的变化，是由海陆热力差异所形成的。然而，对季风的认识随着研究的扩展而变得多样性，有的学者强调季风主要表现在降水的变化上，而有的学者强调季风主要表现在风场的变化上。的确，季风在不同地区有不同表现，有的地区更多表现在降水的季节变化上，而有的地区更明显表现出盛行风向随季节的变化。东亚季风系统不仅表现出盛行风向随季节的变化，而且也表现出降水随季节的变化。东亚地区夏季盛行偏南风，由于偏南风从海洋带来大量水汽，故在东亚地区引起大量降水；而冬季盛行偏北风，由于偏北风从高纬度带来干冷的空气，故降水很少。因此，东亚地区的气候是典型的季风气候。

我国地处东亚季风区，东亚季风系统的年际和年代际变化与异常造成我国旱涝、酷暑和低温雨雪冰冻等重大气候灾害发生频繁且严重，从而造成了巨大经济损失和重大人员伤亡。因此，关于东亚季风系统变化与异常及其机制不仅是我国大气科学家重要的研究课题，而且也是当今世界气候变化研究计划（WCRP）中一个重要的研究内容。

（一）东亚季风环流系统的气候特征

鉴于季风变化和异常对我国气候灾害的重要影响，早在 70 多年前，我国著名气候学家竺可桢（1934）首先提出东亚夏季风对中国降水的影响，之后，涂长望和黄仕松（1944）研究了东亚夏季风的进退对中国雨带的季节内变化的影响。这些研究开辟了关于东亚夏季风变化及其对东亚气候影响的研究之路。继他们之后，陶诗言和陈隆勋（Tao and Chen，1987）、陈隆勋等（1991）和丁一汇（Ding，1994）对东亚夏季风环流的结构和特征做了系统的研究。

1. 东亚季风系统的结构特征

东亚季风系统、南亚季风系统和北澳季风系统同属亚澳季风系统，这三个季风系统既有区别，又有关联。东亚夏季风环流受到西太平洋副热带高压和中纬度扰动的影响，因此，它不仅具有热带季风的性质，也具有副热带环流的性质，而南亚和北澳夏季风却只是热带季风系统。东亚季风系统不仅仅只是夏季盛行偏南气流，而冬季盛行偏北气流，它是由几个环流子系统所组成的。按照陶诗言和陈隆勋的研究（Tao and Chen，1987），如图 1 所示，东亚夏季风系统包括来自印度和孟加拉湾西南季风气流、澳大利亚冷高压、沿 100°E 的跨赤道气流、南海季风槽、西太平洋副热带高压和它南侧的偏东气流、梅雨、中纬度西风带扰动等；而东亚冬季风包括西伯利亚高压、东亚上空偏北气流，东亚上空的东亚大槽。并且，陶诗言和陈隆勋根据东亚夏季风系统的主要水平环流系统的组成首先提出了东亚夏季风是一个与南亚季风系统既有联系、又有区别、相对独立的季风环流系统。

最近，陈际龙和黄荣辉（2006）、黄荣辉等（2007）分析指出了东亚季风系统风场的垂直结构、年循环特征，以及其与南亚、北澳季风系统的差别。东亚夏季风的纬向风垂直结构很复杂，在 25°N 以南，下层为西风，上层为东风，垂直方向呈东风切变，而在 25°N 以北下层为西风，上层为强西风，垂直方向呈西风切变。而其他两个季风系统夏季风的纬向风垂直结构均是下层为西风、

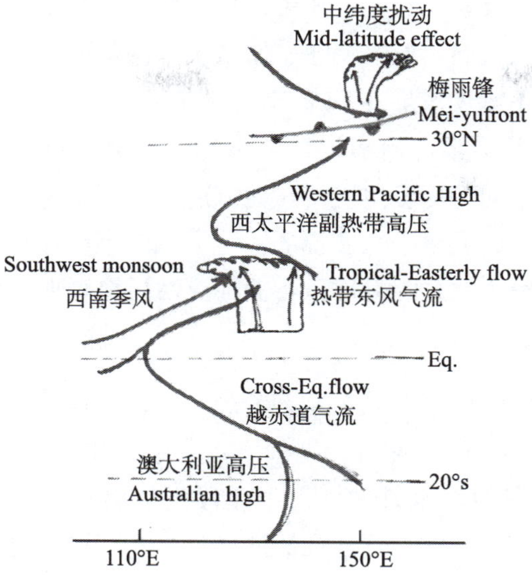

图 1　东亚夏季风环流系统示意图

资料来源：引自 Tao and Chen，1987

上层为东风，垂直方向为东风切变。并且，东亚夏季风的经向风场的垂直结构也明显不同于南亚和北澳季风系统的风场结构。东亚夏季风在对流层上层为偏北风，在对流层下层为较强的偏南风；而冬季风风场的垂直结构，正好与夏季风相反，对流层下层为偏北风，而对流层上层为强的偏南风。东亚季风系统高低层经向风的垂直差别明显大于南亚和北澳季风系统。因此，东亚季风系统的风场垂直结构不同于其他两个季风系统。

2. 东亚季风系统风场的年循环特征

东亚季风系统的冬、夏季风年循环首先表现在初夏对流层下层偏南风的经向北进与 8 月下旬的南撤上。陶诗言和陈隆勋、黄荣辉等指出亚洲季风最早在南海地区爆发，即一般在 5 月中旬爆发。东亚夏季风在南海爆发之后，它将经过两次阶段性北进和三次停滞，最后于 7 月中下旬偏南季风到达华北和东北地区、朝鲜半岛北部，从而引起这些地区的降水（Tao and Chen，1987；黄荣辉等，2005）。但是，东亚夏季偏南风的南撤是非常迅速的，一般从 8 月下旬以后，偏南季风迅速从华北、东北一带南撤，在不到两周内，就南撤到华南，之后到达南海上空，并在那里停滞到 10 月中旬；在 10 月中旬之后，偏北冬季风沿东亚经东海、南海再折向西南吹到中印半岛和东南亚地区，这种冬季风可以维持到第二年的 4 月，这将引起东南亚地区的强对流和强降水。

东亚季风系统不仅表现在偏南风的北进与南撤上，更明显表现在风场垂直结构的变化上。然而，与南亚、北澳季风系统不同，东亚季风系统风场的年循环特征在纬向风上不太明显，更明显地表现在经向风的循环上。从初夏开始，在东亚上空对流层下层盛行偏南风，而对流层上层盛行偏北风，到了 9 月中旬，东亚上空这种经向环流发生逆转，对流层下层盛行偏北风，而上层盛行偏南风。但是，在南亚、北澳季风系统冬、夏季风的年循环却与东亚季风系统不同，在这两季风系统中，冬、夏季风年循环更明显地表现在纬向风的循环上。

3. 东亚季风雨带的年循环特征

黄荣辉等的研究表明了东亚季风系统的冬、夏季风年循环更清楚表现在雨带的季节变化上（Huang et al.，2004）。在春季的 4～5 月，季风雨带位于南海地区，到了 5 月下旬至 6 月初，雨带北移到华南到江南地区，即华南前汛期；之后，此雨带会向北突跳到江淮流域、日本和韩国，这就意味着我国江淮流域的梅雨、日本的 Baiu 和韩国 Changma 季节的开始；之后在 7 月初或中旬，此季风雨带会再一次向北移到华北、东北和朝鲜，这表明江淮地区梅雨的结束，而华北、东北地区雨季的开始；到了 8 月下旬以后，夏季风雨带很快撤退。之后，东亚地区逐渐受冬季风控制，降水主要靠锋面降水。东亚季风雨带的北进和南撤与东亚冬、夏季风的年循环相一致。

4. 东亚季风系统中水汽输送特征

黄荣辉等的研究表明了东亚季风系统中水汽输送特征明显不同于南亚和北澳季风系统（黄荣辉等，1998b）。在东亚季风系统中，夏季从南到北的经向水汽输送比纬向水汽输送多，而后两个季风系统的水汽输送主要是纬向水汽输送；并且，它们之间的差别更明显地表现在与降水有关的水汽输送的散度上，在东亚季风系统中季风气流由湿度高的区域向低的区域吹，故水汽输送的辐散、辐合不仅依赖于风场的辐散、辐合，而且还依赖于水汽平流。但在南亚季风区，由于纬向空气湿度差别不大，所以水汽输送的辐散、辐合主要依赖于风场的辐散辐合，而水汽平流的贡献较小。

上述分析结果可以说明，东亚季风系统中风场结构、冬夏季风年循环和水汽输送特征都明显不同于南亚和北澳季风系统。因此，从东亚季风系统的气候特征来看，它是亚澳季风大系统中一个既与南亚季风、北澳季风系统有联系又相对独立的季风系统。

（二）东亚夏季风环流系统的时空变化与异常（变异）特征

东亚季风系统中的夏季风和冬季风环流不仅受全球大气环流的影响，而且还受海洋、陆地、冰雪和青藏高原的影响，因此，它有很明显的年际和年代际变化。

1. 东亚夏季风向北推进过程的季节内变化特征

研究表明，亚洲夏季风在南海爆发以后将向北推进，并在向北推进过程中给中国东部、日本和朝鲜半岛带来偏南季风和丰沛的降水。早在20世纪50年代，叶笃正等（1958）首先指出东亚地区大气行星尺度环流在6月上中旬会发生季节突变，这将导致东亚夏季风在江淮流域爆发。然而，黄荣辉和孙凤英的研究表明了东亚夏季风环流的季节转换是否带有突变性依赖于热带西太平洋的热力状态及其上空的对流活动（Huang and Sun，1992）。如图2所示，当热带西太平洋处于暖状态，菲律宾周围对流活动强，这种情况下，东亚地区大气环流在6月上中旬会产生突变式的季节转换；相反，当热带西太平洋处于冷状态，菲律宾周围对流活动弱，这种情况下，东亚地区大气环流在6月上中旬不会产生突变式的季节转换，而是渐变式的季节转换。并且，他们的研究还表明，东亚地区夏季降水雨带的向北移动受东亚夏季风向北推进过程的严重影响。在热带西太平洋处于偏暖状态下，菲律宾对流活动偏强，在这种情况下，夏季风于6月上中旬很快向北推进到江淮流域，并于7月初季风又很快从江淮流域向北推进到黄河流域、华北和东北地区，使江淮流域梅雨结束，而华北、东北地区雨季开始，因此，在这种年份，长江流域或江淮流域夏季风降水偏弱，并往往发生干旱；相反，在热带西太平洋处于偏冷状态，菲律宾对流活动偏弱，东亚夏季风并不经历两次阶段性北进和三次停滞过程，而是渐进式的北进，并长时间维持在长江流域和江淮流域，只是到了7月中旬，弱季风才渐渐北进到华北、东北地区，因此，在这种年份，长江流域或江淮流域夏季风降水偏强，往往发生严重洪涝，而华北降水偏少，易发生干旱。

2. 东亚夏季风系统年际变异的准两年周期振荡及空间分布的双模态特征

黄荣辉等指出了东亚和西太平洋地区的季风降水、对流活动、水汽输送和对流层低层的季风环流的年际变化不仅在时间上存在着准两年周期振荡，在空间分布上存在着明显的“－，＋，－”或“＋，－，＋”的经向三极子分布特征，即三极子模态，而且在空间分布上还存在偶极子分布（黄荣辉等，2011a；

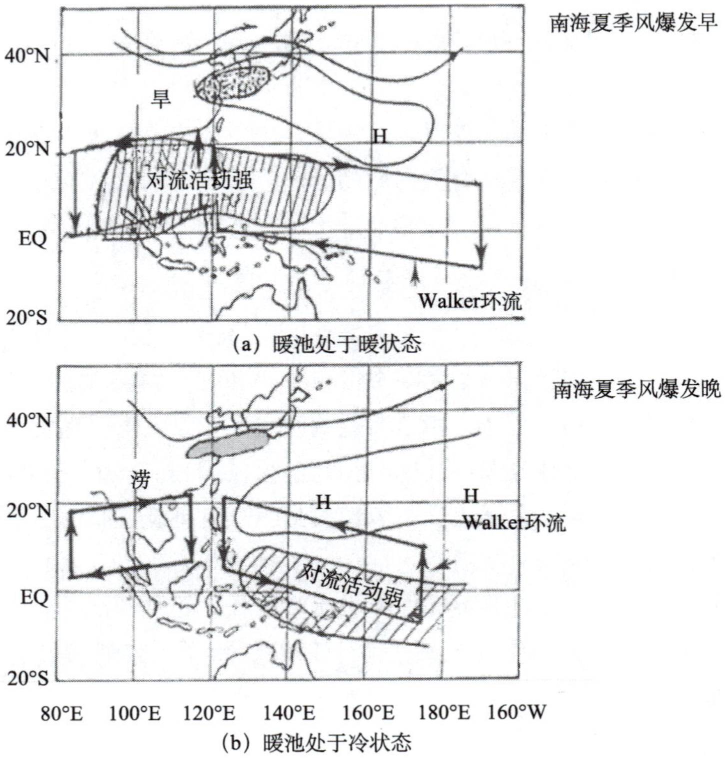

图 2　热带西太平洋的热力状态、菲律宾周围对流活动、南海夏季风爆发早晚、西太平洋副热带高压位置、长江和淮河流域旱涝分布之间的关系示意图

2011b；Huang et al.，2004；2007）；并且他们还指出，东亚夏季风系统这种年际变化的三极子分布特征将很好地反映在我国旱涝气候灾害在经向的三极子分布上。在江淮流域典型洪涝和干旱年份，我国夏季季风降水异常明显呈现经向三极子分布，如在 1980 年、1983 年、1987 年、1998 年夏季，我国江淮流域夏季风降水偏多，发生洪涝，而华南地区夏季风降水偏少，不同程度发生干旱，华北地区在这些年份夏季风降水明显偏少，发生干旱；相反，在 1976 年、1994 年夏季我国江淮流域夏季风降水偏少，发生干旱，而华南地区夏季风降水偏多，发生洪涝，华北地区夏季风降水也偏多。类似上述经向三极子分布还有很多年的夏季。相比之下，我国发生全国性的洪涝或干旱灾害的年份并不多。

3. 东亚夏季风系统的年代际变异特征

东亚夏季风系统不仅有明显的年际变化，而且有很大的年代际变化。黄荣辉等（1999）首先提出了东亚夏季风系统在1976年前后发生了一次明显变弱的年代际变化，这个变化在我国华北地区的夏季风降水反映尤其明显（黄荣辉等，1999；Huang et al.，2004；2007）。黄荣辉等（2011a）的研究还表明：东亚夏季风在从20世纪50年代至今经历了四次明显的年代际变化：1958～1977年、1978～1992年、1993～1998年及1999年至今。1958～1977年，中国华北和华南地区夏季风降水偏多，出现正距平，而长江流域和江淮地区夏季风降水偏少，出现负距平，这正是从北到南的“+，－，+”经向三极子分布；1978～1992年，中国东部夏季风降水出现了与1958～1977年相反的距平分布，从北到南呈现“－，+，－”的三极子分布，即在华北、东北地区和华南地区夏季降水偏少，出现负距平，而长江流域夏季降水偏多，出现了多次洪涝灾害；1993～1998年，中国东部夏季降水出现了从北到南偏多的现象，这主要是第二主模态的作用增强所致，使得中国东部夏季降水从北到南出现“+，－，+”经向三极子分布和经向“－，+”偶极子的叠加。然而，1999～2009年（因所用的降水资料的时间到2009年），中国东部夏季降水的主模态产生了很明显的年代际变化，从经向三极子分布型为主变成经向从北到南“－，+”偶极子分布型为主，即出现了“南涝北旱”的降水异常分布型。这些年代际变化与东亚对流层上层西风急流位置和强度的变化密切相关。

（三）东亚冬季风系统的时空变异特征

东亚地区不仅是一个强夏季风区域，也是一个强冬季风区域。蒙古高原，中国的东北和华北地区，朝鲜半岛和日本有强的西北风，而沿东海、南海和东南沿海地区有强的东北风，它在低层受西伯利亚高压和阿留申低压的控制，在高空受东亚大槽的控制。强冬季风不仅给蒙古高原，中国的西北、华北、东北地区，朝鲜半岛和日本带来寒潮、雪灾和冻害，而且在春季还给上述地区带来沙尘暴或扬沙天气；并且东亚冬季风还会给东南亚带来强对流活动和暴雨。

1. 东亚冬季风系统的年际变化特征及其对夏季风的影响

陈文等利用东亚沿岸的风场，定义了一个东亚冬季风指数（EAWM 指数），他们的研究结果表明这个指数可以很好地表述东亚冬季风强度的年际变化，并指出东亚冬季风有很大的年际变化（Chen and Graf，2000）。东亚冬季风变化将带来东亚地区的暖冬或冷冬，而在冷冬时，东亚地区频繁发生寒潮和暴雪的灾害。最近，黄荣辉等的研究表明了东亚冬季风的年际变化呈现出准四年周期振荡特征，这可能与 ENSO 循环对东亚冬季风的影响有关（Huang et al.，2007）。

东亚冬季风的强度影响之后的夏季风强度，陈文等的研究结果表明了在强的东亚冬季风之后的夏季，我国长江、淮河流域夏季风降水偏少，可能发生干旱；相反，在弱的东亚冬季风之后的夏季，我国长江、淮河流域夏季风降水偏多，可能发生洪涝（Chen and Graf，2000）。

2. 东亚冬季风系统的年代际变化

东亚冬季风系统不仅有明显的年际变化，同样它也有很显著的年代际变化。研究表明东亚冬季风从 20 世纪 50～60 年代偏强，而从 60 年代中期到 70 年代中期偏弱，从 70 年代中后期到 80 年代中后期，东亚冬季风又偏强，但从 80 年代中后期之后严重偏弱，这给东亚带来连续多年的暖冬（Huang et al.，2007）。

陈文等、黄荣辉等的研究表明了东亚冬季风的年际和年代际变化都是与西伯利亚高压、阿留申低压的变化密切相关的（Chen et al.，2003；Huang et al.，2007）。他们还指出北半球准定常行星波在三维球面大气的传播波导的年际、年代际振荡严重影响北极涛动（AO），从而影响东亚冬季风的年际和年代际变化。

四、东亚季风气候系统及其各成员对我国气候灾害发生的影响及其过程

（一）东亚季风气候系统

近年来的研究表明了季风系统不仅是一个大气环流系统，而且是一个海-陆-气相互作用的耦合系统（Webster et al.，1998）。同样，东亚季风系统也不仅仅只是一个东亚上空随季节有明显变化的环流系统，它也是受海洋、陆面、冰雪和高原影响的一个区域气候系统（Huang et al.，2004；2007）。正如图 3 所示，这个系统包括以下几个成员：①在大气圈中有亚洲季风环流（包括冬、夏季风）、西太平洋副热带高压和中纬度扰动等；②在海洋圈中有热带西太平洋暖池和印度洋对季风的热力作用，热带太平洋 ENSO 循环等；③在岩石圈中有青藏高原对季风的动力、热力作用，欧亚积雪（特别是青藏高原积雪），干旱和半干旱区的地-气温差及极冰等。东亚季风系统变化直接与上述海-陆-气耦合系统的变化密切相关，它们是互相作用的，是一个整体。我们把这个影响

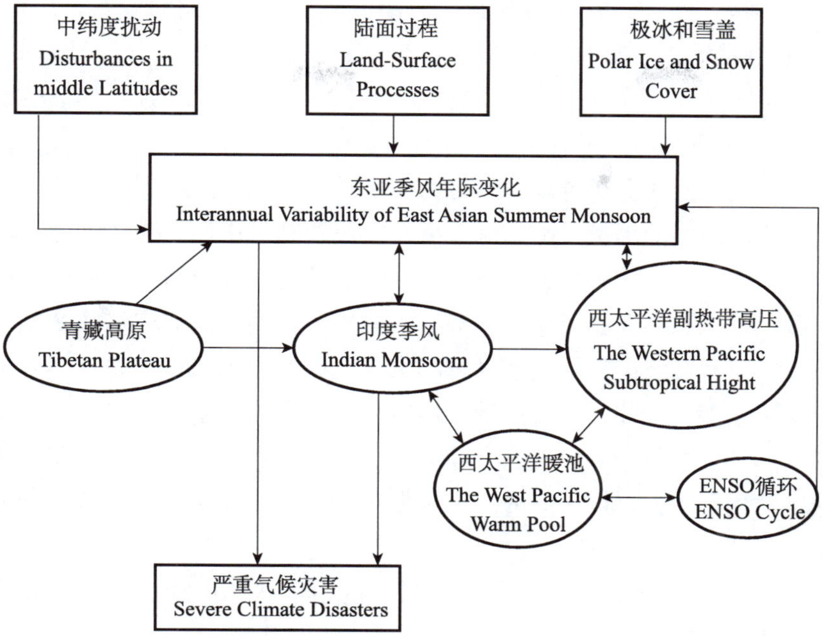

图 3 东亚季风气候系统的示意图

东亚季风系统变化的海-陆-气耦合系统又称为东亚季风气候系统（Huang et al.，2004；2007；2012）。东亚季风气候系统变异对中国洪涝灾害有重要的影响，特别是对长江、淮河流域洪涝灾害的发生有严重的影响（黄荣辉，2006；黄荣辉等，2008；黄荣辉，2010）。

（二）热带西太平洋热力状态对东亚夏季风系统变异的影响及其机制

热带西太平洋是全球最暖的海域，全球暖海水大部分集中在此海域，故又称暖池（warm pool）。在暖池上空，由于海表附近海-气相互作用相当剧烈，并且此海域处于 Walker 环流的上升支，大尺度的空气和水汽的辐合导致对流活动的不断加强和大量降水，此海域是全球大气的主要潜热源之一。由于此海域是中国的邻近海，所以，热带西太平洋的热力状态对东亚季风系统和中国洪涝灾害有很大影响。

1. 热带西太平洋热力状态对南海季风爆发和东亚季风向北推进过程的影响

南海季风爆发早晚对中国长江、淮河流域的夏季风降水和洪涝灾害有重要影响。Tao 和 Chen（1987）首先指出亚洲夏季风最早在南海爆发。最近几年，黄荣辉等（2005）和 Huang 等（2006）基于 Nitta（1987）、Huang 和 Li（1987）、黄荣辉和李维京（1988）在 20 世纪 80 年代所提出的 P-J 振荡或东亚/太平洋型（EAP 型）遥相关理论，并利用梁建茵和吴尚森（2002）关于南海夏季风爆发的定义及再分析资料、热带西太平洋有关海温资料系统地分析了亚洲夏季风在南海地区的爆发（即南海季风）过程及其对中国洪涝灾害的影响和发生机制。他们指出了热带西太平洋热力状态及其上空对流活动对南海季风爆发早晚，以及长江、淮河流域洪涝灾害有重要影响。他们的研究结果表明：南海夏季风爆发早，则我国江淮流域夏季降水少；南海夏季风爆发晚，则中国江淮流域夏季降水多，并往往发生洪涝。南海夏季风爆发早晚与菲律宾周围春季的对流活动呈很好的负相关，它们之间的相关系数可达－0.76。这表明：春季菲律宾周围对流活动强，则南海夏季风爆发早；春季菲律宾周围对流活动弱，则南海夏季风爆发晚。

黄荣辉等（2005）、Huang 等（2006）进一步从环流系统分析研究了东亚夏季风在南海的爆发和向北推进过程，结果表明：如图 2（a）所示，在春季热带西太平洋处于暖状态，菲律宾周围对流活动强，在这种情况下，西太平洋副热带高压偏东，南海上空对流层下层存在着气旋性距平环流，在 4 月下旬或 5 月上旬在热带印度洋和苏门答腊以西海域上空就出现气旋对，这使得此海域的盛行西风加强，于是在中南半岛的南部对流活动在 5 月中旬就加强，从而使得南海夏季风爆发早；并且，在这种暖状态下的夏季，西太平洋副热带高压北进时，在 6 月中旬和 7 月初存在着明显的二次北跳，从而使得东亚夏季风雨带在 6 月中旬明显由华南北跳到江淮流域，并于 7 月初由江淮流域北跳到黄河流域、华北和东北地区，从而引起江淮流域夏季风降水偏少，发生洪涝的可能性较小，并往往发生干旱，而华南发生洪涝的可能性较大，并且黄河流域、华北和东北地区夏季降水正常或偏多。相反，在春季热带西太平洋处于冷状态、菲律宾周围对流活动弱的情况下，如图 2（b）所示，西太平洋副热带高压偏南、偏西，致使南海上空和中印半岛对流层下层存在着反气旋性距平环流，在这种大尺度环流背景下，在 5 月上中旬热带印度洋和苏门答腊以西海域上空没有出现气旋对，相反，出现反气旋距平对，只是到了 5 月下旬或 6 月初，西太平洋副热带高压东撤，在孟加拉湾和热带东印度洋上空才出现气旋对，这才使得西南风加强，从而使得南海季风爆发晚；并且，在这种冷状态下的夏季，西太平洋副热带高压北进时，在 6 月中旬或 7 月初向北突跳不明显，而是以渐进式向北移动，从而使得东亚夏季风雨带一直维持在长江流域和淮河流域，引起长江、淮河流域夏季风降水偏多，并发生洪涝。

2. 热带西太平洋热力状态对东亚季风系统年际变异的影响

早在20世纪80年代，Nitta（1987）、黄荣辉和李维京（1988）及Kurihara（1989）就指出热带西太平洋热力和菲律宾周围的对流活动对东亚季风系统的年际变化起着重要作用。特别是Huang和Sun（1992）、Huang等（2003）的研究表明了热带西太平洋的热力和菲律宾周围的对流活动的变化通过EAP型遥相关严重影响西太平洋副热带高压位置的南北振荡。正如图2（a）所示，当热带西太平洋处于暖状态，菲律宾周围对流活动强，在这种年份的夏季西太平洋副热带高压位置偏北、偏东，长江、淮河流域夏季偏旱，如在1959年、1961年、1964年、1966年、1971年、1973年、1976年、1977年、1978年、1981年、1985年、1992年和1994年的夏季，长江中下游和江淮地区季风降水偏少，并发生不同程度的干旱。相反，如图2（b）所示，当热带西太平洋处于冷状态，菲律宾对流活动弱，这种情况下，夏季西太平洋副热带高压位置就偏南、偏西，在这种年份的夏季，东亚季风雨带长期维持在长江流域和江淮地区，从而导致长江中、下游和江淮地区发生洪涝灾害，如在1954年、1965年、1969年、1975年、1979年、1980年、1982年、1983年、1986年、1987年、1989年、1991年和1998年夏季长江中下游和江淮地区季风降水偏多，并发生不同程度的洪涝。

3. 热带西太平洋热力状态对东亚夏季风系统变异影响的机制

热带太平洋和印度洋海-气相互作用对东亚夏季风系统的变异有重要影响，而这个影响是通过什么动力过程来实现的，是一个直接与东亚夏季风系统变异，以及长江、淮河流域洪涝发生机制密切相关的重要科学问题。

Nitta（1987）从观测事实首先指出菲律宾周围的西太平洋上空与日本周围大气环流的异常存在着相反振荡，即P-J振荡；与此同时，Huang和Li（1987）、黄荣辉和李维京（1988）从观测事实、动力理论和数值模拟系统地研究了北半球夏季菲律宾周围对流活动异常所引起的北半球夏季大气环流异常和Rossby波列的传播特征，提出了东亚/太平洋型遥相关，即EAP型遥相关，从而很好地解释了热带西太平洋热力变化对东亚季风影响的机制和过程。指出：准定常行星波从菲律宾周围经东亚向北美上空的传播，使得当西太平洋暖池处于暖状态，在中国江淮流域、日本和韩国上空有一反气旋环流异常，而在东北亚上空有一气旋环流异常。这表明在热带西太平洋处于暖状态时，菲律宾周围对流活动强，由于EAP遥相关波列的作用，这将引起西太平洋副热带高压位置偏北，而东北亚阻高偏弱，从而引起江淮流域的梅雨偏弱。相反，在热带西太平洋处于冷状态时，菲律宾周围对流活动弱，这将引起西太平洋副热带高压偏南，东北亚阻高偏强，从而引起长江流域和江淮地区的梅雨偏强。

4. 热带西太平洋热力状态对东亚夏季风系统的准两年周期变化的影响及其机制

Huang 等（2004）、黄荣辉等（2006a）从热带西太平洋海水表面温度和次表层海温变化的分析结果指出，热带西太平洋热力的年际变化具有准两年周期，并由于海-气相互作用，热带西太平洋的热力变化的准两年周期振荡通过东亚/太平洋型遥相关对东亚季风系统的准两年周期振荡起着重要作用，特别是对东亚和西北太平洋的水汽输送和降水的准两年周期有重要影响。

（三）热带太平洋 ENSO 循环对东亚夏季风系统变异的影响

热带太平洋的 ENSO 循环不仅是全球气候系统的一个重要成员，而且也是影响东亚季风系统年际变化的一个重要系统，它对长江、淮河流域的洪涝灾害的发生有着严重影响。

1. 热带太平洋 ENSO 循环的不同阶段对东亚夏季风系统变异的不同影响

Huang 和 Wu（1989）指出，ENSO 循环的不同阶段对东亚夏季风和中国夏季洪涝有不同影响。之后，陈文（2002）、黄荣辉和陈文（2002）利用更详细的资料系统地研究了 ENSO 循环的不同阶段对夏季东亚季风降水和长江、淮河流域洪涝的不同影响。结果表明：当厄尔尼诺事件处于发展阶段时，中国江淮流域夏季风降水偏多，并往往发生洪涝，而华北地区降水偏少，并往往发生干旱，华南地区降水也偏少。相反，当厄尔尼诺事件处于衰减阶段时，中国江淮流域夏季风降水偏少，而鄱阳湖、洞庭湖流域，湘江、资江、沅江、澧水流域，以及东北松花江、嫩江流域夏季风降水偏多，并往往引起严重洪涝。并且，Zhang 等（1996）、张人禾和黄荣辉（1998）、张人禾（1999）研究了热带太平洋厄尔尼诺事件对长江、淮河流域洪涝灾害的滞后影响的机制。他们的研究表明：在厄尔尼诺到了成熟期之后，由于热带西太平洋和中国东南沿海上空盛行反气旋环流异常，此反气旋异常环流的西北部会加强西南气流的水汽输送，故当厄尔尼诺事件达到成熟期之后，华南和江南一带降水将增加，并往往发生洪涝灾害，从而解释厄尔尼诺事件对东亚夏季风系统变异的延迟影响的机制。

2. “假厄尔尼诺”(El Niño motoki) 事件对东亚夏季风系统变异的影响

上述分析结果表明，在ENSO循环的不同阶段中国夏季降水异常的分布是明显不同的。然而，应该看到，上述的合成分析是针对1951～2000年比较典型的厄尔尼诺事件的不同阶段中国夏季降水异常而做出的。最近，Ashok等(2007)指出热带太平洋还出现一类“假厄尔尼诺”现象，这类厄尔尼诺现象其增温主要表现在赤道中太平洋，而在Niño.3或Niño.3.4区的SST距平并不大，且持续时间也短。Weng等(2007)的研究表明这类“假厄尔尼诺”现象对太平洋周边的气候异常的影响不同于典型的厄尔尼诺事件的影响。最近，张志华和黄刚(2008)的研究表明：这类厄尔尼诺事件从热带太平洋的海温传播看，它是驻波型，由于来自热带西太平洋的西风应力异常到达赤道中太平洋未能得到加强，所激发的Kelvin波较弱，使得在赤道东太平洋增温不显著，因而导致这类厄尔尼诺事件增温主要发生于赤道中太平洋。在2002年和2006年所发生的厄尔尼诺事件都应是“假厄尔尼诺”事件，其实1994年所发生的弱厄尔尼诺事件也是“假厄尔尼诺”事件。这类厄尔尼诺事件不同阶段对中国夏季风降水的影响与典型厄尔尼诺事件对中国夏季风降水异常的影响有较大的不同(Huang and Huang，2009；Bao and Han，2009)。从“假厄尔尼诺”处于发展阶段的1994年、2002年、2006年和“假厄尔尼诺”处于衰减阶段的1995年、2003年、2007年夏季中国降水距平的合成分布图可以看到：在这类“假厄尔尼诺”事件的发展期和衰减期中国夏季降水距平分布与经典的厄尔尼诺事件发展和衰减阶段的降水距平分布截然不同。在“假厄尔尼诺”事件发展阶段的夏季，中国淮河流域少雨，而在它的衰减阶段，淮河流域降水却偏多，并往往发生洪涝。2003年和2007年夏季是热带太平洋“假厄尔尼诺”的衰减阶段，淮河流域发生了严重洪涝，特别是2007年夏季，淮河流域发生了仅次于1954年的特大洪涝。

3. 热带太平洋海表温度的年代际变异及其对东亚夏季风系统变异的影响

Zhang等(1997)、Chao等(2002)分析了20世纪初到90年代初热带太平洋海表温度的变化，指出热带太平洋海表温度有很大的年代际变化。黄荣辉等(1999)、Chang等(2000)及Huang(2001)指出：热带中、东太平洋海表温度存在“类似于ENSO循环”的年代际变化现象，它对东亚季风系统变异和气候异常有很大影响。

赤道东太平洋所发生的“年代际厄尔尼诺现象”是导致我国华北地区从20

世纪 70 年代中后期至 90 年代初持续严重干旱的重要原因，它不仅可以直接通过热带西太平洋上空环流影响东亚季风环流，而且还可以通过影响非洲季风进而影响东亚夏季风环流。黄荣辉等（2006b）通过相关分析结果指出，热带太平洋在 20 世纪 70 年代中后期所发生的年代际增暖现象可以通过两个途径来影响我国夏季旱涝气候的年代际变化：一是通过热带西太平洋海-气相互作用影响西太平洋副热带高压的变化，进而影响东亚季风环流和水汽输送；二是通过 Walker 环流影响非洲季风环流，再通过行星波列的传播，进而影响我国和东部地区上空夏季风环流的年代际变化。

（四）热带印度洋热力状态对东亚夏季风系统变异的影响及其机制

印度洋表面温度异常对东亚夏季风和气候变异有重要影响（Annamalai et al. ,2005；Yang et al. ，2007）。印度洋存在着滞后于热带中、东太平洋 3～4 个月的增温现象，这种滞后与赤道中、东太平洋的增温对东亚夏季风系统的变异和长江、淮河流域的洪涝灾害发生有重要的影响。

1. 西北太平洋反气旋异常对东亚夏季风环流和长江、淮河流域洪涝灾害的影响

Zhang 等（1996），张人禾和黄荣辉（1998）的研究表明了在厄尔尼诺的衰减期，中国南方降水偏多是这时期热带西北太平洋出现反气旋异常环流所致。Chang 等（2000）指出：夏季西北太平洋反气旋环流一方面使得长江、淮河流域梅雨锋长时间维持；另一方面改变南北气压梯度，使得梅雨锋锋面系统更强。从厄尔尼诺事件成熟期东亚和西北太平洋 850 环流异常分布可以看出，在厄尔尼诺事件的成熟期以后，在热带西北太平洋和中国的东南沿海上空有反气旋距平环流，这个反气旋距平环流可以从冬季一直维持到第二年春季（Wang et al. ，2003）。这样，在反气旋距平环流的西边将出现偏南气流的异常，它加强了从孟加拉湾和南海上空水汽往北的输送，从而使得长江流域的梅雨得以维持较长时间，并导致长江流域夏季洪涝灾害的发生。

2. 夏季热带印度洋热力变化对西北太平洋上空反气旋异常环流形成和维持的作用

关于西北太平洋上空反气旋距平环流的形成，近年来有许多不同的研究。Wang 等（2003）研究了伴随厄尔尼诺事件发生的冬季到次年春季西北太平洋反气旋异常形成机制，指出伴随着暖的 ENSO 事件发生，Walker 环流减弱及

热带西太平洋负的海温异常使得热带西太平洋的对流潜热释放减弱，从而激发冷的 Rossby 波，这使得在热带西北太平洋上空对流层低层形成反气旋异常环流。Wang 等（2003）进一步指出，在冬季和初春西北太平洋上空低层风场的气候态为东北风，反气旋异常东边的异常北风加大了海洋表面的蒸发，从而使海洋表面变冷，形成大气和海洋的正反馈过程，使得反气旋异常能一直维持到次年春季。然而，最近的研究表明印度洋对此反气旋距平环流的形成和维持起到重要作用。Annamalai 等（2005）的研究表明，印度洋的海洋表面温度增暖导致 Walker 环流的改变，这使得热带西太平洋降水减弱，从而导致冬季和春季西北太平洋的反气旋异常。

最近，黄刚和胡开明（2008）把西北太平洋反气旋指数（Wang et al.，2003）一方面与 CMAP 的夏季平均降水求同期相关；另一方面与印度洋和西太平洋的夏季平均海温求相关。结果表明，夏季西北太平洋反气旋异常与热带北印度洋显著正相关，其相关系数通过了 95%的信度检验。这表明了夏季热带北印度洋及南海海温异常与西北太平洋反气旋异常有很好的关系。从夏季热带印度洋（20°S～20°N，40°E～100°E）区域平均的标准化海温距平（即 TIO 指数）与 CMAP 降水的相关系数分布可以看到：热带印度洋夏季 SST 与日本及以东地区降水呈很好的正相关，而与菲律宾以东的热带西太平洋区域降水呈很好的负相关，并且热带印度洋夏季海洋表面温度异常与热带西太平洋上空对流层低层反气旋异常环流有很好的正相关。这表明：若热带印度洋夏季海洋表面温度偏高，则热带西太平洋上空对流层低层反气旋环流异常偏强，这就引起此区域降水减少；相反，若热带印度洋夏季海洋表面温度偏低，则热带西太平洋上空对流层低层反气旋环流异常偏弱。

为了分析夏季印度洋海温和其他海区的海温对西北太平洋上空对流层低层反气旋异常环流形成与维持所起的作用，黄刚和胡开明（2008）利用 ECHAM5 模式做了数值模拟实验，从数值模拟的结果可以看出：当热带北印度洋海温偏暖时，夏季在西北太平洋对流层低层将出现反气旋环流异常，此时江淮流域有正的降水异常，这表明夏季北印度洋海温偏暖可以引起西北太平洋反气旋的加强。因此，数值模拟结果与观测资料分析结果相一致，这说明了热带北印度洋海温异常升高对夏季西北太平洋低层反气旋环流异常的形成与维持起到重要作用，从而使厄尔尼诺事件对我国长江流域洪涝灾害有滞后影响。

由于热带印度洋对夏季热带西太平洋上空对流层下层反气旋异常的产生具有强的热力作用，所以它对华南夏季酷暑的发生也同样具有强的热力作用。从 1980～2008 年夏季 TIO 与中国夏季（6～8 月）气温同时相关系数分布可以看到，在华南与西南有一片高的正相关区，而在东北有一片高的负相关区。这表明：若热带印度洋夏季海表温度偏高，则我国华南和西南地区夏季气温偏高，在华南地区容易产生酷暑，在我国东北中东部地区容易产生冷夏；相反，若热带印度洋海表温度偏低，则我国华南和西南地区夏季气温偏低，在华南地区不会产生酷暑。2010 年夏季热带印度洋海表温度偏高，故在我国华南地区产生了酷暑。

3. 印度洋海表热力变化对夏季南亚高压的影响

南亚高压是南亚和青藏高原夏季对流层上层主要的环流系统，它与亚洲夏季降水和上空环流的变化密切相关。按照 Zhang 等（2002）的研究，当夏季南亚高压偏东，则中国长江流域、韩国和日本南部夏季风降水偏多；相反，当夏季南亚高压偏西，则上述区域的夏季风降水偏少。并且，南亚高压的变化可以影响到全球环流，南亚高压的加强可以导致西太平洋副热带高压的加强。最近的研究表明：热带印度洋的增暖可以激发南亚和青藏高原对流层上层南亚高压的增强（Li et al.，2008）。Huang 等（2011）的研究表明：当夏季热带印度洋处于暖状态，则南亚高压加强，且它的中心南移；相反，当夏季热带印度洋处于冷状态，则南亚高压偏弱，且它的中心北移。并且，他们对此提出一种解释，当热带印度洋偏暖就会引起热带印度洋大气边界层的等效位温升高且改变其上空湿大气的温度廓线，这会产生南亚上空位势高度的升高，因而南亚高压将增强。

（五）欧亚大陆和青藏高原雪盖对东亚夏季风系统变异的影响

季风是海-陆热力对比所产生的，因此，季风的变化与异常不仅是由海洋热力异常所引起的，而且也与陆面热状况的异常关系密切。欧亚大陆，特别是青藏高原冬、春季的雪盖不仅直接影响海陆热力差异，而且还通过影响局地环流的异常来影响东亚夏季风系统。

1. 春季欧亚大陆雪盖对东亚夏季风系统的影响

冬春欧亚大陆雪盖对夏季东亚季风系统也有重要影响。由于雪盖影响到太阳辐射的反照率及融雪时需要热量，所以雪盖面积及深度不仅对该区域水分有影响，而且对气温也会有很大影响。Wu 等（2008）和张人禾等（2008）利用夏季风指数的变化分析了发生在 20 世纪 80 年代末中国东部夏季气候的年代际变化。他们的研究表明了华南夏季降水在 20 世纪 80 年代末发生了一次明显的年代际变化，这次年代际变化与欧亚大陆春季雪盖的年代际变化密切相关。由于欧亚大陆雪盖面积在 20 世纪 80 年代末变小，并影响到高纬度地区的热源，从而激发了一个 Rossby 波列，此波列可以从春季维持到夏季。这个 Rossby 波列会引起华北地区上空的反气旋环流异常和华南地区上空的气旋性环流，从而使得华南地区夏季降水增强。

2. 青藏高原雪盖对东亚季风系统变异的影响

青藏高原陆面热状况对东亚季风系统有着重要影响，叶笃正和高由禧（1979）首先指出了青藏高原对亚洲季风的热力作用。然而，由于青藏高原的热力作用受到高原积雪的影响，所以，高原积雪对亚洲季风的变化起重要作用，特别是青藏高原的雪盖面积大、深度深，对东亚季风系统的变化有着重要作用。韦志刚和罗四维（1996）、Huang 等（2004）指出青藏高原冬、春雪盖与我国长江流域南部的汛期降水呈明显的正相关，而与华北地区夏季降水有负相关。这表明：若青藏高原冬、春季雪盖天数多、深度大，则夏季洞庭湖、鄱阳湖和江南地区的梅雨强，而华北地区夏季降水弱。并且，青藏高原冬、春季积雪天数和深度还有明显的年代际变化，相对于 1976 年以前，从 20 世纪 70 年代中后期到 90 年代，青藏高原冬、春季无论积雪天数或积雪深度都增加了。青藏高原冬、春季积雪的这种年代际变化对华北地区夏季降水减少，长江、淮河流域降水增加有一定影响。

（六）中国西北干旱区陆-气相互作用在东亚季风气候系统中的作用

干旱/半干旱区是我国主要的下垫面类型之一，约占我国陆地国土总面积的 52.5%，其中 82.5%分布在我国西北地区。我国干旱/半干旱区（以下统称为干旱区），地处中纬度地区，这区域对流层大气的辐射冷却很强，可达 −3.0 开尔文/天。由于缺乏水汽和上升运动，此区域大尺度凝结加热率、深对流加热率、浅对流加热率都非常弱，这造成此区域潜热输送很小。然而，这地区具有非常强的蒸发能力和非常低的降水量及土壤湿度，在春、夏季，此区域地-气温差很大，有很强的感热输送，是陆-气相互作用很强的区域。这地区影响大气环流的热力过程与其陆面过程特征紧密相关。

1. 西北干旱区春、夏季感热在欧亚大陆感热分布中的重要性

我国西北地区春、夏季由于降水很少，水汽缺乏，天空云量也很小，所以，受太阳的直接辐射很强，地面温度很高，加上此区域大片陆地为沙漠和戈

壁，对太阳直接辐射的吸收很强，在夏季中午地面温度有时可高达 60℃，在夏季的中午，在敦煌戈壁区经常可观测到 1000 瓦/米^2 的太阳直接辐射（最大可达 1038.1 瓦/米^2），白天地表净辐射可达 600 瓦/米^2，这个区域夏季中午最大的感热输送通量可达到约 400 瓦/米^2，它是潜热的 50 倍（张强等，2003）。这表明了中国西北干旱区夏季感热输送是很强的。

布和朝鲁等（2002）、周连童（2010）利用 NCEP/NCAR 再分析资料研究了夏季欧亚大陆感热通量的分布，指出了在春、夏季，我国西北干旱区是整个欧亚大陆感热通量最强的区域之一。根据最近我们的计算，在春季，此区域平均的感热通量可高达 70 瓦/米^2，而在夏季它可高达 90 瓦/米^2。因此，我国西北干旱区春、夏季是欧亚大陆的一个“热垫”区域（黄荣辉等，2011b）。

2. 西北干旱区春、夏季感热与在东亚地区各种下垫面感热的差别

黄荣辉和陈际龙（2010）的研究表明：从气候平均的意义来说，东亚夏季风区的降水不仅由季风气流带来的湿度平流引起，而且还由季风环流的风场辐合引起，此外，在季风区地表面蒸发对降水也起了重要作用。然而，在中国西北干旱区（除新疆北部外），受青藏高原、天山和秦岭等的阻挡，从大西洋输送来的水汽到达此区域已很弱，而来自孟加拉湾的西南季风气流和来自热带西太平洋的东南季风很难达到此区域；并且，由于此区域处于西风气流沿青藏高原绕流的北支，所以夏季降水主要由来自大西洋气流所带来的弱湿平流引起，环流场辐合所引起水汽输送通量的辐合及蒸发对降水的作用都很弱。此外，在西北干旱/半干旱区夏季降水中，山脉引起的水汽输送的辐合是很重要的。

最近，Zhou 和 Huang（2013）通过分析资料分析并比较了中国东南沿海季风湿润区、东北和华北半湿润区、西北干旱区及高原区等不同下垫面的各月感热输送通量的分布。春、夏季感热输送通量中，西北干旱区在 5 月、6 月感热输送通量为最大，在 6 月可达 75 瓦/米^2；而中国东南季风湿润区夏季（6～8 月）感热输送通量只有大约 15 瓦/米^2。因此，西北干旱区 5～6 月感热输送通量比季风区夏季感热输送大，大约是季风区夏季感热输送通量的 5 倍，可见西北干旱区中感热输送在东亚地区各种不同下垫面的感热输送通量中是最大的，它在春、夏季欧亚大陆能量循环中起到重要作用。

3. 我国西部干旱区春季感热的变化对东亚季风系统变化的影响

周连童和黄荣辉（2006）分析了中国西北干旱区春、夏季地-气温差变化及其对东亚夏季风降水的影响，指出中国西北干旱区春季地-气温差与中国江淮流域夏季降水存在着正相关，而与中国华北地区夏季降水有负相关；并且他

们的分析结果还表明：中国西北干旱区的地-气温差存在着明显的年代际变化，从1976年之后，中国西北干旱的地-气温差距平值从负值跃变为正值，并一直持续到现在，这表明此地区春季地-气温差从20世纪70年代中后期至今明显增强。西北地区的地-气温差增强使得位于中国西北干旱区的上升流增强，从而引起华北地区上空下沉气流也随之增强，这导致了黄河流域和华北地区夏季降水减少，且发生了年代际的持续干旱现象，而西北地区夏季降水明显增强（Zhou and Huang，2010）。

周连童和黄荣辉（2008）进一步分析了西北干旱区4月感热与中国夏季降水的相关系数，表明了西北干旱区4月感热与华北和黄河下游地区和西南地区呈负相关，而长江流域呈很强的正相关。这说明：当中国西北地区4月感热增强，则中国华北地区夏季降水偏少，而长江流域夏季降水偏多，因此，西北干旱区春季感热变化对东亚夏季风系统的变异有一定影响。

综上所述，中国西北干旱区陆地-气相互作用对东亚夏季风系统的变异有重要影响，它也是东亚季风气候系统中重要的一员。然而，由于西北干旱区既有广阔的沙漠、戈壁，又有草原和绿洲，还有高山等，地形、地貌极其复杂，所以此区域的陆面过程和陆-气相互作用相当复杂。目前对此区域陆-气相互作用过程及其有关参数的认识还相当不足，很多气候模式还缺乏此区域的有关陆-气相互作用的参数，这使得很多气候模式对此区域乃至东亚地区气候模拟还不准确。

综上所述，东亚季风气候系统是一个海-陆-气耦合系统。这个系统除了以上成员外，中国西北和中亚干旱区陆-气相互作用对此系统也有很重要的作用。东亚季风气候系统不仅对东亚夏季气候变异有重要影响，而且对东亚冬季气候也有重要作用。

五、今后东亚季风气候系统动力学与我国气候灾害预测主要的研究课题

今后，东亚季风气候系统动力学与我国气候灾害预测主要通过大量的东亚季风气候系统各分量的观测资料分析、诊断研究，并利用当今数学、物理学最新成就把气候系统的各圈层相互作用及其物理、化学、水文和生物过程用数值模式来描述；同时利用巨型计算机来模拟东亚气候季节内、年际、年代际变化，以便能

够利用这样的数值模式来预测这种变化，它主要包括以下几个方面的研究。

（一）关于东亚季风环流系统的性质、变化时空特征的研究

关于东亚季风系统的时空变异及其对我国气候灾害影响的研究虽然取得很大进展，但是，关于东亚季风系统还有许多科学问题急需研究。

1. 关于东亚季风环流系统的时空变化特征和规律的研究

在空间分布上，东亚季风系统具有与南亚和北澳季风系统不同而相对独立的水平和垂直风场结构。然而，这些季风系统是相互作用的，并在空间上是相互关联的。因此，这些季风系统的关联应需进一步深入研究。在时间变化上，东亚季风系统的年代际变化对它的年际变化有重要的影响，并且它的年际变化同样影响季节内变化。但是，这个系统不同时间尺度相互作用的物理过程至今仍不清楚，因此，东亚季风系统中不同时间尺度相互作用的物理过程仍然是今后重要的研究课题。目前，除继续搞清东亚季风系统月-季度变化特征和规律外，更多地要研究这个系统的年际和年代际时间尺度的变化特征和规律，以及东亚气候变化的阶段性与突变。

2. 东亚季风系统内动力过程及其与外部热力强迫的相互作用的研究

影响东亚季风系统年际和年代际变化的大气内动力和热力过程，以及外部热力和动力过程是相当复杂的，近来的一些研究只是强调热带加热及青藏高原对东亚季风系统的热力作用。因此，东亚季风系统内动力过程及其与外部的热力强迫的相互作用过程对东亚季风系统变化的影响在今后应深入研究。

3. 东亚夏季风系统的对流参数化的研究

东亚夏季风雨带是积云和层云的混合，降水过程是相当复杂的，当前还难以提出一种很适合于东亚夏季风雨带的积云对流参数化方案，这造成对东亚夏季风雨带分布的数值模拟和预测与实况有很大差距。因此，对东亚夏季风雨带分布的数值模式及其模拟和预测也是今后应重视的研究课题。

（二）关于东亚季风气候系统海-陆-气相互作用物理过程的研究

如上所述，东亚季风气候系统的海-陆-气各成员相互作用是相当复杂的，这当中有许多复杂的科学问题。

1. 关于东亚和西太平洋海-陆-气相互作用研究

要弄清具有不同时空特征的东亚季风气候系统变化的成因，就必须搞清楚东亚季风气候系统中海-陆-气相互作用的热力、动力过程。由大气动力、热力驱动的气候系统，它自然变化的时间尺度一般不超过一个月，因此，大气本身几乎不可能提供季和更长时间尺度的气候变化的能量；陆-气耦合气候系统，它的自然变化的时间尺度可达到季，青藏高原、我国西北干旱区陆-气相互作用对东亚季风系统有着重要影响，因此，研究青藏高原和我国西北干旱区陆-气相互作用对东亚季风系统变异的影响具有重要的科学意义。海-气耦合的气候系统，它的自然变化的时间尺度具有季、年际和年代际甚至更长的时间尺度。只考虑固定洋面的海温作用，一般变化的时间尺度是季节；而考虑到海洋混合层的海温变化，这样海-气耦合变化的时间尺度是年际，如 ENSO 循环的时间尺度是 2～7 年；若考虑到深海的作用，海-气耦合系统自然变化的时间尺度是年代际以上。热带太平洋和印度洋的热力变化对东亚季风系统的变化起着重要作用，因此研究热带太平洋 ENSO 循环、西太平洋暖池的热力变化及印度洋的热力变化对东亚季风系统变异的影响具有非常重要的科学意义。因此，为了搞清不同时间尺度气候变化的特征，就必须搞清东亚季风气候系统中海-陆-气各子系统变化及其相互作用的物理过程。这也是东亚季风气候系统动力学最重要的研究内容。

2. 开展有关东亚季风气候系统变化的物理过程的大型综合观测试验

为了更深入了解东亚季风气候系统中各子系统相互作用的物理过程，就必须进行大型野外观测试验。为此，继续开展青藏高原地区地-气系统的物理过程、长江淮河流域的能量和水分循环、南海季风及西北干旱区陆-气相互作用等大型野外观测试验是十分必要的，以便获得这些典型下垫面陆-气相互作用物理过程的有关参数，以及加深对这些区域的能量、水分循环和平衡状况及它们对气候变化影响的了解。

3. 关于东亚季风气候系统动力学理论的研究

东亚季风气候系统动力学主要通过对大量的东亚季风气候系统的海-陆-气相互作用的观测事实的分析和动力诊断研究，并利用数学、物理学的成就把各圈层相互作用用数学模型来描述。为此，今后必须在东亚季风气候动力学与我国气候灾害预测理论所取得研究进展的基础上，进一步开展研究海-陆-气各圈层的物理过程及它们的相互作用过程的数学描述，特别是利用准定常行星波传播和遥相关理论来研究亚洲季风与ENSO循环的相互作用过程，西太平洋暖池和印度洋热力变化对东亚季风系统变异的影响，以及青藏高原和西北干旱区陆-气相互作用对东亚季风系统影响的过程及其机制。

此外，人类活动还通过温室气体和气溶胶影响东亚季风系统气候，它们通过生物和化学过程来影响。这些过程在气候系统动力学中一般作为非物理气候因子来处理，特别是，大气中化学过程与物理过程相互作用的过程是相当复杂的。在气候系统力学中如何反映这些相互作用亟需深入研究。

（三）陆-气相互作用对东亚季风气候系统影响过程的研究

1. 关于雪盖对陆-气相互作用和气候变化影响的研究

雪盖是地球陆地上重要的陆面状况之一，大陆雪盖的季节变化对气候的影响早就被气象学家发现。陆面雪盖对太阳辐射有很强的反照率，可达到0.8～0.9，因此，在同纬度积雪区与无积雪区，由于它们对太阳辐射的反照率不同，这不仅使此两区域净辐射通量差别甚大，而且在感热输送上也有很大差别。因此，陆面雪盖对陆-气相互作用有很大影响。另外，由于北半球冬季气温低，大气降水经常以降雪形式出现，地表面容易形成积雪，全球积雪面积可达8.5%；而北半球夏季由于气温高，冰雪容易融化，除两极冰雪、格陵兰岛和青藏高原等高山积雪外，其他地区积雪大部分融化，积雪面积很少，因此，北半球雪盖有很大季节变化，这种变化会影响地表面对太阳辐射的吸收，从而对陆-气相互作用的季节变化产生重要影响，这就会给东亚季风气候系统带来影响。因此，今后在东亚季风气候系统数值模拟的研究中要加强雪盖变化对东亚季风气候系统影响的研究。

2. 关于土壤温、湿状态对陆-气相互作用和气候变化影响的研究

土壤的热容量要比空气大得多，土壤温度的改变直接影响着大气下垫面的热状况。当土壤温度高于地表附近大气的温度时，土壤一方面以湍流输送方式向地表附近输送感热，另一方面以热传导方式向大气传递热量；相反，当土壤温度低于大气温度时，则大气以感热和热传导向土壤输送热量。因此，陆面土壤的热力状态是影响陆-气相互作用的重要因素之一。土壤湿度的改变不仅影响地表的蒸发和植被的蒸腾，从而影响地表水分平衡，而且土壤湿度还影响土壤的温度。一般土壤湿则土壤的温度容易保持；反之，则土壤温度不易保持。

由于土壤表面的温、湿状态易受大气的影响，它的变化是一种高频的扰

动，所以陆面表层的温、湿状态影响着时间尺度较短的陆-气相互作用，而较深层土壤的温、湿状态的变化反映着土壤低频的变化，它可能影响着时间尺度较长的陆-气相互作用，它可能是一种能影响气候变化的信息。这些都表明了东亚不同下垫面土壤的温、湿状态直接影响东亚季风气候系统。因此，今后在东亚季风气候系统的数值模拟的研究中要加强东亚不同下垫面土壤温、湿状态的观测及其对气候影响过程的研究。

3. 关于植被状况对陆-气相互作用及气候变化影响的研究

植被是影响陆面状况的一种重要因素，植被影响着陆面太阳辐射的反射率，影响着地表的粗糙度和土壤的湿度，并且，不同植被有不同的蒸腾，因此，植被严重影响着地表的温度、水分平衡和地-气系统的热量、动量交换。例如，布满植被的土壤与有稀疏植被或没有植被的裸土对太阳的反照率就很不同，因此，不同植被反映着不同陆面状况，它对陆-气相互作用和气候的影响有很大差别。根据观测，在沙漠中有植被的地表与没植被的戈壁，其温度在夏季下午 2 点可相差几十度，可见植被严重影响着陆面过程。并且，降水和温度的分布和变化差异，会导致不同的植被特征，如在热带有热带雨林，在副热带有沙漠、戈壁，在寒温带有草原。因此，一方面东亚降水和温度对东亚地区植被有很大影响，而另一方面植被的变化对东亚气候的变化也有很大的反馈作用。因此，在今后还应重视东亚不同下垫面植被变化对东亚季风气候系统影响过程的研究。

(四) 关于东亚季风气候系统的数值模式和数值模拟研究

随着计算机计算速度和容量、卫星遥感技术的发展，以及人们对大气、海洋、陆面的动力特性认识的提高，人们已有可能把气候系统中各子系统用较详细的数学模型来描述，并把它变成数值模式，从而在某种程度上描述季度、年际和年代际的气候变化，以及温室气体增加的气候效应。

1. 东亚季风气候系统数值模式和数值模拟的研究

随着 20 世纪 80 年代以后所实行的“世界气候研究计划”（WCRP）[（当时主要是“热带海洋与全球大气研究计划”（TOGA）]、“地圈生物圈研究计划”（IGBP），90 年代后半期实施的“全球能量水分循环研究计划”（GEWEX）、“全球洋流实验计划”（WOCE）、“气候变率及其可预报性研究计划”（CLIV-AR），以及我国开展的有关气候研究的一系列项目，我国气象科学家完全有可能构造一个较完善的海-气耦合模式来模拟东亚季风气候系统年际和年代际变化，以及模拟东亚季风气候系统对外界强迫因子（温室气体和气溶胶浓度）的响应，并且有可能对东亚物理气候系统和生物圈相互作用有更深入的了解。因此，有可能把物理气候系统、生物圈、人类活动因素作为一个整体，利用数学模型来描述，即地球系统数值模型，从而更深入地理解控制东亚季风气候变化的各子系统相互作用及其与生物圈、人类活动相互作用的物理、水文、化学和生物过程。

2. 关于平流层气候数值模式对东亚季风气候系统的重要性认识

许多研究都表明对流层与平流层无论是热力还是动力都是相互作用的，近年来发生的许多寒冬与平流层过程是密不可分的。平流层的动力和热力过程对北半球冬季气候数值模拟是必不可少的，因此，在东亚季风气候系统的数值模型中必须包括平流层的详细物理和热力过程，这对正确模拟和预测东亚冬季气候是很重要的。并且，就以气候变化研究来说，这样的物理气候模式是极其复杂的，而人类活动所产生的温室气体和臭氧等痕量气体在大气中输运及其化学过程也是相当重要的，因此，东亚季风气候系统数值模式还应包括温室气体、衡量气体在平流层大气中的输运及光化学过程，这也是今后一项重要的研究。

3. 关于陆面过程在东亚季风气候数值模式的重要性及复杂性的认识

由于陆面不像海洋，它是非均匀的，有各种各样的表面特征：有的是雪盖，有的是冰，有的是茂密植被，有的是稀疏植被，有的是没有植被的裸土、沙漠、戈壁。不同表面特征会造成不同的陆-气相互作用，如我国西北干旱区与长江流域湿润区的陆-气相互作用是很不同的，因此，陆-气相互作用要比海-气相互作用复杂得多，并且研究的尺度也比海-气相互作用要小得多。如果说研究海-气相互作用可以用大尺度的话，研究陆-气相互作用只能用小尺度，在气候模式中只能把各个小区域的陆-气相互作用通过参数化方法来考虑。这就产生两个问题：一是要使得参数化方案比较合理，就得在地球上各种陆面小区域做野外观测试验来获取有关参数，这就得花费巨额经费；二是人类活动不断在改变陆表面状况，即不断改变地表特性，这就使得陆-气相互作用的研究增加了困难。因此，今后不仅要认识陆面过程在东亚季风气候系统数值模式中的重要性，而且要认识陆面过程在东亚季风气候系统数值模式中计算方案的复杂性。

(五) 关于东亚季风变异及我国气候灾害的预测研究

1. 东亚季风气候的可报性

由于计算机的急速发展和大气环流模式的发达，人们已有可能预测 10 天以下的天气的演变，但是目前还不能利用有效的方法来预报月以上时间尺度的气候变化。因此，当务之急是研究东亚季风系统季度～几年时间尺度的变异在什么时间尺度、什么空间尺度是可预报的，并且发展动力过程和热力过程协调一致的全球大气-海洋-冰面-陆面耦合模式及对东亚冬、夏季风系统季度和年度定期或准业务预测是一项具有重要科学价值的研究。

2. 我国气候灾害的季度～年际预测研究

鉴于我国夏季旱涝和酷暑、冬季低温雨雪冰冻灾害，我国灾害气候的预测研究是一项对国民经济建设有着重要意义的研究，也是当今我国地学界一个急需突破的研究课题。国家出台了许多有关气候研究计划，但是由于气候系统的复杂性和东亚季风系统的特殊性，目前许多气候数值模式对我国气候灾害发生的季度～年际定量预测准确率还不高，还远不能满足国家和人民的要求。因此，我国气候灾害发生的季度～年际数值预测仍是一个长期而艰难的研究课题。

3. 开展东亚季风气候系统年代际变化的预测理论研究

观测事实表明，东亚气候年代际到世纪时间尺度的变化是显著的。我国华北地区从 1965 年以后干旱化趋势明显，水资源缺乏日趋严重，并且 21 世纪初我国气候异常还很严重，不仅夏季旱涝气候灾害加剧，而且夏季酷暑、冬季的低温雨雪冰冻灾害也频繁发生，它们已带来巨大的经济损失。因此，开展东亚气候变化的年代际预测理论研究也是很重要的。

(六) 关于全球气候变暖背景下东亚季风气候系统及我国气候灾害发生变化趋势的研究

全球气候变暖对全球各区域的气候、环境、水资源、粮食和人民健康已产生影响，也会对东亚季风气候系统和我国气候灾害的发生带来影响，因此，研究全球气候变暖背景下东亚季风气候系统和我国气候灾害发生的变化趋势是很有必要的。

1. 对全球气候变暖背景下东亚季风气候系统变化趋势的研究

全球变暖对东亚季风系统已产生影响，如从 20 世纪 70 年代后期至今，东亚夏季风和东亚冬季风显著变弱，并已引起旱涝、酷暑等严重气候灾害发生加剧。实际的气候变化是由气候自然变化与人类活动和其他外部作用因子所引起的变化组成的。气候系统中各构成部分的相互作用，使得气候变化呈现出不同时间尺度的变化特征，并在某一阶段上在一定的气候状态振荡。但在某一短暂时期内，气候系统的非线性相互作用产生气候状态的不连续的“跳跃”（climate jump），从而使气候的变化产生突发性的转变，达到新的气候状态。因此，东亚季风气候系统的年代际变化是由全球变暖引起的现象，还是气候系统的一种自然振荡？至今还不清楚，对此问题研究也不充分。因此，今后应该进一步加强这个问题的研究。在全球变暖背景下，东亚季风气候系统将来的年代际变化特征及更长时间尺度的变化趋势，也是今后应该重视的一个科学问题。

2. 全球气候变暖背景下我国气候灾害演变趋势的研究

根据 IPCC-AR4 的报告，随着全球气候变暖，世界各地的天气气候灾害将增加。受季风的影响，我国不仅旱涝、酷暑、低温、雨雪气候灾害严重，而且台风、暴雨等天气灾害也很严重。近年来，在全球气候变暖的影响下，我国夏季旱涝和酷暑灾害在加剧，而且近来冬季低温雨雪冰冻灾害也突增，夏、秋季侵袭我国的强台风也在增多。这些都给我国国民经济建设和人民生命财产带来很严重损失。

因此，研究在全球气候变暖背景下我国天气气候灾害发生的演变趋势不仅具有重大科学意义，而且对应对全球气候变化及减轻天气气候灾害造成的损失也具有重大应用价值。

3. 全球气候变暖对我国水资源及环境影响的评估

IPCC 四次报告越来越明确指出，全球气候变暖已给水资源、环境、粮食及人民健康带来危害。随着全球气候变暖，我国华北、东北南部夏季降水明显减少；近年来，我国西南地区连续发生秋、冬、春连旱灾害，已严重影响这些区域的水资源，国家不得不花巨资实施“南水北调”工程，从长江调水到华北。由于水资源与大气降水和蒸发密切相关，所以全球变暖会对我国水资源量和分布格局产生影响，这是我国应对全球气候变化面临的一个很实际的重大科学问题，今后应该重视这方面的研究。并且，由于降水还严重影响生态环境及粮食生产，我国干旱及半干旱面积占据了近60%的国土面积，这里生态十分脆弱，因此，全球气候变暖对我国生态环境影响的研究是十分重要的，这也是我国应对全球气候变化一个很实际的重大科学问题，这也是今后应加强研究的一个科学问题。

综上所述，东亚季风气候系统的季节内、年际和年代际变化及其机制仍然是今后我国大气科学重要的研究课题。因此，我们完全有必要从观测资料、动力理论和数值模拟等方面进一步分析和研究影响东亚季风气候的海-陆-气耦合系统的各成员的相互作用，以及大气内动力和热力过程，特别是研究系统内部不同时间尺度和不同空间尺度变化的相互作用过程和机制，从而进一步揭示东亚季风气候系统的时空变异特征及其对我国旱涝等气候灾害的影响机制，以便提高对东亚季风系统异常和我国旱涝等气候灾害的预测水平。我们可以相信，通过一系列有关气候系统变化和全球气候变暖研究项目的实施，能够进一步了解东亚季风气候系统季节内、年际和年代际变异及其机制，以及全球变暖对东亚季风气候系统的影响。

参考文献

布和朝鲁，纪立人，崔茂常．2002. 夏季我国干旱、半干旱区陆面过程能量平衡及其局地大气环流．气候与环境研究，7：61－73.

陈际龙，黄荣辉．2006. 亚澳季风各子系统气候学特征的异同研究．I. 夏季风流场结构．大气科学，30：1091－1102.

陈隆勋，朱乾根，罗会邦，等．1991. 东亚季风．北京：气象出版社：362.

陈文．2002. El Niño 和 La Niña 事件对东亚冬、夏季风循环的影响．大气科学，26：595－610.

黄刚，胡开明．2008. 夏季北印度洋海温异常对西北太平洋低层反气旋异常的影响．南京气象学院学报，31：749－757.

黄荣辉．2006. 我国重大气候灾害的形成机理和预测理论研究．地球科学进展，21：564－575.

黄荣辉．2010. 东亚季风气候系统变异和我国重大气候灾害发生机理研究进展．中国科学院院刊，25：202－205.

黄荣辉，陈际龙．2010. 我国东、西部夏季水汽输送特征及其差异．大气科学，34：1035－1045.

黄荣辉，陈文．2002. 关于亚洲季风与 ENSO 循环相互作用研究的最近进展．气候与环境研究，7：146－159.

黄荣辉，李维京．1988. 热带西太平洋上空的热源异常对东亚上空副热带高压的影响及其物理机制．大气科学（特刊），95－107.

黄荣辉，陈际龙，黄刚，等 . 2006a. 中国东部夏季降水的准两年周期振荡及其成因 . 大气科学，30：545 - 560.
黄荣辉，蔡榕硕，陈际龙，等 . 2006b. 我国旱涝气候灾害的年代际变化及其与东亚气候系统的关系 . 大气科学，30：730 - 743.
黄荣辉，陈际龙，刘永，等 . 2011a. 我国东部夏季降水异常主模态的年代际变化及其与东亚水汽输送的关系 . 大气科学，35：589 - 606.
黄荣辉，陈际龙，周连童，等 . 2003. 关于中国重大气候灾害与东亚气候系统之间关系的研究 . 大气科学，27：770 - 787.
黄荣辉，陈文，张强，等 . 2011b. 中国西北干旱区陆-气相互作用及其对东亚气候变化的影响 . 北京：气象出版社：356.
黄荣辉，顾雷，陈际龙，等 . 2008. 东亚季风系统的时空变化及其对我国气候异常影响的最近研究进展 . 大气科学，32：691 - 719.
黄荣辉，顾雷，徐予红，等 . 2005. 东亚夏季风爆发和北进的年际变化特征及其与热带西太平洋热力状态的关系 . 大气科学，29：20 - 36.
黄荣辉，郭其蕴，孙安健，等 . 1997. 中国气候灾害图集 . 北京：海洋出版社：103.
黄荣辉，刘永，王林，等 . 2012. 2009 年秋至 2010 年春我国西南地区严重干旱的成因分析 . 大气科学，36：443 - 457.
黄荣辉，徐予红，王鹏飞 . 1998a. 1998 年夏季长江流域特大洪涝特征及其成因探讨 . 气候与环境研究，3：300 - 313.
黄荣辉，张振洲，黄刚，等 . 1998b：夏季东亚季风区水汽输送特征及其与南亚季风区水汽输送的差别 . 大气科学，22：460～469.
黄荣辉，徐予红，周连童 . 1999. 我国夏季降水的年代际变化及华北干旱化趋势 . 高原气象，18：465 - 476.
黄荣辉，张庆云，阮水根，等 . 2004. 我国气象灾害的预测预警与科学防灾减灾对策 . 北京：气象出版社：196.
梁建茵，吴尚森，2002. 南海西南季风爆发日期及其影响因子 . 大气科学，26：829 - 844.
涂长望，黄仕松 . 1944. 夏季风进退 . 气象杂志，18：1 - 20.
韦志刚，罗四维 . 1996. 中国西部积雪对我国汛期降水的影响//黄荣辉 . 灾害性气候的过程及其诊断 . 北京：气象出版社：137 - 140.
叶笃正，高由禧 . 1979. 青藏高原气象学 . 北京：气象出版社：279.
叶笃正，黄荣辉，等 . 1996. 长江黄河流域旱涝规律和成因研究 . 济南：山东科技出版社：387.
叶笃正，陶诗言，李麦村 . 1958. 在六月和十月大气环流的突变现象 . 气象学报，29：249 - 263.
张人禾 . 1999. El Niño 盛期印度夏季风水汽输送在我国华北地区夏季降水异常中的作用 . 高原气象，18：567 - 574.

张人禾，黄荣辉 . 1998. El Niño 事件发生和衰亡中热带太平洋纬向风应力的动力作用 . I. 资料诊断和理论分析 . 大气科学，22：587－599.

张人禾，武炳义，赵平，等 . 2008. 中国东部夏季气候 20 世纪 80 年代后期的年代际转型及其可能成因 . 气象学报，66：697－706.

张强，卫国安，黄荣辉 . 2003. 西北干旱区敦煌戈壁区局地陆面过程野外试验研究//吴国雄，孙菽芬，陈文等 . 我国重大气候灾害的形成机理和预测理论研究论文集（三）——青藏高原与西北干旱区对气候灾害的影响 . 北京：气象出版社：157-177.

张志华，黄刚. 2008. 不同类型 El Nixo 事件及其与我国夏季气候异常的关系 . 南京气象学院学报，31（6）：782-789.

周连童 . 2010. 欧亚大陆干旱/半干旱区感热通量的时空变化特征 . 大气科学学报，33：299－305.

周连童，黄荣辉 . 2003. 关于我国夏季气候年代际变化特征及其可能成因的研究 . 气候与环境研究，8：274－290.

周连童，黄荣辉 . 2006. 中国西北干旱、半干旱区春季地气温差的年代际变化特征及其对华北夏季降水年代际变化的影响 . 气候与环境研究，11：1－13.

周连童，黄荣辉 . 2008. 中国西北干旱、半干旱区感热的年代际变化特征及其与中国夏季降水的关系 . 大气科学，32：1276－1288.

竺可桢 . 1934. 东南季风与中国之雨量 . 地理学报，1：1－27.

Annamalai H，Liu P，Xie S P. 2005. Southwest Indian Ocean SST variability：its local effect and remote influence on Asian monsoon. J Climate，18：4150－4167.

Ashok K，Behera S，Rao A S，et al. 2007. El Niño Modoki and its teleconnection. J Geophys Res，112：C 11007.

Bao M，Han R. 2009. Delayed impacts of the El Niño episodes in the central Pacific on the summertime climate anomalies of eastern China in 2003 and 2007. Adv Atmos Sci，26：1－11.

Chang C P，Zhang Y S，Li T. 2000. Interannual and interdecadal variations of the East Asian summer monsoon and tropical Pacific SSTs. Ⅰ，Ⅱ. J Climate，13：4310－4340.

Chao Y，Ghil M，McWilliams J C. 2002. Pacific interdecadal variability in the century's sea surface temperature. Geophys Res Lett，27：2261－2264.

Chen W，Graf Hans-F. 2000. The interannual variability of East Asian winter monsoon and its relationship to the summer monsoon. Adv Atmos Sci，17：48－60.

Chen W，Takahashi M，Graf Hans-F. 2003. Interannual variations of stationary planetary wave activity in the Northern winter troposphere and stratosphere and their relations to NAM and SST. J Geophys Res，108（D24）：4797.

Ding Y H. 1994. Monsoon over China. Dordrecht：Kluwer Academy Publisher：420.

Huang G，Qu X，Hu K M. 2011. The impact of the tropical Indian Ocean on South Asian high in boreal summer. Adv Atmos Sci，28（2）：421－432.

Huang P，Huang R H. 2009. Relationship between the modes of winter tropical Pacific SSTAs and the intraseasonal variations of following summer rainfall anomalies in China. Atmos & Ocea Sci Lett，2：295－300.

Huang R H. 2001. Decadal variability of the summer monsoon rainfall in East Asia and its association with the SST anomalies in the tropical Pacific. CLIVAR Exchange，2：7－8.

Huang R H，Li W J. 1987. Influence of the heat source anomaly over the tropical western Pacific on the subtropical high over East Asia. Chengdu：Proceedings of International Conference on the General Circulation of East Asia：40－51.

Huang R H，Sun F Y. 1992. Impacts of the heat source anomaly over the tropical western Pacific on East Asian summer monsoon. J Meteor Soc Japan，70（1B）：243－256.

Huang R H，Wu Y F. 1989. Influence of ENSO on the summer climate change in China and its mechanism. Adv Atmos Sci，6：21－32.

Huang R H，Chen J，Huang G. 2007. Characteristics and variations of the East Asian monsoon system and its impacts on climate disasters in China. Adv Atmos Sci，24：993－1023.

Huang R H，Chen J L，Wang L，et al. 2012. Characteristics，processes and causes of the spatio-temporal variabilities of the East Asian monsoon system. Adv Atmos Sci，29：1－32.

Huang R H，Gu L，Zhou L T，et al. 2006. Impact of the thermal state of the tropical western Pacific on onset date and process of the South China Sea summer monsoon. Adv Atmos Sci，23：909－924

Huang R H，Huang G，Wei Z G. 2004. Climate variations of the summer monsoon over China//Chang Cp. East Asian Monsoon，Singapore：World Scientific Publishing Co Pte Ltd：213－270.

Huang R，Zhou L T，Chen W. 2003. The progresses of recent studies on the variabilities of the East Asian monsoon and their causes. Adv Atmos Sci，20：55－69.

Kurihara K. 1989. A climatological study on the relationship between the Japanese summer weather and the subtropical high in the western northern Pacific. Geophys Mag，43：45－104.

Li S，Lu J，Huang G. 2008. Tropical Indian ocean basin warming and East Asian summer monsoon：A multiple GCM study. J Climate，21：6080－6088.

Nitta Ts. 1987. Convective activities in the tropical western Pacific and their impact on the Northern Hemisphere summer circulation. J Meteor Soc Japan，64：373－390.

Tao S Y，Chen L X. 1987. A review of recent research on the East Asian summer monsoon in China//Chang C P，Krishnamurti T N. Monsoon Meteorology. Oxford：Oxford University Press.

Wang B，Wu R G，Li T. 2003. Atmosphere-warm ocean interaction and its impacts on Asian-Australian monsoon variation. J Climate，16：1195－1211.

Webster P J，Magana V O，Palmer T B，et al. 1998. Monsoon：Processes，predictability，and the prospects for prediction. J Geophys Res，103：14451－14510.

Weng H Y，Ashok K，Behera S，et al. 2007. Impacts of recent El Niño Motoki on dry/wet conditions in the Pacific rim during boreal summer. Climate Dynamics，29：113－129.

Wu B Y，Yang K，Zhang R H. 2008. Eurasian snow cover variability and its association with summer rainfall in China. Adv Atmos Sci，26：31－44.

Yang J L，Liu Q Y，Xie S P，et al. 2007. Impact of the Indian Ocean SST basin mode on the Asian summer monsoon. Geophys Res Lett，34：L02708.

Zhang Q，Wu G X，Qian Y P. 2002. The bimodality of the 100hPa South Asian high and its relationship to the climate anomaly over East Asia in summer. J Meteor Soc Japan，80：733－744.

Zhang R H，Sumi A，Kimoto M. 1996. Impact of El Niño on the East Asian monsoon：A diagnostic study of the 86/87 and 91/92 events. J Meteor Soc Japan，74：49－62.

Zhang Y，Wallace J M，Battisti D S. 1997. ENSO like interdecadal Variability：1900－1993. J Climate，10：1004－1020.

Zhou L T，Huang R H. 2010. The Interdecadal Variability of Summer Rainfall in Northwest China and Its Possible Causes. International Journal of Climatoloty，30（4）：549－557.

Zhou L T，Huang R H. 2013. Regional differences in surface sensible and latent heat fluxes in China. Theor. Appl. Climtol，113，doi：10.1007/s00704－013－0975－0.

全球变化研究的主要科学问题与进展*

全球变化研究自20世纪80年代初期开展以来已有近30年的历史。在这期间，人们对全球变化的认识无论从广度还是深度上都有了根本性的转变。它已由早期以研究地球系统中生物地球化学过程为主的地圈-生物圈计划扩展到目前整个地球系统和地球过程、事件与现象的研究。其涵盖的时空尺度非常广泛，几乎包括所有重大变化的各种尺度。全球变化研究从一开始就是一门交叉性的学科。但今天涉及的学科交叉更为广泛，甚至扩展到人文科学的领域。实际上全球变化目前所研究的是人类所面临的由地球环境和气候变化而带来的重大可持续性和人类生存条件问题（丁一汇，2012）

全球变化主要表现为逐渐的慢变与阶段性的突变或快变两种方式，虽然全球变化研究的主体是根据现代发生的问题而设立的，但研究的时间尺度常需追溯到几亿年到近百年前。研究经常采用的方法是将古记录分析和现代仪器测量结果进行对比与相似分析。因而其研究不但包括现代的变化，也包括过去的变化。由于现代资料所限，了解过去的全球变化更为重要，他是理解现代变化之钥，最终，认识过去和现代的全球变化又是预测未来全球变化的必要条件。但是，过去的事件与气候强迫的关系，是不断变化的，这不但因为强迫或驱动力是随时间变化的，也因为地球系统内部的相互作用动力学是非线性的。这必然给未来的预测带来很大的不确定性。评估未来全球变化的不确定性是全球变化研究的关键问题之一。

全球变化的研究通过30年的努力，取得了一系列重大成果，其中不少具有创新性和前瞻性。他们正在影响着诸多相关学科的发展，也影响着人类应对全球环境和气候灾害的战略与行动措施，因而全球变化研究成果在国际和国内

* 丁一汇，中国气象局国家气候中心

的影响是广泛的、深远的。根据最近 PAGES 项目以“服务于与未来预测的过去和现代全球变化研究”为题所做的概括与总结（Bordre and Kiffer，2012），至少有 18 个问题是目前全球变化研究的关键科学问题：①地球系统模式：模拟全球变化动力学；②气候敏感性：地球气候对 CO_2 怎样敏感？③全球和区域碳循环：碳源、碳汇如何随全球变化而改变？④海洋环流：大尺度翻转环流是否随气候变化而改变？⑤海洋营养循环：生物碳泵的能力将改变吗？⑥北极海冰：什么时候将完全消融，其影响如何？⑦气溶胶和气候：地球气候对气溶胶怎样敏感？⑧土地覆盖变化（LCC）：LCC 对气候变化影响有多大？⑨气候变化是否导致野火增加？⑩季风气候：季风区的降水是增加还是减少？⑪ENSO（厄尔尼诺-南方涛动）事件：未来变化如何？⑫海平面上升：未来几世纪中海平面上升有多快？⑬飓风与台风：热带气旋将更强、更频发吗？⑭海岸线的脆弱性：环境变化将影响海岸线与河口吗？⑮海洋酸化将怎样影响海洋生物？⑯水资源：区域水资源短缺将有多严重？⑰生态系统：生态系统和相关服务怎样影响气候变化？⑱突然变化：全球变化下翻转点的发生程度？另外有两个问题：人类活动对现代气候的影响与气候变暖的长期趋势与冷期，也是目前全球变化所关注的。为此，本文做了增补。因此，本文总共总结了 20 个问题，比较全面地阐明了全球变化研究主要科学问题的进展。

这些还不包括臭氧层的损耗与南极冰盖（包括西南极不稳定）等问题。这 18 个问题为我们掌握现代全球变化的研究趋势和方向提供了一种指导，值得指出的是：“国际地圈和生物圈计划”（IGBP）近年来一个重点方向上的变化是通过对现代和过去地球系统和地球过程的研究改进对全球变化的认识，并据此探索预测未来变化的途径、方法和情景。因而认识过去和现代发生的重大过程或现象在未来是否和怎样发生变化是能够预测未来并减少其不确定性的前提。也就是研究方法上更重视古今对比，目标上更重视对未来可能变化的预测。这也是目前国际科学联合会理事会（ICSU）正计划启动更宏大的研究全球可持续性的“未来地球”（Future Earth）计划的基础（Kiffer，2012）。

1. 地球系统模式

地球系统模式是模拟和预测全球变化动力学的主要工具。由于全球变化涉及复杂的多学科交叉（包括物理、地球生物化学过程、社会经济及技术发展等因子）、高度非线性动力学问题，预测其未来变化是十分困难的，并具有很大的不确定性。例如，一个关键问题是预测次大陆尺度的气候翻转点是否可能发生。目前认为达到或接近气候翻转点的系统有北极海冰、西南极、西非季风区、亚马孙热带雨林等；还需要考虑其他新的全球变化事件发生的可能性，如海洋酸化和海洋缺氧事件。它是地质年代生物大灭绝的主要过程之一。在全球气候预测中，模拟现代和过去气候变化并与观测资料比较是做好未来气候变化预测的前提和关键一步。以此根据强迫和发生的变化速度的响应关系在现代的记录中寻找与近期和将来可能的变化相似的事件或时段。这种相似方法在不同时间尺度的气候预测中已有不少研究和应用，也取得了一定效果，但困难是必须用模式能够模拟出重建的气候变化的方向、振幅和速度。为做到这一点，必须估算模式对各种过程的敏感性。目前，利用古气候资料和现代资料与模式等对气候敏感性进行研究仍具有相当大的不确定性，从而导致了预测的不确定性。再加上未来全球变化和气候的预测很大程度上依赖于温室气体和气溶胶排放情景，而后者决定于未来社会发展和技术进步等诸多因子，它大大影响未来预测的结果。

目前不少国家已建立或正发展不同复杂程度的地球系统模式，这是未来预测全球变化的主要工具。

2. 气候敏感性

在诸多影响全球和区域气候变化的因子或强迫中，CO_2 是最受到关注的，也是最重要的外强迫因子之一。由于气候异常和突变涉及强迫和反馈过程，所以与气候的敏感性有关。气候敏感性虽然是气候变化的研究中用来评估将来气候变化的一个关键参数，但它与同时使用的瞬变气候响应物理概念对认识短期气候预测（季、年、年际）的可预报性和不确定性也有重要的参考价值。这是由于地球气候对于各种驱动力是敏感的，它包括云、水汽、冰/雪、海冰、上层海洋、大气成分（CO_2、CH_4、O_3、气溶胶、沙尘等）、植被、海洋、碳循环等。通过它们对大气的强迫与反馈过程可以引起不同时间尺度的气候异常和气候变化。目前在历史资料中找到与所预测的异常事件的相似过程十分难。这是一个具有挑战性的难题。

目前，学界主要使用三种敏感性概念。

（1）平衡的气候敏感性（CS）：二倍 CO_2 浓度（$2\times CO_2$）时，气候系统达到平衡条件下的全球平均地表温度变化值。这种情况下，允许大多数过程具有反馈过程，而保证冰盖、大气成分（CH_4、O_3、气溶胶、沙尘）、植被、海洋环流不变。这是用于描述气候模式对外强迫响应的一个关键参数。通常也称 Charney 敏感性。CS 值：3℃左右，1 标准差范围为 1～5℃。LGM 期：1.2～4.3℃（5%～95%），1.7～2.6℃（17%～83%）。

（2）瞬变气候响应（TCR）：当 CO_2 浓度以每年 1%的速率增加到 2 倍时，20 年平均的温度变化值。如同 CS 一样，这个量也定量地包括气候系统中地表、云、水汽、海冰等反馈作用。它与近期将来的气候变化更有关系。对 CMIP3：1.2～2.6℃；对 CMIP5：1.3～2.4℃（图 1）。

（3）地球系统敏感性（ESS）：考虑到所有影响地球气候因子的反馈作用一起出现时达到的全球平均温度变化值。

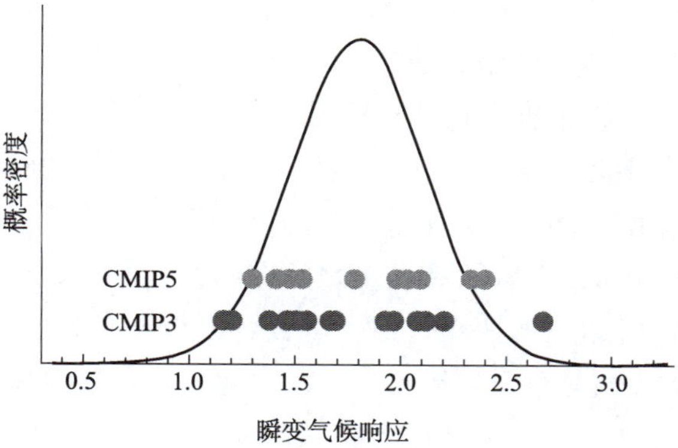

图 1 由复杂气候模式估算的 TCR 分布，由简单模式估算的 PDF 分布
资料来源：转引自 Bondre and Kiffer，2012

3. 人类活动对现代气候的影响

人类活动主要包括两个方面：人类燃烧化石燃料排放大量温室气体，导致温室气体浓度增加；土地利用的变化（如砍伐森林、城市化等）改变感热和潜热能量与物质通量，以及地表反照率的变化而引起的气候变化。其中第一个方面是主要的。

地球的气候演变受许多因子影响。其中 CO_2 等温室气体是主要的因子之一。无论是地质年代用资料记录还是现代气候的仪器观测和测量都表明，大气中 CO_2 浓度与全球气候变化有着密切关系。4 亿年以来的记录表明，气候的暖期一般对应于高 CO_2 浓度，而冷期或冰期对应于低 CO_2 浓度。但最近的研究揭示，在 1200 万～500 万年前，地球气候变化与大气中 CO_2 的浓度并不存在关联性。只是在 500 万年以后，不同形状海盆形成的海洋环流才使得地球气候与大气中 CO_2 的关联程度变得紧密起来，从而使得现代地球气候对 CO_2 浓度更加敏感。这可能表明，晚中新世以来的地球气候演变受 CO_2 增加或减少与大尺度海洋环流（如北大西洋温盐环流）的共同作用。这个研究也得到了其他某些研究的支持。例如，更新世冰期 CO_2 与气候之间关系的研究也指出，迭加在有 CO_2 浓度驱动的全球同位相增暖之上的反位相半球尺度温度对海洋环流变化的响应可使末次冰期（约 2.2 万年前）的北半球变冷。但上述研究只是一种初步的结果，尚不能定论。

关于 CO_2 与地球温度变化的关系，除温室效应作为一种物理定律已被科学界普遍确认外，概括起来有四个问题需要进一步说明和解决。

（1）大气 CO_2 浓度的变化是超前还是落后于地球温度？也就是说 CO_2 是温度变化的原因，还是温度变化的结果？根据 80 万年以来南极冰芯记录，南极地区的温度虽然与 CO_2 浓度变化具有相同的循环和周期，但它略超前于 CO_2 的变化，因而 CO_2 并不是气候变化的第一驱动力。它可能在全球气候变化中起着一种重要的反馈作用，甚至只是中等偏强的反馈作用。冰雪的反照率也起着重要的反馈作用。一般认为，CO_2 和温度之间有两种工作方式：一方面，由于温室效应，CO_2 变化引起温度变化；另一方面，温度变化通过碳循环响应影响 CO_2 浓度，改变的 CO_2 浓度又可影响温度。上述两个过程被称为反馈回路或循环。如果全球温度先变，CO_2 循环将随之响应，一般后延几百年。这在过去 300 万年来的冷期-间冰期循环中可以证实。这种所谓米兰科维奇循环主要由地球轨道参数变化引起或启动。CO_2 循环响应后把上述初始的轨道气候变化通过反馈作用加以放大并扩展到全球。对于冰期如果没有减低的 CO_2 浓度和减少的温室效应不可能解释冷期的向全球尺度的扩展，也不能解释冷期在两半球同时发生的现象或事实。这种有冰芯记录解释的温度——CO_2 滞后关系最近已被气候模式试验详细地模拟出来。它们完全与 CO_2 在气候变化中的重要作用一致。但是最近的研究表明，末次冰期（据 2.2 万年以来的代用资料）CO_2 浓度增加超前于全球变暖，而南北半球的温度差异（北半球冷却，南半球变暖）是大西洋温盐环流影响的结果，但这并不能改变上述一般性的结论。

（2）CO_2 是否是现代气候变化的驱动力？对于现代气候变化，工业革命后（1750 年）造成的 CO_2 浓度迅速增加发生于全球变暖（由于仪器观测所限，最早只能确定 19 世纪中叶的温度）之前，因而可能起到主要驱动力的作用；同时为使气候变暖全球化，也具有重要的反馈作用。由于工业化后大气中 CO_2 浓度的增加主要是大量燃烧化石燃料的结果，所以把现代 CO_2 的排放与相应的全球变暖归因于人类活动的影响，这种情况明显不同于地质年代地球气候演变的主要驱动力或启动力（地质结构或大陆板块运动、米兰科维奇轨道参数变化等）。目前的问题是人类活动与自然因素相比在多大程度上能够造成现代的气候变暖。

把工业化后 CO_2 增加趋势归因于人类对化石燃料燃烧，主要在于三个方面。①南极和格陵兰冰芯记录表明：大气中 CO_2 开始增加的时间是在工业革命前后，从那以后，其浓度变化大致与化石燃料消耗的增长率相近。②北半球大气 CO_2 浓度比南半球的高几个 ppm，因为大多数最强的排放源位于北半球。③大气中氧含量每年减少 3ppm，这与大气中 CO_2 增加是相对应的，因为 CO_2 是燃烧的一种产品。

（3）现代 CO_2 的大气浓度是否超过了自然的变幅？根据最近全球 CO_2 大气浓度的测量，已经超过 390ppm，并接近 400ppm，与工业革命前的 CO_2 浓度相比在 260 年间增加了 120ppm，这个速度是空前的（图 2）。根据南极冰芯 83 万年的温室气体浓度分析，每一次冰期和间冰期循环（约 10 万年）的 CO_2 变化一般在 100ppm 左右。它造成的温度变化范围为 8～10℃。全新世以来，人类活动逐步增加（农业开垦等土地利用变化）引起的 CO_2 浓度变化也只增加 20～25ppm。即使在小冰期（16 世纪左右），CO_2 迅速减少了 60～70ppm，并造成了温度极低值，也没有达到现代气候的 CO_2 浓度增加的速度和量值，因而应该认识到，现代气候变暖时期的 CO_2 浓度增加量值和速度远超过过去百万年，也有人认为甚至是 2000 万年以来的大气 CO_2 浓度。

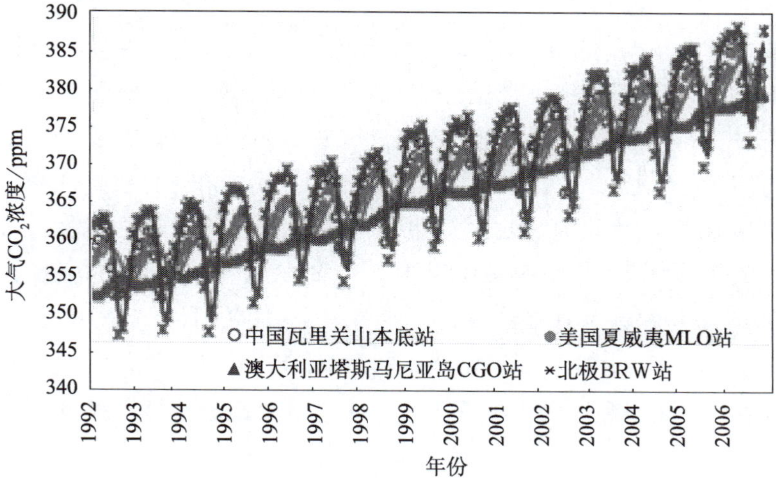

图 2　中国瓦里关山本底站、夏威夷 MLO 站、澳大利亚塔斯马尼亚岛 CGO 站及北极 BRW 站测量的 CO_2 浓度变化

资料来源：中国气象局气象科学研究院，2012

在工业革命前的 210 万年，大气 CO_2 的浓度一致在 170～300ppm 变化。自此以后，化石燃料燃烧和水泥生产排放了 353±9 吉吨碳到大气中，另外，又

有 152 吉吨碳由土地转变而排放到大气中，所以人类总共排放了 5050 亿吨碳到大气中。这导致 2009 年大气 CO_2浓度上升到 386ppm，与质量守恒一致。其余的人类排放的碳今天仍存在，并在全球循环的各个库中重新分配，即在海洋和陆地生态系统碳汇中。人类碳的归宿和由大气转换到海洋和陆地碳池的速度驱动着大气 CO_2的增长率，以后又驱动着地球的辐射强迫和全球气候变化。

（4）CO_2的吸收是否已经饱和？可以从两方面说明此问题。第一，红外线的放射是发生在大气高层。其原因是简单的：当我们上升到大气更高层次时，空气变得越加稀薄。从地球逃逸到宇宙间的热辐射大多发生在这些更高的大气层中，而不是在地表面，平均是从 5.5 千米左右射出的。正是在这个高度上，如果增加了 CO_2，就会造成射出辐射的差异。由于人类排放，当有更多的 CO_2从地表面加入大气时，近地面层 CO_2浓度不断增加，CO_2效应大致已经饱和，这个层次也会变得更厚。可以设想，像一层雾。但在此情况下，只有在红外光谱区能看到。但应该认识到，当此“雾云”变厚时，辐射只能从更高的大气层逃逸到外空，因而－18℃的辐射平衡温度也位于高层。这种向上的移动加热了其下的大气层和地表，因为在大气中向下运动时，由于气压增加，每千米将增加 6.5℃（温度递减率），因而只要把包围地球的“CO_2雾层”提升 1 千米，就将导致地面气候增温约 6.5℃。因而，对流层中大气温度随高度的下降是产生温室效应的一个必要条件，这是不容忽视的。第二，从 CO_2吸收带的吸收来看，有人认为大气 CO_2吸收带已经饱和，因而温室效应已经达到饱和。即使 CO_2再增加也不会产生明显的温室效应，但事实并非如此。许多研究确切表明 CO_2的温室效应在 15 微米带中心波段确实已经达到饱和，但在 CO_2整个吸收区间（14～18 微米）及其他吸收区（如 10 微米、5.2 微米等）波段远未达到饱和，最近的将来也不会达到饱和，即使 CO_2在大气中占 96％的金星也未饱和（温度 467℃）。根据许多研究结果，并参考了美国国家科学院的总结（National Research Council of the National Academies，2010），得出近百年气候变暖能够归因于人类活动的证据和原因主要有七个。①近百年地表温度清楚地呈现上升趋势；同时，人类活动造成了 CO_2与其他温室气体的快速上升，超过了 80 万年以来的自然变化幅度。②无论是温室效应的基本物理规律和更详细的计算都得出大气温室气体的增加应该导致地球表面和低层大气的增暖。③观测到的增暖垂直分布即最底层大气增暖，同时其上大气降冷的事实与温室气体引起的增暖是一致的，而与其他可能的原因不一致。④只有把温室气体包括在气候模式中才能模拟出观测到的增暖趋势。⑤气候系统的变化时间尺度很宽，但观测的气候趋势的严格统计分析和模式模拟表明，观测到的增暖不可能仅归因于自然变化，尤其是 20

世纪 70 年代末以来的增暖。⑥卫星观测确切地表明，在过去 30 年太阳输出没有变化，所以，来自太阳的能量不可能造成近代的增暖，但有某些研究指出，20 世纪头几年观测到的某些增暖可能由太阳输出的微弱增加引起，但这个结论很不确定。⑦直接测量同样表明，宇宙射线（有些科学家设想，它可能影响云的形成以及气候）在过去 30 年既无减少，也无增加，因而并不能显示宇宙线可能是影响气候的一种机制。

4. *碳循环动力学*

碳循环动力学主要研究碳源和碳汇如何随全球变化发生改变（图 3）。其中又特别重视人类活动是如何改变碳循环的，即由过去自然的全球碳循环在人类干扰下成为不稳定的碳循环，到将来的碳循环是否会继续不稳定并通过反馈作用进一步加剧全球变化。人类活动通过两种方式使碳循环状态转换：①增加地球系统中碳的总量；②通过土地利用变化把土壤和植物中生物储存的碳转换成大气中的 CO_2，改变储存和循环碳的平衡。正是这种特征决定了气候变化的长期性和严重性。

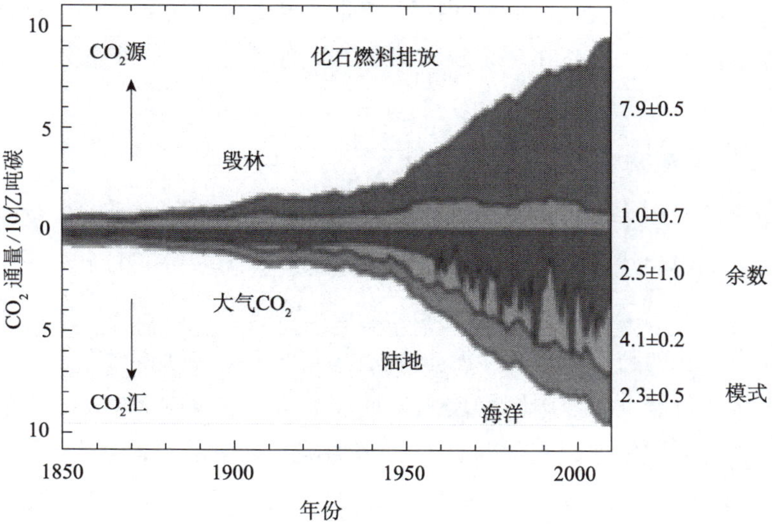

图 3 1850～2012 年全球碳收支演变

资料来源：转引自 Bondre and Kiffer，2012

工业时代大气中 CO_2 浓度正快速增长，目前已达到 392ppm。由温室气体引起的辐射强迫增加的速度远快于（快 1 个量级以上）至少 16 000 年以来任何古气候时期的增加速度。这意味着全球气候变化和海洋酸化正以农业文明时期以来空前的速度进行着。

5. 海洋环流

目前主要关注大尺度海洋翻转环流 MOC（温盐环流）是否随气候变化而变化。也就是作为全球气候变暖的结果，MOC 是否会变缓或关闭。气候模式预测的初步结果（IPCC，AR4）表明，MOC 最可能在 21 世纪末之前逐步减弱（减弱 0～50%），但不会关闭。减慢的原因是高纬度海表水增暖和盐度减少阻碍深层冷水的形成和下沉。这是大陆冰盖（如格陵兰）融化与水循环加强的结果。另外，也与暖水上翻机制的变化有关，如可能与后半叶南极平流层 O_3减少导致的南大洋风力增强 30% 有关。虽然大多数模式结果表明，21 世纪 MOC 会减弱，但没有具有说服力的证据表明大西洋 MOC 实际上出现了长期的减弱，但这也不应误解为不存在减缓的证据，只是限于现有观测手段，未充分获取。

从古海洋记录得到的海洋-气候关系最可信的个例研究是过去 6 万年前的结果。它表现为“热力双极振荡现象”。这种现象是由大西洋翻转环流作为从南半球向北半球的热泵的效应造成的。它启动通过 MOC 的半球遥相关及其对碳循环的影响，这种大气环流的非线性变动或突变在翻转或改变全球气候中起着关键作用。例如，发生在 2 万～1.5 万年前的冰期状况的突变或间冰期，改变了地球上以后的气候。

6. 海洋营养循环

海洋营养循环主要研究海洋生物泵的能力将如何变化？所谓生物泵是指一套从生物上进行的缓解海洋碳分布的过程。通过这些过程可把海洋表层的碳传送到海洋下层或内部，其输送效应取决于碳光致同化、输出和矿化三者之间的平衡。这个问题的科学基础是浮游生物分布、海洋食物链和相关的生物地球化学循环的构成机制。海洋碳储存被认为是过去冰期大气中 100ppm 浓度变化的原因。如果在冷气候比暖气候下储存更多的碳，则意味着海洋存在着正反馈。反之，暖气候海洋能释放更多的碳，这可以增加大气的 CO_2 浓度，使初始的增温得以增加。但是目前我们不知道在过去有多少海洋碳储存发生了变化。实际上生物、物理和化学过程一起决定着海洋中的碳储量与交换。因而，必须用不止一个过程来解释冰期到间冰期的变化。例如，也提出了物理泵的作用。在冷海水中，通过物理泵可使 CO_2 溶解增加，这可解释冰期-间冰期 CO_2 整个差异不到 20ppm 的量。由降尘引起的更多的铁元素输入海洋表层，可使浮游生物利用氮、磷的效率增强。有人估计可造成 37ppm CO_2 的变化。

7. 北极海冰

北极海冰关注的主要问题是什么时候北极海冰融化完，其后果如何？过去33年高质量的遥感记录表明，北极9月（夏末）海冰面积以13%/10年的速率减少。过去5年为最低的5年（9月海冰），与20世纪80年代相比，这个时期的平均面积减少了36%（图4）。虽然未来几个世纪冬季仍可能会生成海冰，但由于其太薄，都会在夏季融冰期消失掉。模式预测到2030年北极基本上是无冰的。需要指出的是，在全球气候变暖条件下，北极地区的增温与整个全球相比要高。这种北极增幅现象可由许多过程造成，但夏季海冰的减少是一个重要驱动力。当夏季海冰退却时，北极出现更大面积的无冰洋面。它可使反照率增加，更多吸收太阳辐射，给海洋混合层增加热量。秋季到来时，这种热量向上释放，加热其上的大气。在过去10年北极出现异常低的夏季海冰条件时，这种北极增幅就会凸显出来。人们进一步认识到，北极增幅改变了大气稳定度、水气含量和水平温度梯度，同时还可影响北极地区以外的天气型的特征（如中高纬阻塞型）。观测表明，高纬度大气环流已对融冰产生响应。在未来几十年中，这些影响将变得更明显。一种可能是海冰减少的增暖作用将远扩到内陆地区，使冻土带增暖，加速冻土融化，使储存于其下的甲烷释放到大气中。

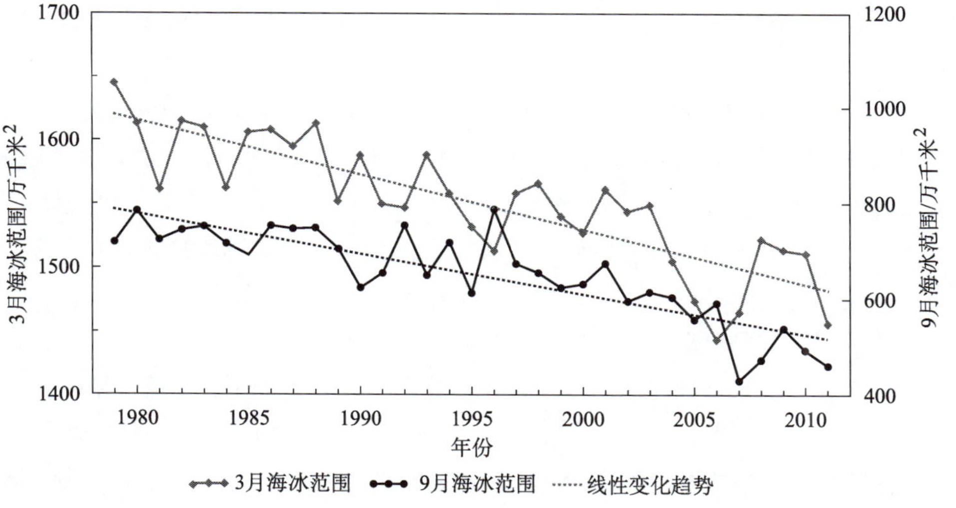

图4　1979～2011年3月和9月北极海冰范围

（海冰密集度≥15%的区域）的年际变化曲线（万千米²）

资料来源：中国气象局气候变化中心，2012

8. 气溶胶与气候

地球的气候也受到气溶胶即悬浮于大气中的固态或液态颗粒物的影响。关键是气候究竟对其有多敏感。气溶胶可以通过四种方式影响地球气候：改变辐射过程，改变云的生命期和反照率等，扰动生物地球化学过程和大气化学。气溶胶可由化石燃料燃烧、生物质燃烧和陆地与海洋表面的排放释放出来。其在大气中的生命期从小于 1 天到几周，但在平流层可留存数年。气溶胶总体上起到降温作用，可抵消一部分温室气体的增温作用，但因其种类、时间、地点不同，其降温值有明显差异。其中气溶胶（如黑炭）可产生加热作用。因而气溶胶是评估全球平均辐射强迫（RF）中最重要的不确定来源之一，同时也是造成气候敏感性（2%～4.5%/2×CO_2）较大不确定性的原因。气溶胶的直接辐射作用（散射和吸收太阳辐射和长波辐射）造成的 RF 为－0.5±0.40 瓦/米^2。对 CO_2，RF 是 1.7±0.1 瓦/米^2。气溶胶与云的相互作用可改变反照率，可引起－0.7的瓦/米^2（－0.3～1.8 瓦/米^2）的 RF。气溶胶通过提供限制初级生产力的营养物或产生气候变化的生物地球化学循环，可增强碳吸收，间接影响气候，所引起的 RF 为－0.50±0.40 瓦/米^2。在过去 130 年，人类大量地增加了大气中的气溶胶，将来由于对健康的关注和 CO_2 减排导致的化石燃料燃烧的减少，人为气溶胶排放将减少，这将导致气候的增暖速率增加，从而导致更大的减排行动。

在第一次 IPCC 评估报告中（1990 年），认为气候变化主要由人类产生的温室气体（GHGs）引起，只是提到气溶胶对气候的影响，这是由于那时对气溶胶的认知尚不足，很难估算气溶胶气候效应的量值，甚至符号。自此以后，气溶胶气候效应机制与气溶胶效应的累计量值计算的研究不断增加，使气溶胶气候效应日益受到关注。在第三次 IPCC 评估报告中气溶胶已成为除 GHGs 外另一种重要的气候驱动力和辐射强迫计算的主要成员之一。

大气气溶胶有自然起源（沙尘、火山喷发等）和人类活动起源。在气候研究中，对于冰期-间冰期循环，有不少地质学家强调沙尘气溶胶的冷却作用，也强调频繁的火山爆发（如距今 1000 年的小冰期中）喷发的大量气溶胶对地面的降温作用（全球平均 0.5℃）。工业化之后，人类产生的气溶胶随着化石燃料燃烧大量增加，其排放量也随着 GHGs 的增加而增加。气温从 20 世纪 20～40 年代的高峰期突然下降，在 20 世纪 50～70 年代气温出现一个低谷（偏冷）。当时不少科学家认为地球将进入冰河期，但不久温度即迅速上升，直到今天。对 20 世纪 50～70 年代冷期的解释是后来不少人研究的问题。其中有人认为这个冷期是第二次世界大战后很多国家工业化复兴和快速发展大量排放气溶胶的结果。最近 10 年有人认为全球气温的上升停止或变平，也是 2000 年后大量排放气溶胶尤其是亚洲烟雾污染（硫化物为主）加剧的结果（与 GHGs 相似），这是因为近 10 年亚洲国家经济迅速增长，GHGs 和 SO_2 排放量迅速增加 。

在 2000 年以前，CO_2 和气溶胶排放是同步变化的，即两者是耦合的，但它们对温度的影响是相反的。前者产生增温作用，后者产生降温作用，这种协同作用得到环境部门的重视。但 21 世纪初以后，随着环境污染的治理，气溶胶浓度不断降低，而 CO_2 排放继续增加，两者的协同关系逐步消失，这被称为解耦现象。结果是，在不断增加的 CO_2 浓度影响下地球将变得更热。

最后值得指出的是，直到今天人类的 GHGs 和气溶胶都主要是化石燃料燃烧排放的，它们密切相关并耦合在一起，但随着空气污染的治理，大气气溶胶的含量会不断减少，而 GHGs 在相当长时间内还会继续增加，最终保持稳定。两者的大气浓度朝不同方向变化，即两者是解耦的，这是在典型排放路径（RCPs）情况下的设计。在这种情况下，由于气溶胶的冷却作用减小，升温更加明显，地球的气候变得更热，或者更快地达到阈值。人们的选择是：或者加大减排力度，或者另觅其他途径，地球工程中的太阳辐射管理就应运而生。

9. 土地覆盖变化

土地覆盖变化使区域和全球气候系统产生了许多改变：①改变了地面反照率；②改变了地表蒸散；③改变了风、热浪的强度，水灾的脆弱性及有关人类居住区附近的状况；④改变了大气 CO_2 的摄入。

反照率和蒸散的变化对近百年全球平均温度可能产生了已可察觉的作用。森林面积减少而使反照率增加，可产生 0～0.1℃冷却。到 2010 年，由化石燃料燃烧排放的碳为 9.1±0.5 吉吨。由土地利用变化而排放的碳为 0.9±0.7 吉吨。毁林可导致热带的气候增暖，而在高纬度产生冷却，毁林也导致蒸散的减少和径流的增加。工业革命前的人类活动主要是毁林，农耕（大米种植）和牲畜的豢养，造成了 CO_2 和 CH_4 大量向大气中排放。也有人认为，这可能已经影响了全球气候变化，并达到了排除下一个新的冰期来临的可能性。因为在全新世 GHSs 的浓度已显示出与过去的冰期异常的趋势，但这种结果受到了某些研究者的批评。无论如何，对全新世一个没有争议的特征是全新世的区域和全球气候可能已受到了人类活动的影响，这使它不同于地球历史的其他时期。这正是现代人类存在和活动的结果。

10. 野火或自然火

不同分布状态森林的大火一般与火季的干旱条件密切相关。这又取决于温度增加和降水减少，尤其是在内陆和北半球高纬地区。干旱的发生可以严重地影响生态系统，野火实际上是在比较渐变的强迫下发生的一种突然变化。重现的严重干旱能把大范围森林地区（如 US 西部，＞50％面积）转化为非森林植被。对于百年到几千年和区域到全球尺度，温度是生物质燃烧的主要驱动力：增加的温度通过增加植物生产力增加火灾，因而增加可燃烧物。降水的作用是比较复杂的，最大的火灾在各种温度条件下都出现在中等降水量下，这是因为在干燥环境下缺少燃烧物而使火灾减少；在潮湿条件下，由于可燃物太湿而不易燃烧，火灾也少。降水变化的影响视一个火点是否处于一种“可燃烧有限”地区或湿的“干旱有限”环境中。古气候记录表明，全球变暖将造成全球性火灾的增加，但在某些地区由于降水的变化，火灾也会减少。例如，在更暖和更干的气候区，可减少可燃物数量而使火灾减少，而在季风气候区，由于可燃物湿度增加（如降水增加），降水也会减少。

11. 季风气候

季风的物理本质是耦合系统对日射年循环的一种强迫响应。在决定季风降水型和强度上，海陆热力差异、水汽输送过程、地形和地球旋转是很关键的。区域季风的集合结果造成了全球尺度随季节变化的热带地区的翻转环流。全球季风的概念即代表热带降水和环流年变化的主模态，因而是地球气候系统的一种确定的季节性特征和重要变率模态。不同地区季风的年际变化主要由 ENSO 事件驱动，因而它们之间表现出相关性，也就是说，区域季风不仅由外强迫（如轨道参数）协调，也受到内部的反馈过程（如 ENSO）的影响。现在人们最关心的问题是未来夏季风降水是增加还是减少。因为最近 50 年陆地的夏季风降水是减少的，这可能与海洋的不断增温有关。这个问题之所以重要，是因为它关系到水循环的变化（增幅或减弱）及旱涝事件的变化。

在最近 30 年，中国的华北和东北地区发生持续性干旱，而江淮流域和华南地区经历明显的多雨期，此即所谓中国东亚季风区降水的“南涝北旱”分布。不少研究表明，这与东亚夏季风的年代际减弱有密切关系（图 5）。并且主要是受 1960～1980 年的自然变化周期的影响，即高原冬春积雪和热带中东太平洋海表温度的年代际尺度变化改变了东亚地区海陆温差，从而改变了区域的季风驱动力的结果。未来 20～30 年，高原冬春积雪减少和热带中东太平洋海表温度降低，使东亚夏季纬向海陆温差增加，可能使季风加强，季风雨带逐步北推。另外，东亚冬季风也呈现出减弱的趋势。

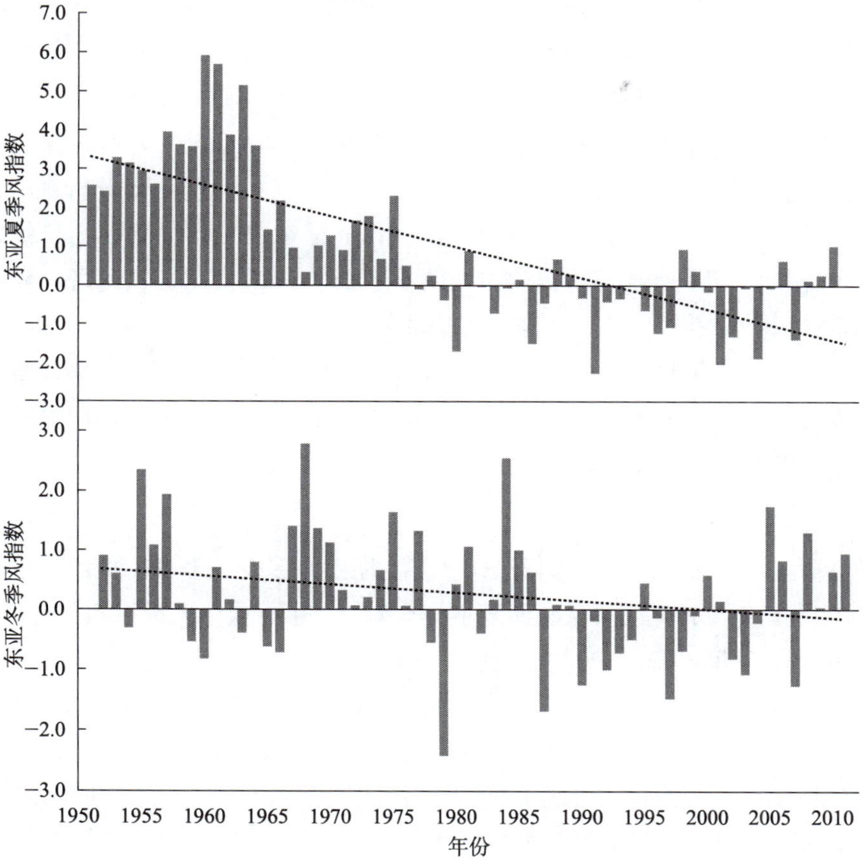

图 5　1951～2011 年东亚夏季风（上）和冬季风（下）指数变化

资料来源：中国气象局气候变化中心，2012

12. *厄尔尼诺-南方涛动*（ENSO）

ENSO 事件是热带气候变率的主要原因，并且具有全球性影响，最明显的是易于干旱区未来 ENSO 的变化如何？古气候资料和气候模式的初步回答是：在未来的一个世纪，太平洋将继续具有很大的季节和年际变率。这个结果有些出人意料，因为对 ENSO 的经典认识是：在风、海表温度梯度和赤道温跃层之间的反馈将引起太平洋从一种状态转变到另一种状态，产生所谓“永久性厄尔尼诺”状态。但最近的研究表明，实际并非如此，因为风和温跃层对 ENSO 有相反的作用。暖气候将使 Walker 环流减弱，因而减弱 ENSO 变率。但是偏弱的信风将造成更少倾斜，更浅薄的温跃层又加强 ENSO 变率。由于这两种相反的作用，ENSO 仍将在太平洋继续发生。ENSO 变率的一个重要原因是年代际尺度变率问题，目前还不清楚。目前只在太平洋上一些关键地点具有几百年的厄尔尼诺记录。利用这些资料大致可以回答太平洋气候在未来一个世纪将会怎样变化。这涉及三个重要的问题：①ENSO 是怎样不规则变化的？②什么机制引起 ENSO 年代尺度变化？③辐射强迫（尤其是人类引起的）影响这个系统吗？但目前还不能很好地回答这些问题。最近多种百年气候资料分析表明：小冰期（1500～1800 年）的 ENSO 变率增强。赤道东太平洋比中世纪气候异常期（900～1300 年）要暖。值得指出的是，即便有新的代用资料出现，也不能保证能够阐明 ENSO 将会以类似于响应太阳强迫的方式响应温室气体的强迫。因为后者与前者有十分不同的垂直结构。它们分别以不同的方式受到云和气溶胶的影响，并且不像太阳，后者在一天 24 小时皆在作用。这种差别限制了自然强迫作为人类强迫的相似方法的可靠性。

13. 海平面上升

海平面在未来几世纪中怎样快速上升，能上升多少，是目前关注的中心问题。19 世纪末以来的验潮仪观测表明，全球海平面在 20 世纪以 1.7～1.8 毫米/年的平均速度上升。这标志着过去 3000 年相对稳定状态的结束。1993 年以后的卫星测量指示了近 20 年海平面具有更高的平均增加率，达到 3.2±0.4 毫米/年，其中海洋热膨胀作用在 20 世纪后半叶明显增加，从 1993 年以来，占海平面上升的 30%。在过去几十年，冰川呈现全球性退却。在 20 世纪 90 年代这种退却明显加速，其贡献占海平面上升的 30%。陆地储存的变化可忽略不计。冰盖（格陵兰和西南极）在加速融化。1993～2003 年，其贡献不到 15%，但 2003～2004 年，其贡献增加到约 70%，平均而言，从 20 世纪 90 年代以来，冰盖贡献约为 25%，因而最终冰盖的质量损失对未来海平面上升将有更大的贡献。这是早就预期的。

14. 飓风和台风

由于气候变暖，未来的热带气旋会变得更强，会更频发吗？对于频率，在 21 世纪可能不变或减少，这基本上取得了共识（图 6）；但对于强度是可能增加的，不同模式预测之间差异在 2%～11%，尤其是 4 级与 5 级飓风的强度。降水率也将增加（3%～37%范围变化）。近期的研究表明，气溶胶可导致阿拉伯海气旋强度增加，但目前尚无令人信服的证据把热带气旋的变化归因于人类产生的强迫作用。

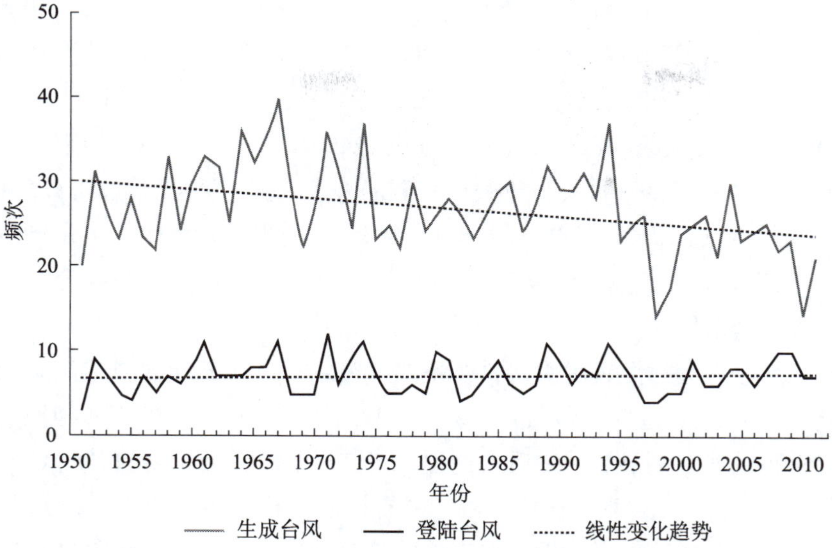

图 6　西太平洋 1951～2011 年西北太平洋和南海生成台风频次变化
资料来源：中国气象局国家气候中心，2012

15. 海岸线的脆弱性

环境如何影响海岸线和河口三角洲？海岸线在过去几千年的确是处于稳定状态的，但从海平面上升开始，就加速了海岸线退却。在可预见的将来，退却仍将继续。在许多地区，由人类引起的下沉（开采地下水和采油）现在可能超过全球海平面上升。对于 33 个河口三角洲，相对海平面上升比岩石海岸线平均大 4 倍，每年淹没几千万公顷陆地。每年从几米到几公里的海岸线退却也导致波浪能的增加，尤其是在北极地区。世界许多河口三角洲流向近海的泥沙沉积物大量减少［过去 110 年每年修一个大坝（>15 米高)］。没有这些新输送的沉积物使潮汐和海浪受阻，它们将冲刷掉海岸线的沉积物，从而导致海岸线加速退却。另外，毁林、植被减少和养殖业发展使沿岸土壤侵蚀，这使沿岸区更具有内在的不确定性。

16. 海洋酸化

海洋酸化一词始用于 21 世纪初，是指通过摄入人类产生的 CO_2 而产生的海洋化学的变化，其中包括可溶性无机碳浓度的增加，以及 pH 和碳酸钙饱和态（Ω）的减少。海洋酸化及其对海洋生物影响的证据只是在近期才开始研究的。古气候记录表明，在地球史的 543 Ma（百万年）期间，当动物已经存在时［显生代（Phamerozoic)，从寒武纪开始至今］多次扰动发生在二叠-三叠纪边界（Permo-Triassic P/Tr），三叠纪-侏罗纪（Triassic-Jurassic Tr/J）边界（约200Ma），海洋缺氧事件（OAEs）（183～93Ma），侏罗纪-白垩纪（Jurassic-Cretaceous），古新世-始新世（Pleocene-Oecne）的极热期（约55Ma）（PETM）与早第三纪（Paleogene）（约65～40Ma）的“较小高热期”（hyper-thermals）。所有这些事件类似于我们可能的将来状况，即CIE（carbon isotope excursion）：负的CIE事件与气候-碳循环扰动同时发生，反映了大量同位素轻的碳释放到海洋-大气系统中，并有代用资料证据表明此时期出现全球变暖和海床的碳酸盐溶解。

全球变暖、海洋酸化脱氧事件影响着生物群，7次灭绝（包括海礁）曾发生在P/Tr和Tr/J边界，即在海洋缓冲淡化之前。这些早期的事件很适合于洞察快速碳释放而来不及缓冲之后的过程。研究过去碳循环扰动的时期CO_2排放率和现代的CO_2排放率，可以发现过去的排放率比今天低得多。地质记录表明，人类所进行的这场巨大地球物理试验是空前的，它高速的排放率可能对海洋生物群造成严重和长期的影响。

17. 生态系统

生态系统和相关的服务如何响应气候变化？这关系到作物和森林产品等一系列问题。有益于人类的生态服务来自于生物多样性和生态系统的功能。它提供了社会和变化的生物圈（响应气候变化）之间的直接联系。气候变暖及其服务对某些地区可能是正面的，但并不总是如此。与气候变化相关联的生态系统服务的突变及其他改变已经被观测到。它们皆可能造成生态系统的破坏。因为生物群是生态系统服务的提供者，导致功能重要的品种分布的改变可能会破坏生态系统服务。总之，生态系统服务的突变是对生物群适应能力的严重挑战。生态服务最终是取决于生态系统的结构性、功能性和组成特征。了解这些特征如何响应过去和现在的气候变化有助于深入了解生态系统对目前和将来气候变化的脆弱性。生态系统对气候系统的响应既有渐进的趋势，也有由快速事件引起的阶段性变化。它们因地点而不同，所以不同地区的系统会有不同的阈值与敏感性。所有的过去和现代的个例分析表明，生态系统特征，即最终生态系统服务对气候变化是脆弱的，其敏感性随生态系统和地区不同差别很大。

18. 水循环和水资源

陆地水分收支是许多环境问题的中心。将来在区域尺度上淡水资源的缺乏程度是众所关心的重大问题，至今尚不能断定全球平均降水是否增加；尽管气候变暖后从理论上可能是如此，但从观测上并非如此，这是因为不同地区的降水变化常相互抵消。全球降水分析表明，高纬度降水增加，副热带减少，热带可能改变降水分布（由于 ITCZ 位置改变）。预测的降水型取决于大气环流型。这在气候模式并不总是描述得很好。河流流量、陆地蒸发、地下水等变化除归因于人类活动造成的 CO_2 增加外，还取决于人类本身的活动，包括为农业灌溉过度开采地下水。气溶胶也会明显影响蒸发。冰川融化可增加径流和山区流量，北方河流流量增加，但还不清楚这是土地覆盖变化、降水增加还是 CO_2 增加的结果。总之，人为的、自然的及 CO_2 作用（全球变暖）交织在一起，使 CO_2 增加造成的气候变暖引起的变化被模糊或掩盖。未来的模式预测表明，在半干旱区，降水继续减少，在这些地区，水短缺现象会增加。预测水资源是复杂的，除考虑降水蒸发指数外（P-E），还需要估算有多少可转化成河流的径流与可用水，还需要考虑人口增长和水消费增加，也需要评估其他过程，如农业灌溉、地下水开采等，最好的途径是在现有水文模式的集合的基础上同时用气候模式的集成预报驱动。

在水资源管理中，“超级干旱”特别引人注意，它可持续几年到一个世纪甚至更长，它比今天的干旱（只有几年到 10 年）要长得多，其发生的原因尚不是很清楚。有研究认为与持续性冷的拉尼娜事件海温有关。中世纪温暖期美国密西西比河流域分别发生了 46 年、148 年和 61 年的超级干旱（图 13）。这些事件告诉我们，超级干旱是气候系统自然变化的一部分，它无须人类排放的 GHGs 强迫去引发并维持它们，并且多发生在暖气候下，如 NWP（MCA）（中世纪温暖期）。由于在 21 世纪全球气候还要继续变暖，所以从暖气候角度，我们可能正进入一个超级干旱时代。它对水资源供应可能带来灾难性后果。但人类引起的全球变暖所带来的超级干旱在什么程度上与过去的自然原因引起的超级干旱相似，尚不清楚。因为作用于今天的气候强迫不同于过去，但认识过去的变化是十分有用的，它可对预测未来起指导作用。

水循环变化问题的复杂性一方面是人类引起的变化叠加于复杂的自然变化的气候模态之上，另一方面是由于它与能量循环和大气环流的变化相互交织在一起，所以，预测其未来的变化是十分困难的，比温度具有更大的不确定性。在全球变暖条件下，水循环将加强，导致降水、地面蒸发和植物蒸散得到全面增加。预计 21 世纪末其变化将可能超过自然变率。在有些地区，更强的水循环将使水分在陆地上累积，而在另一些地区，区域性变干和冰雪覆盖的丧失使水量减少。过去和现在都有人认为，随着将来的气候变暖，水循环将加速。但这可能会产生误解，易被认为是在所有地点水循环过程会随时间越来越快。事实上，全球水循环的加快是全球性平均的状态，但时间和空间变化并不均匀，其中只有一部分地区会经历水循环的加强，即有更多的水分输送，更快地进出储水库，而其他地区某些储水库可能消失。平均而言，全球水循环确实在加速。

古气候资料研究表明（Bowen，2011），始新世（距今 5600 万～3400 万年）是最近的自然的全球温室气候时期，那时全球地貌与今天大致相似，但气候有很大不同：如极区没有大冰盖，到处生存着不耐寒的动物、植物。由于温度接近 40℃，热带海洋明显汽化。这时，CO_2 的大气浓度约为工业化前（约 280ppm）的 5 倍。这至少是造成这种温室气候条件的部分原因。长期以来，研究确认，在始新世温室气候下的水循环与今天的水循环显著不同，这包括水循环的分布型改变和全面加强，尤其在高纬度和一些短期的极热高温事件时期。但是古气候中暖期水循环的研究可为将来研究温室世界的全球水文循环如何发生改变提供更深入的认识和参考（图 7）。

图 7　加快的全球水循环

根据始新世（距今 5600 万～3400 万年）气候的研究，由 CO_2 水平增加而产生的气候变暖，造成了全球水循环的变化，见图左半部，即温室气候下的水循环；右半部是冰室气候下的水循环。暖气候下，水汽通过 Hadley 环流向上和向北输送增强，与 Hadley 环流下沉支相关联的副热带干旱区向极地膨胀，并且热带降水和副热带蒸发率都增加。这也得到了近几十年气候变化资料分析的支持

资料来源：Bowen，2011

热带是全球水循环的发动机。热带大气的水汽含量比中纬度高得多，这是由于温度和饱和水汽压间是非线性关系的结果（C-C 关系）。即便如此（高水汽含量），通过热带大气的水循环比通过中高纬度地区水循环快 1 倍。这主要是由于位于热带大气的 Hadley 环流圈的上升支和下沉支内有更多降水和蒸发。在这个环流圈的热带上升支中发展的深对流通过向对流层上层输送水汽在控制大气能量收支中起重要作用。水汽输送到高层后，可大大增加温室效应。对于中高纬度，热带也是主要的水汽源（所谓热带水汽泵）。模式计算表明，在暖气候下，会有更多的水汽从热带向外输送。图 7 表明，与冰室时期相比，温室时期与 Hadley 环流下沉支相关联的副热带半干旱区向极地膨胀，热带降水和热带蒸发率皆有所增加。因而，全球水循环发生了明显变化。如何研究和检测这种变化是一个问题。目前在热带对上述变化还缺乏强有力的证据。有人提出了一种新的寻找大气水循环在海洋上印记的方法，即热带和副热带蒸发与降水的不平衡（P-E）。P-E 可影响海洋表层水化学，最显著的是新鲜热带海表水与较咸的副热带表层水之间的盐度差。这种过程也导致这些水团稳定同位素成分的差别。例如，重氧同位素（氧 18）更多集中在净蒸发区，更少集中在热带海洋中。这种同位素变化的强度直接与降水和蒸发通量的局地不平衡有关。因而，Hadley 环流中的水循环强度的代用资料结果表明，在始新世 CO_2 温室期是具有净蒸发和降水差的（P-E<0），低纬度地区与副热带海洋的差异（P-E）增大。但有一个问题是，同位素资料并不直接代表巨大的副热带反气旋环流圈和 ITCZ 区的状况。这些地区具有最强的 P-E。另外，同位素代用资料的研究也不能阐明始新世增强的水循环的动力作用和快速水循环与云量之间的关系，以及向中高纬度的水输送和降水强度等问题。尽管存在这些挑战性任务，仍可以确信的是：当水循环的飞轮转得更快时，其驱动力就是热带。总体上，许多研究得到的气候变化导致水循环演变的共识如下：①所有形式的冰应该更快融化；②大气有更多的水分；③水从地表的蒸发应更快；④海平面应上升。这是暖水的热膨胀和陆地冰融化的水流入海洋的结果。但由于气候系统的复杂性，上述一般性的变化不会在所有地点或以同样步调发生。随着气候的变化，水在大气中、陆地上和海洋中的循环会不断地变化，致使在某些地区集中，而在另一些地区损耗。另外，人类自身的活动也通过各种方法直接干扰水循环，如通过水资源管理、土地利用变化、人口分布的变化和水的利用。

19. 突变事件

突变与翻转点和突变风险有关，而后者有多方面的应用，如有些气候翻转点能不可逆地改变社会结构，其变化的形式决定了对气候破坏的最终作用。突变事件中最明显的是DO事件。DO事件的特征是突然变暖（10～15℃），从内部翻转并重组，以此引起强烈的快速的区域温度变化。突然的气候变化为什么会发生又是怎样发生的呢？以DO事件研究为例，其因果链如下：先有冷事件超前于突然增暖，大量的冰从大冰盖（如北美Laurentide）涌入海洋，引起海平面上升。这进一步使南部增暖、北极区冷却，结果造成ITCZ南移。由于低纬度ITCZ突然的移动，造成了北方大气环流的突然重新分布，有可能南部的增暖最终又会把ITCZ再推向北。这种温度和海平面的变化的翻转点在将来会发生吗？虽然启动DO事件的大冰盖涌今天已不存在，但其他机制还可能启动系统翻转，如降水增加和冰盖与冰川融化，使北极和北大西洋淡水供应增加，以此改变翻转环流的强度，也可以与过去同样的方式翻转南北间能量分布。所以，在将来不能完全排除温度和海平面会突然变化。研究表明，近百年全球气候变化快速的改变正使全球许多系统接近一个临界值，一旦超过这个临界值，全球气候系统及其分量将会发生不稳定，在一定时期内表现为极端天气气候事件的增多、增强，最后导致气候的突变，如果这种突变是不可逆的，则将会造成灾难性后果。这个临界值就是目前大家熟知的温度阈值。阈值是1996年欧盟委员会在卢森堡会议上提出的，它认为全球平均温度与工业化前水平相比不应超过2℃，相应CO_2的浓度水平低于550ppm应该作为全球温室气体限排和减排的指导指标。这是考虑了气候系统中6～9个分量（大西洋温盐环流，北极海冰快速融化，冰川和格陵兰冰盖快速退却，西南极冰架崩溃，亚马孙雨林破坏，西非长期干旱与亚洲季风减弱，海洋与大气环流模态改变等）正趋向不稳定的阈值、气候的敏感性、海洋惯性、气候模式预测及价值判断综合得到的。

20. 气候变暖的长期趋势与冷期

全球气候变暖趋势是真实的，但其上叠加有长周期（60～80年）和短周期（数年）的脉动，近年来呈现出长周期负位相与全球变暖趋势叠加的结果，即目前长周期的自然变化转向下降期，是否会延续20年，需加强预测研究。长周期和短周期脉动是气候系统内部变化的结果，尤其是受海洋的影响。

进行气候分析时，必须采取与被分析现象时空尺度一致的分析方法去处理资料。气候态一般用30年平均值确定。这样选取是由于这样做能大大减少较短时间尺度自然变率的影响，从而凸显气候态的变化，即所谓气候变化，尤其是分析地球辐射平衡长期变化产生的趋势演变。个别年，甚至个别几十年由于自然气候变率的作用能够使气候变化曲线偏离长期趋势线，所以不能只看整个长时间曲线中的一个短周期变化（如过去 5 年，甚至 10 年变化）就去推断全球变暖演变的重大改变。总之，气候系统在逐年或年代尺度上可显示较大的变率，由温室气体增加或其他辐射强迫因子引起的全球温度变化时间尺度要长很多。

近十余年温室气体依然，甚至以稍高的速度继续增加，但是为什么全球温度却没有继续上升呢？现在，得到较多科学家认可的观点是：自然气候变化因子，如太阳活动、火山活动、大洋环流等对温度变化的影响不能忽略不计，其中有些因子，主要是自然因子（如海表温度上升减弱）可能起到抵消温室气体的增温作用。近几年太阳活动的显著减弱已经引起了广泛的注意。不过具体解释逐年的温度变化是一项非常复杂的任务。也有人认为，造成气候变暖的大气顶处的辐射强迫并没有改变，而是其中进入海洋中下层的能量比例近十年增加了，所以海洋表层的增温减弱，拉尼娜事件也变多了。应该指出这仍是当前国际上研究的热点。

近百年全球气候变暖的总体趋势并没有改变，某个时段、个别地区甚至半球尺度出现的冷事件，只是气候自然波动的表现，仅影响一段时间内的增温速率。这种增暖趋势下的相对冷期，不但过去和现在都发生过，将来还会继续发生。

观测记录显示，2011 年全球地表平均温度偏高 1.0℃，位列近百年来全球最暖年份的第十位，是自 1850 年有温度记录以来第十个最暖的年份；目前已记录到的（2011 年之前）温度最高的前 13 个年份均在 1997 年以后；2002～2011 年的全球平均温度与 2001～2010 年持平，成为有记录以来最暖的十年期，比多年平均温度高 0.46℃。2012 年我国地表平均气温 9.4℃，与 1981～2010 年（9.6℃）基本持平，仍处气温较高时段；自 1951 年以来，我国地表平均气温上升了 1.38℃，上升速率为每十年 0.23℃，20 世纪 80 年代以来的升温尤为显著。

参考文献

丁一汇．2012．序//朱诚，谢智仁，李枫，等．全球变化科学导论．第三版．北京：科学出版社：443.

中国气象局气候变化中心．2012．2011 年中国气候变化监测公报．BCC@cma.gov.cn.

Bondre N，Kiffer T. 2012. PAGES News，20（1）.

Bowen G J. 2011. A faster water cycle. Science，332：430 - 431.

IPCC. 2007. Climate Change 2007：The Physical Science Basis. Cambridge：Cambridge University Press.

Kiffer T. 2012. Future Earth-Research for global sustainability. PAGES News，20（2）.

Meehl G A，Arblaster J M，Fasullo J T，et al. 2011. Model-based evidence of deep-ocean heat uptake during surface—temperature hiatus periods. Nature Climate Change，1：360 - 364.

National Research Council of The National Academies. 2010. Advancing the Science of Climate Change. Washington D C：The National Academies Press：177.

季风、天气气候灾害及其动力学若干前沿问题*

一、引　　言

为了全面调研当前国内外关于季风、天气气候灾害及其动力学方面的研究进展，并归纳若干重要前沿科学问题和未来发展动向，我们从四个方面展开调研，即新近召开的相关重要国际会议、国际计划、国内新近出版的战略报告，以及最新相关的研究论文与专著等。

2011 年召开了很多次有关季风气候变率与变化的重要国际会议，从中可以了解国际上相关最新进展，比较有代表性的会议如下。

（1）2011 年 10 月 24～28 日，在美国召开的“世界气候研究计划”（WCRP）开放科学大会，其中有“亚澳季风区气候变率和变化”分会。

（2）2011 年 8 月 8～12 日，在台北召开的第 8 届亚洲-大洋洲地球物理学会（AOGS）年会，其中包括“亚洲季风变率和变化”分会。

（3）2011 年 8 月 6～7 日，在高雄召开的第 11 届东亚气候模拟（EAC）国际研讨会，主题是“变暖气候中的东亚季风”。

（4）2011 年 6 月 28 日～7 月 7 日，在澳大利亚召开的第 25 届国际大地测量和地球物理学联合会（IUGG）科学大会，其中有“季风、热带气旋和热带动力学”联合分会。

（5）2011 年 5 月 16～19 日，在北京召开的“热带对流年（YOTC）及第 8 届亚洲季风年（AMY）”国际研讨会。

---

* 李建平，中国科学院大气物理研究所大气科学和地球流体力学数值模拟国家重点实验室；陈文，中国科学院大气物理研究所季风系统研究中心；陆日宇，中国科学院大气物理研究所大气科学和地球流体力学数值模拟国家重点实验室

(6) 2011 年 4 月 12～13 日，在杭州举行的国家自然科学基金委员会“双清论坛”，主题是“多尺度海气相互作用”。

(7) 2011 年 4 月 3～8 日，在奥地利召开的欧洲地球科学联合会（EGU）年会，其中有“全球季风系统：变率和动力学”分会。

(8) 2011 年 1 月 6～7 日，在泰国举行的“季风亚洲气候变化”（CCMA）国际论坛。

季风气候变化及极端事件是气候变化研究的核心科学问题之一（世界气候研究计划，2010a）。“世界气候研究计划”（WCRP，2011）及其核心子计划“气候变率及可预报性”（CLIVAR）（CLIVAR，2011）、“全球能量和水分循环实验”（GEWEX）（GEWEX，2011）、“气候与冰雪圈”（CliC）、“平流层过程及其对气候的作用”（SPARC），WCRP 未来 10 年战略计划“地球系统的协调观测和预报”（COPES 计划，2005～2015）（世界气象组织，2006）等重要科学计划均把季风及极端事件研究列为中心议题。

最新的一些国际和国内计划（中国科学院地学部地球科学发展战略研究组，2009；国家自然科学基金委员会和中国科学院，2012）也都把目标集中在季风气候变化、极端事件及相关动力学研究上，比如 2006 年开始实施的地球系统科学联盟（ESSP）框架下的“季风亚洲区域集成研究计划”（MAIRS）（MAIRS，2011），以及 2007 年开始的 CLIVAR/GEWEX 交叉子计划“亚洲季风年国际计划”（AMY，2007～2012）（Wang et al.，2010；Matsumoto et al.，2010；AMY，2011），“WCRP 2010～2015 年执行计划”（世界气候研究计划，2010b），《全球变化与地球系统科学发展战略研究报告》（中华人民共和国科学技术部，2009），《未来 10 年中国学科发展战略——地球科学》（国家自然科学基金委员会和中国科学院地球科学学科发展战略研究组，2011）。由此可见，季风气候变化及极端灾害事件研究是当今气候变化研究的前沿科学问题之一。

本文首先对亚洲季风变化及其动力学研究领域的相关国内外进展进行了回顾，在此基础上提出了今后的发展动向、需要重点发展的研究领域和前沿科学问题。此外，讨论了从气象大国走向气象强国时，需要采取的一些措施。

二、亚洲季风气候变化研究相关进展

（一）关于东亚季风气候系统的研究

Tao 和 Chen（1987）首先提出了东亚季风系统的概念，并指出其与南亚季风系统是既有联系又有区别且相对独立的一个季风系统。陈际龙和黄荣辉（2006；2007）及 Huang 等（2007）指出了东亚季风系统无论在风场结构、年循环及水汽输送等方面都有别于南亚和北澳季风系统。进一步，Huang 等（2003；2007）概括并提出了东亚季风气候系统的概念，其变化直接与海陆气耦合系统的变化密切相关，它们是相互作用的，是一个整体。在这个海陆气耦合系统中，西太平洋暖池及其上空的海气相互作用是东亚季风气候系统中重要的一个子系统，对东亚夏季风系统和西北太平洋热带气旋和台风活动均有重要影响。

（二）亚洲夏季风爆发机制研究

吴国雄等（2010）及 Wu 等（2012）揭示了青藏高原—北印度洋和亚洲热带区域春季强烈的海陆气相互作用是激发孟加拉湾季风爆发涡旋及亚洲夏季风爆发的一个根本原因。春季由于动力强迫，青藏高原南部南亚陆面上盛行西北风，产生强烈的表面感热加热，形成了陆表显著的气旋性环流、阿拉伯海和孟加拉湾北部的反气旋环流，利于那里的洋面升温。这种表层大气流场对海洋环流的驱动作用在北印度洋沿岸产生离岸流，深层冷海水上翻，海表温度下降。4 月下旬至 5 月上旬，随着中南半岛春季降水的增强，孟加拉湾东部的离岸流消失，甚至转变为向岸流，海温上升。自阿拉伯海东南部到孟加拉湾东岸形成了一个西南—东北走向、表层温度大于 31℃的春季孟加拉湾暖池。南北的海温差异及非洲大陆的加热在 5 月初形成了索马里跨赤道气流，它在沿赤道惯性振荡的过程中与位于北部阿拉伯海上空的反气旋叠加，惯性槽中的西风激增，海表向大气释放大量感热。其所强迫的气旋涡度叠加在惯性槽上使其急剧增长，大气的惯性运动被破坏。气流以气旋式弯曲偏离惯性路径而转向北部的孟加拉湾暖池，与孟加拉湾北部反气旋南侧的偏东气流在斯里兰卡以东海面辐合。由于该处海洋对大气加热，最后形成了孟加拉湾季风爆发涡旋。该涡旋向北部暖海水区移动的过程中不断发展，最终使冬季纬向分布的高压带在孟加拉湾东部断裂，涡旋东部和南部的热带西南风与原高压带北部的副热带西风打通连接，激烈对流在孟加拉湾东部和中南半岛西部发生，于是亚洲夏季风爆发。

Jiang 和 Li（2011）研究了海表温度年循环对季风爆发的影响。与太阳辐射最大值在南、北半球之间缓慢移动所不同的是，季风区海温暖轴存在突然北跳的特征，并且在海温暖轴突然北跳之后约两候，夏季风爆发。海温暖轴的突然北跳时间越早（晚），夏季风爆发越早（晚）。海温暖轴北跳之后，热带海表温度的经向梯度发生了根本性的变化。在海表温度梯度的强迫下，会诱发出低层越赤道气流，进而引起夏季风爆发。

（三）西太平洋暖池对东亚夏季风系统的影响及机制

1. 西太平洋暖池对东亚夏季风系统季节内和年际变化的热力作用

Nitta（1987）、Huang 和 Li（1987）的研究表明热带西太暖池热状态及其上空的对流活动对东亚夏季风环流和西太副高的变化有重要作用。黄荣辉等（2005）和 Huang 等（2006）进一步系统地分析了暖池热状态、菲律宾附近的对流活动、南海夏季风爆发、西太平洋副热带高压（简称西太副高）、江淮流域夏季风降水之间的关系，指出当春季热带西太处于暖状态，菲律宾周围对流活动强，西太副高偏东，南海夏季风爆发偏早；夏季，西太副高在 6 月中旬和 7 月初存在着明显的二次北跳，使得东亚夏季风雨带在 6 月中旬由华南北跳到江淮流域，并于 7 月初由江淮流域向北跳到黄河流域、华北和东北地区，引起江淮流域夏季风降水偏少，易发生干旱，而华北和东北夏季降水正常或偏多。反之亦然。

许多研究揭示出热带对流层环流的年际变化存在着准两年周期振荡，即 TBO。Huang 等（2004）、黄荣辉等（2006）的研究表明东亚夏季风系统降水具有准两年周期变化的特征，并与东亚夏季风水汽输送准两年周期的振荡密切相关。他们还进一步指出，热带西太海气相互作用的准两年周期振荡通过东亚/太平洋型（EAP）遥相关对东亚夏季风系统的年际变化起着重要作用，特别是对东亚和西北太平洋的水汽输送和降水的准两年周期振荡有重要影响。

2. 西太暖池对东亚夏季风系统影响的动力过程与 EAP 型遥相关波列

黄荣辉等（2005）及 Huang 等（2006）利用 EAP 型遥相关理论，进一步研究了东亚夏季风系统各成员之间的内在联系及其机制，以及热带西太平洋热力变化对东亚夏季风系统季节内和年际变化的影响及其机制。研究发现由于EAP遥相关波列的传播，热带西太平洋热力变化和菲律宾周围的对流活动不仅影响西太副高，而且影响鄂霍次克海高压。曹杰等（2002）应用Charney和Devore（1979）所提出的大气环流演变的多平衡态理论，揭示了菲律宾周围对流活动强弱对西太副高季节内的非线性演变过程，指出西太副高北进时在6月上中旬是否发生突跳主要依赖于菲律宾周围对流活动的强弱。Li等（2013）指出北印度洋与西太平洋的对流活动在夏季表现出明显的偶极子结构，其异常变化与亚印太遥相关型（李建平等，2011a；2011b）的变化相联系，与东亚夏季风的变率密切相关。

3. *西太暖池热状态对西北太平洋热带气旋和台风活动年际变化的影响及其机制*

黄荣辉等（2007）、Chen等（2008a；2008b）研究指出，西北太平洋热带气旋（TC）移动路径有明显的年际变化并与西太暖池热状态有很密切的关系。当西太暖池偏暖（冷）时，季风槽偏西（偏东偏南），使得热带太平洋上空对流层低层Rossby-重力混合波转变成TD型波动的位置也偏西（偏东偏南），西北太平洋上空TC和台风生成与移动路径偏西偏北（偏东偏南），造成影响我国的台风个数偏多（少）。

西太暖池热状态对台风在我国登陆地点的年际变化有重要影响。黄荣辉和王磊（2010）的结果表明，当夏季（6～8月）EAP指数（Huang，2004）为高指数时，7～9月在东亚和西北太平洋上空500百帕高度场异常为“－，＋，－”的EAP型遥相关的波列分布，这时西太副高偏北，西北太平洋上较多的台风和TC的移动路径也偏北，这引起了7～9月在厦门以北沿海登陆的台风和TC数量偏多；反之，环流状态相反，较多的台风和TC在厦门以南的华南沿海地区登陆。

（四）印度洋海温异常对东亚季风的影响

印度洋海温异常可分为全区一致型和东西反向的偶极型（IOD）。资料分析的结果表明，印度洋全区一致的海温增暖（变冷）通过Walker环流，加强（减弱）西太平洋副高的强度，进而有利于南海夏季风爆发的推迟（提早）。由于印度洋全区一致型海温变化滞后于前冬的ENSO事件，所以印度洋的这种海温变化对维持ENSO对第二年南海夏季风爆发的影响起到了重要的传递作用。

IOD在正位相时，对流层低层有较强的南海夏季风和印度夏季风，在对流层高层青藏高原反气旋将偏弱，西太副高也将偏弱；在偶极型海温负位相，对流层低层的南海夏季风将偏弱，而印度南部地区夏季风将偏强，在对流层高层，青藏高原反气旋偏强，西太副高也将偏强（李崇银和穆明权，2001；杨辉等，2006；袁媛和李崇银，2009）。

数值试验表明，IOD对亚洲季风区气候变化有重要影响（晏红明等，2007），正（负）位相的IOD海温异常使得赤道东印度洋—印度次大陆南部—阿拉伯海一带出现东（西）风异常，孟加拉湾—中南半岛出现反气旋（气旋）性环流异常，从而减少（增加）印度南部和中南半岛南部、印度尼西亚地区的夏季降水，增强中国南部和东非的夏季降水（减少中国西部和孟加拉湾的降水）。

（五）年代际变化对东亚季风年际变化的调制作用

1. 年代际变化对东亚夏季风年际变化的调制

东亚夏季风具有明显的年际和年代际变化特征，导致我国东部地区经常出现严重的旱涝等气候灾害。这方面的成果在近来的一系列综述性文章中得到了很好的阐述（刘秦玉和杨建玲，2006；He et al.，2007；Huang et al.，2007；钱永甫等，2007；Wang et al.，2007a；黄荣辉等，2008；宇如聪等，2008）。

目前，针对东亚季风的研究，大都是将年际和年代际变化分开来进行，涉及这两种时间尺度变化之间的相互作用研究尚少。然而，越来越多的证据表明需要将这两种时间尺度的变化联系起来考虑。其中首当其冲的现象就是ENSO和亚洲季风之间的关系呈现出不稳定的特点，表现为两者之间的相关关系具有年代际变化的现象。首先，是印度夏季风和ENSO的关系变得不如以前显著（Krishna et al.，1999）。其次，东亚季风和ENSO之间的关系呈现出不稳定的特点（Wang，2002），处于不同阶段的ENSO事件对中国夏季气候异常的影响明显受到北太平洋年代际涛动（PDO）的调制（杨修群和朱益民，2003），北大西洋涛动（NAO）和中国东部降水异常型之间的关系也表现出年代际时间尺度上的变化（Gu et al.，2009a）。这些现象说明年际变化受到年代际变化的调制。

最近，发现ENSO和我国夏季旱涝异常之间的关系在近30年来变弱，由此造成能够利用ENSO预测夏季旱涝的我国台站站点越来越少。20世纪70年代末以前，可利用ENSO的前期信号预测我国夏季旱涝的台站数为40多个，而之后却锐减为十几个（Gao et al.，2006）。自20世纪70年代末以来，ENSO的强度变强，对许多地区的影响也相应变强，与整个亚澳季风区主要模态的关系也变强了（Wang et al.，2008b），但在这些大背景下，ENSO对我国夏季旱涝的影响为何反而变弱？Ye和Lu（2011）的结果显示20世纪70年代末之后，华南降水从初夏的正异常转变为晚夏的负异常，同时江淮流域降水从负异常转变为正异常，从而导致整个夏季平均后，正负降水异常相互抵消，ENSO和降水的关系也因此减弱。进而，分析了1979年之后和前冬ENSO信号相关的东亚雨带在夏季随时间北移的机制，发现7月中下旬高空西风急流的北跳在其中起到十分重要的作用。

Mao等（2011）发现在不同PDO背景下华南初夏降水年际变化具有显著的差异，在20世纪70年代后期以前，华南初夏降水多的年份对应南海上空对流层低层反气旋式环流异常；之后，这一反气旋式环流异常明显减弱。这种年代际变化与PDO由负位相向正位相的转变一致。此外，夏季东亚高空急流的年代际变化也对其年际变化特征产生重要影响（Lu et al.，2011）。

在年代际尺度上，我国夏季的梅雨降水和前冬的大西洋三极型海温异常存在显著的相关关系（Gu et al.，2009a）。冬季的大西洋海温异常可以持续到春季，并激发出定常波波列影响东亚夏季风，进而影响梅雨降水。

近百年来，太平洋和热带印度洋海温的年代际变化具有一致性，两者与东亚急流和副高的南北位置在年际和年代际尺度上都密切相关，因此，北太平洋—热带印度洋海表温度异常对我国东部旱涝型的年代际变化具有重要的预示作用（顾薇等，2007）。

在1977年以前及1992年以后，在多数的拉尼娜年，梅雨的降水量比正常偏多；而在1979～1991年，在拉尼娜年，梅雨的降水量反而低于正常值。因此两者的关系存在年代际的变化。这种关系的年代际变化可能是由西北太平洋气候平均态的反气旋强度的年代际改变而造成的（Wang et al.，2012）。

2. 东亚夏季风与热带印度洋、热带太平洋海温关系的年代际变化

东亚夏季风的年际变率与热带太平洋、热带印度洋海表温度的变化密切相关（Huang and Wu，1989；Chen et al.，1992；Zhang et al.，1996；Li and Mu，2001）。在20世纪70年代末期，热带太平洋海温和北太平洋海温发生一个明显的年代际变化（Graham，1994；Trenberth et al.，1994）。西太副高在20世纪70年代末以后扩大、加强，向东南向偏移（He and Gong，2002）。研

究表明，20 世纪 70 年代末前后，热带印度洋与东亚夏季风年际关系发生了显著的变化（Ding et al.，2010；Li et al.，2010）。20 世纪 70 年代末以前，东亚夏季风指数与 IOD 呈显著正相关，夏季强的 IOD 事件能导致异常弱的西太副高，这有利于东亚夏季风偏强。然而，20 世纪 70 年代末期之后，这种关系消失，取而代之的是与北印度洋增暖关系密切，与此相关常伴随着西太平洋上空异常反气旋的增强。东亚夏季风与热带印度洋年际关系在 20 世纪 70 年代末发生显著变化，主要归因于海气系统背景态及 ENSO 与热带印度洋相互关系的变化。

3. PDO 对 ENSO 影响东亚冬季气候年际变化的调制作用

东亚冬季气候的年际变化受到 ENSO 等低纬大气外强迫的显著影响（Zhang et al.，1996；Chen et al.，2000；Wang et al.，2000），但 20 世纪 70 年代中期前后东亚冬季气候与低纬和热带外气候因子的关系发生了显著的年代际转变，即 20 世纪 70 年代中期以后，东亚冬季气候与 ENSO 等热带因子的关系有所减弱（Wang et al，2007a；2008a；2009b；2009c）。这种变化可能受到 PDO 不同年代际位相的影响（Wang et al.，2008b）。在 PDO 负位相年，厄尔尼诺事件对应的菲律宾海反气旋发展成熟，可向北延伸到很高的纬度，造成东亚沿岸的异常南风可达 50°N 附近，因此 ENSO 与东亚冬季气候的关系密切。然而，在 PDO 正位相年，则不存在上述关系。这说明，菲律宾海反气旋在 PDO 不同位相时的强度、位置的显著性差异是造成 ENSO 和东亚冬季气候关系发生变化的直接原因（Wang et al.，2008b）。由于 1976 年以来 PDO 基本都处于正位相，因此近年来 ENSO 对东亚冬季气候的影响较 1976 年以前有明显的减弱。

（六）准定常行星波和中高纬大气环流对东亚冬、夏季风的影响

冬季准定常行星波活动有显著的年际变化并可通过影响平均流来影响东亚冬季风系统（Chen et al.，2002；2003；陈文和黄荣辉，2005；Chen et al.，2005），但这种影响受热带平流层纬向风准两年周期振荡（QBO）的调制而只在东风位相时才显著（Chen and Li.，2007）。进入 21 世纪，我国冬季气候出现了一些不同以往的变化（Wei et al.，2011），这种变化与北极涛动和大气准定常行星波的作用有关（黄荣辉等，2007；陈文等，2008；Zhou et al.，2009；Wang et al.，2010；孙诚和李建平，2011）。另外，冬季风路径异常对冬季气

候异常也起关键的作用（Wang et al.，2009a）。在年代际变化的时间尺度上，大气准定常行星波活动的作用同样重要（康丽华等，2006）。当行星波活动处于低位相时，行星波的低纬波导异常偏弱，利于副热带急流加速，东亚冬季风偏强；反之，东亚冬季风偏弱（Wang et al.，2009b）。冬季行星波活动的年代际变化可能是由欧亚大陆的秋季积雪厚度异常引起的（Wang et al.，2009b）。

乌山阻高对东亚地区的天气气候异常主要是通过一个穿越欧亚大陆的准正压波列来实现的（Takaya and Nakamura，2005；Wang et al.，2009c），但是这一波列在1976年前后发生了显著的变化（Wang et al.，2009c）。研究指出，乌山地区的环流异常在1976年以后能够更多地影响到下游东亚地区的环流和气候。另外，NPO与东亚冬季风的变化存在较好的联系（郭冬和孙照渤，2004）；然而，这一关系在1976年前后也发生了显著变化（Wang et al.，2007b），1976年以后NPO与东亚地区冬季气候的关系变得更加紧密。

研究表明，冬季NAO对云南的降水有重要影响（宋洁等，2011），两者间的关系具有非对称的特征（徐寒列等，2013）。NAO是通过在亚非副热带急流中传播的准定常波列及波的反射来影响与云南降水联系密切的两个系统——南支槽和贝加尔湖高压脊，进而影响云南的冬季降水。NAO和云南冬季降水之间的关系还受到ENSO事件的调制。在ENSO为暖（冷）位相的冬季，两者关系更为紧密（则不显著）。

Nan和Li（2003）发现春季南半球环状模（SAM）与东亚夏季风降水存在显著的统计联系，Nan等（2009）进一步提出，印度洋在这种联系中，承担了“桥梁”作用，并且提前一个季节的SAM为预测我国冬季气温（Wu et al.，2009）、华南前汛期降水（郑菲和李建平，2012）提供了非常有价值的前期信号。Xue等（2004）认为马斯克林高压和澳大利亚高压的异常也能引发东亚夏季风的异常。He等（2007）发现东北冷涡的气候效应与梅雨关系密切。

（七）全球变化背景下亚洲季风系统的演变及其动力学

1. 全球变暖背景下南亚夏季风的变化

在全球变暖的背景下，亚洲季风系统的响应可能存在较大区域差异。一些研究表明，未来100年印度夏季风将趋于增强，其与ENSO的联系随之减弱（Kripalani and Kulkarni，1997；Kumar et al.，1999；Ashok et al.，2001）。数值试验显示印度夏季风降水量会随着CO_2的增加而增加（Meehl and Washington，1993；Kitoh et al.，1997；Hu et al.，2000）。然而，对印度夏季风这一可能变化的物理解释目前仍然存在较大的争议。多数学者认为海陆热力差异的增强（Kumar et al.，1999；Hu et al.，2000）和水汽输送的增加（Ashrit et al.，2001；Meehl and Arblaster，2003；Ueda et al.，2006）是其中两个最主要的因素。Lau 等（2006）认为沙尘输送的增加和印度半岛本地的黑炭气溶胶排放的增加也会增强印度夏季风。

造成印度夏季风与 ENSO 联系减弱的因素可能是多方面的。Webster 等（1998）将其归因于印度夏季风的混沌本质。Kumar 等（1999）认为这是由于 ENSO 自身的改变所造成的。另一些学者认为其与 IOD 的影响有关（Saji et al.，1999；Behera et al.，1999；Ashok et al.，2001；Ding et al.，2010）。Chang 等（2001）认为与前期北大西洋地区高空急流的增强和向极地偏移有关，后来 Yang 等（2004）及 Goswami 等（2006）也证实了这一观点。

2. 全球变暖背景下东亚夏季风的变化

东亚夏季风对全球变暖的响应与印度夏季风相比，存在显著差异。Kimoto（2005）通过模拟研究发现，在全球变暖背景下东亚副热带梅雨将趋于增加，而东亚热带季风槽降水将趋于减少。Lu 和 Fu（2010）关于全球变暖背景下东亚夏季降水年际变率的变化预估研究指出，21 世纪东亚和西太地区夏季降水的年际变率将会增强（相对于 20 世纪，增强 10%～17%），同时，西太副高和东亚高空急流的年际变率也将增强。因而，21 世纪东亚不仅夏季洪涝将明显增强，而且有可能干旱也将增强。Li 等（2010）研究提出东亚夏季风对全球变暖的响应是东亚副热带锋面雨带位置的向南偏移，这种现象很可能是东亚地区经向增暖的非均匀性所造成的，结果导致南北温度梯度减小，东亚副热带高空急流向南偏移，从而增强了南方地区的大气斜压性，副热带锋区也随之南移，从而东亚副热带地区出现南涝北旱及旱涝并存现象（2006a；Wu et al.，2006b；Zhu et al.，2007）。

与印度夏季风的另一个不同点是，东亚夏季风与 ENSO 的联系是增强的（Wang et al.，2008a；Li et al.，2010）。Wang 等（2008a）认为这种改变是由 ENSO 自身的强度和周期的改变引发的，另外，热带低纬度地区季风和下垫面海洋间的局地相互作用的增强也是一个可能的原因。Wu 等（2011a）发现，NAO 在东亚夏季风与 ENSO 联系的增强年代际增强中，发挥了重要的作用。Wu 等（2012）研究结果表明，近 10 多年来青藏高原雪盖的异常减少，会减弱东亚—北太平洋上空西风急流，从而使得 ENSO 事件所激发的副热带 Rossby

波向西发展的幅度更大，并抵达东亚地区，从而增强了ENSO与东亚夏季风之间的联系。他们认为在全球变暖的背景下，这种情况还会进一步加剧。

3. 全球变暖背景下亚洲冬季风的变化

与夏季风相比，亚洲冬季风对全球变暖的响应方面的研究相对较少。Hu等（2000）的海气耦合模式研究结果显示，全球增暖会导致海陆热力差异减小，从而使亚洲冬季风减弱。Wu等（2009）发现南半球环状模（SAM）的增强会导致亚洲冬季风经圈环流减弱，从而使得东亚冬季风减弱，而SAM的增强与全球增暖关系密切。Ma等（2012）利用大气环流模式研究了东亚冬季风对全球增暖的响应，发现东亚冷空气活动中心呈现出向南方偏移的趋势，这一结果与过去十年中国南方暴雪灾害频发这一客观事实相吻合（Wu et al.，2011b）。

（八）东亚季风-ENSO-印度洋-青藏高原-NAO的相互作用

大量观测事实表明，ENSO是东亚夏季风降水年际变化的主要影响因子之一（符淙斌和滕星林，1988；Zhang et al.，1996；Zhang et al.，1999；Weng et al.，1999；金祖辉和陶诗言，1999；Chang et al.，2000a；Chang et al.，2000b；Wang et al.，2000；Wang et al.，2008a；Wang et al.，2009；Yang and Lau，2006；Wu and Li，2008）。对东亚夏季风能够对前冬ENSO产生“延滞”响应问题，目前有三种主要观点。①Wang等（2000）指出，赤道外的大气Rossby波和西太暖池异常海温的正反馈相互作用能够延长前期冬季ENSO信号的影响时间，从而对东亚夏季风降水造成影响。②Xie等（2009）认为，热带印度洋的“充电器”作用，能“储存”ENSO信号至次年夏季，再引发大气Kelvin波的异常响应，导致西太副高发生异常，从而影响东亚夏季风。③印度夏季风的作用。Ding和Wang（2005，2007）的研究显示，ENSO事件所导致的印度夏季风降水异常，在北半球中纬度地区能激发出一个环绕全球的遥相关模态（CGT），也会影响东亚夏季风。Lin（2009）进一步证实了这个观点。

NAO是东亚夏季风年际变化的另一主要因子（Wu et al.，2009；Wu et al.，2011a；Gong et al.，2011；李建平等，2013）。龚道溢等（2002）发现春季NAO与长江中下游梅雨存在显著的统计联系，但相关物理机制尚不清楚。Wu等（2009；2011a）的研究发现，当春季NAO异常出现时，常常在北大西洋激发出三极子的海表温度异常模态，该三极子模态能持续到夏季，进一步激发南、北两支大气遥相关模态向下游传播，即位于欧亚大陆北部向东传播的 Rossby 波列和位于欧亚大陆南部热带地区的 Gill-Matsuno 型的响应。前者调制着位于乌拉尔山和鄂霍次克海的阻塞高压，后者影响西太平洋副高。两者共同作用，影响东亚夏季风的年际变化。他们将 ENSO 和春季 NAO 作为预报因子，建立了一个东亚夏季风季节预测经验模式，试验表明该预报模型具有一定的预报能力。此外，Wu 等（2011a）发现近 30 多年来夏季 NAO 和 ENSO 的耦合作用在显著增强。

青藏高原的热力和动力作用是东亚夏季风变率的另一重要影响因素（叶笃正，1975；陈烈庭和阎志新，1979；Yeh，1981；吴国雄等，2004；Zhang et al.，2004）。Zhang 等（2004）和 Wang 等（2008b）发现青藏高原热力异常能在其南部和北部分别激发出一个向下游传播的 Rossby 波列，调控西太平洋副高及向东亚副热带锋区的水汽输送，从而影响东亚夏季风。Wu 等（2007）认为青藏高原夏季“热泵抽吸”效应，有助于东亚经圈季风环流的加强，从而增强东亚夏季风。Wu 等（2012）的研究结果表明，青藏高原雪盖异常通过改变东亚—北太平洋上空西风急流的强弱，调制由 ENSO 事件所激发的副热带 Rossby 波向东亚传播的程度，从而增强或减弱 ENSO 与东亚夏季风之间的联系。

东亚冬季风异常和 ENSO 循环之间也有密切联系。李崇银等（李崇银等，1988；Li，1990，1996；李崇银和穆明权，1998；穆明权和李崇银，1999；李崇银等，2005；普业等，2006）通过资料分析及数值模拟等一系列研究发现在北半球冬季，持续性强冬季风通过频繁入侵热带的寒潮事件，加强热带西太平洋对流活动，进而引起赤道信风减弱和西风加强，从而有利于厄尔尼诺事件的发展。与之相反，持续性弱冬季风则有利于拉尼娜事件的发展。

（九）ENSO 形态变异机制及其对东亚夏季风的不同影响

1. ENSO 暖中心的纬向变异——两类 ENSO 对东亚夏季风的不同影响及机制

近些年，一种不同于传统厄尔尼诺的新厄尔尼诺被许多学者提出（Larkin and Harrison，2005a；Larkin and Harrison，2005b；Ashok et al.，2007；Kao and Yu，2009；Kug et al.，2009），这类厄尔尼诺的海气耦合中心不是在赤道东太平洋，而是在赤道中太平洋（日界线附近）。不同的学者给这类新厄尔尼诺赋予不同的名字：“日界线厄尔尼诺”（Larkin and Harrison，2005a；

2005b)、“厄尔尼诺 Modoki” （Ashok et al.，2007；Weng et al.，2007；2009)、“中太平洋型厄尔尼诺”（Kao and Yu，2009）和“暖池型厄尔尼诺”(简称 WP 型)（Kug et al.，2009)。这类 ENSO 引起的气候异常与传统 ENSO 显著不同（Larkin and Harrison，2005a；Larkin and Harrison，2005b；Weng et al.，2007；Weng et al.，2009；Cai and Cowan，2009；Kim et al.，2009；Taschetto and England，2009；Chen and Tam，2010；Feng et al.，2010；Feng and Li，2011；Mo，2010；Feng et al.，2011；Hong et al.，2011；Zhang et al.，2011；Zhang et al.，2012，Zhang et al.，2013a；Xie et al.，2012；Feng and Li.，2013)。例如，通过比较夏季和冬季气候发现，两类 ENSO 相关的全球遥相关型不一致（Weng et al.，2007；2009)；在热带北大西洋和热带西北太平洋北侧，两类 ENSO 年对应的热带气旋频率相反（Kim et al.，2009；Chen and Tam，2010)；并且由于两类 ENSO 增暖中心的位置不同，对应着完全不同的热带地区海温经向梯度分布，从而对 Hadley 环流产生了不同影响（Feng and Li，2013)。两类 ENSO 通过不同的遥相关型对华南春雨有完全相反的影响（Feng and Li，2011)，经典厄尔尼诺对应华南春季多雨，WP 型厄尔尼诺对应华南春季少雨，这是由于大气 Rossby 波对这两类厄尔尼诺事件截然不同响应的结果。Zhang 等（2011）通过观测分析和数值试验发现，热带太平洋不同位置的热源导致对流位置完全不一样，从而引起我国华南秋雨相反的异常，并指出 ENSO 纬相位置的变异是我国华南在 20 世纪 90 年代发生年代际变干的主要原因之一，这一类似现象也出现在美国西南部(Zhang et al.，2012)。另外，两类 ENSO 事件对我国长江流域及华南夏季降水也有不同的影响（Karori，2013)。

2. ENSO 经向宽度变异

许多研究表明，ENSO 强度、周期和爆发等特征已发生了明显的变化(Wang，1995；Trenberth and Hoar，1996；Gu and Philander，1997；Latif et al.，1997；Zhang et al.，1997；Knutson and Manabe，1998；Zhang et al.，1998；An and Wang，2000；Wang and An，2002)。Zhang 等（2009）揭示了 ENSO 的经向宽度的变异特征，发现 ENSO 冷暖位相存在着经向尺度的不对称性（冷位相经向宽度宽于暖位相)，并有显著的年代际变化。ENSO 经向宽度发生年代际变窄是因为 Walker 环流减弱导致赤道东太平洋上翻和经向流减弱，从而使得赤道上的异常海温不容易传到赤道外较远的区域。

目前的耦合模式对 ENSO 经向尺度的模拟存在严重偏窄，大部分模式模拟的 ENSO 经向宽度仅是观测的一半，其主要原因有二：①模式模拟的赤道中东太平洋的信风偏弱，从而导致经向流偏弱，进而不利于赤道上的异常海温被输送到赤道外区域；②模式模拟的 ENSO 周期偏短，从而没有足够长的时间使得赤道上的异常被输送到赤道外区域（Zhang et al.，2013b）。尽管新一代模式对 ENSO 经向尺度的模拟仍存在系统性的偏差，但是相对于上一代耦合模式有所改进，改进的原因主要源于对于信风和 ENSO 周期的改进（Zhang and Jin，2012）。ENSO 经向宽度对气候有着重要的影响，不仅对赤道中东太平洋的降水异常有着显著的影响（Zhang and Jin，2012），而且会通过遥相关导致全球的气候异常，尤其在一些区域出现相反的异常（张文君，2009）。ENSO 经向宽度的年代际变化对东亚夏季风年际变化的影响值得未来深入研究。

3. 热带太平洋 SST 长期变率——冷舌模态

热带太平洋 SST 长期变率是一项重要的研究课题，也一直是国际上的研究热点：其一方面会直接对大气环流产生影响；另一方面会通过改变 ENSO 性质来影响大气环流。那么，在全球增暖的背景下热带太平洋变化如何，是东边增温强于西边，还是西边强于东边？这一科学问题目前并没有定论，两种截然不同的结论被提出。一种是，最近几十年观测资料的分析（Nitta and Yamada，1989；Graham，1994；Graham，1995；Wang，1995；Trenberth and Haar，1996；Yukimoto et al，1996；Knutson and Manabe，1998）、耦合模式的研究（Knutson and Manabe.，1995；Meehl and Washington，1996；Timmermann et al.，1999；Cai and Whetton，2000；Jin et al.，2001）和古气候的指示（Wara et al.，2005）表明，热带东、西太平洋增温将呈现厄尔尼诺分布型，即东太平洋增温强于西太平洋；另一种是，长期 SST 资料分析（Cane et al.，1997；Karnauskas et al.，2009）、数值模拟（Noda et al.，1999）和理论研究（Clement et al.，1996；Cane et al.，1997；Seager and Murtugudde.，1997）说明热带东、西太平洋增温将呈现厄尔尼诺分布型，即西太平洋增温强于东太平洋。这两种相互矛盾的结论主要是由不同的理论引起的（如 Knutson and Manabe，1995；Pierrehumbert，1995；Sun and Liu，1996；Cane et al.，1997；Clement and Seager，1999）。这两种理论强调了不同的气候反馈作用，云-反照率反馈强调在全球增暖的强迫下，西太平洋深厚的对流云会反射更多的太阳短波辐射，从而增温速度慢于东太平洋；海洋动力反馈强调东太平洋强的上翻会把次表层较冷的海水带到海表面，抑制表面海温的增加，从而使得东太平洋增温慢于西太平洋。最近，Zhang 等（2010c）研究发现在赤道太平洋冷舌区存在一变冷模态——冷舌模态，此模态表现出了很好的海气耦合性质，20 世纪情景下的模式也再现了这一模态；进一步，提出这一变冷模态是全球变暖背景下海洋动力反馈的结果，多模式模拟结果也验证了这一动力反馈的作用。最近 ENSO 形态的变异很可能是与这一变冷模态联系在一起的。这方面也需要进一步研究。

（十）气溶胶-季风相互作用

气溶胶与季风的相互作用已经成为国际前沿的热点学科问题，并已引起广泛关注。Menon 等（2002）利用全球气候模式研究了黑炭气溶胶对中国气候的影响，发现黑炭气溶胶的增加有助于中国夏季南涝北旱降水异常模态的形成。Lau 等（2006）的数值模拟表明，沙尘等气溶胶的增加，会导致中国西北部地区降水增多。由于观测资料和模式发展的限制，目前有关亚洲夏季风对气溶胶影响机制的研究方面较少。

Zhang 等（2010a）利用全球三维大气化学传输模式（GEOS-Chem），研究了亚洲夏季风不同系统和夏季风强弱对气溶胶变化和传输的影响。结果显示，越赤道气流、梅雨等季风分量能显著减少中国东部地区夏季气溶胶浓度。夏季风对气溶胶浓度的影响远远大于气溶胶季节排放变化的影响。同时，在弱夏季风年（1998 年）的气溶胶浓度比强夏季风年（2002 年）显著偏高。在更长时间尺度上的研究也表明，东亚夏季风的年代际减弱对于近 30 年我国东部地区气溶胶浓度的增加有重要贡献（Zhu et al.，2012）。

Zhang 等（2010b）还研究了南亚夏季风的传输对中国气溶胶来源的影响，提出了中国气溶胶存在“非中国源区”问题。结果显示在弱的南亚夏季风年，南亚地区有机碳气溶胶（OC）对中国东部和下游地区的贡献率更大。1998 年，在对流层中层（850～400 百帕）大气中，中国东部地区有 50%～70%的有机碳气溶胶是源于南亚地区的有机碳排放，而西北太平洋地区则有 20%～50%的有机碳气溶胶源于南亚地区。这一贡献率显著大于强南亚夏季风年（2002 年）。在弱夏季风年，偏弱的南亚夏季风降水和南亚地区对流层中下层的环流异常是加强南亚有机碳气溶胶输送到中国东部及其下游地区的重要影响因素。

三、未来研究的关键科学问题

（一）海陆气相互作用与亚洲季风气候变化

海陆气相互作用是气候变化的重要原因，亚洲季风区是行星尺度海、陆、气相互作用最为显著的区域之一，因此，亚洲季风气候变化与海陆气相互作用关系密切。海陆气相互作用与亚洲季风气候变化动力学，不仅是大气科学与海洋科学、资源与环境科学及地球系统科学交叉的重大基础科学问题，也对我国资源环境和外交决策、防灾减灾、促进社会经济可持续和谐发展具有重大意义。该方向未来研究的关键科学问题包括如下八个方面。

（1）决定亚洲夏季风爆发及其年际变化的关键海陆气相互作用的过程；决定亚洲夏季风季节内演变与推进（活跃-中断、旱涝急转、旱涝共存、雨带北跳等）及其年际变化的海陆气相互作用过程。

（2）季风-ENSO-印度洋-青藏高原-北大西洋涛动的相互作用，包括不同区域对季风气候变化影响的相对重要性。

（3）ENSO形态变异机制（两类ENSO、ENSO宽度变化、冷舌模态等）及其对东亚季风系统的影响。

（4）东亚季风年代际变化对其年际变化的调制机制。

（5）全球变化背景下（变暖或变冷）亚洲季风系统的演变及其动力学。

（6）亚洲区域海陆气相互作用对全球气候的影响。

（7）发展适合亚洲季风系统的海陆气耦合气候系统模式，进行季风-干旱-环境-生态系统变化的数值模拟、预测和预估。

（8）亚洲季风气候预测的降尺度研究。

（二）气溶胶-云-降水-积雪-季风相互作用

大气气溶胶的直接和间接气候效应对云的形成和水循环有非常重要的影响。气溶胶与季风之间存在强的相互作用。这方面重点研究内容包括八个方面。

（1）气溶胶的直接和半直接气候效应对云和降雨的作用。

（2）气溶胶间接气候效应（即作为云凝结核）对降水分布、频率和强度的影响。

（3）气溶胶-季风相互作用与季风区旱涝的年际、年代际变化。

（4）气溶胶对青藏高原积雪的影响进而对亚洲季风气候和水循环的影响。

（5）海洋强迫和人类温室气体效应的相对重要性。

（6）全球变化背景下气溶胶-云-辐射相互作用动力学。

（7）气溶胶间接气候效应的参数化。

（8）大气环流模式（AGCM）与化学环流模式（CGCM）。

（三）极端天气气候灾害事件动力学

极端天气气候灾害事件对社会的影响巨大，因此，开展天气气候灾害的形成机制和预测理论的研究，既是国际前沿课题，也是国家重大需求。这方面重点发展的研究领域和问题包括八个方面。

（1）极端天气气候灾害事件的动力学及其年际、年代际变化。

（2）全球变化背景下极端天气气候、极端事件动力学。

（3）极端事件的物理、化学和生物过程的综合研究。

（4）极端灾害事件的模拟、预测与预估。

（5）台风-海陆气相互作用的动力和热力过程。

（6）台风-季风相互作用。

（7）海气耦合台风预报模式。

（8）台风路径的预报——降尺度方法。

（四）从气象大国走向气象强国需采取的措施

要成为强国需要具备如下必要条件。

（1）从优势领域出发，明确优先发展方向，形成引领国际气象发展的领域。

（2）要具备若干个引领国际气象发展的领域。

（3）要有若干领军人物。

（4）要有以我国主导的国际计划。

（5）要有合理的人才梯队。

（6）要有持续的经费支持。

（7）要有先进的平台。

(8) 学科要相对均衡发展。

(9) 要有先进的科研体制。

(10) 要有好的科研氛围和优良的学术环境。

(11) 要有满足社会需求的能力。

根据这些必要的条件，从气象大国走向气象强国要采取的必要措施如下。

(1) 从优势领域出发，明确优先发展方向，形成引领国际气象发展的若干领域。

(2) 持续稳定的经费支持。

(3) 若干领军人物。

(4) 人才梯队、人才建设的连续性。

(5) 加强团队建设。

(6) 建立加强学科相对均衡发展的措施。

(7) 鼓励交叉研究。

(8) 发展先进的平台（综合观测技术和方法，计算平台）。

(9) 建立强调投入产出比的措施。

(10) 建立科研—业务—社会需求形成一体的机制。

(11) 建立良好的科研氛围和形成优良的学术环境——百家争鸣、科研信誉、科研责任、潜心研究。

(12) 建立先进的科研体制。

参考文献

曹杰，黄荣辉，谢应齐，等 . 2002. 西太平洋副热带高压演变物理机制的研究 . 中国科学（B辑），32：659 - 656.

陈际龙，黄荣辉 . 2006. 亚澳季风各子系统气候学特征的异同研究 . I. 夏季风流场结构 . 大气科学，30：1091 - 1902.

陈际龙，黄荣辉 . 2007. 亚澳季风各子系统气候学特征的异同研究 . II. 夏季风水汽输送 . 大气科学，31：766 - 778.

陈烈庭，阎志新 . 1979. 青藏高原冬春季积雪对大气环流和我国南方汛期降水的影响//长江流域规划办公室 . 中长期水文气象预报文集（第一集）. 北京：水利电力出版社 .

陈文，黄荣辉 . 2005. 北半球冬季准定常行星波的三维传播及其年际变化 . 大气科学，29：137 - 146.

陈文，顾雷，魏科，等 . 2008. 东亚季风系统的动力过程和准定常行星波活动的研究进展 . 大气科学，32：950－966.

符淙斌，滕星林 . 1988. 我国夏季的气候异常与埃尔尼诺/南方涛动现象的关系 . 大气科学，12（特刊）：133－141.

龚道溢，朱锦红，王绍武，等 . 2002. 长江流域夏季降水与前期北极涛动的显著相关 . 科学通报，07：546－549.

顾薇，李崇银，潘静 . 2007. 太平洋-印度洋海温与我国东部旱涝型年代际变化的关系 . 气候与环境研究，12：113－123.

郭冬，孙照渤 . 2004. 冬季北太平洋涛动异常与东亚冬季风和我国天气气候的关系 . 南京气象学院学报，27：461－470.

国家自然科学基金委员会，中国科学院地球科学学科发展战略研究组 . 2011. 未来 10 年中国学科发展战略——地球科学 . 北京：科学出版社 .

何金海，罗京佳 . 1999. 南海夏季风爆发和亚洲夏季风推进特征及其形成机制的探讨//何金海，等 . 亚洲季风研究的新进展 . 北京：气象出版社 .

黄荣辉，陈光华 . 2007. 西北太平洋热带气旋移动路径的年际变化及其机理研究 . 气象学报，65：683－694.

黄荣辉，李维京 . 1988. 热带西太平洋上空的热源异常对东亚上空副热带高压的影响及其物理机制 . 大气科学，（特刊）：95－107.

黄荣辉，王磊 . 2010. 台风在我国登陆地点的年际变化及其与夏季东亚/太平洋型遥相关的关系 . 大气科学，34：853－864.

黄荣辉，陈际龙，黄刚 . 2006. 中国东部夏季降水的准两年周期振荡及其成因 . 大气科学，30：545－560.

黄荣辉，顾雷，陈际龙，等 . 2008. 东亚季风系统的时空变化及其对我国气候异常影响的最近研究进展 . 大气科学，32：691－719.

黄荣辉，顾雷，徐予红，等 . 2005. 东亚夏季风爆发和北进的年际变化特征及其与热带西太平洋热力状态的关系 . 大气科学，29：20－36.

黄荣辉，魏科，陈际龙，等 . 2007. 东亚 2005 年和 2006 年冬季风异常及其与准定常行星波活动的关系 . 大气科学，31：1033－1048.

金祖辉，陶诗言 . 1999. ENSO 循环与中国东部地区夏季和冬季降水关系的研究 . 大气科学，23（6）：663－672.

康丽华，陈文，魏科 . 2006. 我国冬季气温年代际变化及其与大气环流异常变化的关系 . 气候与环境研究，11：330－339.

李崇银，穆明权 . 1998. 异常东亚冬季风激发 ENSO 的数值模拟研究 . 大气科学，22：481－490.

李崇银，穆明权 . 2001. 赤道印度洋海温偶极子型振荡及其气候影响 . 大气科学，25：433－443.

李崇银，陈于湘，袁重光．1988. El Niño 事件发生的一个重要原因——东亚寒潮的频繁活动．大气科学，(特刊)：125 - 132.

李崇银，裴顺强，普业．2005. 异常东亚冬季风对赤道西太平洋纬向风的动力作用．科学通报，50：1136 - 1141.

李建平，任荣彩，齐义泉，等．2013. 亚洲区域海—陆—气相互作用对全球和亚洲气候变化的作用研究进展．大气科学，37 (2)：518 - 538.

李建平，吴国雄，胡敦欣．2011a. 亚印太交汇区海气相互作用及其对我国短期气候的影响（上卷）．北京：气象出版社．

李建平，吴国雄，胡敦欣．2011b. 亚印太交汇区海气相互作用及其对我国短期气候的影响（下卷）．北京：气象出版社．

梁建茵，吴尚森．2002. 南海西南季风爆发日期及其影响因子．大气科学，26：829 - 844.

刘秦玉，杨建玲．2006. 热带印度洋海表温度异常及其对我国气候年际变化影响的研究进展//国家自然科学基金委员会，等．21 世纪初地球科学前沿与展望——第四次全国大气科学前沿学科研讨会论文集．北京：气象出版社．

穆明权，李崇银．1999. 东亚冬季风年际变化的 ENSO 信息 I. 观测资料分析．大气科学，23：276 - 285.

普业，裴顺强，李崇银，等．2006. 异常东亚冬季风对赤道西太平洋纬向风异常的影响．大气科学，30：69 - 79.

钱永甫，王谦谦，黄丹青．2007. 江淮流域的旱涝研究．大气科学，31：1279 - 1289.

世界气候研究计划．2010a. 世界气候研究计划成就——气候适应、减缓和风险管理的科学知识．李建平，刘屹岷，林征，等译．北京：气象出版社．

世界气候研究计划．2010b. 世界气候研究计划 2010—2015 年执行计划．刘屹岷，李建平，林征，等译．北京：气象出版社．

世界气象组织．2006. 世界气候研究计划 2005—2015 年战略框架：地球系统的协调观测和预报（COPES）．李建平，刘屹岷，周天军，等译．北京：气象出版社．

宋洁，杨辉，李崇银．2011. 2009/2010 年冬季云南省严重干旱原因的进一步分析．大气科学，35：1009 - 1019.

孙诚，李建平．2011. 2009/2010 年冬季北半球异常低温分析．气候与环境研究，17 (3)：259 - 273.

王遵娅，丁一汇．2006. 近 53 年中国寒潮的变化特征及其可能原因．大气科学，30：1068 -1076.

吴国雄，关月，王同美，等．2010. 春季孟加拉湾涡旋形成及其对亚洲夏季风爆发的激发作用．中国科学，40 (11)：1459 - 1467.

吴国雄，毛江玉，段安民，等．2004. 青藏高原影响亚洲夏季气候研究的最新进展．气象学报，62 (5)：528 - 540.

徐寒列，李建平，冯娟，等．2013. 冬季北大西洋涛动与中国西南地区降水的不对称关系．

气象学报，70（6）：1276－1291.

晏红明，杨辉，李崇银．2007. 赤道印度洋海温偶极子的气候影响及数值模拟研究．海洋学报，29：31－39.

杨辉，贾小龙，李崇银．2006. 热带太平洋-印度洋海温异常模及其影响．科学通报，51：2085－2090.

杨修群，朱益民．2003. 太平洋年代际振荡与中国气候变率的联系．气象学报，61（6）：641－654.

叶笃正．1975. 长期预报的一些物理因子．气象，3：10－13.

宇如聪，周天军，李建，等．2008. 中国东部气候年代际变化三维特征的研究进展．大气科学，32：893－905.

袁媛，李崇银．2009. 热带印度洋海温异常不同模态对南海夏季风爆发的可能影响．大气科学，33：325－336.

张文君．2009. ENSO 经向尺度的特征、机制及其对气候的影响．中国科学院大气物理研究所博士学位论文．

郑菲，李建平．2012. 前冬南半球环状模对春季华南降水的影响及其机理．地球物理学报，55（11）：3542－3557.

中华人民共和国科学技术部．2009. 全球变化与地球系统科学发展战略研究报告．

AMY. 2011. Asian Monsoon Years AMY：Plans and Activities. http：//www. wcrp-amy. org/［2011-12-15］.

An S I，Wang B. 2000. Interdecadal change of the structure of the ENSO mode and its impact on the ENSO frequency. J Climate，13：2044－2055.

Ashok K，Behera S K，Rao S A，et al. 2007. El Niño Modoki and its possible teleconnection. J Geophys Res，112：C11007.

Ashok K，Guan Z，Yamagata T. 2001. Impact of Indian Ocean Dipole on the relationship between the Indian monsoon rainfall and ENSO. Geophys Res Lett，28：4499－4502.

Ashrit R G，Kumar K R，Kumar K K. 2001. ENSO-monsoon relationship in a greenhouse warming scenario. Geophys Res Lett，28：1727－1730.

Behera S K，Krishnan R，Yamagata T. 1999. Unusual ocean-atmosphere conditions in the tropical Indian ocean during 1994. Geophys Res Lett，26：3001－3004.

Cai W J，Cowan T. 2009. La Niña Modoki impacts Australia autumn rainfall variability. Geophys Res Lett，36：L12805.

Cai W J，Whetton P H. 2000. Evidence for a time-varying pattern of greenhouse warming in the Pacific Ocean. Geophys Res Lett，27：2577－2580.

Cane M A，Clement A C，Kaplan A，et al. 1997. Twentieth-century sea surface temperature trends. Science，275：957－960.

Cane M A. 1998. Climate change：A role for the tropical Pacific. Science，282：59－61.

Chang C P，Harr P，Ju J. 2001. Possible roles of Atlantic circulations on the weakening Indian monsoon rainfall-ENSO relationship. J Climate，14：2376－2380.

Chang C P，Zhang Y，Li T. 2000a. Interannual and interdecadal variations of the East Asian summer monsoon and tropical Pacific SSTs. Part I：Roles of the subtropical ridge. J Climate，13：4310－4325.

Chang C P，Zhang Y，Li T. 2000b. Interannual and interdecadal variationsof the East Asian summer monsoon and tropical Pacific SSTs. Part II：Meridional structure of the monsoon. J Climate，13：4326－4340.

Charney J G，Devore J G. 1979. Multiple flow equilibria in the atmosphere and blocking. J Atmos Sci，36：1205－1216.

Chen G H，Huang R H. 2008a. Influence of monsoon over the warm pool on interannual variation of tropical cyclone activity over the western North Pacific. Adv Atmos Sci，25：319－328.

Chen G H，Huang R H. 2008b. Role of equatorial wave transitions in tropical cyclogenesis over the western North Pacific. Atmos Oceanic Sci Lett，1：64－68.

Chen G，Tam C Y. 2010. Different impacts of two kinds of Pacific Ocean warming on tropical cyclone frequency over the western North Pacific. Geophys Res Lett，37：L01803.

Chen L X，Dong M，Shao Y N. 1992. The characteristics of interannual variations on the East Asian monsoon. J Meteorol Soc Japan，70：397－421.

Chen W，Li T. 2007. Modulation of northern hemisphere wintertime stationary planetary wave activity：East Asian climate relationships by the Quasi-Biennial Oscillation. J Geophys Res，117：D20120.

Chen W，Graf H F，Huang R H. 2000. The interannual variability of East Asian winter monsoon and its relation to the summer monsoon. Adv Atmos Sci，17：46－60.

Chen W，Graf H F，Takahashi M. 2002. Observed interannual oscillations of planetary wave forcing in the Northern Hemisphere winter. Geophys Res Lett，29：2073.

Chen W，Takahashi M，Graf H F. 2003. Interannual variations of stationary planetary wave activity in the northern winter troposphere and stratosphere and their relations to NAM and SST. J Geophys Res，108：4797.

Chen W，Yang S，Huang R H. 2005. Relationship between stationary planetary wave activity and the East Asian winter monsoon. J Geophys Res，110：D14110.

Clement A C，Seager R，Cane M A，et al. 1996. An ocean dynamical thermostat. J Climate，9：2190－2196.

Clement A C，Seager R. 1999. Climate and the tropical oceans. J Clim，12：3383－3401.

CLIVAR. 2011. Climate Variability and Predictability CLIVAR：Science，Programme Components，Endorsed Projects，and Endorsed Activities. http：//www. clivar. org/［2011-12-

31].
Ding Q H, Wang B. 2005. Circumglobal teleconnectionin the Northern Hemisphere summer. J Climate, 18: 3483 - 3505.
Ding Q H, Wang B. 2007. Intraseasonal teleconnection between the summer Eurasian wave train and the Indian monsoon. J Climate, 20: 3751 - 3767.
Ding R Q, Ha K J, Li J P. 2010. Interdecadal shift in the relationship between the East Asian summer monsoon and the tropical Indian Ocean. Climate Dyn, 34: 1059 - 1071.
Ding Y H, He C. 2006. The summer monsoon onset over the tropical eastern Indian Ocean: The earliest onset process of the Asian summer monsoon. Adv Atmos Sci, 23: 940 - 950.
ESSP. 2011. Earth System Science Partnership: Joint Projects, Integrated Regional Studies, Capacity Building. http: //www. essp. org/ [2011-12-31].
Feng J, Chen W, Tam C Y, et al. 2011. Different impacts of El Niño and El Niño Modoki on China rainfall in the decaying phases. Int J Climatol, 31: 2091-2101.
Feng J, Li J P. 2011. Influence of El Niño Modoki on spring rainfall over South China. J Geophys Res, 116.
Feng J, Li J P. 2013. Contrasting impacts of two types of ENSO on the boreal spring Hadley circulation. J Climate. 26: 4773 - 4789.
Feng J, Wang L, Chen W, et al. 2010. Different impacts of two types of Pacific Ocean warming on Southeast Asia rainfall during boreal winter. J Geophys Res, 115: D24122.
Forster P, Ramaswarmy V, Artaxo P, et al. 2007. Changes in atmospheric constituents and in radiative forcing//Solomon S, et al. Climate change 2007: The physical science basis. Cambridge: Cambridge University Press.
Gao H, Wang Y G, He J H. 2006. Weakening significance of ENSO as a predictor of summer precipitation in China. Geophys Res Lett, 33: L09807.
GEWEX. 2011. GEWEX Modelling and Prediction, and Coordinated Energy and Water Cycle Observations Project. http: //www. gewex. org/ [2011-12-10].
Gong D Y, Yang J, Kim S J, et al. 2011. Spring Arctic oscillation-East Asian summermonsoon connection through circulation changes over thewestern North Pacific. Climate Dyn, 37: 2199 - 2216.
Goswami B N, Madhusoodanan M S, Neema C P, et al. 2006. A physical mechanism for North Atlantic SST influence on the Indian summer monsoon. Geophys Res Lett, 33: L02706.
Graham N E. 1994. Decadal-scale climate variability in the tropical and North Pacific during the 1970s and 1980s: Observations and model results. Climate Dyn, 10: 135 - 162.
Graham N E. 1995. Simulations of recent global temperature trends. Science, 267: 666 - 671.
Gu D, Philander S G H. 1997. Interdecadal climate fluctuations that depend on exchanges be-

tween the tropics and extratropics. Science，275：805 - 807.

Gu W，Li C，Li W，et al. 2009a. Interdecadal unstationary relationship between NAO and east China's summer precipitation patterns. Geophys Res Lett，36：L13702.

Gu W，Li C Y，Wang X，et al. 2009b. Linkage between mei-yu precipitation and North Atlantic SST on the decadal timescale. Adv Atmos Sci，26：101 - 108.

He J H，Ju J H，Wen Z P，et al. 2007. A review of recent advances in research on Asian monsoon in China. Adv Atmos Sci，24：972 - 992.

He Z X，Gong D Y. 2002. Interdecadal change in western Pacific subtropical high and climatic effects. Acta Geographica Sin，12：202 - 209.

Hong C C，Li Y H，Li T，et al. 2011. Impacts of central Pacific and eastern Pacific El Niño on tropical cyclone tracks over the western North Pacific. Geophys Res Lett，38，doi：10/1029/2011GL048821.

Huang G. 2004. An index measuring the interannual variation of the East Asian summer monsoon—the EAP index. Adv Atmos Sci，21：41 - 52.

Huang R H，Li W J. 1987. Influence of the heat source anomaly over the tropical western Pacific on the subtropical high over East Asia. Chengdu：Proceedings of International Conference on the General Circulation of East Asia：10 - 15，40 - 51.

Huang R H，Wu Y F. 1989. The influence of ENSO on the summer climate change in China and its mechanism. Adv Atmos Sci，6（1）：21 - 32.

Huang R H，Chen J L，Huang G. 2007. Characteristics and variations of the East Asian monsoon system and its impacts on climate disasters in China. Adv Atmos Sci，24：993 - 1023.

Huang R H，Gu L，Zhou L T，et al. 2006. Impact of thermal state of the tropical western Pacific on onset date and process of the South China Sea summer monsoon. Adv Atmos Sci，23：909 - 924.

Huang R H，Huang G，Wei Z G. 2004. Climate variations of the summer monsoon over China//Chang C P. East Asian Monsoon. Singapore：World Scientific Publishing Co Pte Ltd.

Huang R H，Zhou L T，Chen W. 2003. The progresses of recent studies on the variabilities of the East Asian monsoon and their causes. Adv Atmos Sci，20：55 - 69.

Hu Z Z，Latif M，Roeckner E，et al. 2000. Intensified Asian summer monsoon and its variability in a coupled model forced by increasing greenhouse gas concentrations. Geophys Res Lett，27：2681 - 2684.

Hu Z Z，Yang S，Wu R G. 2003. Long-term climate variations in China and global warming signals. J Geophys Res，108（D19）：4614.

IGBP. 2010. The International Geosphere-Biosphere Programme（IGBP）：Interdisciplinary Science，IGBP Projects，Fast Track Initiatives. http：//www. igbp. net/［2010-11-10］.

IHDP. 2007. Strategic Plan 2007 - 2015：Framing Worldwide Research on the Human Dimensions of Global Environmental Change. http：//www. ihdp. org/［2007-12-10］.

Jhun J G，Lee E J. 2004. A new East Asian winter monsoon index and associated characteristics of the winter monsoon. J Climate，17：711－726.

Jiang X，Li J. 2011. Influence of the annual cycle of sea surface temperature on the monsoon onset. J Geophys Res，116：D10105.

Jin F，Hu Z，Latif M，et al. 2001. Dynamical and cloud-radiation feedbacks in El Niño and greenhouse warming. Geophys Res Lett，28：1539－1542.

Kao H Y，Yu J Y. 2009. Contrasting eastern-Pacific and central-Pacific types of ENSO. J Climate，22：615－632.

Karnauskas K B，Seager R，Kaplan A，et al. 2009. Observed strengthening of the zonal sea surface temperature gradient across the equatorial Pacific ocean. J Climate，22：4316－4321.

Karori M A，Li J P，Jin F F. 2011. Influence of two-type El Niño on summer Rainfall over Yangtze river valley and south China. J Climate，26：4567-4582.

Kim H M，Webster P J，Curry J A. 2009. Impact of shifting patterns of Pacific Ocean warming on North Atlantic tropical cyclones. Science，325：77－80.

Kimoto M. 2005. Simulated change of the east Asian circulation under global warming scenario. Geophys Res Lett，32，L16701.

Kitoh A，Yukimoto S，Noda A，et al. 1997. Simulated changes in the Asian summer monsoon at times of increased atmospheric CO_2. J Meteorol Soc Japan，75：1019－1031.

Knutson T R，Manabe S. 1995. Time-mean response over the tropical Pacific to increased CO_2 in a coupled ocean-atmosphere model. J Climate，8：2181－2199.

Knutson T R，Manabe S. 1998. Model assessments of decadal variability and trend in the tropical Pacific Ocean. J Climate，11：2273－2296.

Kripalani R，Kulkarni A. 1997. Climatic impact of El Niño/La Nina on the Indian monsoon：A new perspective. Weather，52：39－46.

Krishna K K，Rajagopalan B，Cane M A. 1999. On the weakening relationship between the Indian monsoon and ENSO. Science，284：2156－2159.

Kug J S，Jin F，An S I. 2009. Two types of El Niño events：cold tongue El Niño and warm pool El Niño. J Climate，22：1499－1515.

Kumar K K，Rajagopalan B，Cane M A. 1999. On the weakening relationship between Indian monsoon and ENSO. Science，284：2156－2159.

Larkin N K，Harrison D E. 2005a. On the definition of El Niño and associated seasonal average U S weather anomalies. Geophys Res Lett，32：L13705.

Larkin N K，Harrison D E. 2005b. Global seasonal temperature and precipitation anomalies during El Niño autumn and winter. Geophys Res Lett，32：L16705.

Latif M，Kleeman R，Eckert C. 1997. Greenhouse warming，decadal variability，or El Niño?

An attempt to understand the anomalous 1990s. J Climate，10：22212 - 22239.

Lau K M，Kim M K，Kim K M. 2006. Asian summer monsoon anomalies induced by aerosol direct forcing：the role of the Tibetan Plateau. Climate Dyn，26：855 - 864.

Li C Y. 1990. Interaction between anomalous winter monsoon in East Asia and El Niño events. Adv Atmos Sci，7：36 - 46.

Li C Y. 1996. A further study on interaction between anomalous winter monsoon in East Asia and El Niño. Acta Meteor Sinica，10：309 - 320.

Li C Y，Mu M Q. 2001. Influence of the Indian Ocean dipole on the atmospheric circulation and climate. Adv Atmos Sci，18：831 - 843.

Li J，Wu Z，Jiang Z，et al. 2010. Can global warming strengthen the East Asian summer monsoon? J Climate，23：6696 - 6705.

Li Y，Li J，Feng J. 2013. Boreal summer convection oscillation over the Indo-Western Pacific and its relationship with the East Asian summer monsoon. Atmos Sci Let，14：66 - 71.

Lin H. 2009. Global extratropical response to diabatic heating variabilityof the Asian summer monsoon. J Atmos Sci，66：2697 - 2713.

Lu R，Fu Y. 2010. Intensification of East Asian summer rainfall interannual variability in the twenty-first century simulated by 12 CMIP3 coupled models. J Climate，23：3316 - 3331.

Lu R，Ye H，Jhun J G. 2011. Weakening of interannual variability in the summer East Asian upper-tropospheric westerly jet since the mid-1990s. Adv Atmos Sci，28：1246 - 1258.

Ma T，Jiang Z，Wu Z. 2012. How Does China Coldwave Frequency Respond to Global Warming? Climate Dyn，39：2487 - 2496.

MAIRS. 2011. Monsoon Asia Integrated Regional Study MAIRS：Science Highlight and Activities. http：//www. mairs-essp. org/ [2011 - 12 - 30] .

Mao J，Chan J C L，Wu G. 2011. Interannual variations of early summer monsoon rainfall over South China under different PDO backgrounds. Int'l J Climatology，31：847 - 862.

Matsumoto J，Wang B，Li J，et al. 2010. The Implementation Plan for Asian Monsoon Years (AMY 2007—2012) . Beijing：China Meteorological Press.

McPhaden M J，Zhang D. 2002. Slowdown of the meridional overturning circulation in the upper Pacific Ocean. Nature，415：603 - 608.

Meehl G A，Arblaster J M. 2003. Mechanisms for projected future changes in south Asian monsoon precipitation. Climate Dyn，21：659 - 675.

Meehl G A，Washington W M. 1996. El Niño-like climate change in a model with increased atmospheric CO_2 concentrations. Nature，382：56 - 60.

Meehl G A，Washington W M. 1993. South Asian summer monsoon variability in a model with doubled atmospheric carbon dioxide concentration. Science，260：1101 - 1104.

Menon S，Hansen J E，Nazarenko L，et al. 2002. Climate effects of black carbon aerosols in

China and India. Science，297，2250－2253.

Mo K C. 2010. Interdecadal modulation of the impact of ENSO on precipitation and temperature over the United States. J Climate，23：3639－3656.

Nan S，Li J. 2003. The relationship between the summer precipitation in the Yangtze River valley and the boreal spring Southern Hemisphere Annular Mode. Geophys Res Lett，30（24）：2266.

Nan S，Li J，Yuan X，et al. 2009. Boreal spring Southern Hemisphere Annular Mode，Indian Ocean sea surface temperature，and East Asian summer monsoon. J Geophys Res，114：D02103.

Nitta T. 1987. Convective activities in the tropical western Pacific and their impact on the Northern Hemisphere summer circulation. J Meteor Soc Japan，64：373－390.

Nitta T，Yamada S. 1989. Recent warming of tropical sea surface temperature and its relationship to the northern hemisphere circulation. J Meteorol Soc Jpn，67：375－383.

Noda A，Yamaguchi K，Yamaki S，et al. 1999. Relationship between natural variability and CO_2-induced warming pattern：MRI AOGCM experiment. Symposium on Global Change Studies. Dallas，Tex，5AZ. 10－15 Jan.

NPOCE. 2011. Northwestern Pacific Ocean Circulation and Climate Experiment http：//npoce. qdio. ac. cn/［2011-12-05］.

Pierrehumbert R T. 1995. Thermostats，radiator fins，and the local runaway greenhouse. J Atmos Sci，52：1784－1806.

Saji N H，Goswami B N，Viayachandran P N，et al. 1999. A dipole mode in the tropical Indian Ocean. Nature，401：360－363.

Seager R，Murtugudde R. 1997. Ocean dynamics，thermocline adjustment，and regulation of tropical SST. J Climate，10：521－534.

Sun D Z，Liu Z. 1996. Dynamic ocean-atmosphere coupling，a thermostat for the tropics. Science，272：1148－1150.

Takaya K，Nakamura H. 2005. Mechanisms of intraseasonal amplification of the cold Siberian high. J Geophys Res，62：4423－4440.

Tao S Y，Chen L S. 1987. A review of recent research on the East Asian summer monsoon in China//Chang C P，Krishnamurti T N. Monsoon Meteorology. Oxford：Oxford University Press.

Taschetto A S，England M H. 2009. El Niño Modoki impacts on Australian rainfall. J Climate，22：3167－3174.

Timmermann A，Oberhuber J，Bacher A，et al. 1999. ENSO response to greenhouse warming. Nature，398：694－697.

Trenberth K E，Hoar T J. 1996. The 1990—1995 El Niño-Southern Oscillation event：Longest on record. Geophys Res Lett，23：57－60.

Trenberth K E, Hurrell J W. 1994. Decadal atmospheric-ocean variations in the Pacific. Climate Dyn, 9: 303 - 309.

Ueda H, Iwai A, Kuwako K, et al. 2006. Impact of anthropogenic forcing on the Asian summer monsoon as simulated by eight GCMs. Geophys Res Lett, 33: L06703.

Wang B. 1995. Interdecadal changes in El Niño onset in the last four decades. J Climate, 8: 267 - 285.

Wang B, An S I. 2002. A mechanism for decadal changes of ENSO behaviour: roles of background wind changes. Climate Dyn, 18: 475 - 486.

Wang B, Huang F, Wu Z, et al. 2009d. Multi-Scale Climate Variability of the South China Sea Monsoon: A Review. Dyn Atmos Oceans, 47: 15 - 37.

Wang B, Lin H, Zhang Y S, et al. 2004. Definition of South China Sea monsoon onset and commencement of the East Asian summer monsoon. J Climate, 17: 699 - 710.

Wang B, Matsumoto J, Wu G, et al. 2010. The Science Plan for Asian Monsoon Years (AMY 2007—2012). Beijing: China Meteorological Press.

Wang B, Wu R, Fu X. 2000. Pacific-East Asian teleconnection: how does ENSO affect East Asian climate? J Climate, 13: 1517 - 1536.

Wang B, Yang J, Zhou T J, et al. 2008a. Interdecadal changes in the major modes of Asian-Australian monsoon variability: Strengthening relationship with ENSO since the late 1970s. J Climate, 21: 1771 - 1789.

Wang H J. 2002. Instability of the East Asian monsoon-ENSO relations. Adv Atmos Sci, 19: 1～11.

Wang H J, Han J P, Zhang Q Y, et al. 2007a. Brief review of some CLIVAR-related studies in China. Adv Atmos Sci, 24: 1037～1048.

Wang L, Chen W. 2010. Downward Arctic Oscillation signal associated with moderate weak stratospheric polar vortex and the cold December 2009. Geophys Res Lett, 37: L09707.

Wang L, Chen W, Huang R. 2007b. Changes in the variability of North Pacific Oscillation around 1975/1976 and its relationship with East Asian winter climate. J Geophys Res, 112: D11110.

Wang L, Chen W, Huang R H. 2008b. Interdecadal modulation of PDO on the impact of ENSO on the east Asian winter monsoon. Geophys Res Lett, 35: L20702.

Wang L, Chen W, Zhou W, et al. 2009a. Interannual variations of East Asian trough axis at 500 hPa and its association with the East Asian winter monsoon pathway. J Climate, 22: 600 - 614.

Wang L, Huang R, Gu L, et al. 2009b. Interdecadal variations of the East Asian winter monsoon and their association with quasi-stationary planetary wave activity. J Climate, 22: 4860 -4872.

Wang L, Chen W, Zhou W, et al. 2009c. Effect of the climate shift around mid 1970s on the relationship between wintertime Ural blocking circulation and East Asian climate. Int J Climatol, 30: 153 - 158.

Wang X, Wang D X, Zhou W, et al. 2012. Interdecadal modulation of the influence of La Niña events on mei-yu rainfall over the Yangtze River valley. Adv Atmos Sci, 29: 157 - 168.

Wara M W, Ravelo A C, Delaney M L. 2005. Permanent El Niño-like conditions during the pliocene warm period. Science, 309: 758 - 761.

WCRP. 2011. The Implementation of WCRP. http: //www. wcrp-climate. org/implementation. shtml [2011-11-10] .

WCRP. 2005. The World Climate Research Programme Strategic Framework 2005—2015. Coordinated Observation and Prediction of the Earth System (COPES), WMO/TD-No. 1291.

Webster P J, Magana V O, Palmer T N, et al. 1998. Monsoons: Processes, predictability and the prospects for prediction. J Geophys Res, 103: 14451 - 14510.

Wei K, Chen W, Zhou W. 2011. Changes in the East Asian cold season since 2000. Adv Atmos Sci, 28 (1): 69 - 79.

Weng H Y, Ashok K, Behera S K, et al. 2007. Impacts of recent El Niño Modoki on dry/wet conditions in the Pacific rim during boreal summer. Climate Dyn, 29: 123 - 129.

Weng H Y, Behera S K, Yamagata T. 2009. Anomalous winter climate conditions in the Pacific rim during recent El Niño Modoki and El Niño events. Climate Dyn, 32: 663 - 674.

Weng H Y, Lau K M, Xue Y K. 1999. Multi-scale summer rainfall variability over China and its long-term link to global sea surface temperature variability. J Meteorol Soc Japan, 77: 845 - 857.

Wu G X, Guan Y, Liu Y M, et al. 2010. Air-sea interaction and formation of the Asian summer monsoon onset vortex over the Bay of Bengal. Climate Dyn, doi: 10. 1007/s00382 - 010 -0978 - 9.

Wu G X, Liu Y M, Wang T M, et al. 2007. The Influence of Mechanical and Thermal Forcing by the Tibetan Plateau on Asian Climate. J Hydro Meteor, 8: 770 - 789.

Wu Z, Li J. 2008. Prediction of the Asian-Australian monsooninterannual variations with the grid-point atmospheric model of IAPLASGGAMIL. Adv Atmos Sci, 25: 387 - 394.

Wu Z, Li J, He J, et al. 2006a. Occurrence of droughts and floods during the normal monsoons in the mid-and lower reaches of the Yangtze River. Geophys Res Lett, 33: L05813.

Wu Z, Li J, He J, et al. 2006b. The large-scale atmospheric anomalies and the summer long-cycle droughts-floods abrupt alternation in the mid- and lower reaches of the Yangtze River. Chin Sci Bull, 51 (16): 2027 - 2034.

Wu Z, Li J, Jiang Z, et al. 2011a. Possible effects of the North Atlantic Oscillation on the strengthening relationship between the East Asian summer monsoon and ENSO. Int J Climatol, doi: 10.1002/joc.2309.

Wu Z, Li J, Jiang Z, et al. 2011b. Predictable climate dynamics of abnormal East Asian winter monsoon: once-in-a-century snowstorms in 2007/2008 winter. Climate Dyn, 37: 1661-1669.

Wu Z, Li J, Jiang Z, et al. 2012. Modulation of the Tibetan Plateau Snow Cover on the ENSO Teleconnections: From the East Asian Summer Monsoon Perspective. J Climate, 25: 2481-2489.

Wu Z, Li J, Wang B, et al. 2009. Can the Southern Hemisphere annular mode affect China winter monsoon? J Geophys Res, 114: D11107.

Xie S P, Hu K, Hafner J, et al. 2009. Indian Ocean capacitor effect on Indo-Western Pacific climate during the summer following El Niño. J Climate, 22: 730-747.

Xue F, Liu C Z. 2007. The influence of moderate ENSO on summer rainfall in eastern China and its comparison with strong ENSO. Chin Sci Bull in Chinese, 53 (5): 791-800.

Xue F, Wang H, He J. 2004. Interannual variability of Mascarene high and Australian high and their influences on summer rainfall over East Asia. Chin Sci Bull, 48 (5): 492-497.

Yang S, Lau K M. 2006. Interannual variability of the Asian monsoon//Wang B. The Asian Monsoon. New York: Springer.

Yang S, Lau K M, Yoo S H, et al. 2004. Upstream Subtropical Signals Preceding the Asian Summer Monsoon Circulation. J Climate, 17: 4213-4229.

Yeh D Z. 1981. Some characteristics of the summer circulation over the Qinghai-Xizang Tibet Plateau and its neighborhood. Bull Amer Meteorl Soc, 62 (1): 14-19.

Ye H, Lu R. 2011. Subseasonal variation in ENSO-related East Asian rainfall anomalies during summer and its role in weakening the relationship between the ENSO and summer rainfall in eastern China since the late 1970s. J Climate, 24: 2271-2284.

Yukimoto S, Endoh M, Kitamura Y, et al. 1996. Interannual and interdecadal variabilities in the Pacific in an MRI coupled GCM. Climate Dyn, 12: 667-683.

Zhang L, Liao H, Li J. 2010a. Impacts of Asian Summer Monsoon on Seasonal and Interannual Variations of Aerosols over Eastern China. J Geophys Res, 115: D00K05.

Zhang L, Liao H, Li J. 2010b. Impact of the Southeast Asian summer monsoon strength on the outflow of aerosols from South Asia. Annales Geophysicae, 28: 277-287.

Zhang R H, Rothstein L M, Busalacchi A J. 1998. Origin of upper-ocean warming and El Niño change on decadal scales in the tropical Pacific Ocean. Nature, 391: 879-883.

Zhang R H, Sumi A, Kimoto M. 1999. A diagnostic study of the impact of El Niño on the precipitation in China. Adv Atmos Sci, 16 (2): 229-241.

Zhang R，Sumi A，Kimoto M. 1996. Impact of El Niño on the East Asian monsoon：A diagnostic study of the 86/87 and 91/92 events. J Meteor Soc Japan，74：49 - 62.

Zhang W，Jin F. 2012. Improvements in the CMIP5 simulations of ENSO-SSTA meridional width. Geophys Res Lett，39：L23704.

Zhang W，Jin F，Li J，et al. 2011. Contrasting impacts of two-type El Niño over the western North Pacific. J Meteorol Soc Jpn，89：563 - 569.

Zhang W，Jin F，Ren H，et al. 2012. Differences in teleconnection and rainfall shift over the USA associated with two types of El Niño during boreal autumn. J Meteorol Soc Jpn，90 (4)：535 - 552.

Zhang W，Jin F，Zhao J，et al. 2013a. On the Bias in Simulated ENSO SSTA Meridional Widths of CMIP3 Models. J Climate，26：3173 - 3186.

Zhang W，Jin F，Zhao J，et al. 2013b. The possible influence of a non-conventional El Niño on the severe autumn drought of 2009 in Southwest China. J Climate，doi：http：//dx. doi. org/10. 1175/JCLI-D-12-00851. 1.

Zhang W，Li J，Jin F. 2009. Spatial and temporal features of ENSO meridional scales. Geophys Res Lett，36：L15605.

Zhang W，Li J，Zhao X. 2010c. Sea surface temperature cooling mode in the Pacific cold tongue. J Geophys Res，115：C12042.

Zhang Y，Li T，Wang B. 2004. Decadal change of the spring snowdepth over the Tibetan plateau：The associated circulation and influence on the East Asian monsoon. J Climate，17：2780 - 2793.

Zhang Y，Wallace J M. Battisti D S. 1997. ENSO-like interdecadal variability：1900—1993. J Climate，10：1004 - 1020.

Zhou W，Chan J C L，Chen W，et al. 2009. Synoptic-scale controls of persistent low temperature and icy weather over southern China in January 2008. Mon Wea Rev，137：3978 - 3991.

Zhu J L，Liao H，Li J P. 2012. Increases in aerosol concentrations over eastern China due to the decadal-scale weakening of the East Asian summer monsoon. Geophys Res Lett，39：L09809.

Zhu X，He J，Wu Z. 2007. Meridional seesaw-like distribution of the Meiyu rainfall over the Changjiang-Huaihe River Valley and characteristics in the anomalous climate years. Chin Sci Bull，52 (17)：2420 - 2428.

地球系统模式*

一、研制中国地球系统模式的意义和必要性

地球系统中的大气圈、水圈、冰雪圈、岩石圈和生物圈存在着密切而复杂的相互作用，这种相互作用决定了地球系统的行为、演变及变异，因此要理解地球系统的变化规律并预测地球系统的行为就必须深入了解地球系统的这些相互作用过程和耦合机制。为了研究各圈层之间的相互作用这一地球系统演变的重要特征和地球系统科学的关键科学问题，发展能够反映地球各圈层之间相互作用的数值积分模式（即地球系统模式）是地球系统科学研究的迫切需求。地球系统模式是基于地球系统中的动力、物理、化学和生物过程建立起来的数学方程组（包括动力学方程组和参数化方案）来确定其各个部分（大气圈、水圈、冰雪圈、岩石圈、生物圈）的性状，由此构成地球系统的数学物理模型，然后用数值的方法进行求解，并在计算机上付诸实现的一种大型综合性计算软件。

发展地球系统模式的重大意义在于以下五个方面。

（1）提高我国对重大天气气候和环境灾害的预报能力。发展具有中国自主知识产权的高精度（10 公里以内分辨率）的大气、海洋环流模式及其耦合模式，将有助于科学家认识和理解重大天气气候和环境灾害发生的机制，进而提高对台风、暴雨、干旱、冰冻等重大自然灾害的预报和预警能力。

（2）在未来全球变暖的背景下，为国家有关部门制定水资源调配、能源、外交谈判、国家粮食安全等与资源环境相关的重大决策提供科学依据。全球变

* 王会军，中国科学院大气物理研究所

暖正在严重影响着人类的生产活动与生活环境，这是各国政府与科学家必须面对的重大问题。只有建立地球系统模式，才有可能对全球变暖及其影响问题进行定量化的研究和评估，并提出正确应对气候变化及妥善解决外部环境问题的决策和措施。利用地球系统模式不仅可以开展环境与灾害的定量客观预测，而且可以为国家温室气体管理和应对气候变化奠定科学基础。同时，地球系统模式的发展水平及其模拟能力的高低也已经成为衡量一个国家地学综合水平的重要标志。因此，发展全球和区域人地系统模式，不仅对气候变化定量研究有重要意义，而且更重要的是可为政策决策者制定应对决策提供重要科学依据，对实现人地关系和谐发展及人类社会的可持续发展具有重大意义。

（3）为国家生态环境建设和环境保护提供科学依据。我国的经济目前正处在高速发展阶段，经济高速发展带来的能源需求和污染物排放与我国脆弱的生态环境形成了鲜明的对比。因此国家必须制定政策，在经济发展和生态环境保护之间达成一种平衡，实现社会的可持续发展。因此，可以利用地球系统模式定量分析生态环境演变和污染物输送和沉降的内在变化规律，从而为国家政策制定提供科学依据。

（4）为国家海洋权益保护和海洋军事安全提供科学支持。中国大陆东部面向西太平洋，具有几百万平方公里的蓝色领海。在我国邻近海域，不仅拥有丰富的海洋渔业资源而且还埋藏着大量的石油等矿产资源，同时南海还是我国能源进口的海上必经通道。由于各种历史因素，我国与周边国家在海洋经济专属区的划分上还存在巨大的争议；同时，这些海区也是我国军事安全的海上门户。所以深入认识和理解我国近海环境演变的规律和机制，对我国的军事安全和能源安全也具有重大的意义。但是，目前我们对中国邻近海区环流的预测能力十分有限，因此，可以利用高分辨率海洋模式和耦合模式对上述海区甚至全球大洋环流进行模拟和预测，为我国海洋权益保障和国家海洋军事安全提供科学支持。

（5）与国际发达国家相比，我国地球系统模式研发和应用领域方面的工作相对落后，对我国社会和经济发展的支持力度相对较小。尽管自 20 世纪 80 年代至今，中国科学家已在物理气候系统模式（其分量模式包括大气环流模式、海洋环流模式、陆面过程模式和海冰模式等）、化学模式、地球生物化学模式发展和应用等许多方面有多年的经验和积累，形成了一个地球系统模式的雏形。中国地球科学家通过多年研究，已经积累了大量的地球科学数据。中国科学院“地球系统动力学模式研制”项目群等的实施，对我国未来地球系统模式的发展起到关键的推动作用 。同时，在模式发展过程中已经培养了大量的模式专家，形成了多支模式发展的研究团队。我国发展的一系列气候系统模式一直参与国际气候模式比较计划，为各届政府间气候变化专门委员会（IPCC）评估报告所引用。此外，我国的海气耦合模式作为发展中国家唯一的模式也参加了一系列国际重大的模式比较计划。

但是需要清醒地认识到，在地球系统模式发展方面我国还存在一些基本问题：①目前国内还没有一个真正意义上的、较为完整的地球系统模式；②模式发展团队缺乏系统的管理和组织，严重制约着模式发展；③地球系统模式需要高性能计算机来保证，但我国在这方面与国际水平存在很大差距。对比国外的超级计算机计算性能，国内的超级计算机的计算速度慢至少 1 个数量级甚至 2 个数量级。因此，现有的计算能力也远远不能满足地球系统模式研发的需要。

总之，与先进国家相比，由于各种因素特别是缺乏用性能优异的地球系统模式提供定量数据，中国的地球科学在应对气候变化研究领域成果不够突出、声音较弱，防灾减灾能力薄弱，直接影响国家应对气候变化政策的制定、气候外交谈判工作，以及未来社会和经济发展战略。

二、关键科学问题

关键科学问题如下：

(1) 内部完全协调的和有分块地形大气环流模式动力框架的实现；

(2) 云非均匀性及其辐射效应的考虑；

(3) 海洋盐度边界适定的表达方式，陡峭地形处侧向摩擦表达方式；

(4) 全球海气耦合模式系统的总能量守恒的保证，长期积分的气候漂移的克服；

(5) 海洋生化模式和耦合模式的较长时间积分的稳定性和物质守恒的保证；

(6) 陆表层模式中各变量及参数的季节变化的一致性，以及枯草、腐物等作用在陆面过程模式中的区分和合理表述；

(7) 能区分出灌木林带及充分考虑其作用的全球植被动力学模式的建立；

(8) 干旱区陆气相互作用的机制及其参数化方案；

(9) 地下水位动态变化的数值模式及其与陆表层模式的耦合；

(10) 陆面、海洋生物化学过程的参数化及其参数值的选择；

(11) 大气化学模式的改善及其与气候模式的耦合；

(12) 基于耦合算法的各分量模式的耦合及高效并行计算技术和方法;
(13) 基于地球系统科学理论的我国区域生存环境模拟系统;
(14) 我国区域干旱、暴雨洪水的模拟和预测系统;
(15) 我国暴雨型滑坡、泥石流数值监测、预警系统;
(16) 我国典型流域水循环的模拟系统;
(17) 重大气候异常和极端气候的预测理论和方法。

三、核心建议——建立我国的地球模拟装置

鉴于现今全球气候与环境变化的事实及人类活动对这种变化的可能影响,全球变化问题不仅成为全球科学家关注的一个科学问题,而且成为经济学家关注的经济问题乃至政治家关注的政治问题。研制建立我国的地球系统模拟装置,有利于深入研究全球变化问题,可以提高人类对复杂地球系统的认识和理解,增强我国在全球变化领域的话语权。我国亟需建成一个国家级的具有世界先进水平、开放的地球系统模拟实验公共平台,包括硬件设施、软件环境和可视化系统等。

地球系统模拟装置的软件环境包括地球系统模式及相应的高性能计算支持软件。其中,地球系统模式是理解过去气候与环境演变机制、预估未来潜在全球变化情景的重要工具,是全球变化研究最重要的内容之一。高性能计算是地球系统模式研究的基本支撑手段,目前,我国缺乏支持地球系统模式研究的高性能计算软件环境,严重制约了我国在全球变化方面的研究。因此,需要研究与开发支持地球系统模式研究的高性能计算支撑软件系统,以提高我国地球系统模式研究的水平。

该模拟装置的建立,将能满足高分辨率(水平分辨率 5~10 千米,垂直分辨率 50~100 层)地球系统模式长期稳定计算的要求。建成以后不仅能够满足大气科学家急需的计算环境需求,同时还可以为环境科学、生态学、地理科学、近地空间乃至固体地球科学等提供良好的计算和模拟环境,为引领地球系统科学的发展奠定基础。

中国对国际耦合模式比较计划的贡献：回顾、现状与挑战*

一、引　言

气候变化的预测和预估，是科学界、社会公众和决策者共同关心的问题，与社会经济发展息息相关。气候系统由大气圈、水圈、冰雪圈、岩石圈和生物圈等五个圈层组成。地球气候的演变是由气候系统各圈层间相互作用引起的内部变率、自然因子（地球轨道参数、太阳活动、火山活动）变化产生的自然变率及与人类活动相关的因子（大气成分、土地利用等）变化产生的人为变化组成。要真正掌握气候系统的变化规律，必须立足于研究大气-海洋-陆地-海冰之间复杂的相互作用，能够胜任此项研究工作的工具是耦合各圈层的气候系统模式。海-陆-气-冰耦合的气候系统模式正成为研究当前气候的特征和行为、了解其过去演变、预测和预估其未来变化的不可替代的工具。

“世界气候研究计划”（WCRP）为推动气候模式的发展，在过去20余年里相继组织实施了一系列模式比较计划，如“大气模式比较计划”（AMIP）和“耦合模式比较计划”（CMIP）等，促进了耦合模式的国际协同研究。

我国在气候模式的发展方面具有长期的经验。自20世纪70年代末开始，我国就开始发展气候模式，在气候系统分量模式的发展及其相互耦合作用方面具有丰富的技术积累。近10年来，我国在耦合了大气、陆面、海洋和海冰等多圈层分量的物理气候系统模式的发展方面，取得了长足的进步，国际

---

* 周天军，宋丰飞，中国科学院大气物理研究所/大气科学和地球流体力学数值模拟国家重点实验室（LASG）和中国科学院气候变化研究中心

参与度日渐提高，国际话语权日益增强。

当前国际气候模式的发展，正在从物理气候系统模式走向地球系统模式。未来十年，将是地球系统模式发展的黄金时期。如何在总结我国气候模式研发成功经验的基础上，争取在未来 10 年的国际竞争中，使我国的气候模式研发和模拟综合水平居国际前列，是我国气候模拟界当前需要思考的问题。

衡量气候模式发展水平的指标是多方面的，可谓“横看成岭侧成峰”。本文以 WCRP 推动的诸多国际模式比较计划中影响力较大的 CMIP 为例，通过回顾我国参加历次 CMIP 科学试验的历史，发现我国气候模式发展面临的机遇和挑战，希望借此引起国内气候学界对气候模式发展和模拟研究的重视和支持。

二、我国气候模式参加 CMIP 科学试验回顾

WCRP 于 1995 年推出 CMIP1。随后，又陆续推出了 CMIP2～CMIP5。

代表我国参加 CMIP 的耦合气候模式，在 2007 年之前，只有中国科学院大气物理研究所（IAP）发展的模式系统。1992 年发布的 IPCC FAR 的补充报告中，引用了 IAP 发展的一个两层 AGCM 耦合混合层海洋的气候预估结果（Wang et al.，1993）。

参加 CMIP1 的国际模式有 10 个，代表我国参加的是中国科学院大气物理研究所/大气科学和地球流体力学数值模拟国家重点实验室（LASG）的气候系统模式 GOALS2（吴国雄等，1997；Zhang et al.，2000），由一个 9 层 R15 分辨率的 AGCM、20 层 5°×4°的 OGCM、SSiB 陆面模式和热力学海洋模式组成，耦合采用了通量订正技术（Yu and Zhang，1998），海气耦合过程只考虑热通量交换和风应力作用，未考虑淡水通量交换，盐度都向气候态恢复。

参加 CMIP2 的国际模式有 18 个，代表我国参加的是 IAP/LASG 的气候系统模式 GOALS4。较之此前参加 CMIP2 的版本 GOALS2，GOALS3 与南京大学合作引入了太阳辐射的日变化（邵慧等，1998）；GOALS4 则在海气耦合过程中，考虑了淡水通量交换过程（周天军等，2000；Zhou et al.，2000a）。

中国科学院大气物理研究所的气候系统模式是唯一来自发展中国家的，参加了 CMIPI、CMIP2 的模式系统。这是 IAP/LASG 在 2000 年度国家重点实验室评估获得优秀的代表性成果之一（周天军，2000）。

参加 CMIP3 的模式有 23 个，我国国家气候中心和 IAP/LASG 的模式都参与了 CMIP3。IAP/LASG 模式为 FGOALS-g1.0，其大气分量模式垂直 26 层、水平分辨率是 2.8°×2.8°，海洋分量模式垂直 30 层、水平分辨率 1.0°×1.0°，陆面模式和海冰模式则分别为美国大气研究中心（NCAR）发展的通用陆面模式 CLM 和海冰模式 CSIM，大气、海洋、陆面和海冰分量通过 NCAR CCSM 耦合器耦合在一起；耦合过程中没有采用“通量订正”，故属于“直接耦合”模式（Yu et al.，2004；2008；Zhou et al.，2007）。国家气候中心模式的大气和海洋都采用 1.875°×1.875°的分辨率。

CMIP5 有来自全球 20 多个研究组、约 39 个气候系统模式和地球系统模式参加。我国参与 CMIP5 的气候系统模式有 5 个，反映了我国对气候模式研发和模拟预估工作的高度重视和财力支持。与此同时，这种多模式并存的情况也提出一个问题，即如何在国家层面统一协调和组织我国的气候系统模式研发工作，以集中人力和物力打造具有国际先进水平的模式系统，更好地服务于气候模拟和预测预估的国家需求。

三、CMIP5 科学试验概况

CMIP5 的科学试验可以利用图 1 和图 2 来加以总结，总计包括三类，其要点概括如下。

1. 长期模拟试验

长期模拟试验，指积分时间在百年以上的模拟试验。其核心试验包括三个。①大气模式试验：观测海温驱动下的百年长度 AMIP 积分；②物理气候系统模式试验：无外强迫变化的气候系统模式控制试验、气候系统模式 20 世纪气候模拟试验、气候系统模式 RCP4.5 和 RCP8.5 未来气候变化预估试验、年递增 1%CO_2 的气候增暖试验、突增 4 倍 CO_2的气候增暖试验、固定 1 倍和 4 倍 CO_2的气候增暖试验。③地球系统模式试验：长期控制积分、20 世纪气候模拟试验、RCP8.5 情景的气候预估试验。

第一外围试验（Tier-1）包括全新世大暖期（6ka）和末次冰期冰盛期（21ka）气候模拟试验、只考虑自然因子和只考虑温室气体变化的 20 世纪气候模拟试验、20 世纪气候演变的 AMIP 和物理气候系统模式集合模拟试验、RCP2.6 和 RCP6 预估试验、RCP4.5 试验延伸至 2300 年、突增 4 倍 CO_2的气

CMIP5 Long-Term Experiments

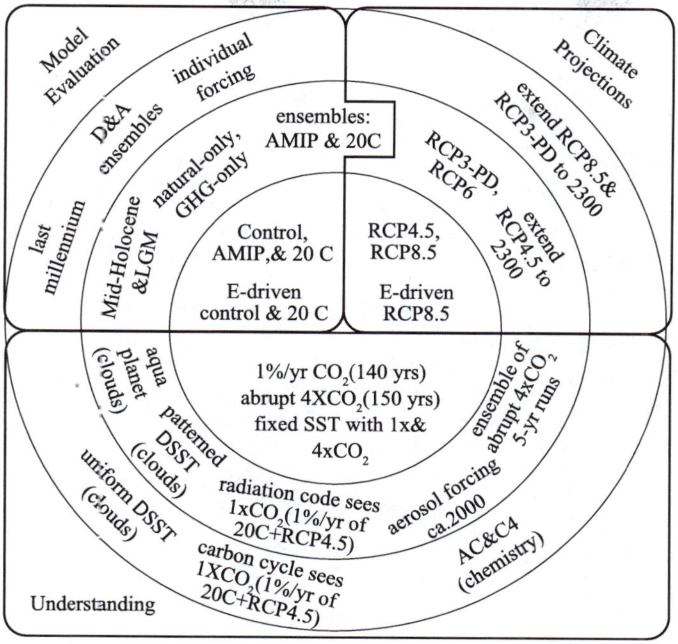

图 1　CMIP5 长期积分试验

资料来源：Taylor et al.，2012

候增暖试验集合模拟、2000 年气溶胶强迫试验、水球试验等。

第二外围试验（Tier-2）包括过去 1000 年气候模拟、检测与归因集合模拟试验、不同强迫因子分离的模拟试验、RCP8.5 和 RCP2.6 试验延伸至 2300 年、CO_2增加 1 倍或 CO_2每年递增 1%或“20C+RCP4.5”的地球系统模式模拟试验等。

注意上述描述中涉及的 21 世纪气候变化预估试验，包含四种温室气体和气溶胶等排放的典型浓度路径（representation concentration pathways，RCPs），分别为 RCP2.6、RCP4.5、RCP6.0、RCP8.5，每种情景包括一套温室气体、气溶胶和化学活性气体的排放和浓度，以及土地利用、土壤覆盖的时间路线（Moss et al.，2008）。这是 IPCC 第五次评估报告新设计的气候变化情景试验。

2. 短期模拟试验

短期模拟试验，主要是年代际气候变化预测试验，即利用物理气候系统模式，通过同时考虑外强迫变化（温室气体、气溶胶、太阳辐射、火山气溶胶

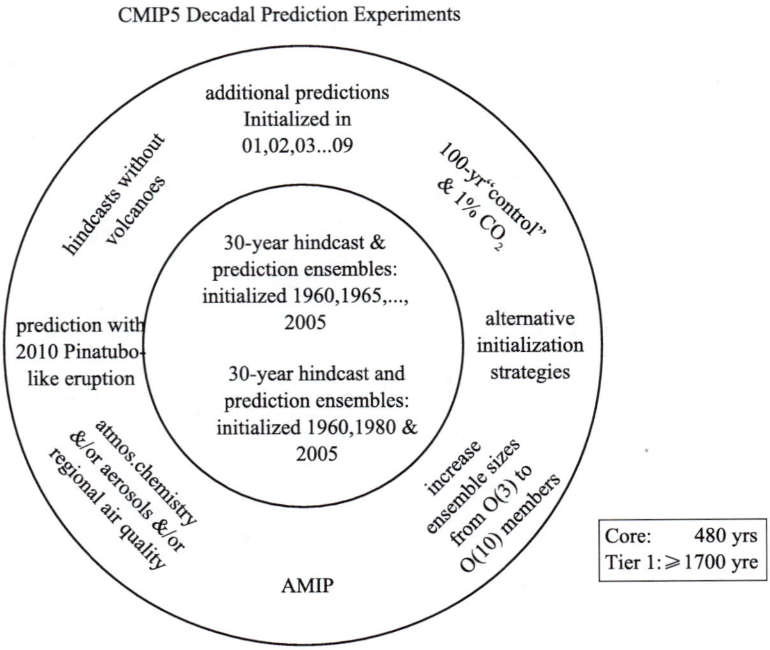

图 2　CMIP5 年代际预报试验

资料来源：Taylor et al.，2012

等）和海洋的年代际惯性作用，来进行 10 年和 30 年长度的气候预测试验。该试验的概况见图 2。

核心试验包括：以 1960 年，1965 年……2005 年为初值的 10 年长度回报和预测集合试验；以 1960 年、1980 年和 2005 年为初值的 30 年长度的回报和预测集合试验。每组试验要求最少有 3 个集合成员。

外围试验包括：每隔 1 年进行，即始自 2001 年，2002 年……2009 年的年代际回报和预测试验；100 年的控制试验和年递增 1%CO_2 的试验；不同初始化方案的比较试验；集合成员从 3 增加到 10；AMIP 试验；考虑大气化学或气溶胶或区域环境质量过程的年代际回报和预报试验；运行到 2010 年增加考虑类似“皮纳图博”火山效应的年代际预测试验；不考虑火山影响的回报试验等。

3. 大气模式试验

大气模式试验：主要是针对需要大量计算资源的高分辨率气候模式和数值预报模式。核心试验为 1979～2008 年的 AMIP 试验、未来气候变化的 2026～2035 年片段模拟试验。

第一外围试验包括 AMIP 试验增加集合成员、未来气候变化片段模拟试验增加集合成员、考虑 4 倍 CO_2 的 AMIP 试验、分布不均匀的异常海温型驱动的试验、水球试验。

第二外围试验包括均匀分布的异常海温驱动试验。

值得注意的是，参加 CMIP5 的我国大气模式分量水平分辨率明显低于国外，表明我国当前通用的气候模式的分辨率已经落后于国际同期水平。

四、我国地球/气候系统模式参加 CMIP5 科学试验概况

我国参加 CMIP5 科学试验的模式有四个。

一是中国科学院大气物理研究所的气候系统模式 IAP/LASG FGOALS。该模式有两个版本进行了 CMIP5 试验，第一个版本是 FGOALS-g2（Li et al.，2013），其大气分量为格点模式 GAMIL，水平分辨率为 2.8°×2.8°、垂直 26 层，海洋水平分辨率为 1.0°×1.0°、垂直 30 层，陆面模式和海冰模式分别为 CLM3 和 CICE4，采用耦合器 CLP6；该模式调试和基础控制试验在 IAP/LASG 完成，其余试验在清华大学完成。第二个版本是 FGOALS-s2（Bao et al.，2013），其大气分量为 SAMIL，水平分辨率为 R42（约 2.8°×1.4°）、垂直 26 层，耦合架构同 FGOALS-g2，但是其海冰模式为 CSIM5，全部科学试验在中国科学院大气物理研究所完成。这两个模式版本均完成了 CMIP5 的涉及物理气候系统模式的全部核心试验和部分外围试验（表 1、表 2）。随后的分析表明，FGOALS-s2 对温室气体的敏感度偏大，使得模拟的 20 世纪后期温度偏暖、预估的 RCP 情景下温度亦明显偏高，因此，该版本只有工业革命前气候控制试验、AMIP 试验、水球试验、理想 CO_2 倍增等试验通过设在 IAP/LASG 的“地球系统网格资料节点”（ESG-Data-Node）系统实现全球共享，而与温室气体直接关联的 20 世纪气候模拟试验和 RCP 等试验，则只在 LASG 实验室内部供模式分析诊断用。

表 1　FGOALS-g2 科学试验清单

试验	标准名称	描述	编号	优先级	长度	集合
工业革命前控制实验	PIcontrol	耦合模式控制试验	3.1	Core	>500	1
每年增加 1% CO_2	1pctCO$_2$	以 1%/yr 的速率增加 CO_2 浓度直至 4 倍	6.1	Core	>140	1
瞬间 4×CO_2	Abrupt4×CO_2	瞬间加入 4 倍 CO_2 浓度	6.3	Core	150	1

续表

试验	标准名称	描述	编号	优先级	长度	集合
瞬间 4×CO_2	Abrupt4×CO_2	从不同月份初始化并模拟 5 年后停止，产生如同试验 6.3 的模拟集合	6.3-E	Tier1	5	11
中全新世试验（6 千年前）	midHolocene	与 PMIP 的试验一致，在中全新世条件下模拟	3.4	Tier1	>100	1
历史气候模拟	Historical	模拟最近 100 多年的气候（1850～2005 年）	3.2	Core	156	1
历史气候模拟	Historical	附加（延长）的历史气候模拟	3.2-E	Tier1	≥156	2
未来情景（RCP）辐射强迫（2.6）	RCP26	在 RCP2.6 情景下的未来预估试验（2006～2100 年）	4.3	Tier1	95	1
未来情景（RCP）辐射强迫（4.5）	RCP45	在 RCP4.5 情景下的未来预估试验（2006～2100 年）	4.1	Core	95	1
未来情景（RCP）辐射强迫（8.5）	RCP85	在 RCP8.5 情景下的未来预估试验（2006～2100 年）	4.2	Core	95	1
未来情景（RCP）辐射强迫（4.5）	RCP45	将试验 4.1 延伸到 2300 年	4.1-L	Tier1	200	1
AMIP 试验	AMIP	在观测海温海冰驱动下的大气模式试验（1979～2009 年）	3.3	Core	>30	1
AMIP 试验	AMIP	在观测海温海冰驱动下的大气模式试验（1979～2009 年）	3.3-E	Tier1	>30	1
气候态海温控制试验	Sstclim	在给定气候态海温海冰驱动下的大气模式试验	6.2a	Core	>30	2
CO_2 强迫	Sstclim4×CO_2	加入 4×CO_2 强迫，其他与试验 6.2a 相同	6.2b	Core	>30	1
云对 4×CO_2 的响应	Amip4×CO_2	加入 4×CO_2 强迫的 AMIP 试验（1979～2008 年），其他与 CFMIP 试验的要求一致	6.5	Tier1	30	1
云对海温型变化的响应	Amip Future	对试验 3.3 中的海温进行扰动的 AMIP 试验，其他与 CFMIP 试验的要求一致	6.6	Tier1	30	1
水球控制试验	AquaControl	加入纬向均一的海温在没有陆地的地球上模拟，其他与 CFMIP 试验的要求一致	6.7a	Tier1	5	11
水球试验：云对 4×CO_2 的响应	Aqua4×CO_2	在试验 6.7a 的基础上加入 4×CO_2 强迫，其他与 CFMIP 试验的要求一致	6.7b	Tier1	5	1
水球试验：云对均匀增暖海温的响应	Aqua4K	在试验 6.7a 中纬向均一的海温上均匀增加 4K，其他与 CFMIP 试验的要求一致	6.7c	Tier1	5	1
10 年回报和预测集合试验	Decadal prediction	考虑海洋初始条件的年代际预测试验，其中大气的强迫场与试验 3.2 或 RCP4.5 的情境相同	1.1	Core	300	3

续表

试验	标准名称	描述	编号	优先级	长度	集合
30年回报和预测集合试验	Decadal prediction	试验1.1延伸到30年的试验	1.2	Core	270	3
自然强迫试验	historicalNat	只有自然强迫的历史气候模拟	7.1	Tier1	156	1
温室气体强迫试验	historicalGhg	只有温室气体强迫的历史气候模拟	7.2	Tier1	156	1
其他强迫试验		其他单独强迫因子驱动的历史气候模拟	7.3	Tier2	156	2

表2　FGOALS _ s2科学试验清单

试验编号	试验名称	优先级别	积分时间
Core-3.1	工业革命前控制实验	必做	达到平衡态后再积分500年
Core-3.2	历史气候模拟	必做	3 × 156年（1850～2005年）
Core-3.3	AMIP试验	必做	3 × 30年（1979～2008年）
Tier1-3.4	全新世试验	优先做	200年
Core-4.1	未来情景（RCP）辐射强迫（4.5）	必做	3 × 95年（2006～2100年）
Core-4.2	未来情景（RCP）辐射强迫（8.5）	必做	3 × 95年（2006～2100年）
Tier1-4.3	未来情景（RCP）辐射强迫（2.6）	优先做	95年（2006～2100年）
Tier1-4.4	未来情景（RCP）辐射强迫（6.0）	优先做	95年（2006～2100年）
Tier1-4.1-L	RCP4.5延伸试验	优先做	295年（2006～2300年）
Core-6.1	4×CO_2（1%yr）	必做	140年
Core-6.2a	控制试验（固定工业革命前SST）	必做	30年
Core-6.2b	4×CO_2“快”响应试验	必做	30年
Core-6.3	4×CO_2“慢”响应试验	必做	150年
Tier1-6.3E	4×CO_2“慢”响应集合试验	优先做	11×5年
Tier1-6.7a	水球试验：控制试验	优先做	5年
Tier1-6.7b	水球试验：4×CO_2试验	优先做	5年
Tier1-6.7c	水球试验：SST+4K	优先做	5年
LM	千年气候模拟试验	Tier-2	3000年
Decadal Prediction	年代际预估实验	必做	300年
CORDEX	东亚区域	必做	300年

此外，IAP/LASG和美国马里兰大学合作，在FGOALS-s2的陆面过程引入陆地碳循环模式Vegas，和IAP/LAPC合作，在FGOALS-s2中加入海洋碳循环过程，从而形成一个地球系统模式版本，完成了CMIP5的ESM核心试验。

二是国家气候中心的气候系统模式BCC-CSM和地球系统模式BCC-ESM。BCC有两个版本参加了CMIP5试验：①BCC _ CSM1.1的大气模式为BCC _ AGCM2.1，水平分辨率为T42（相当于2.8°）、垂直26层；海洋模式为MOM4，水平分辨率为1/3°（约30千米）、垂直40层；其陆面分量为BCC _ AVIM1.0、陆面为SIS。②BCC _ CSM1.2，其余BCC _ CSM1.1的主要区别是大气模式为 BCC _ AGCM2.2，水平分辨率提高到 T106（相当于 1.1°）。BCC 模式完成了 CMIP5 的关于物理气候系统模式和地球系统模式的全部核心试验及部分外围试验。

三是北京师范大学地球系统模式 BNU-ESM。该模式是基于 CCSM2 发展的地球系统模式，其大气分辨率约为 T42（相当于 2.8°）、垂直 26 层。

四是国家海洋局第一海洋研究所地球系统模式 FIO-ESM。其大气分量为 CAM3.5，分辨率为 T42L26（相当于 2.8°）；海洋分量为 POP2，水平分辨率 1.1°，但赤道地区加密为 0.3°～0.5°，垂直 40 层。其陆面和海冰分量分别为 CLM3 和 CICE4。该模式的一个重要特色是耦合了一个波浪模式 MASNUM，其分辨率为 2.0°×2.0°。该 ESM 的陆地碳循环模式为 CASA，海洋碳循环模式为 OCMIP-2。该模式完成了物理气候系统模式部分的核心科学试验、部分外围试验，以及地球系统模式的控制试验。

五、我国地球/气候系统模式发展的机遇和挑战

（一）我国 CMIP5 模式与国际领先模式的差距

首先，在所用模式的分辨率上，我们落后于国际平均水平。当前国际上用于长期气候模拟试验的大气模式，平均分辨率已经达到 1.5°左右，一些国际领先的气候模拟中心的模式分辨率已经高于 1.0°，我国参加 CMIP5 的模式，其大气分辨率多在 2.8°左右，要明显低于同期国际平均水平。

其次，在地球系统模式的研发上，我国起步较晚。参加 CMIP5 的地球系统模式有 9 个。我国的 BCC 和 BNU 模式对陆地和海洋碳循环过程的处理都相对简单。

（二）发展我国地球/气候系统模式所面临的机遇

第一，国家的高度重视和财力支持。

我国目前已经通过科技部的“973”项目和“863”项目、中国科学院的战略先导项目等经费渠道，加大对气候模式研发工作的支持力度。据统计，目前在研的“973”项目中，已经有多个项目与气候模式研发直接相关。

这些项目的实施，将在两个层次上推动我国的地球气候系统模式工作：一是传统的分量或说分系统模式的发展；二是跨学科的模式研发力量的协作，如从事物理气候模式研发的研究力量与从事生物地球化学模式研发的专家队伍的合作，最终必将极大地推动我国地球气候系统模式整体水平的提高。

第二，国家高性能计算机的快速发展为进行气候模拟研究提供了基础平台。

以“天河一号”（TH-1A）超级计算机的研制成功为标志，我们已经成为世界上少数能够研制千万亿次超级计算机的国家。“天河一号”超级计算机二期系统（TH-1A）于 2010 年 8 月在国家超级计算天津中心升级完成，峰值速度提升为 4700TFlops（每秒峰值速度），持续速度提升为 2566TFlops（LINPACK 实测值）。参加 2010 年 11 月世界超级计算机 TOP500 排名，位列世界第一，取得了我国自主研制超级计算机综合技术水平进入世界领先行列的历史性突破。“天河一号”超级计算机已经被应用于气候模拟研究。2012 年 12 月，国家超级计算天津中心与 IAP/LASG 签署《战略合作框架协议》，成立气候模拟联合实验室，国家超级计算天津中心在“天河一号”超级计算机上，为 IAP/LASG 提供资源量为每秒 126 万亿次浮点运算的计算资源（126 TFlops），这相当于中国科学院大气物理研究所当前高性能计算资源总量的约 2 倍，极大地缓解了 IAP/LASG 面临的计算资源严重不足的问题。国家超算天津中心还为国内有关高校提供了气候模式计算资源。

第三，气候模式研发青年人才成长很快。

目前能够培养气候模式研发人才的科研院所逐渐增多，除了传统的中国科学院大气物理研究所、南京大学、中国海洋大学、北京大学等，近年来南京信息工程大学、北京师范大学、清华大学、中国气象科学研究院等单位，亦开始着手发展自己的气候模式，同步培养模式研发人才。

在看到上述机遇的同时，我们也面临着诸多亟待解决的问题。

第一，从经费管理和科研队伍的组织上，需要建立国家级的协调机制。随着研发队伍的扩大、从事模式发展的科研院校的增多，如何在国家层次建立切实有效的协调机制，避免重复劳动，从而做到整合力量、分工明确、协同攻关，建立能够代表中国的、具有国际领先水平的地球气候系统模式，这是对管理层提出的新问题。

第二，需要针对地球气候系统模式的研发特点，建立合理的管理和评估体系。目前国内诸多从事模式研发的机构，都面临着如何建立专门的人才队伍考核机制的问题。气候模式研发工作有其自身特点，强调技术性，传统的注重学术论文和科学发现的科研业绩考核体系，不利于队伍的稳定。唯有针对模式研发的实际特点，建立合理的管理和评估体系，保证研发人员的利益和待遇等问题，才能吸引更多的优秀人才加入地球气候系统模式研发的队伍，并充分调动其积极性，稳定并逐步壮大研究队伍。

第三，交叉型人才的培养亟待加强。地球气候系统模式涵盖气候系统五大圈层，其模式研发工作需要多学科的协作。目前在物理气候系统模式的框架之内，来自大气、海洋、海冰研究领域的队伍具有较好的合作基础，需要加强物理气候模式研发队伍与从事生物地球化学过程模式研发队伍的合作。随着模式系统内涵的日渐复杂、外延的日渐丰富，模式研发工作对高性能科学计算的支撑要求日渐增强，需要更多的从事高性能计算研究的优秀人才投入地球气候系统模式的研发工作中。

六、结　语

当前，气候模式的发展，正在从物理气候系统模式走向地球系统模式。未来十年，将是地球系统模式发展的黄金时期。地球系统模式多学科交叉的特点，决定了地球系统模式的发展必须是开放式的，这也是发达国家发展地球/气候系统模式的成功经验。因此，“联合、开放、协作”必须是我们长期坚持的模式系统发展路线。我国的地球气候系统模式发展，有长期积累的优势，更面临如何组织协调的问题。唯有在国家层面统一协调和组织我国的地球气候系统模式研发工作，方能做到集中人力、物力和财力，打造出具有国际先进水平的模式系统。

参考文献

邵慧，钱永甫，王谦谦 . 1998. 太阳辐射日变化对 R15L9 气候模拟效果的影响 . 高原气象，17：158.

吴国雄，张学洪，刘辉，等 . 1997. LASG 全球海洋—大气—陆面系统模式（GOALS/LASG）及其模拟研究 . 应用气象学报，8（增刊）：15－28.

张学洪，郭裕福，袁重光，等 . 1999. 中国科学院大气物理研究所环流模式（GCM）研究的成就，温室效应与气候变化研究//陶诗言，Ricnes M R，陈泮勤，等 . 中国科学院、美国能源部“二氧化碳导致的气候变化”联合研究进展（1984—1999）. 北京：海洋出版社：5 - 13.

周天军. 2000. LASG 海陆气耦合模式的发展与应用. 2000 年地球科学领域国家重点实验室评估代表性成果学术报告.

周天军，宇如聪，王在志，等. 2005. 大气环流模式 SAMIL 及其耦合模式 FGOALS-s. 北京：气象出版社：283.

周天军，张学洪，俞永强. 2000. 气候系统模式中海气水通量交换的耦合方法. 科学通报，45（19）：2097 - 2100.

Bao Q，Lin P F，Zhou T J，et al. 2013. The Flexible Global Ocean-Atmosphere-Land System Model，Spectral Version 2：FGOALS-s2，Advacnes in Atmospheric Sciences，30（3）：561-576.

Li L J，Lin P，Yu Y，et al. 2013. The Flexible Global Ocean-Atmosphere-Land System Model：Grid-point Version 2：FGOALS-g2. Adv Atmos Sci，30（3），543-560.

Moss R H，et al. 2008. Towards new scenarios for analysis of emissions，climate change，impacts，and response strategies. Geneva：IPCC Expert Meeting Report.

Moss R H，Edmonds J A，Hibbard K A，et al. 2010. The next generation of scenarios for climate change research and assessment. Nature，46（3）：747-756.

Wang H J，Zeng Q C，Zhang X H. 1993. The numerical simulation of the climatic change by CO_2 doubling. Science in China Series B：Chemistry，36：451 - 462.

Yu Y，Zhang X. 1998. A modified air-sea flux anomaly coupling scheme. Chinese Science Bulletin，43：866 - 870.

Yu Y，Zhang X，Guo Y. 2004. Global coupled ocean-atmosphere general circulation models in LASG/IAP. Adv Atmos Sci，21：444 - 455.

Yu Y，Zhi H，Wang B，et al，2008. Coupled model simulations of climate changes in the 20th century and beyond. Advances in Atmospheric Sciences，25（4）：641 - 654.

Zhang X，Shi G，Liu H，et al. 2000. IAP Global Ocean-Atmosphere-Land System Model. Beijing：Science Press：251.

Zhou T，Zhang X，Yu Y，et al. 2000a. Response of IAP/LASG GOALS model to the coupling of air-sea freshwater exchange. Adv Atmos Sci，17（3）：473 - 486.

Zhou T，Zhang X，Wang S. 2000b. The relationship between the thermohaline circulation and climate variability. Chinese Science Bulletin，45（11）：1052 - 1056.

Zhou T J，Yu Y Q，Liu H L，et al. 2007. Progress in the Development and Application of Climate Ocean Models and Ocean-atmosphere Coupled Models in China. Advances in Atmospheric Sciences，24（6）：729 - 738.

陆气相互作用与青藏高原的气候效应及其观测*

一、引　言

气候系统由大气圈、水圈、岩石圈、冰雪圈和生物圈五大圈层组成，陆气之间的相互作用是气候系统中的基本物理过程之一。海陆气交界面上的相互作用是气候变化的最直接的驱动力，水分循环成为联系海洋-大气-陆地耦合系统的最为活跃的重要纽带。因此，发生在海陆气界面上的能量、动量和水分交换是维持气候的基本物理过程，其变化是导致气候系统异常的基本原因。Dai 和 Trenberth（2004）的研究指出对流有效位能的日变化在陆面上与海洋上的差异很大，表明对气候系统模式改进的希望之一在于暖季节陆面上与陆气相互作用相关的深对流的触发机制的理解。

世界气候研究计划（2009a）中给出了大气环流模式中只和土壤湿度变化有关的降水方差贡献率。其高诊断值区表明土壤湿度对降水有强的影响。影响最大区位于北美大平原中部、非洲萨赫勒和赤道地区，以及印度。在强耦合区，各模式间差异大的结果表明模式不确定性大，因此，需要更好地理解这些地区的陆-气过程。

青藏高原覆盖面积约占中国领土的四分之一，平均海拔超过 4000 米。高原边界海拔高度变化迅速，特别是南部边界。陆地表面特性，植被和气象特征在高原的西部和东部地区之间存在强烈对比（叶笃正和高由禧，1979）。高原上空空气质量只有海平面上的 60%。由于密度较低，高原上特别是边界层中的各种辐射过程与那些低海拔地区显著不同（Liou and Zhou，1987；Smith and Shi，1992）。因此，青藏高原对大气环流产生深远的热力和动力影响（Queney，

* 刘屹岷，中国科学院大气物理研究所大气科学和地球流体力学数值模拟国家重点实验室（LASG）

1948；Yania and Wu，2006），对青藏高原的观测和其上的陆气相互作用，以及其对气候的影响是重要的气候研究领域。

本文将扼要地介绍近几年国内外包括青藏高原影响的陆气相互作用的相关气候研究计划和气候动力学研究；介绍一些国际国内大型研究计划中涉及陆气相互作用研究计划的研究动态，包括“世界气候研究计划”（WCPR）组织的地球系统的协调观测和预报（COPES）战略框架和全球能量和水循环试验（GEWEX），欧洲中期天气预报中心（ECMWF）的十年战略框架集成预测系统；中国科技部和中国科学院组织的相关项目，以及概要叙述了观测、模拟规划和近期陆气相互作用气候动力学的进展，讨论了可能存在的主要问题。最后提出了今后重点发展的研究领域和应对措施。

二、国际陆气相互作用研究动态

（一）WCRP

20 年来，陆气相互作用的理论研究、数值模拟及场地观测试验已成为各国气候研究的前沿。当前国际上的最新气候研究计划，如 GEWEX、COPES 等都把亚洲季风区的能量和水分循环研究置于重要地位。

2005 年，WCRP 制定了 COPES 战略框架（世界气象组织，2005），推动全面、可靠、目标到目标的全球气候观测、分析和模式的发展和实施。①描述考虑了包括地球上的海洋、大气、陆地和人类活动之间的复杂相互作用和反馈机制在内的地球气候及其变率的当前和未来状态；②使得这些科学信息和知识可用于决策者制定政策，并且处理在全球经济各个部门中与气候变率和变化相关的风险和机会。

GEWEX 的目的是观测、分析、了解和预测全球能量循环和水文学格局，以及其对大气和地表动力学的影响（世界气候研究计划，2009a；2009b）。GEWEX 还努力去观测和了解区域水文过程和水资源，以及它们对环境变化，如温室气体浓度增加和土地利用变化的响应。

GEWEX 的目标如下：①形成稳定的适合研究使用的数据集并附有完整的误差描述。数据集包括地球能量收支和水循环，以及其在年际和年代际时间尺度上的变率和变化趋势，以用于气候系统的分析和模式发展与验证；②加深理解能量和水循环过程对气候反馈的贡献，并定量确定影响的过程；③通过改善参数化过程使其在陆地区域提供更好的地域和季节水文过程的描述，增强对关键区域水分和能量循环变量的预测能力；④与业务水文气象服务及相关的“地球系统科学联盟计划”（ESSP）（如“全球水系统计划”和“水文学研究项目”）联合开展研究活动，以评估气候变率和变化对水资源的影响，全球能量和水循环试验数据集及工具的价值。

GEWEX 辐射计划数据集为 IPCC AR4 模式评估提供了关键的气候模式比较工具。常规的模式评估包括大气顶辐射收支、云量、气溶胶数量等，它们对评估气候模式对现今气候的模拟能力至关重要，在识别模式缺陷及模式改进方面也同等重要。诊断研究表明，陆面热通量、水气通量及土壤湿度与陆地对流和水分再循环呈较强的耦合。GEWEX 陆/气研究系统（GLASS）通过模式比较项目，如全球陆-气耦合研究（GLACE），着眼于改进气候模式中地面通量的描述，率先研究了陆-气耦合过程。

（二）欧洲中心 ECMWF 十年战略规划

近期 ECMWF 制订了 2011～2020 年十年战略规划，即建立集成预报系统（IFS），内容包括观测、资料同化、改进模拟等，指出改进大气与下垫面（陆地和海洋）耦合对月-季时间尺度预报至关重要。ISF 一个重点是发展陆面模拟和同化。该项任务包括：①发展一个高分辨陆面分析系统以利用高分辨的卫星数据；②将使预报系统中的陆面模式将比大气模式水平分辨率高；③土壤模型中将包含更多层次，能更好地描述土壤表面特性；④在植被模型中引入对碳收支的描述，以更好地描述大气中水、碳收支。

（三）美国

美国国家海洋气象局（NOAA）关注的科学是关于海洋、大气及相关生态系统结构和行为的系统研究，研究和分析的综合，观测和监测，环境模拟。其未来战略规划内容之一是改进对变化的气候系统及其影响的系统的科学理解，评估当前和未来气候系统的状态，识别其潜在的影响，为科学研究、社会服务和管理决策提供信息，强调应用。

重力重构和气候试验（Gravity Recovery and Climate Experiment，GRACE）卫星已有 8 年资料（Tapley et al.，2004），这是第一次观测到全球重力场的资料，

它前所未有地反映了质量的精确变化，使我们对全球水分循环，如积雪、土壤水分含量、蒸发和河流流量等有更好的理解。GRACE 资料已被成功用于评估和改进陆面模式，其与 MODIS 多传感器同化算法能得到比 MODIS 更精确的雪水当量资料（Su et al.，2008）。

三、国内陆气相互作用和青藏高原影响研究动态

科技部、中国科学院等资助了一系列与陆气相互作用和青藏高原影响的基础研究大型项目。中国科学院地球科学部《2011～2020 年中国学科发展战略研究报告》提出的六项“2011～2020 年我国地球科学的重大交叉领域”即包含两项：青藏高原的生长过程、动力学及其资源和环境效应，以及海-陆-气相互作用与季风-干旱-环境-生态系统动力学。国家自然科学基金委员会大气科学“十二五”优先领域指南中也明确有“亚洲季风区的海-陆-气相互作用及其对气候系统影响的机理”、“复杂非均匀下垫面与大气边界层的物质和能量交换”、“ 大气环流模式与地球系统其它分量模式的耦合”、“气候变化对生态、水文和冰雪圈等的影响”等内容。

（一）已开展的大型项目

中国科学院重要方向性项目“亚洲季风区海-陆-气相互作用对我国气候变化的影响”已经顺利完成，其成果主要有两项。

第一，实现了植被-大气相互作用模式（AVIM）的物理、生态过程与 IAP/LASG GOALS（L9R15）大气环流模式的双向耦合，并开展模拟研究，取得了国际前沿性的成果；与其他项目联合建立了陆-气相互作用观测站，即吉林通榆站和塔克拉玛干实验站，参与国际 CEOP 计划，开展观测试验；发展了新的冻土模型；改进了区域气候模式（RIEMS），实现了 RIEMS 和大尺度水文模型 LRM 的耦合，为利用气候模式研究水循环奠定了基础；分析了水分循环和我国干旱的时空特征，结合模式模拟研究得到了我国北方地区干旱化的大气环流异常、下垫面温湿特征及其形成机制；揭示了中国植被覆盖变化对区域气候的影响。

第二，得到青藏高原热状况及其影响东亚气候格局的物理机制的新见解，提出夏季副热带地区四叶型（LOSECOD）非绝热加热分布型及相应环流拼图的创新理论；发现了国际上热带测雨卫星 TRMMV 方案在反映高原降水分类中的

错误，并进行了改进；明确了位于欧亚大陆东部的青藏高原与大陆尺度的海陆热力差异在形成强大的亚洲季风中的作用；揭示了高原的动力和热力对东亚局地气候型形成和中高纬环流型的影响；建立起客观的基于高原积雪和海温的多时间尺度的我国夏季降水预报模型；发现春季青藏高原热状况及 ENSO 影响亚洲季风爆发的机制，提出季风爆发新的着眼点，并进行了季风爆发的预报试验（刘屹岷和钱正安，2005）。

中国科学院项目群“圈层相互作用与亚洲季风的年际和年代际变化”中“青藏高原和亚印太热力异常对亚洲季风年际、年代际变化的影响”刚刚结束，其研究内容主要有三项。①开展青藏高原地面与大气热量和水分交换的观测试验，以及遥感与边界层观测，并为数值模拟提供下边界条件和参数；通过同化方法和陆面过程模拟，得到长时间序列的青藏高原土壤湿度、边界层特征和陆气相互作用通量资料，以研究高原陆气相互作用年际和年代际特征。②基于全球气候系统模式和高分辨率的区域气候模式的嵌套系统，研究全球尺度的气候变化、气候变率的局地影响及其反馈特征，进而揭示青藏高原下垫面复杂的物理过程对亚印太地区的海陆气相互作用的影响。③利用理论研究、动力诊断和模式模拟的综合方法探讨青藏高原和亚洲大陆、太平洋、印度洋热力差异对亚洲季风季节演变，以及其年际和年代际变化的影响。

“973”计划在不同主题项目中分别开展不同空间区域、不同时间尺度和陆气相互作用中不同具体科学问题的研究计划。“北方干旱化与人类适应”涉及干旱/半干旱区大气过程、地表过程及其与人类活动的相互作用；“亚印太交汇区海气相互作用及其对我国短期气候的影响”已认识到海陆热力差异对海气相互作用的调控，阐明青藏高原-印度洋热力差异背景下的海气相互作用过程对亚洲季风的影响；“全球变暖背景下东亚能量和水分循环变异及其对我国极端气候的影响”分析全球变暖背景下我国西北和中亚干旱区感热的时空变化特征及其对我国春夏降水的影响；“亚洲区域海陆气相互作用机理及其在全球变化中的作用”开展东亚区域陆气耦合强度的时空分布特征及其对我国夏季降水、气温异常潜在可预报性的影响研究；“我国东部大规模城市化的气候效应及对策研究”开展城市化对我国东部地表物理特性和陆面过程的影响。

以全球气候变化为主要内容的全球变化问题日益突出，成为人类可持续发展最严峻的挑战之一。全球变化研究国家重大科学研究计划项目将对重大科学问题或攸关国家社会经济、资源环境、能源、外交等重大利益开展集成研究。其中涉及陆气相互作用的项目有以下几项。

（1）亚洲区域海陆气相互作用机理及其在全球变化中的作用。项目将从全球视野出发，以导致全球气候变化的重要因素—海陆气三者相互作用的整体为切入点，聚焦关键区——亚洲区域，以其中的印太暖池和青藏高原为基本点，开展亚洲区域海陆气相互作用机制及其在全球变化中的作用的研究，系统揭示以印太暖池和青藏高原为主体的亚洲区域海陆气相互作用的时空特征、年代际变化 规律及其机制，阐明上述海陆气相互作用的年代际异常对全球尺度的气温和旱涝异常影响的过程和机制，完善其影响东亚季风、旱涝的理论框架，从海陆气相互作用的角度解释现有模式对气候变化模拟的不确定性，揭示亚洲区域海陆气相互作用对全球变化及东亚季风影响的可预报性，提出年代际背景下相应的东亚季风年际预测理论和方法。

（2）大尺度土地利用变化对全球气候的影响。项目开展典型区、重要对比国和全球三个尺度上的土地利用变化（LUCC）动力学模拟，揭示 LUCC 时空过程基本规律、驱动机制与区域差异；研究人类重大土地利用活动对生态系统碳过程、地表水热过程等与气候变化密切相关的生态过程的影响机制，发展耦合 LUCC 过程的生态系统机制模型；研究典型区域 LUCC 的气候效应机制，基于全球和区域气候模式，构建 LUCC 气候效应的模拟系统，模拟、评估和预测大尺度 LUCC 对生态系统和气候变化的影响。通过研究青藏高原地气相互作用过程、高原水循环对气候变化的响应、高原气候系统对东亚区域气候的影响，以及高原表生系统对气候变化的响应与区域适应过程，揭示全球变化背景下青藏高原气候系统变化规律及其对东亚区域的影响机制，并提出青藏高原风险管理、生态建设与环境保护等应对区域气候变化影响的适应对策和措施。

（3）青藏高原气候系统变化及其对东亚区域的影响与机制研究。项目的科学目标是研究青藏高原地气相互作用过程，阐明全球变化背景下青藏高原区域各圈层间能量与水分交换过程对东亚气候变化的影响途径和机制，为减弱与预防由大气环流异常所导致的气候灾害提供理论依据；揭示青藏高原地表各圈层，特别是冰冻圈与水圈对全球变化的响应过程与机制，评估未来气候变化对青藏高原及周边地区水资源和环境的影响；阐明气候变化对高原表生系统影响的区域分异特征，揭示气候变化影响高原表生格局变化与过程突变的阈值，提出应对气候变化的青藏高原地区风险管理、生态建设与环境保护等方面的适应对策和措施；建立青藏高原及其周边地区“水-冰-气-生”网络综合观测平台。

（4）全球典型干旱半干旱地区年代尺度气候变化机理及其影响研究。项目的主要研究内容包括全球典型干旱半干旱地区年代尺度干旱的特征、时空关联与动力学机制，海气、陆气相互作用在年代尺度干旱形成中的各自贡献，年代尺度干旱的评估、预估和对生态系统和水资源系统的影响。

（5）湖泊与湿地生态系统对全球变化的响应及生态恢复对策研究。项目主要针对湖泊与湿地生态系统普遍退化引发的重大生态与环境问题，以我国不同区域湖泊与湿地生态系统为研究对象，深刻认识气候变化-人类活动-生态系统相互作用的过程与机制，解决全球变化影响生态系统演化的关键科学问题。

（二）近期相关陆气相互作用和青藏高原气候动力学研究进展

基于多个大型项目的支持，我们在基本观测资料获取分析、海陆气相互作用物理过程及其对亚洲季风的影响、新一代气候系统模式研制等方面取得了一批重要的原创性或创新性的成果。

（1）建立了一些包括在青藏高原上的陆气相互作用观测站、积累了重要的相关观测数据并参与国际合作。在青藏高原陆面过程的观测、同化和诊断研究方面，已有（10 个）和规划（21 个）的青藏高原观测站分布见图 1。搜集并整理了藏北高原 3 个自动气象站和 5 个大气边界层塔站连续 3 年（2008 年 10 月～2011 年 10 月）的气象观测资料，完善了藏北高原地气相互作用数据库；利用观测资

图 1　青藏高原 21 个综合观测研究站分布

资料来源：引自马耀明等，2006

料和卫星遥感资料分析了青藏高原地区能量和水分循环过程；基于台站资料，用微气象学方法和陆面过程模式分析近 50 年的土壤水分和地表能量分配的变化；通过同化卫星观测的降水、辐射、植被信息及微波数据等，分析近十年的土壤水分和地表能量分配规律。戴永久等通过考察研究建立了中国土壤特征数据集。

(2) 冬春季节海陆气相互作用和青藏高原影响研究。在冬季，青藏高原上空受西风急流控制，高原的作用以动力为主。高原冬季非绝热加热的异常是大尺度环流异常与高原动力强迫作用的结果，同时也严重影响了西太副高和我国南方降水（宇婧婧，2011a；2011b），如 2008 年 1 月中国南方发生的冰雪天气（Bao et al.，2010；李来芳等，2011）。冬半年青藏高原所强迫的准定常偶极型环流在中高纬度使中亚内陆气温上升，东亚地区气温下降（王同美，2008）；在低纬度加剧南亚干季的干旱，使中南半岛多阴雨天气。该准定常偶极型环流在春季华南春雨的形成中也起着十分重要的作用（Wu et al.，2007）。

季风爆发的原因一直是非常重要的科学问题。最近，任雪娟和钱永甫(2002)、徐海明等（2001）分别模拟了中南半岛、印度半岛与周围海洋之间的局地热力差异对南海、印度夏季风的影响。他们的数值试验均表明，中南半岛和印度半岛在早春的强陆面感热加热对南海和印度夏季风环流的建立和爆发非常重要。春季青藏高原的热状况对亚洲季风的爆发时间和爆发地点有重要影响(Wu and Zhang，1998)。春季孟加拉湾南部通常有涡旋发展，对流层中低层副热带高压断裂，继而亚洲季风爆发。Wu 等（2011；2012a）研究表明副高断裂和孟加拉湾季风爆发涡旋产生是青藏高原和南亚海陆热力对比共同调控的海气相互作用的结果。结果进一步加深了对亚洲夏季风爆发进程的认识。

(3) 海陆热力对比和大地型热力驱动下的夏季风。亚洲-青藏高原区域复杂大地形通过其热力和动力作用对高原及邻近地区乃至全球的环流系统和气候产生显著影响（Yanai and Wu，2006；Xu et al.，2008a，2008b，2010）。以青藏高原的机械和热力强迫作用为核心的青藏高原气象学已成为重要的气候研究领域之一。钱永甫等（1998）、钱云和钱永甫（1996）利用有限区域模式研究了高原地形对东亚季风环流的影响，强调了海陆热力作用，认为高原的作用是第二位的。陈晶华和陈隆勋（1991）认为亚洲南部较小尺度的海陆分布同样影响夏季季风形成过程，亚洲南部海域的西部出现的 3 个强风中心，主要是由亚洲南部较小尺度海陆分布加热差异造成的，它们出现后才诱发南半球越赤道气流。亚洲季风变化可以由本区物理状况变动而产生变化，不一定完全由南半球环流变化所决定。

吴国雄等（吴国雄等，1997；Wu et al.，2007）经过多年的研究，利用 $PV-\theta$ 观点，提出了“青藏高原感热气泵”的概念，指出了青藏高原侧边界的加热在影响亚洲季风环流中的关键作用。他们的研究还表明是青藏高原和海陆分布等不同尺度强迫的共同作用才导致副热带“季风-沙漠”共同发生（*Wu et al.*，2009）；阐明亚洲夏季风是由热力强迫形成的，揭示青藏高原强迫导致对流层低层与高层环流，以及热带与副热带季风环流的耦合增强（Wu et al.，2012b，（图 2）。

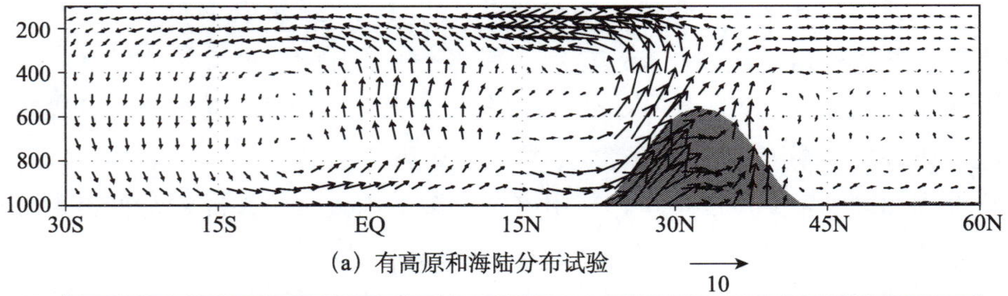

（a）有高原和海陆分布试验

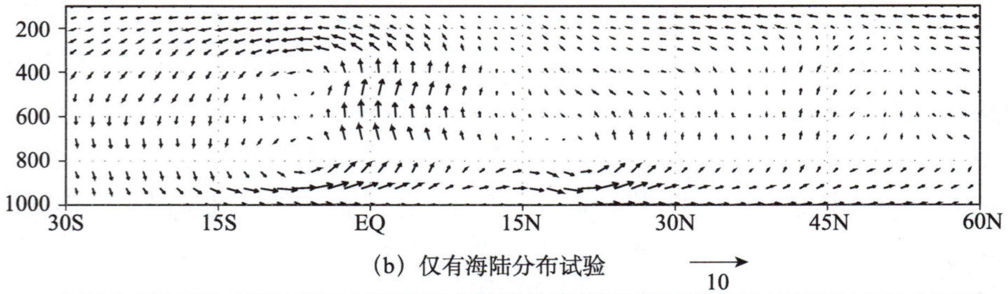

（b）仅有海陆分布试验

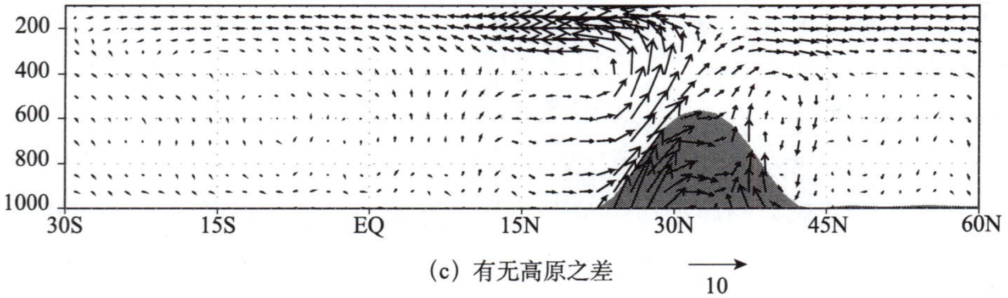

（c）有无高原之差

图 2　模拟的 90E—120E 平均的经向环流

资料来源：引自 Wu et al.，2012b

最近 Boos 和 Kuang（2010）提出了不同的观点。他们利用数值试验首先保留全球地形进行积分，然后去除青藏高原的主体而只保留其南部狭长的喜马拉雅山脉和伊朗高原，由此模拟得到的南亚夏季风彼此相似。他们从而得出结论，对于南亚季风的形成来说青藏高原的热力作用并不重要，重要的是喜马拉雅山脉对高纬度冷空气的隔绝作用，其使印度上空的对流得以发展。这个观点接着还被用来解释古季风的形成。但是在他们的试验设计中喜马拉雅山脉和伊朗高原的感热加热仍然保留着，因此其试验结果其实是保留了青藏高原南坡的侧边界加热的影响，因此其结论是存在问题的。吴国雄等类似的试验表明（Wu et al.，2012c），一旦感热加热从喜马拉雅山脉和伊朗高原表面剥离，印度夏季风的北支就会消失；他们还指出，整个亚洲夏季风是受海陆分布和大地形的热力作用所调控的：南亚夏季风的南支主要受海陆分布影响；南亚夏季风的北支受亚洲大地形的热力作用影响；而东亚季风则受到海陆分布和亚洲大地形热力作用的共同影响（图 3）。

图 3 受热力强迫控制下的亚洲夏季风示意图

资料来源：引自 Wu et al.，2012c

（4）青藏高原热力强迫变化对季风环流的影响。竺夏英等（2012）比较了诸多的感热再分析资料在青藏高原上的分布，结果发现这些资料的空间分布之间存在很大的差异，不过在青藏高原地区的区域平均的感热加热的时间变化彼此相似，可用于进行年际变化的相关分析。

高原 197 个台站地面气温长期变化趋势的分析表明，自 20 世纪 50 年代以来，高原主体部分发生了显著的气候变暖，其增暖幅度明显超过北半球平均状况和同纬度其他地区，因而高原被认为是对全球变化响应最显著的地区之一，甚至有学者认为青藏高原是全球气候变化的驱动机与放大器（Liu and Chen，2000）。夏季青藏高原的热状况不仅影响南亚季风降水的年际变化（Wang，2006），也影响着东亚季风降水的年际变化（Chang，2004）。

最近的研究表明（Duan and Wu，2008），青藏高原的热状况呈现明显的年代际变化和趋势变化，这种变化与全球气候变化有关（Duan et al.，2006），也影响着亚洲季风的年际变化和趋势变化。Liu 等（2012）在确认青藏高原的热力强迫近几十年存在减弱趋势的基础上，证明这些变化导致青藏高原近地面气旋环流和副热带西北太平洋反气旋环流减弱（图 4），是形成独特的“南湿北干”东亚季风降水异常分布的一个重要原因。因为青藏高原的热力强迫减弱趋势与全球变暖相联系，上述结果为全球变暖背景下亚洲区域气候的预估提供有效的方法。

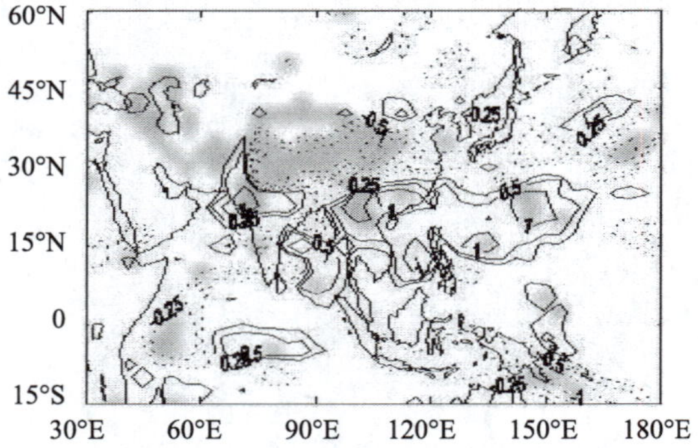

图 4　高原感热加热减弱时模式降水响应

资料来源：引自 Liu et al.，2012

四、存在的主要问题

（1）定量理解陆气相互作用中的反馈过程并确定其分别与自然变率之间和

人类活动的联系。

（2）典型下垫面能量和水分循环的时空特征及其对中国气候（平均值和极值）的影响。

（3）短期天气预报主要依赖于模式的初始条件，而中期和长期的延伸预报的物理基础为陆面的耦合过程、土壤湿度的反馈作用和包括海洋的其他表面-大气耦合过程，以及能否预测从季节到年际尺度上的气候变率。

（4）人类活动对青藏高原陆面、生态存在怎样的影响。

五、今后重点发展的研究领域和应对措施

（1）综合观测平台建设：典型下垫面持续观测，对已有观测资料的整理、集成和质量控制，及对国内外开放使用；观测青藏高原表面上积雪和冰川由全球变暖和黑炭气溶胶等造成的表面辐射，以及能量平衡和水分平衡的变化。

（2）遥感反演：针对中国下垫面分布状况的遥感反演，与场地试验结果之间的验证和校准。

（3）基于场地观测和卫星反演改进陆面过程和边界层过程参数化方案，改进陆面过程中包括的多种下垫面分布的参数化——动态植被，冻土，湿地，湖泊，城市等。

（4）促进观测和模拟的协调配合、加快场地观测资料应用于提高气候系统模式中陆气相互作用的模拟能力，特别是提高对青藏高原和欧亚大陆地区冬、春季积雪的模拟能力，得到该地区较好的土壤湿度的季节-年际尺度的变化。

（5）基于资料和气候系统模式去定量理解陆气相互作用、过程反馈及其对气候变异和变化的影响机制，研究包括青藏高原的欧亚大陆陆面过程对全球变暖的响应及影响，以减少气候模拟和气候变率与变化预测中的不确定性。

（6）尽快加强超级计算机中心建设以适应快速增加的高分辨地球系统模式发展的需求。

参 考 文 献

陈晶华，陈隆勋．1991. 亚洲南部的海陆分布对亚洲夏季风形成的作用．应用气象学报，2（4）：355-361.

李来芳，刘屹岷，卜昌郁 . 2011. 热源异常对 2008 年初中国南方低温雨雪天气的影响 . 气候与环境研究，16（2）：126-136.

刘屹岷，钱正安 . 2005. 海一陆热力差异对我国气候变化的影响 . 北京：气象出版社 .

马耀明，姚檀栋，王介民 . 2006. 青藏高原能量和水循环试验研究——GAME/Tibet 与 CAMP/Tibet 研究进展 . 高原气象，25（2）：344 - 351.

钱永甫，颜宏，王谦谦，等 . 1988. 行星大气中地形效应的数值研究 . 北京：科学出版社 .

钱云，钱永甫 . 1996. 青藏高原隆升影响夏季大气环流的敏感性试验 . 气象学报，54（4）：474-483.

任雪娟，钱永甫 . 2002. 局地海陆热力对比对南海夏季风爆发影响的数值试验 . 热带气象学报，18（4）：327-334.

世界气候研究计划 . 2009a. 世界气候研究计划成就 . 李建平，刘屹岷，林征译 . 北京：气象出版社 .

世界气候研究计划 . 2009b. 世界气候研究计划 2010—2015 年执行计划 . 刘屹岷，李建平，林征，等译 . 北京：气象出版社 .

世界气象组织 . 2005. 世界气候研究计划 2005—2015 年战略框架 . 李建平，刘屹岷，周天军，等译 . 北京：气象出版社 .

王澄海，师锐，左洪超 . 2008. 青藏高原西部冻融期陆面过程的模拟分析 . 高原气象，27（2）：239-248.

王同美，吴国雄，万日金 . 2008. 青藏高原的热力和动力作用对亚洲季风去环流的影响 . 高原气象，27：1-9.

王同美，吴国雄，万日金 . 2008. 青藏高原的热力和动力作用对亚洲季风去环流的影响 . 高原气象，27：1-9.

吴国雄，李伟平，郭华等 . 1997. 青藏高原感热气泵和亚洲夏季风//叶笃正 . 赵九章记念文集 . 北京：科学出版社 .

吴国雄，刘屹岷，宇婧婧，等 . 2008. 海陆分布对海气相互作用的调控和副热带高压的形成，大气科学，32（4）：720-740.

徐海明，何金海，董敏 . 2001. 印度半岛对亚洲夏季风进程影响的数值研究 . 热带气象学报，17（2）：117-124.

叶笃正，高由禧 . 1979. 青藏高原气象学 . 北京：科学出版社 .

宇婧婧，刘屹岷，吴国雄 . 2011a. 冬季青藏高原上空热状况的分析—I 气候平均 . 气象学报，69（1）：79-88.

宇婧婧，刘屹岷，吴国雄 . 2011b. 冬季青藏高原上空热状况的分析—II 年际变化 . 气象学报，69（1）：89-98.

郑永俊 . 2012. 青藏高原低涡的发展与大地形对季风的影响 . 中国科学院大气物理研究所博士论文 .

Bao Q，Yang J，Liu Y M，et al. 2010. Roles of anomalous Tibetan Plateau warming on the severe 2008 winter storm in Central-Southern China. Mon Wea Rev, 138: 2375-2384.

Boos W R, Kuang Z M. 2010. Dominant control of the South Asian monsoon by logographic insulation versus plateau heating. Nature, 463: 218-223.

Dai A, Trenberth K E. 2004. The diurnal cycle and its depictionin the Community Climate System Model. J Climate, 17: 930-951.

Duan A, Wu G. 2008. Weakening Trend in the Atmospheric Heat Source over the Tibetan Plateau during Recent Decades. Part I: Observations. J Climate, 21: 3149-3164.

Duan A M, Wu GX, Zhang Q, et al. 2006. New Proofs of the recent climate warming over the Tibetan Plateau as a result of the increasing greenhouse gases emissions. Chines Sci Bulletin, 51 (11): 1396-1400.

Liu K N, Zhou X L. 1987. Atmospheric Radiation: Progress and Prospects, Proceedings of the Beijing International Radiation Symposium—Beijing, China, August 26-30. 1986. Beijing: Science Press.

Liu X D, Chen B. 2000. Climatic warming in the Tibetan Plateau during recent decades. International Journal of Climatology, 20: 1729-1742.

Liu Y M, Wu G X, Hong J L, et al. 2012. Revisiting Asian Monsoon Formation and Change Associated with Tibetan Plateau Forcing: II. Change. Climate Dynamics, doi: 10.1007/s00382-012-1335-y.

Queney P. 1948. The problem of air flow over mountains: A summary of theoretical studies. Bull Amer Meteor Soc, 29: 16-29.

Smith E A, Shi L. 1992. Surface forcing of the infrared cooling profile over the Tibetan Plateau. Part I: Influence of relative long wave radioactive hearing at high altitude. J Atmos Sci, 49: 805-822.

Su H, Yang Z L, Niu G Y, et al. 2008. Enhancing the estimation of continental-scale snow water equivalent by assimilating MODIS snow cover with the ensemble Kalman filter, JGR, 113: D08120.

Tapley B D, Bettadpur S, Ries J, et al. 2004. GRACE Measurements of mass variability in the Earth system. Science, 305: 503-505.

Wang B. 2006. The Asian Monsoon. Berlin: Springer /Praxis Publishing Co.

Wang B, Qing B, Hoskins B, et al. 2008. Tibetan Plateau warming and precipitation changes in East Asia. Geophys Res Lett, 35: L14702.

Wu G X, Guan Y, Wang T M, et al. 2011. Vortex genesis over the Bay of Bengal in spring and its role in the onset of the Asian Summer Monsoon. Sci China Earth Sci, 54: 1-9.

Wu G X , Liu Y, Zhuo X, et al. 2009. Multi-scale forcing and the formation of subtropical desert and monsoon. Ann Geophys, 27: 3631-3644, 2009.

Wu G X, Liu Y M, Dong B W, et al. 2012b. Revisiting Asian Monsoon Formation and

Change Associated with Tibetan Plateau Forcing：I. Formation. Climate Dynamics，doi：10. 1007/s00382-012-1334-z.

Wu G X，Zhang Y S. 1998. Tibetan Plateau Forcing and monsoon onset in South Asia and Southern China Sea. Mon Wea Rev，126（4）：913-927.

Wu G X，Zhang Y S，1998. Tibetan Plateau Forcing and monsoon onset in South Asia and Southern China Sea. Mon Wea Rev，1998，126（4）：913-927.

Wu G X，Liu Y M，He B，et al. 2012c. Thermal Controls on theAsian Summer Monsoon. Nature Sci Rep，2：404.

Wu G X，Liu Y M，Wang T M，et al. 2007. The Influence of Mechanical and Thermal Forcing by the Tibetan Plateau on Asian Climate. J Hydro Meteor Spec Sect，8：770-789.

Wu G X，Guan Y，Liu Y M，et al. 2012a. Air-sea interaction and formation of the Asian summer monsoon onset vortex over the Bay of Bengal. Climate Dynamics，doi：10. 1007/s00382-010-0978-9.

Xu X D，Shi X Y，Wang Y Q，et al. 2008b. Data analysis and numerical simulation of moisture source and transport associated with summer precipitation in the Yangtze River Valley over China. Meteorol Atmos Phys，100：217-231.

Xu X D，Lu C. 2010. Plateau-monsoon water vapor transport for Meiyu rainfall//Haider M，Müller T. Advances in Environmental Research. Volume 2. New york：Nova Science Publishers：265-288.

Xu X D，Lu C，Shi X U，et al. 2008a. World water tower：An atmospheric perspective. Geophysical Research Letters，35：1-5.

Ya N，Wu G X. 2006. Effects of the Tibetan Plateau//Wang B. The Asian Monsoon. Berlin：Springer：513-549.

Zhu X Y，Liu Y M，Wu G X. 2012. An assessment of summer sensible heat flux on the Tibetan Plateau from eight data sets. Sci China Earth Sci，55（5）：779-786.

海洋热力异常对中国气候的影响*

中国气候在很大程度上受东亚季风的影响，季风主要是海陆热力差异随季节的变化形成的。在北半球冬季，大陆为冷源、海洋为热源，而夏季海陆之间的热力差异正好与冬季相反，大陆为热源，海洋为冷源，这种海陆热力差异的季节变化是季风产生的重要原因。因此，海洋热力状况的异常必然会通过影响海陆差异进而对季风产生影响。另外，相对于大气，海洋的质量和比热很大，海洋巨大的热惯性对大气的变化起着缓冲器和调节器的作用，对中国气候的年际和年代际变异具有重要的作用。在冬季，东亚冬季风将高纬干冷空气带向中国区域，造成中国的冷干气候。而在夏季，东亚夏季风向中国输送来自海洋上的暖湿空气，带来大量的水汽，对中国夏季降水的形成具有重要的作用。因此，海洋热状况不仅可以影响到东亚季风的强弱，以及中国气候的年际和年代际异常，也可以通过影响季风气流，对水汽输送产生影响，进而影响到中国的降水，造成旱涝等气候灾害。本文将在对近年来太平洋、印度洋和大西洋热力状况变异对中国气候影响的研究进行回顾的基础上，指出需要进一步研究的科学问题。

一、不同大洋海温异常对中国气候的影响

（一）厄尔尼诺/南方涛动

发生在热带太平洋的厄尔尼诺（El Niño）是年际时间尺度上气候变异的最

* 张人禾，中国气象科学研究院；杨修群，南京大学大气科学学院；陆日宇、周天军、陈文、黄刚，中国科学院大气物理研究所

强信号，由于它与发生在大气中的南方涛动（southern oscillation）现象存在着内在的联系，将二者统称为 ENSO（El Niño-southern oscillation），El Niño 可认为是 ENSO 的暖位相，冷位相称为拉尼娜（La Niña）。

ENSO 可通过影响菲律宾附近的对流活动激发出亚洲-太平洋（EAP）波列，导致副热带高压（简称副高）的异常，进而影响中国降水（Huang and Wu，1989）。ENSO 的不同阶段对我国降水的影响有截然不同的特征，在 El Niño发展年的夏季，副高南移，华南和华北少雨，而长江和淮河流域多雨；而在 El Niño 衰减年夏季的情况正好相反，副高北移，长江和淮河流域少雨，而华南和华北多雨。与 ENSO 相联系的西北太平洋反气旋异常是 ENSO 影响东亚和中国气候的重要途径（Zhang et al.，1996）。在 El Niño 成熟阶段，热带西北太平洋海温偏冷，对流加热减弱，因此大气对减弱的对流活动的 Rossby 波响应导致了热带西北太平洋出现异常反气旋环流，与异常反气旋环流相联系的东亚沿岸西南风增强，不仅对中国夏季气候产生影响，也使得东亚冬季风减弱（Zhang et al.，1996）。在 El Niño 的成熟位相，夏季我国华北降水具有显著的负异常，而秋、冬、春三季由于异常反气旋环流的影响，华南降水显著偏多（Zhang et al.，1999）。秋、冬、春三季华南降水的显著正异常是因为西北太平洋反气旋导致副高增强西深，在我国东南沿岸出现西南风异常有利于水汽向华南的输送，导致华南降水增多（Zhang and Sumi，2002）。Zhou 和 Wu（2010）的研究结果进一步证实了 ENSO 对中国冬季降水的影响主要局限于华南区域，而中国东部冬季降水主要受东亚冬季风的影响。同时，西北太平洋局地海气相互作用可以使 El Niño 成熟期出现的反气旋异常持续至夏季，对东亚夏季气候产生影响（Wang et al.，2000）。

El Niño 所对应的海面温度（SST）异常在纬向具有不同空间分布形态（Fu et al.，1986）。对逐月的热带太平洋海面温度异常进行标准的 EOF 分解，其中第一模态表现为东部型 El Niño，而第二模态表现为中部型 El Niño（Ashok et al.，2007）。近年来的研究主要集中在不同空间分布形态的 El Niño 对中国气候的影响。中部型 El Niño 对 EAP 波列或 PJ 型遥相关（Nitta，1987），以及西北太平洋反气旋异常有不同的影响，进而对我国气候产生与如前所述的典型 El Niño 不同的影响。在夏季，中部型 El Niño 激发出的 PJ 型遥相关，使得东亚夏季风偏弱，中国东南南沿岸附近降水增多，长江流域降水减少（Weng et al.，2007）；在冬季，中部型 El Niño 所对应的西北太平洋反气旋异常的强度和范围明显变小，典型 El Niño 时华南降水增多的现象消失（Feng et al.，2010）；与典型 El Niño 期间我国华南春季降水增多（Zhang et al.，

1999；Zhang and Sumi，2002）正好相反，中部型 El Niño 对应着华南降水减少（Feng and Li，2011）。中部型 El Niño 对中国气候的影响也与其发展阶段有关，在中部型 El Niño 衰减年的夏季，西北太平洋反气旋异常强度更强、位置更偏北，导致黄淮流域降水偏多，华南降水偏少；在中部型 El Niño 衰减年的春季，由于西北太平洋反气旋异常变弱，中国没有显著的异常降水出现（Feng et al.，2011）。

（二）太平洋年代际振荡

太平洋年代际振荡（PDO）指数为北太平洋 20°N 以北 SST 异常 EOF 第一模态的时间系数，是一种年代到年代际时间尺度上的气候变异强信号（Mantua et al.，1997），主要存在准 20 年和准 50 年两个振荡模态（Zhu and Yang，2003）。在 PDO 暖位相期的冬季，由于冬季蒙古高压异常偏高，东亚冬季风偏强，中国大部分地区降水偏少，其中东北、华北、江淮及长江流域大部分地区降水显著异常偏少；东北、华北和西北地区的气温都异常显著偏高，而西南地区和华南地区的气温却偏低，中国冬季气温“北暖南冷”型年代际变化与 PDO 引起的东亚地区大气环流异常有很大关系。

在 PDO 暖位相期的夏季，华北地区降水异常偏少而长江中下游地区和华南南部地区降水却异常偏多，形成了类似于“北旱南涝”的降水异常分布型（杨修群等，2005）。二十几年来，华北地区降水偏少，呈现出干旱化趋势及转折性变化，与 PDO 有很好的对应关系（马柱国和邵丽娟，2006；马柱国，2007）。夏季东北、华北、东南和华南沿海地区的气温都明显异常偏高，而西北、西南和长江中下游地区的气温异常偏低，其中以西南地区气温偏低最显著（朱益民和杨修群，2003）。

（三）太平洋年代际振荡对 ENSO 影响中国气候变异的调制作用

ENSO 事件对中国气候的影响受到 PDO 的调制作用。在过去近 50 年里，华北地区夏季降水距平与同年冬季 Niño3 指数之间显著负相关，表明处于发展阶段的 ENSO 事件造成华北夏季降水偏少这一关系比较稳定。华南、东北地区的相关关系则具有年代际变化的特征，在 20 世纪 70 年代中期以前（即 PDO 冷位相期）为负相关，而 20 世纪 70 年代中期以后（即 PDO 暖位相期）变为正相关，发生转换的时间为 1976～1977 年（即 PDO 冷暖位相转换时期）。江淮地区在 20 世纪 70 年代中期之前显著正相关，但从 20 世纪 70 年代中期以后就不再显著，甚至还有变为负相关的趋势，这表明 ENSO 事件发展阶段江淮流域夏季降水偏多的现象在 PDO 暖位相期变得不再显著（朱益民等，2007）。在 PDO 冷位相期，处于发展阶段的 ENSO 事件对中国夏季气温的影响主要表现为东北地区明显异常偏冷，20 世纪 80 年代以前在 ENSO 事件发展阶段东北地区已多次出现夏季低温冷害；在 PDO 暖位相期，ENSO 处于发展阶段时，东北、华北地区却异常偏暖，这与该地区降水异常偏少相一致；在华南地区气温却异常偏冷，这与华南降水异常增多相对应（朱益民和杨修群，2003）。

在 PDO 冷位相期，处于衰减阶段的 ENSO 事件对中国夏季降水影响主要表现为长江流域降水偏多，其中以长江中游地区最为显著，江淮地区降水则明显偏少，华北地区有偏多的趋势；而在 PDO 暖位相期，ENSO 处于衰减阶段时长江流域大部分地区降水明显异常偏多，特别是 20 世纪 80 年代后期以来，在 El Niño 事件衰减阶段的夏季，中国长江流域往往容易发生全流域、大范围的洪涝灾害（尤其以 1998 年夏季最为严重）；江淮地区由 PDO 冷位相期时降水偏少转变为 PDO 暖位相期降水偏多，而华北地区则由降水偏多转变为降水偏少（朱益民和杨修群，2003）。中国夏季降水距平与前一年冬季 Niño3 指数之间的滑动相关系数表明，长江流域一直存在很好的正相关，表明处于衰减阶段的 ENSO 事件往往造成长江流域夏季降水偏多，并且这一关系比较稳定；华北地区在 20 世纪 70 年代中期以前具有显著的正相关性，但在 20 世纪 70 年代末以后转变为显著负相关；江淮地区则在 20 世纪 70 年代中期以前为稳定负相关，而 20 世纪 70 年代中期以后负相关性变弱并且逐渐向正相关变化，表明江淮地区夏季降水偏少的现象有逐渐偏多的倾向（朱益民等，2007）。在 PDO 冷位相期，处于衰减阶段的 ENSO 事件对中国夏季气温的影响除了东北东部地区显著偏暖以外，总体上不明显；而在 PDO 暖位相期，ENSO 事件处于衰减阶段时，云贵高原和华南地区变得显著异常偏暖，东北东部原来的偏暖现象也变得不明显了（朱益民和杨修群，2003）。

ENSO 对东亚冬季气候的影响也依赖于 PDO 的位相。分别对 850 百帕温度场和中国 160 站的地面温度按 PDO 正、负位相中的 El Niño 和 La Niña 做合成，在 PDO 正位相，尽管合成的温度场在东亚地区表现出正异常，但在绝大多数地区没有通过 90%的信度检验，但 PDO 负位相 El Niño 年和 La Niña 年的合成温度场的差值则具有更大的强度和很高的显著性；这种差异在 ERA40 再分析资料和中国台站资料中表现出高度的一致，说明 ENSO 与东亚冬季气候的关系受到 PDO 位相的影响，只在 PDO 负位相时才显著成立（Wang et al.，

2008)。由于 1976 年以来 PDO 基本都处于正位相，所以近年来 ENSO 对东亚冬季气候的影响较 1976 年以前有明显的减弱。ENSO 对东亚地区的影响主要是通过引起对流层底层菲律宾海以东的反气旋（Zhang et al.，1996；Wang et al.，2000）及东亚沿岸的异常南风（Zhang et al.，1996）来实现的，菲律宾海反气旋在 PDO 不同位相时的强度、位置及显著性的差异是造成 ENSO 和东亚冬季气候关系发生变化的直接原因（Wang et al.，2008)。

（四）西北太平洋海温

对西北太平洋夏季海面温度（SST）进行经验正交函数（EOF）分解，第一主分量（EOF1）所占的方差贡献为 30.5%，表现出全区异常一致的海面温度分布，其间系数具有明显的年代际变化；年代际转变发生在 20 世纪 80 年代末，在此之前，西北太平洋海面温度偏冷，主要表现为负距平；其后西北太平洋海面温度偏暖，表现出明显的正距平（武炳义和张人禾，2007)。由 Wang 等（2001）定义的西北太平洋-东亚夏季风指数的 7 年滑动平均值及 Wu 等（2008a）得到的东亚夏季风第一模态复主分量实部的 7 年滑动平均值可以清楚地看出，这两个季风指数都表现出明显的年代际变化特征，并且两者的变化具有非常好的一致性。从 20 世纪 70 年代中期至 80 年代末期，夏季风指数为高值期；在 90 年代，夏季风指数为低值期，两个夏季风指数从高值向低值的转折都发生在 80 年代末；由此可看出，东亚夏季风在 80 年代末出现了一次从强夏季风向弱夏季风转变的年代际转型（张人禾等，2008)。

1990～2001 年与 1975～1989 年两个时段，中国夏季（6～8 月）平均降水的差值分布表明，中国东部 30°N 以南地区降水明显增多。西北太平洋夏季海面温度 EOF1 的时间系数与中国夏季降水的相关系数，与中国 20 世纪 80 年代末之前与之后的夏季降水差值在中国东部有很相近的分布特征，说明西北太平洋夏季海面温度在 20 世纪 80 年代末之后的升高与中国夏季气候在 20 世纪 80 年代末的年代际转型有着非常密切的联系（张人禾等，2008)。中国夏季降水 EOF 分解的第二主模态（EOF2，方差贡献率为 11.6%）表现为长江以南与江淮流域和华北的反向分布，在 20 世纪 80 年代末出现了明显的转型，即长江以南降水增多（Han and Zhang，2009)；与 EOF2 时间系数相关联的 500 百帕位势高度场表现为 EAP 型遥相关型（Huang and Sun，1992)，即东亚沿岸中纬度为负相关区，在高纬和低纬分别为正相关区；同样利用 EOF2 的时间系数与海面温度求相关，在南海和西北太平洋为显著的正相关；此区域海温时间序列呈现出明显的增加趋势，它与 500 百帕高度的相关场同中国夏季降水 EOF2 时间系数与 500 百帕位势高度场的相关场几乎一致，说明了西北太平洋夏季海温的升高能够在大气中激发出 EAP 型遥相关型，对东亚环流和降水产生影响（Han and Zhang，2009）。数值试验亦证实西北太平洋海温对副高活动变化的影响（Wu and Zhou，2008）。

（五）北大西洋海温

大西洋海温具有明显的长时间周期变化特征，这是因为在大西洋热盐环流（THC）十分明显。热盐环流是海洋中主要的运动形式之一，是由于海洋受热冷却和蒸发降水不均产生温度和盐度的变化，并导致海水密度分布不均匀，从而形成的由密度梯度驱动的深层洋流。它通过强烈的跨赤道经向热输送对气候系统产生重要影响。

在几百年到千年时间尺度上，热盐环流可以发生剧烈的变化，导致大西洋海温的变化强度也相当大，进而引起全球大范围的气候发生变化。热盐环流的变化可能可以解释北大西洋气候变化和亚洲季风变化之间的联系（Lu and Dong，2008）。通过在海气耦合模式中往北大西洋注入淡水的方式，可以使北大西洋热盐环流大为减弱。大西洋海温发生强烈的变化，北大西洋海温偏低、南大西洋海温偏高。北大西洋热盐环流减弱所产生的气候影响不仅仅局限于大西洋及周边地区，还会扩展到太平洋（Wu et al.，2008b），通过海气相互作用引起整个亚洲季风的减弱，导致亚洲季风区（包括中国大部分地区）降水量明显减少（Lu and Dong，2008）。为了解释 4.0Ka BP 的东亚（中国）偏冷、偏干的气候，Wang 等（2004）利用与热盐环流减弱对应的 SST 异常型来驱动大气环流模式，结果成功再现了古气候记录中的特征。这些模拟研究不仅在物理机制上说明了古气候记录中北大西洋气候变化和亚洲季风变化之间的对应关系，而且有助于加深对亚洲季风变化的认识，说明大西洋海温的异常可以影响亚洲季风。

在更短一些的时间尺度上，热盐环流的强度变化还可能引起北大西洋海温的年代际变化。北大西洋海盆尺度海温具有周期为 65～80 年的显著年代际变化，暖冷位相交替出现，被称为大西洋年代际振荡（AMO）（Delworth and Mann，2000；Kerr，2000）。它在空间上主要表现为北大西洋和南大西洋海温呈现跷跷板结构，南大西洋海温异常强度较弱，因而，一般以北大西洋海盆尺度海温异常描述大西洋年代际振荡的正负位相。观测资料表明，大西洋年代际振荡对中国夏季气候具有影响。当大西洋年代际振荡处于正位相时，中国气温偏高，东部地区降水偏多（Lu et al.，2006）；大西洋年代际振荡处于负位相时，情况正好相反。数值模拟结果基本和观测的结果一致（Lu et al.，2006）。观测资料和多个大气环流模式模拟结果表明，大西洋年代际振荡可以影响东亚冬季风（Li and Bates，2007）。大西洋年代际振荡的正位相对应着中国大部分地区冬季偏暖，华南沿海地区少雨。此外，由于大西洋年代际振荡不随季节发生显著变化，其位相在一年四季都基本相同，正位相的大西洋年代际振荡在各个季节都会使得东亚地区增暖（Wang et al.，2009）。这说明当大西洋年代际振荡由现在的正位相转入负位相时，会削弱温室气体对中国的增暖作用。大西洋年代际振荡属于气候系统的自然变异，且具有比较清楚的65～80年周期，因此可以预估在2025年左右大西洋年代际振荡将开始转入负位相。大西洋海温除大西洋年代际振荡这一典型的异常形式之外，还具有其他异常形式，如前冬北大西洋三极型的海温异常，与周期为12年左右的梅雨降水量和梅雨期长度的年代际变化有关（Gu et al.，2009）。

（六）大西洋海温变异对亚洲季风和ENSO之间相互关系的影响

大西洋热盐环流减弱后，导致北大西洋的海温发生明显的变化，ENSO和南亚季风之间的相关系数由原来的－0.44增强为－0.65，使得ENSO和南亚季风的关系更加密切（Lu et al.，2008）。这说明ENSO和季风的相关关系可以受到大西洋海域海温长时期变化的影响，在研究季风和ENSO关系减弱的原因时，不能仅考虑局地海气相互作用发生的变化，而且应该关注其他海域所施加的外部强迫作用。事实上，热带北大西洋海温在ENSO成熟的第二年春夏两季具有和ENSO类似的海面温度增高的显著变化，并且这种变化和同期的印度洋、东亚和西北太平洋地区的大气环流显著相关，北大西洋海温的年际变异也受到ENSO的影响（周天军等，2006；容新尧等，2010）。

夏季热带北大西洋海温与同期印度洋、东亚和西北太平洋地区大气环流的相关性显示出了类似于ENSO成熟次年夏季大气环流异常的特征，表明热带北大西洋在ENSO成熟次年印度-东亚季风区大气环流异常中可能扮演了重要的桥梁角色。在考虑大西洋海温变化的情况下，模式能够成功模拟出ENSO成熟次年东亚季风区大气环流异常的主要特征，如El Niño次年位于西北太平洋的反气旋环流，以及与此反气旋环流相联系的中国东南部及沿海附近的南风异常；当不考虑大西洋的作用后，El Niño成熟次年西北太平洋反气旋的位置明显偏东，中国东南部出现了北风异常，南海和东印度洋异常东风减弱，从非洲大陆的热带西印度洋到大西洋的赤道地区存在强盛的西风，且在南海北部及中国华南地区出现了异常的气旋环流（容新尧等，2010）。大气对热带北大西洋暖海温的 Gill 型响应使得和 Kelvin 波相伴随的异常东风从西印度洋延伸到西太平洋，异常东风通过 Ekman 抽吸效应产生的辐散东北气流，导致对流减弱，从而在中国南海和孟加拉湾地区形成反气旋环流，表明了 ENSO 导致的大西洋海温异常在 ENSO-季风关系中扮演了重要的桥梁角色（容新尧等，2010）。

（七）印度洋海温

对中国气候有重要影响的西北太平洋反气旋异常发生在 El Niño 成熟期（Zhang et al.，1996）。一般来说，El Niño 成熟期出现在冬季，夏季赤道中东太平洋海温异常的信号很弱。Wang 等（2000）利用风-蒸发-SST（WES）机制，提出了西北太平洋局地海气相互作用可以使西北太平洋反气旋异常从冬季持续到夏季，从而对东亚夏季气候产生影响。事实上，西北太平洋局地海气相互作用非常弱，难以从冬季到夏季持续维持西北太平洋反气旋异常（Xie et al.，2009）。热带印度洋海温滞后于赤道中东太平洋海温一个季度左右，在 El Niño 成熟期之后的夏季，热带印度洋具有显著的海温正异常。热带印度洋海温正异常可以导致西北太平洋反气旋异常的产生和南亚高压的增强（Yang et al.，2007；Li et al.，2008；Huang et al.，2011）。热带印度洋海温的增暖一方面通过影响 Walker 环流（Annamalai et al.，2005；Yuan et al.，2008）；另一方面也通过所激发的大气 Kelvin 波诱发的 Ekman 辐散机制（Xie et al.，2009），在西北太平洋产生反气旋异常。夏季长江中下游流域的降水与来自印度季风区的水汽输送具有反相关的特征，而与来自西北太平洋副热带高压西南侧的水汽输送有正相关的特征（Zhang，2001）。北印度洋的异常加热可以减小印度季风区的南北热力梯度，使得印度夏季风减弱，从印度季风区输送到东亚季风区的水汽减少（Zhang，2001），而西北太平洋反气旋异常可以增强西北太平洋副热带高压西南侧的水汽输送，因此，印度季风区水气输送的减弱及西北太平洋副热带高压西南侧水汽输送的增强，将有利于长江中下游流域的夏季降水增多。

热带印度洋海温增暖导致的西北太平洋反气旋异常可以造成我国华南高温少雨、东北低温多雨及江南晚夏高温热浪（Hu et al.，2011；2012）。热带印度洋海温异常与夏季西北太平洋反气旋异常之间的联系具有显著的年代际变化

(Huang et al.，2010；Xie et al.，2010)。在20世纪70年代中期之前，二者之间的相关关系很弱，联系不密切；在此之后，二者之间存在着显著的相关关系。这种相关关系的年代际变化的成因分析表明，20世纪70年代中期以后热带印度洋海温的年际变异显著增强，激发出的大气Kelvin波对西北太平洋上空的大气产生影响，增强了反气旋环流，造成了热带印度洋海温与夏季西北太平洋反气旋之间的紧密联系。热带印度洋对南亚高压的影响也在20世纪70年代末期之后增强，其可能与热带印度洋海温长期增暖及海温年际变率增大有关(Qu and Huang，2012)。

(八) 热带太平洋和印度洋海温

在全球增暖背景下，北半球陆地季风降水量具有整体减弱的趋势，东亚季风发生在20世纪70年代末的转型，实际上是北半球季风整体变化的区域体现(Zhou et al.，2008a)。利用实际观测的历史海温强迫，大气环流模式的集合模拟结果能够在很大程度上再现全球陆地季风降水的减弱趋势(Zhou et al.，2008b)，这种减弱趋势主要来自赤道中东太平洋和印度洋增暖的强迫作用。大气环流模式的模拟结果表明(Li et al.，2008)，海温强迫(主要是热带海温强迫)能够较为合理地模拟出观测中东亚夏季风环流的年代际变率，而温室气体与气溶胶的强迫作用，却增加海陆热力差异从而使季风环流增强。东亚夏季风指数与赤道大洋显著负相关，表明赤道太平洋和印度洋的变暖是导致东亚夏季风减弱的重要因子。

东亚季风年代际转型的一个重要特征，是西太平洋副热带高压呈现出西伸的特征(Gong and Ho，2002；张人禾等，2008；Zhou et al.，2009a；2009b)，它能够通过影响水汽输送(Zhang，2001；Zhou and Yu，2005)，最终影响到季风雨带的位置。数值试验已经证实在年际尺度上，热带海温异常对副高变化的显著影响(Wu and Zhou，2008；Zhou et al.，2009c)。自20世纪70年代末以来，热带印度洋和西太平洋(IWP)较之此前的20余年增暖了0.4℃以上。利用观测的IWP增暖趋势驱动大气环流模式，所有的模式都一致地呈现出副高西伸的特征(Zhou et al.，2009b)，意味着IWP的增暖是导致副高西伸的重要因子。有两种过程在副高的西伸过程中发挥作用：一是IWP区的暖海温异常通过影响Walker环流，导致赤道中东太平洋的对流活动减弱，负热源随后激发出Gill型的反气旋环流型，有助于副高的西伸；二是通过Rodwell和Hoskins(1996)提出的南亚季风潜热加热机制，季风凝结潜热加热所导致的 Kelvin 波有利于西太平洋副热带高压南侧环流的增强，而通过 Sverdrup 涡度守恒所引起的经向风增强，则有利于西太平洋副热带高压西缘的环流增强。与此同时，IWP 增暖也有利于高层的南亚高压范围扩展，基于再分析资料的分析表明事实的确如此。

二、需要进一步研究的问题

（一）西北太平洋反气旋异常的形成机制及其影响

自从 Zhang 等（1996）提出与 El Niño 成熟期相联系的西北太平洋反气旋异常是 El Niño 影响东亚季风的一种重要途径以来，国际上围绕夏季西北太平洋反气旋异常的形成机制开展了大量研究。Wang 等（2000）提出西北太平洋局地海气相互作用，可以使 El Niño 成熟期出现的西北太平洋反气旋异常持续至夏季；Annamalai 等（2005）和 Yuan 等（2008）提出 El Niño 之后夏季热带印度洋海温的增暖，通过影响 Walker 环流导致西北太平洋反气旋异常的形成；Xie 等（2009）提出夏季热带印度洋高海温激发出的大气 Kelvin 波所诱发的 Ekman 辐散，是西北太平洋反气旋异常形成的机制；容新尧等（2010）提出 El Niño 之后夏季热带北大西洋暖海温异常同样可激发出 Kelvin 波传到西太平洋，通过 Ekman 辐散对西北太平洋反气旋异常的形成产生作用。以上结果表明，热带太平洋、热带印度洋和热带大西洋的海温异常分别都对夏季西北太平洋反气旋异常的形成具有重要的作用。事实上，虽然在统计上 El Niño 成熟期出现在冬季，但夏季赤道中东太平洋仍可出现较高的海温正异常（Zhang et al.，1996；1999）。因此，夏季热带太平洋、热带印度洋和热带大西洋的海温异常，分别对夏季西北太平洋反气旋异常形成的贡献大小、影响的程度及影响的差异等，以及所产生的西北太平洋反气旋异常的位置、强度等及其对中国夏季降水的影响，是深入认识夏季热带海洋对中国气候影响的一个重要方面。

（二）全球海洋对中国气候的综合影响

以往的研究关注的主要是某一关键海区的海温变异对中国气候的影响。事实上，各大洋之间的海温变异存在着内在的物理联系，如热带印度洋洋盆尺度的增暖与ENSO密切相关（谭言科等，2004），北太平洋海温与ENSO有显著的联系（Lau and Nath，1996），热带太平洋-大西洋海气系统的气候变异存在着正反馈过程（Wang，2006）。因此，太平洋、印度洋和大西洋海温的变异之间存在着内在的相互联系，各关键海区的海温变异不应该看作是一个孤立的现象，太平洋、印度洋和大西洋是一个紧密联系的有机整体，存在着相互作用和相互影响的关系。已有的研究表明，不同大洋之间的联合模态对中国的气候变异具有重要影响（杨辉等，2006；王蕾和张人禾，2006；Zhou et al.，2009b；Wu et al.，2012）。因此，在研究海温异常对中国气候变异的影响时，只有对各大洋海温变异之间的相互关系有了比较清楚的认识，在此基础上将三大洋作为一个统一的整体来考虑，才能真正认识海洋对中国气候的影响。

（三）海洋对中国气候影响与陆面过程影响的相对重要性

中国气候除受海温的影响外，也在很大程度上受陆面过程的影响。青藏高原积雪对中国夏季气候的影响已经有了比较深入的认识（张人禾和刘晶淼，2005），近年来的研究揭示了欧亚大陆积雪（Wu et al.，2009；穆松宁和周广庆，2010；左志燕等，2011；Zuo et al.，2012）、土壤湿度（左志燕和张人禾，2007；Zhang and Zuo，2011）、植被（Zuo et al.，2011；Zhang et al.，2011）等对中国气候具有显著的影响，表明了影响中国气候因子的复杂性和多样性。事实上，海温和陆面外强迫因子之间并非完全独立。例如，欧亚大陆积雪与ENSO有密切的联系（Yang，1996），青藏高原积雪与中国降水的关系包含了ENSO的作用，且ENSO对两者的关系具有很大的影响（Wu and Kirtman，2007）。但截至目前，海温和陆面外强迫因子之间的关系究竟如何尚不清楚，海温和陆面因子对中国气候变异的影响程度及其相对重要性还缺乏认识。因此，探寻海洋和陆面各因子之间的相互关系，认识海洋对中国气候与陆面过程影响的差异和相对重要性，对于认识海洋对中国气候的影响及其影响的程度具有重要的科学意义。

（四）气候变暖背景下中国气候与海温异常关系的年代际变化

近百年来（1906～2005年），地球表面平均温度上升了0.74℃（IPCC，2007），气候变暖对海洋具有重要的影响，但由于海洋观测资料的缺乏和观测长度的限制，基于观测资料开展的气候变暖对海洋的影响很难获得统计显著性。利用气候模式进行 CO_2 加倍情况下的积分试验是目前广泛应用的研究手段，但不同气候模式的模拟结果仍存在很大差别。例如，在温室气体持续增加的条件下，赤道太平洋温跃层在很大程度上可能变浅、变平，但各个模式模拟的 ENSO 显示了截然不同的结果（Vecchi and Soden，2007；Yeh et al.，2009），目前还不能确定 ENSO 到底会如何变化。另外，气候的年代际变化是年际变化的背景，在不同的气候年代际变化背景下，年际时间尺度上的中国气候与海温异常之间的关系会发生明显的变化。现有的一些研究表明，ENSO 与东亚夏季风之间的关系存在年代际变化（Wang，2002），在 20 世纪 70 年代中期之后，夏季热带印度洋海温异常与西北太平洋反气旋异常之间的相关性显著增强（Huang et al.，2010），20 世纪 70 年代早期到中期，中国夏季华南降水与热带印太 SST 异常的关系具有明显的年代际变化（Wu et al.，2012）。但目前海洋年代际变化的成因及其与年际变化相互影响的机制并不清楚。因此，深入认识气候变暖对海洋的影响、海洋年代际变化及其与年际变化相互影响的机制，是深入认识海温异常对中国气候影响的一个重要研究课题。

参考文献

马柱国 . 2007. 华北干旱化趋势及转折性变化与太平洋年代际振荡的关系 . 科学通报，52（10）：1199 - 1206.

马柱国，邵丽娟 . 2006. 中国北方近百年干湿变化与太平洋年代际振荡的关系 . 大气科学，30（3）：464 - 474.

穆松宁，周广庆 . 2010. 冬季欧亚大陆北部新增雪盖面积变化与中国夏季气候异常的关系 . 大气科学，34（1）：213 - 226.

容新尧，张人禾，Li T. 2010. 大西洋海温异常在 ENSO 影响印度-东亚夏季风中的作用 . 科学通报，55（14）：1397 - 1408.

谭言科，张人禾，何金海，等 . 2004. 热带印度洋海温的年际变化与 ENSO. 气象学报，62（6）：831 - 840.

王蕾，张人禾 . 2006. 不同区域海温异常对中国夏季旱涝影响的诊断研究和预测试验 . 大气科学，30（6）：1147 - 1159.

武炳义，张人禾 . 2007. 20 世纪 80 年代后期西北太平洋夏季海表温度异常的年代际变化 . 科学通报，52（10）：1190 - 1194.

杨辉，贾小龙，李崇银 . 2006. 热带太平洋-印度洋海温异常综合模及其影响 . 科学通报，51（17）：2085 - 2090.

杨修群，谢倩，朱益民，等．2005. 华北降水年代际变化特征及相关的海气异常型．地球物理学报，48（4）：789－797.

张人禾，刘晶淼．2005. 海洋和陆面过程在中国气候变化中的作用//秦大河，陈宜瑜，李学勇．中国气候与环境演变（上卷）．北京：科学出版社：319－357.

张人禾，武炳义，赵平，等．2008. 中国东部夏季气候 20 世纪 80 年代后期的年代际转型及其可能成因．气象学报，66（5）：697－706.

周天军，宇如聪，郜永琪，等．2006. 北大西洋年际变率的海气耦合模式模拟 II：热带太平洋强迫．气象学报，64（1）：18－29.

朱益民，杨修群．2003. 太平洋年代际振荡与中国气候变率的联系．气象学报，61（6）：641－654.

朱益民，杨修群，陈晓颖，等．2007. ENSO 与我国夏季气候年际异常关系的年代际变化．热带气象学报，23（2）：105－116.

左志燕，张人禾．2007. 中国东部夏季降水与春季土壤湿度的联系．科学通报，52（14）：1722－1724.

左志燕，张人禾，武炳义．2011. 1979～2004 年中国大陆南方地区春季降水的年代际变化特征及其与欧亚大陆积雪的联系．中国科学：地球科学，41（11）：1688－1696.

Annamalai H，Liu P，Xie S P. 2005. Southwest Indian Ocean SST variability：Its local effect and remote influence on Asian monsoon. J Climate，18：4150－4167.

Ashok K，Behera S K，Rao S A，et al. 2007. El Niño Modoki and its possible teleconnection. J Geophys Res，112：C11007.

Delworth T L，Mann M E. 2000. Observed and simulated multidecadal variability in the Northern Hemisphere. Clim Dyn，16：661－676.

Feng J，Li J. 2011. Influence of El Niño Modoki on spring rainfall over south China. J Geophys Res，116：D13102.

Feng J，Chen W，Tam C Y，et al. 2011. Different impacts of El Niño and El Niño Modoki on China rainfall in the decaying phases. Int J Climatol，31：2091－2101.

Feng J，Wang L，Chen W，et al. 2010. Different impacts of two types of Pacific Ocean warming on Southeast Asian rainfall during boreal winter. J Geophys Res，115：D24122.

Fu C，Diaz H，Fletcher J. 1986. Characteristics of the response of sea surface temperature in the central Pacific associated with the warm episodes of the Southern Oscillation. Mon Wea Rev，114：1716－1738.

Gong D，Ho C H. 2002. Shift in the summer rainfall over the Yangtze River valley in the late 1970s. Geophys Res Lett，29：1436.

Gu W，Li C，Wang X，et al. 2009. Linkage between Mei－yu precipitation and North Atlantic SST on the decadal timescale. Adv Atmos Sci，26：101－108.

Han J，Zhang R. 2009. The dipole mode of the summer rainfall over East China during 1958－

2001. Adv Atmos Sci，26（4）：727－735.

Huang G，Hu K，Xie S P. 2010. Strengthening of tropical Indian Ocean teleconnection to the Northwest Pacific since the mid－1970s：An atmospheric GCM study. J Climate，23：5294－5304.

Huang G，Qu X，Hu K. 2011. The impact of the tropical Indian Ocean on South Asian high in boreal summer. Adv Atmos Sci，28：421－432.

Huang R，Sun F. 1992. Impacts of the tropical western Pacific on the East Asian summer monsoon. J Meteor Soc Japan，70：243－256.

Huang R，Wu Y. 1989. The influence of ENSO on the summer climate change in China and its mechanism. Adv Atmos Sci，6：21－32.

Hu K，Huang G，Huang R. 2011. The impact of tropical Indian Ocean variability on summer surface air temperature in China. J Climate，24：5365－5377.

Hu K，Huang G，Qu X，et al. 2012. The impact of Indian Ocean variability on high temperature extremes across south of Yangtze River Valley in late summer. Adv Atmos Sci，29：91－100.

IPCC. 2007. Climate Change 2007：The Physical Science Basis. Contribution of Working Group I to the Fourth Assessment Report of the Intergovernmental Panel on Climate Change//Solomon S，et al. Cambridge：Cambridge University Press：996.

Kerr R A. 2000. A North Atlantic climate pacemaker for the centuries. Science，288：1984－1985.

Lau N-C，Nath M J. 1996. The role of the "atmospheric bridge" in linking tropical pacific ENSO events to extratropical SST anomalies. J Climate，9：2036－2057.

Li S，Bates G T. 2007. Influence of the Atlantic multidecadal oscillation on the winter climate of East China. Adv Atmos Sci，24：126－135.

Li S，Lu J，Huang G，et al. 2008. Tropical Indian Ocean basin warming and East Asian summer monsoon：A multiple AGCM study. J Climate，21：6080－6088.

Lu R，Dong B. 2008. Response of the Asian summer monsoon to a weakening of Atlantic thermohaline circulation. Adv Atmos Sci，25：723－736.

Lu R，Chen W，Dong B. 2008. How does a weakened Atlantic thermohaline circulation lead to an intensification of the ENSO-south Asian summer monsoon interaction? Geophys Res Lett，35：L08706.

Lu R，Dong B，Ding H. 2006. Impact of the Atlantic Multidecadal Oscillation on the Asian summer monsoon. Geophys Res Lett，33：L24701.

Mantua N J，Hare S R，Zhang Y J，et al. 1997. A Pacific interdecadal climate oscillation with impacts on salmon production. Bull Amer Meteor Soc，78：1069－1079.

Nitta T. 1987. Convective activities in the tropical western Pacific and their impact on the

Northern Hemisphere summer circulation. J Meteor Soc Japan，65：373－390.

Qu X，Huang G. 2012. An enhanced influence of tropical Indian Ocean on the South Asia High after the late 1970s. J Climate，25：6930－6941.

Rodwell M J，Hoskins B J. 1996. Monsoons and the dynamics of deserts. Quart J Roy Meteor Soc，122：1385－1404.

Vecchi G A，Soden B J. 2007. Global warming and the weakening of the tropical circulation. J Climate，20：4316－4340.

Wang B，Wu R，Fu X. 2000. Pacific-East Asian teleconnection：How does ENSO affect East Asian climate? J Climate，13：1517－1536.

Wang B，Wu R，Lau K M. 2001. Interannual variabllity of the Asian summer monsoon：Contrasts between the Indian and the western North Pacific-East Asian monsoon. J Climate，14：4073－4090.

Wang C. 2006. An overlooked feature of tropical climate：Inter-Pacific-Atlantic variability. Geophys Res Lett，33：L12702.

Wang H. 2002. The instability of the East Asian summer monsoom-ENSO relations. Adv Atmos Sci，19：1－11.

Wang L，Chen W，Huang R. 2008. Interdecadal modulation of PDO on the impact of ENSO on the East Asian winter monsoon. Geophys Res Lett，35：L20702.

Wang S，Zhou T，Cai J，et al. 2004. Abrupt Climate Change around 4 ka BP：Role of the Thermohaline Circulation as Indicated by a GCM Experiment. Adv Atmos Sci，21：291－295.

Wang Y，Li S，Luo D. 2009. Seasonal response of Asian monsoonal climate to the Atlantic Multidecadal Oscillation. J Geophy Res，114：D02112.

Weng H，Ashok K，Behera S K，et al. 2007. Impacts of recent El Niño Modoki on dry/wet conditions in the Pacific rim during boreal summer. Clim Dyn，29：113－129.

Wu B，Zhou T. 2008. Oceanic origin of the interannual and interdecadal variability of the summertime western Pacific subtropical high. Geophy Res Lett，35：L13701.

Wu B，Yang K，Zhang R. 2009. Eurasian snow cover variability and its association with summer rainfall in China. Adv Atmos Sci，26：31－44.

Wu B，Zhang R，Ding Y，et al. 2008a. Distinct modes of the East Asian summer monsoon. J Climate，21：1122－1138.

Wu L，Li C，Yang C，et al. 2008b. Global teleconnections in response to a shutdown of the Atlantic meridional overturning circulation. J Climate，21：3002－3019.

Wu R，Kirtman B P. 2007. Observed relationship of spring and summer East Asian rainfall with winter and spring Eurasian snow. J Climate，20：1285－1304.

Wu R，Yang S，Wen Z，et al. 2012. Interdecadal change in the relationship of southern China summer rainfall with tropical Indo-Pacific SST. Theor Appl Climatol，108：119－133.

Xie S P, Du Y, Huang G, et al. 2010. Decadal shift in El Niño influences on Indo-western Pacific and East Asian climate in the 1970s. J Climate, 23: 3352-3368.

Xie S P, Hu K, Hafner J, et al. 2009. Indian Ocean capacitor effect on Indo-western Pacific Climate during the summer following El Niño. J Climate, 22: 730 – 747.

Yang J, Liu Q, Xie S P, et al. 2007. Impact of the Indian Ocean SST basin mode on the Asian summer monsoon. Geophys Res Lett, 34: L02708.

Yang S. 1996. ENSO-snow-monsoon associations and seasonal-interannual predictions. Int J Climatol, 16: 125 – 134.

Yeh S W, Kug J S, Dewitte B, et al. 2009. El Niño in a changing climate. Nature, 461: 511 – 514.

Yuan Y, Zhou W, Chan J C L, et al. 2008. Impacts of the basin wide Indian Ocean SSTA on the South China Sea summer monsoon onset. Int J Climatol, 28: 1579 – 1587.

Zhang J, Wu L, Huang G, et al. 2011. The role of May vegetation greenness on the southeastern Tibetan Plateau for East Asian summer monsoon prediction. J Geophys Res, 116: D05106.

Zhang R. 2001. Relations of water vapor transport from Indian monsoon with that over East Asia and the summer rainfall in China. Adv Atmos Sci, 18: 1005 – 1017.

Zhang R, Sumi A. 2002. Moisture circulation over East Asia during El Niño episode in northern winter, spring and autumn. J Meteor Soc Japan, 80: 213 – 227.

Zhang R, Zuo Z. 2011. Impact of Spring Soil Moisture on Surface Energy Balance and Summer Monsoon Circulation over East Asia and Precipitation in East China. J Climate, 24: 3309 – 3322.

Zhang R, Sumi A, Kimoto M. 1996. Impact of El Niño on the East Asian monsoon: A diagnostic study of the'86/87 and'91/92 events. J Meteor Soc Japan, 74: 49 – 62.

Zhang R, Sumi A, Kimoto M. 1999. A diagnostic study of the impact of El Niño on the precipitation in China. Adv Atmos Sci, 16: 229 – 241.

Zhou L, Wu R. 2010. Respective impacts of the East Asian winter monsoon and ENSO on winter rainfall in China. J Geophys Res, 115: D02107.

Zhou T, Gong D, Li J, et al. 2009a. Detecting and understanding the multi-decadal variability of the East Asian Summer Monsoon-Recent progress and state of affairs. Meteorologische Zeitschrift, 18: 455 – 467.

Zhou T, Yu R, Zhang J, et al. 2009b. Why the Western Pacific Subtropical High has Extended Westward since the Late 1970s. J Climate, 22: 2199 – 2215.

Zhou T, Wu B, Wang B. 2009c. How well do Atmospheric General Circulation Models capture the leading modes of the interannual variability of Asian-Australian Monsoon? J Climate, 22: 1159 – 1173.

Zhou T，Wu B，Wen X，et al. 2008a. A fast version of LASG/IAP climate system model and its 1000-year control integration. Adv Atmos Sci，25：655－672.

Zhou T，Yu R. 2005. Atmospheric water vapor transport associated with typical anomalous summer rainfall patterns in China. J Geophys Res，110：D08104.

Zhou T，Yu R，Li H，et al. 2008b. Ocean forcing to changes in global monsoon precipitation over the recent half century. J Climate，21：3833－3852.

Zhu Y，Yang X. 2003. Joint propagating patterns of SST and SLP anomalies in the North Pacific on bidecadal and pentadecadal timescales. Adv Atmos Sci，20：694－710.

Zuo Z，Zhang R，Wu B，et al. 2012. Decadal variability in springtime snow over Eurasia：Relation with circulation and possible influence on springtime rainfall over China. Int J Climatol，32：1336－1345.

Zuo Z，Zhang R，Zhao P. 2011. The relation of vegetation over the Tibetan Plateau to rainfall in China during the boreal summer. Clim Dyn，36：1207－1219.

平流层与中间层大气动力学的研究进展与急需研究的问题*

一、引　言

地球大气平流层与中间层位于对流层顶之上直到 80 公里左右的高度。大气科学经常把这两层大气及热层下层统称为中层大气，它占据着大气总量的 20%左右。由于它的变化直接影响着对流层大气的运动，所以，要搞清楚对流层的气候形成及中长期大气环流演变过程的物理机制，就必须研究平流层与中间层的大气环流及其形成的物理机制。并且，由于许多洲际导弹试验及卫星发射要经过地球大气的平流层与中间层，所以，认识这两层大气环流及波动的变化特征及其机制对国防武器的试验及卫星发射是非常重要的。此外，近年来，在空间科学中空间天气及近空间（near space）物理过程研究的迅速发展也对平流层与中间层大气动力学研究提出许多重要需求。因此，平流层与中间层环流特征及动力学的研究已成为大气科学和空间科学交叉的研究领域，颇受国际科学界重视。

由于平流层含有臭氧，它吸收着太阳辐射中的紫外线，形成了以平流层顶为中心的高温层，并且由于波在传播中其能量密度是守恒的，所以，波从密度大的下层传播到密度小的上层，波的振幅随高度增加，这样，本来在对流层不引人注目的重力内波传播到中间层就变成很可观的现象。因此，平流层与中间层大气环流也是很复杂的。

近年来，由于喷气式飞机、气象火箭、气象卫星及 MST 雷达的发展，平流层与中间层大气的观测资料大大增加，揭示出许多新的大气环流事实，

* 黄荣辉、陈文、魏科、王林、皇甫静亮，中国科学院大气物理研究所季风系统研究中心

从而促进了这两层动力学的发展。因此，近年来平流层与中间层大气动力学已成为大气科学的一个新的前沿研究领域。为此，在“世界气候研究计划”（WCRP）之下，国际上制订了一个与平流层-对流层相互作用研究密切相关的国际科学研究计划，即“平流层过程及其气候作用研究计划”（SPARC）。该计划旨在了解平流层如何影响对流层气候，并预估平流层未来状况对对流层-平流层气候系统的影响。SPARC 计划主要围绕三个主题：气候-化学过程相互作用，平流层气候变化的监测、归因和预测，平流层-对流层动力学耦合。

通过此计划的实施，国际上关于平流层与中间层大气动力学的研究取得了许多重要进展。因此，本文就以下几个方面的研究进展做一下综述。

二、平流层与中间层行星波动力学的研究

平流层及中间层大气与对流层大气不同，它没有水蒸气的凝结，不与海洋及地表直接进行热交换，不直接受到地形的作用，因此，就会产生平流层与中间层固有的大气环流。但是，平流层与中间层位于对流层之上，这样对流层大气所发生的波动会往平流层及中间层传播，如在对流层由于大尺度地形及热源强迫所产生的行星波可以传播到平流层与中间层，使这两层在冬季也具有行星尺度波动。

（一）平流层与中间层的准定常行星波的产生及传播

众所周知，平流层与中间层大气不会像对流层那样自己产生各种波动，因此，若单独存在平流层与中间层大气，那么平流层与中间层大气环流只能是轴对称纬向环流。但是，许多观测资料表明，冬季平流层与中间层存在着振幅很大的行星波。Van Loon 等（1973）根据多年观测资料计算了平流层行星波的振幅与位相的分布，他的计算结果表明了平流层行星波的振幅要比对流层大。

1. 平流层与中间层准定常行星波的产生

关于平流层行星波形成机制的研究，早在 20 世纪 60 年代初期就开始了。许多研究表明平流层准定常行星波产生的机制中，平流层内部的斜压不稳定过

程并不是主要的，而主要是由对流层强迫所产生的行星波向平流层传播的结果。Charney 和 Draizin（1961）利用几何光学的折射原理研究了波在垂直切变基流中的传播，指出准定常行星波在一定垂直切变的气流中将从低层垂直传播到高层。Dickinson（1968）说明了纬向平均气流的径向切变对定常行星波传播有很大影响，他发现对流层定常行星波是通过极地波导从对流层向平流层传播的。Matsuno（1970）说明了冬季平流层行星尺度扰动是平流层以下 Rossby 内波往上传播的结果。

对流层大气受地形及热源强迫所产生的定常行星波会向平流层及中间层传播，从而形成平流层及中间层天气的定常扰动及定常行星波。Matsuno（1970）利用 500 毫巴平均高度场作为下边界条件计算了平流层及中间层大气定常行星波的分布，但由于他的模式垂直分辨率比较低，所以计算结果与实际分布有些差别。Huang 和 Gambo（1982）用了一个 34 层模式计算了冬季与夏季北半球地形与定常热源强迫所产生的定常行星波的分布及各等压面的定常扰动的分布，计算结果与实际观测值比较一致。

2. 准定常行星波的传播波导

黄荣辉和岸保勘三郎（1983）应用波在缓变媒质中传播理论系统地研究了对流层地形与定常热源强迫产生的定常行星波在大气中的传播规律。他们指出：冬季中纬度地区受地形和热源强迫所产生的定常行星波不能直接传播到平流层，而是通过两支波导分别传播到高纬度的平流层及低纬度的对流层上层。这两支波导是：一支是波从中、低纬度的对流层向北传播到高纬度，然后通过极地传播到平流层称为“极地波导”；另一支是波从中、高纬度（特别是中纬度地区）的对流层下层向南传播到低纬度对流层上层，称为“低纬波导”。但是，夏季平流层的基本气流是东风，极地波导不存在，行星波不能往平流层传播，而只能在对流层传播。并且，Huang 和 Gambo（1982，1983）还利用多层模式计算了大气中地形与热源强迫所产生定常行星波的传播，证实了理论上所提出的波传播规律是正确的。

3. E-P 通量与准定常行星波的传播

在 Charney 和 Draizin（1961）研究波传播的同时，Eliassen 和 Palm（1961）提出用波能量通量来研究波的垂直传播。此后许多学者也曾利用 Eliassen 和 Palm 所定义的波能量通量来研究行星波的传播。Andrews 和 McIntyre（1976）提出波作用量、波作用通量，即广义 Eliassen-Palm 通量（E-P 通量）的概念，并证明了波作用量在波传播中是守恒的。因此，利用波作用通量来研究行星波的传播要比用能量通量更合理。

（二）准定常行星波传播波导的年际和年代际振荡及其对东亚冬季风和气候的影响

1. 准定常行星波传播波导的年际和年代际振荡

如果大气行星波在传播中发生异常，则必然会引起 E-P 通量的辐合或辐散，从而导致波与流产生相互作用。Chen 等（2002）和 Chen 等（2003）把 Wallace 和 Gutzler（1981）所提出的对流层球面大气环流遥相关型应用到经圈上的 E-P 通量散度场上，从而提出了行星波传播异常在经圈平面上引起的遥相关，并定义了准定常行星波活动指数；并且，他们发现：北半球冬季准定常行星波传播的两支波导在其年际变化上存在着反相振荡关系，当其中一支有异常增强时，另外一支会有异常减弱。此外，他们还指出：对应于准定常行星波活动的高指数冬季，在对流层有异常强的行星通过低纬波导从中高纬度向低纬度对流层顶附近传播，而通过极地波导向平流层的传播明显减弱；而对应于行星波活动的低指数的冬季，则有相反的行星波传播异常。行星波传播两支波导的反相振荡在年代际时间尺度上也同样存在（Huang and Wang，2006；Wang et al.，2009）。准定常行星波传播波导的年代际振荡也与东亚冬季风年代际变化有密切关系。

2. 准定常行星波传播波导的年际振荡与 AO 的关系

Chen 等（2002；2003）的研究还表明：对应于行星波传播的高指数异常，在对流层中纬度出现北正南负的 E-P 通量散度的分布，即北边辐散、南边辐合，同时极地平流层下层也出现异常的辐散，这必然会导致相应的纬向平均流的变化，从而产生在 55°N 附近西风增强和 35°N 附近西风减弱的一个南北偶极子模态，这个偶极子模态从地面一直伸展到平流层。事实上，这种纬向风深厚的南北偶极子模态正是纬向风年际变异的 EOF 的第一主分量（Thompson and Wallace，1998；2000）。500 百帕位势高度场则主要表现出纬向对称的空间分布型，北极地区上空的低压和中纬度（主要在海洋上）的高压之间的振荡明显反映出北极涛动（AO）的形态。由此可见，准定常行星波传播的两个波导之间的振荡与 AO 存在着密切的关系。

3. 准定常行星波传播波导振荡与东亚冬季风的关系

准定常行星波传播的年际振荡不仅对冬季全球气候异常有影响，而且对东亚气候也有重要影响。Chen 等（2005）分析了行星波传播的年际振荡与东亚气候的联系。合成分析表明，行星波活动高指数年 500 百帕高度场上可以看到东亚大槽明显减弱，850 百帕温度场上从西伯利亚、中国华北和东北一直到朝鲜半岛有明显的增暖，其中中国华北和东北地区的增暖也可以从合成的中国 160 个观测站的差异图上得到证明（Chen et al.，2005）。陈文等（Chen et al.，2005；陈文和康丽华，2006）进一步的研究还发现，由于西伯利亚高压和阿留申低压会随着行星波活动的变化而同时增强或减弱，使得两个系统之间的气压梯度也同时增强或减弱，从而在西伯利亚高压东侧出现经向风的异常，这样在我国华北、东北及西伯利亚部分地区等出现南风或北风异常，导致该地区在冬季出现异常增暖或变冷。

Huang 和 Wang（2006）、Wang 等（2009）的研究表明，相对于 1976～1987 年，在 1988 年之后到 21 世纪初准定常行星波沿“低纬波导”传播加强，而沿“极地波导”传播减弱。这引起了在 35°N 附近上空对流层上层准定常行星波 E-P 通量的辐合，从而使得副热带急流减弱，并导致了东亚冬季风减弱及持续性暖冬。

值得注意的是：东亚冬季的气候异常与准定常行星波活动的关系还显著地受到了热带纬向风 QBO 的调制。Chen 和 Li（2007）研究结果表明，在 QBO 东风位相的冬季，定常波活动引起的显著温度变化出现在东北亚地区；而在 QBO 西风位相的冬季，东北亚地区的温度异常并不显著，只是在中国中部出现比较弱的减温。

三、关于热带平流层波动及其与基本气流相互作用的研究

（一）热带平流层波动

在中、高纬度地区的大气中，惯性重力波的位相速度要比 Rossby 波的位相速度大得多，所以容易区别这两种波。然而，在赤道附近，科氏力 f 变小，而科氏力随纬度的变化 β 又较大，Rossby 波与惯性重力波很难区分，所以可以想象会出现既是惯性重力波，又是 Rossby 波的情况。Matsuno（1966）首先在理论上发现了在热带地区除中纬度的 Rossby 波与惯性重力波外，还存在着 Rossby-重力混

合波及 Kelvin 波。Matsuno 这个研究开辟了热带动力学研究的先河。

自从 Matsuno 在理论上发现了热带波以后，人们从观测事实中也相继发现了这两种波动。Yanai 和 Maruyama（1966）发现了热带平流层下层存在着 Rossby-重力混合波（MRG 波），并且，Wallace 和 Kousky（1968）又发现了热带平流层下层存在着 Kelvin 波。这两个研究证实了 Matsuno 从理论上发现热带波动的正确性。

（二）热带平流层纬向风的准两年周期振荡（QBO）及其产生机制

1. QBO 的发现及其机制

Reed 和 Rogers（1962）发现了热带平流层下层纬向平均气流存在着东风和西风互相交替出现，变化的周期大约是 26 个月，人们通常把这种现象称为平流层准两年周期振荡（QBO）。这种现象的机制在一段时间内不清楚。自从 Matsuno（1966）发现热带大气存在着 MRG 波及 Kelvin 波以后，Lindzen 和 Holton（1968）提出了垂直上传的 MRG 波、Kelvin 波与平流层基本气流的相互作用来解释 QBO 现象的机制；并且，Holton 和 Lindzen（1972）利用数值模式计算了这两种波的上传及其与基本气流的相互作用，他们所得的热带平流层纬向平均气流随时间、高度的分布与实际观测很一致。按照 Lindzen 和 Holton 所提出的理论，当 Kelvin 波向高层传播时，由于高层牛顿冷却效应，上传的 Kelvin 波在高层很快被吸收，由于非线性相互作用，在高层将出现西风，一旦出现西风，Kelvin 波相对于平均流的位相速 c-$\bar{u}$ 就要减少，这样 Kelvin 波就将变得更弱；另外，在西风加速的同时，西风区域逐渐向下扩展，随着西风区域向下扩展的过程中 Kelvin 波逐渐被吸收掉。而当 Kelvin 波不能上传时，上层西风加速就停止，使得 MRG 波在西风中就产生传播，造成上层西风减速、东风加强，与上述相同，东风区域又向下传，MRG 波将被吸收掉，这样又使 Kelvin 波容易往上传播。因此，热带波交替往上传播，使得东西风交替产生，其周期是 2～2.5 年。

2. QBO 形成机制的不足之处

虽然 Lindzen 和 Holton（1968）所提出的理论在较长时期气象学家都认为很全面，但是从 20 世纪 90 年代中后期起，这一理论受到挑战。Dunkerton（1997）的研究表明，仅仅这两种波还不足以驱动实际振幅的 QBO，因此必须包括更宽频率的热带地区上传重力波，实际上这与 Holton 和 Lindzen（1972）

的观点类似。目前关于 QBO 的形成机制仍在继续研究，中小尺度重力波所起的作用是其中的一个研究重点。根据最近研究，热带对流层重力波往平流层传播，并与平流层基本气流相互作用是 QBO 产生的主要机制。

（三）QBO 在对流层-平流层环流变化的重要性

1. QBO 对极涡的影响

QBO 现象之所以重要的一个主要原因就是它对全球天气和气候有不可忽略的影响。比如，大量研究表明，QBO 虽然是赤道平流层的现象，但其影响可达两个半球的中高纬度地区：当 QBO 为东风位相时，平流层极涡常常异常偏弱，绕极西风偏弱，容易导致平流层爆发性增温现象；反之，当 QBO 处于西风位相时，平流层极涡一般异常偏强，绕极西风也强，平流层极区温度往往异常偏低。最近的研究还发现，这种平流层中高纬度的环流异常可以通过平流层和对流层之间的相互作用影响到对流层，从而对对流层天气气候产生一定的影响（Baldwin et al.，2003a；Chen and Li，2007）。

2. QBO 对飓风等的影响

平流层 QBO 和飓风产生频率的关系已被用来预测大西洋的飓风活动，当 QBO 为西风位相或 50 百帕附近风向正转为西风的季节，热带大西洋一般会有更多的强飓风活动，而东风位相时情况则相反。此外，平流层 QBO 与西北太平洋的台风活动、季风，东亚梅雨降水、热带对流，西非萨赫勒（Sahel）地区的降水等都有一定的关系（Baldwin et al.，2001）。由于 QBO 具有周期性，所以可以作为上述异常现象的重要预报因子。值得强调的是，这些关系基本上是统计关系，其中的物理过程和影响机制目前并不清楚，还需要进一步的深入研究。

3. QBO 对平流层物质输运的影响

QBO 通过大气中的动力过程还对大气中臭氧、水汽、甲烷、火山气溶胶及氮氧化物等痕量气体的分布和输运有重要影响，因此研究气候变化和平流层化学过程的大气模式都应该包括 QBO 现象。

近年来有关臭氧在赤道和低纬度地区的 QBO 机制已经有了比较清楚的认识。这是由于西风切变或东风切变强迫出次级经圈环流，而在平流层低层臭氧的光化学寿命比平流时间尺度长，这个次级环流的下沉运动会带来高层含臭氧丰富的空气，从而增加平流层低层的臭氧总量，上升运动则相反。然而，有关中高纬度地区臭氧的 QBO 机制一直有争议。比如，有人认为中高纬臭氧的 QBO 并不需要输运环流的 QBO，扩散作用会使副热带地区臭氧异常扩散到中高纬地区，但观测和模式研究都揭示出在热带纬向风 QBO 的不同位相时，中高纬行星波的传播和极涡演变都有明显不同。进一步的研究也指出了热带纬向风的 QBO 通过调制行星波的传播引起了输运环流的 QBO，这种机制对中高纬臭氧的变化起着非常重要的作用（陈文和黄荣辉，1996a；1996b）。

陈文和黄荣辉（1996a；1996b）构造了一个 34 层球坐标原始方程波-流相互耦合谱模式，利用此模式从拉格朗日平均环流的观点研究了在常定流下行星波对臭氧的输运作用。研究结果表明，行星波对臭氧的输运有明显的季节变化，在北半球冬季，由于行星波上传到平流层而大大增强了中高纬地区向极地向下的臭氧输运。他们的研究还表明，热带纬向风的 QBO 不仅通过影响东风、西风切变而引起热带臭氧分布的年际变化，而且通过影响行星波的传播引起了行星波对臭氧输运的年际变化，这表现为当热带纬向风处于东风位相时，中高纬地区行星波对臭氧的输运比西风位相时强。并且，他们还从拉格朗日平均环流的观点出发讨论了非常定流下行星波对臭氧的输运作用。结果还表明，该耦合模式能较好地模拟中层大气纬向平均流场及准定常行星波的基本变化特征。通过计算行星波对臭氧的输运，得到了与观测基本一致的臭氧的季节变化。此外，他们的结果还表明，非常定流下行星波对臭氧输运的年际变化与常定流下的结果是类似的，都是在热带纬向风为东风位相下的输运作用比西风位相下强，但是在波-流相互作用情况下，中高纬地区行星波对臭氧输运的年际变化大大增强。

四、关于中高纬度地区平流层与对流层相互作用的研究

传统的观点认为平流层仅仅是被动地接受低层对流层行星尺度波动，平流层大气的动力和热力性质都受到对流层的强烈影响，而平流层大气很难驱动对流层大气，因此平流层大气不能对低层天气和气候产生重要的影响。最近的研究发现，不仅仅对流层环流和波动的变化会上传影响平流层，平流层环流和波动的变化也可以改变对流层的大气环流状况（Nigam，1990；Baldwin et al.，1994；Baldwin and Dunkerton，1999；Christiansen，2001；Baldwin et al.，2003a；2003b）。

（一）关于平流层爆发性增温机制——对流层行星波上传对平流层的影响

1. 平流层爆发性增温的发现

自从 Scherhag（1952）发现了平流层爆发性增温以后，许多观测资料证实了平流层爆发性增温是北半球平流层大气环流中一种重要现象。在北半球冬季，平流层大气的温度在某区域可以发生急剧增加，几天之内增温幅度可以高达 50℃，由于极区周围空气增暖，造成温度梯度反向。这种急剧增温还会带来平流层环流的急剧变化，极夜急流迅速减弱，极区周围出现东风气流。

2. 关于平流层爆发性增温机制的几种早期理论

关于平流层爆发性增温机制，开始时人们都认为与电离层的磁暴或极光相类似，是太阳活动引起的。但许多观测资料表明，在发生磁暴时却不一定发生爆发性增温，于是，后来有人提出增温是由平流层空气造成的，因为绝热下沉一方面可以使气温升高，另一方面，空气下沉，把大量臭氧从光化平衡层注人平流层低层，从而使平流层臭氧含量增加，造成对紫外吸收增加，导致了平流层气温升高。但是，这种观点无法解释平流层的下沉运动是如何产生的，随后，有些学者从极夜急流的不稳定来解释平流层爆发性增温，但是，南半球的极夜急流比北半球还强，为什么它可以处于稳定状态呢？因此，极夜急流不稳定也不能解释平流层爆发性增温。从 20 世纪 60 年代初开始，气象学家已注意到行星波活动在平流层爆发性增温发生中的作用。研究表明，平流层爆发性增温之前已有行星波的异常发展，而这种异常发展主要来自对流层的能量（Reed et al.，1963）。Reed 等（1963）计算了平流层发生爆发性增温时的能量循环，他的计算结果表明：在平流层发生爆发性增温初期，对流层往平流层的垂直能量输送大大增加。在 Reed 之后，许多大气动力学家从不同观点来解释平流层爆发性增温机制。

3. 平流层爆发性增温机制的欧拉平均环流观点

Matsuno（1971）首先从动力学观点提出了平流层爆发性增温机制。他认为平流层爆发性增温是由对流层行星尺度波动往平流层传播引起的。对流层定常行星波垂直上传，使得平流层的涡旋热量通量往北输送，这样将诱发出往南的经圈环流；又由于科氏力的作用，纬向平均风向西加速，即东风加强，根据热成风原理，这就会造成在极区增温，在热带冷却，从而形成爆发性增温。Matsuno（1971）还利用数值模式成功地模拟了平流层爆发性增温过程。

4. 平流层爆发性增温的变形欧拉平均环流观点

近年来，许多学者利用中、高纬度行星波上传与基本气流相互作用的原理来解释平流层爆发性增温，即利用波作用量（又称 Eliassen-Palm 通量）来诊断平流层爆发性增温过程。行星波 E-P 通量散度（$\nabla \cdot F$）的大小直接影响纬向平均环流的加速与减速，以及剩余经圈环流，若$\nabla \cdot F$是正的，则西风气流将加速，若$\nabla \cdot F$是负的，则西风气流将减速，而东风气流将加速。由于这种解释可以同时考虑涡旋的动量输送及热量输送，所以利用变形的欧拉平均环流来解释平流层爆发性增温机制要比 Matsuno 的解释更全面。

Dunkerton（1978）计算了在平流层爆发性增温时波数 2 的 E-P 通量矢量的分布，他发现在平流层发生爆发性增温期间，E-P 通量矢量转向极地，使得在高纬度地区 E-P 通量辐合，从而使东风加速、西风减速。而 Palmer（1981）也计算了平流层爆发性增温期间 E-P 通量矢量的分布。他的结果表明：在平流层爆发性增温发展时，E-P 通量矢量由向南逐渐向北偏转，在高纬度地区造成辐合区。O'Neill 和 Youngblut（1982）研究了 1976/1977 年冬季爆发性增温过程，其结果与 Palmer 的相似，E-P 通量矢量向极地辐合。Kanzawa（1982）也应用此原理来诊断平流层增温过程。从他们的计算结果可以看出，在增温初期从对流层垂直上传的行星波的 E-P 通量在高纬度平流层产生辐合，使得西风基本气流减弱。

5. 平流层爆发性增温的拉格朗日平均环流的观点

Matsuno 和 Nakamura（1979）首先应用拉格朗日平均环流的观点重新解释了平流层爆发性增温机制，使人们对平流层爆发性增温机制有了更深入的理解。由于行星波向上垂直传播，波与基本气流的相互作用，将会使得平流层的大量空气由南向北运动，这样在低纬度平流层中上层的上下两方分别产生下沉气流与上升气流，而在高纬度地区的平流层中上层的上下两方分别产生上升气流与下沉气流。而根据热力学原理，上升气块将降温，而下沉气块将增温，因此将产生爆发性增温。

6. 关于平流层爆发性增温的前期条件研究

继 Reed 等（1963）之后，许多动力学家研究了平流层爆发性增温的前期条件。Bridger 和 Stevens（1982）利用数值模式对平流层爆发性增温进行了敏感性实验，他们发现了平流层爆发性增温的强度敏感于初始风速分布，在爆发性增温发生之前，高纬度地区的平流层必须有极夜急流，而在急流之下有相对强的极锋西风急流。Schoeberl 和 Strobel（1980）认为正压波动在平流层爆发性增温的初始阶段是重要的。

（二）关于平流层环流对对流层环流和气候变化影响的研究

关于平流层影响对流层大气环流的动力学研究可以追溯到 20 世纪 70 年代，Hines（1974）、Geller 和 Alpert（1980）、Schmitz 和 Grieger（1980）等都提出过平流层环流影响对流层环流的一种直接机制，认为平流层可以通过反射对流层上传的波动来影响对流层，但他们并没有给出相应的观测证据。Quiroz（1977）注意到与 1977 年 12 月和 1978 年 1 月发生的平流层爆发性增温相联系的对流层极区温度增加和反气旋环流下传到对流层低层的过程，从而从观测事实指出了平流层环流可以影响对流层的环流。

1. 关于北极涛动（AO）产生机制

Thompson 和 Wallace（1998；2000）的研究对平流层-对流层相互作用的研究进展有着推动性的作用。他们提出了一个北半球冬季海平面气压变化存在一个环状模态（即 NAM），这一模态与对流层和平流层低层有很强的耦合，被称为北极涛动（AO）。AO 和北大西洋涛动（NAO）非常相似，但 AO 能更好地反映出纬向对称的变化。尽管对于 AO 和 NAO 之间物理概念的区分还存在不少分歧（Ambaum et al.，2001；Christiansen，2002；Deser，2000；Monahan et al.，2001；Wallace，2000；Wallace and Thompson，2002），但无疑 AO 概念的提出为理解中高纬度平流层-对流层动力耦合提供了全新的物理概念模型。Baldwin 和 Dunkerton（1999）指出，AO 是北半球对流层-平流层系统中最主要的变化模态之一，AO 的信号最早出现在平流层且向下传播。Baldwin 和 Dunkerton（2001）进一步的研究表明，在北大西洋地区，当负涡度异常下传时，风暴路径显著偏南；反之，风暴路径则显著偏北，并在负的涡度异常下传时，北大西洋地区更容易出现风暴。这些都表明了对流层与平流层大气是一个整体系统，不仅对流层波动可以上传到平流层，平流层的扰动异常也可以影响到对流层的变化。

2. 关于平流层温度异常的向下传播机制

平流层的扰动异常向对流层的传播已在多个变量和多种数据分析中得到证实。Kuroda 和 Kodera（1999）研究了在北半球冬季行星波平流层-对流层耦合变化中所起的作用。他们通过对纬向平均的纬向风和 E-P 通量的垂直分量做扩展的奇异值分解，发现纬向平均的纬向风异常和 E-P 通量的辐合区有密切的关系，二者都随着时间一起向极地移动。Zhou 等（2002）研究了一定条件下极地平流层温度异常的向下传播，指出暖异常是否下传取决于行星波与基本气流的相互作用，当初始波动很强大时候，造成极地西风气流反向，由于行星波不能在东风中传播，所以波强迫作用层次逐渐降低，看起来就是暖的异常由上向下传播，这种情形下 AO 更为清晰；反之，如果初始扰动较弱，所引起的平均流不足以影响行星波的传播，那么就看不到暖异常下传。

3. 关于平流层纬向风异常的向下传播机制

Christiansen（1999；2000；2001）从模式和观测资料两个方面对平流层纬向风异常向对流层的传播进行了分析和比较，并利用一系列从简单到复杂的模式对中高纬度这种纬向风异常的下传现象进行模拟。他的研究表明，冬半年中高纬度平流层主要的变化过程都具有向下传播的特征，异常通常可以达到对流层低层，下传事件主要集中在冬半年（11 月至次年 4 月），而在夏半年（5 月至 10 月）很少，每年冬半年都至少有一次下传事件；并且，与 10 百帕的滞后相关分析表明：纬向风异常从 10 百帕下传到地面大约需要 15 天，模式结果更表明从 0.1 百帕下传到 10 百帕也需要 10 天左右，整个下传过程平均需要 25 天左右。他认为这种异常的下传是与行星波上传相联系的，表明下传主要是由波通量的垂直分量驱动，异常振荡的时间尺度和振幅决定于对流层波动的强迫。

自从平流层异常下传信号被揭示出来以后，关于下传的机制已经有了不少的研究，目前认为形成平流层向对流层的下传主要有以下三种观点：①向下的影响（downward influence）或向下控制（downward control），即高层的位涡异常通过激发径向环流可以在垂直方向对低层区域产生影响（Ambaum et al.，2001；Black，2002；Hartley et al.，1998）；②波动的反射（internal wave reflection）即上层的纬向基本气流发生变化，引起从下层往上传的波动发生折射和反射，从而引起波动的异常产生并向下传播（Harnik and Lindzen，2001；Perlwitz and Graf，2001）；③局地的波流相互作用（local wave mean-flow interaction mechanism），Plumb 和 Semeniuk（2003）通过对简单的理论模式的研究指出局地的波流相互作用可能是下传的最基本机制，这与 Matsuno（1971）讨论的爆发性增温过程上基本是一致的，也类似于 QBO 的机制。

4. 平流层环流异常的向下传播对东亚冬季风的影响

在季节内时间尺度上平流层环流的异常在一定条件下会向下传播，并影响到低层对流层大气。陈文和魏科（2009）分析了这种自上而下的环流异常对东亚冬季气候异常的影响。一般而言，弱的极涡更容易从平流层高层一直向下传至对流层，在分析时段共有 62 个弱极涡和 71 个强极涡事件，其中有 41 个弱极涡（占总数的 67%）和 35 个强极涡（占总数的 49%）事件可以从 1 百帕下传到 100 百帕。因此，当平流层冬季爆发性增温（异常弱极涡）发生的时候，可以通过下传对低层的环流产生明显的影响。

弱极涡异常下传引起大气低层 AO 从正位相向负位相转变，引起西伯利亚高压减弱，造成东亚沿岸东西向气压梯度减弱，季风减弱，异常强的低层南风环流引起东亚地区在平流层弱极涡异常下传之后的温度增加。反之，强极涡异常下传引起大气低层 AO 正位相的发展，对应有大气低层西风环流的增加，西伯利亚高压增强，造成东亚沿岸异常北风增强，引起我国南方大部分地区的降温。因此，在分析东亚冬季风的季节内变化时，平流层的异常变化是一个重要的影响因子。

五、平流层与中间层重力波及其与纬向平均流相互作用的研究

由于中间层顶温度在经向呈现冬半球高于夏半球的反常分布，围绕这一现象的机制研究推动了平流层与中间层重力波产生及传播研究迅速发展，特别在 20 世纪 70 年代后期实施的“中层大气研究计划”（MAP）之后，关于平流层和中间层重力波产生及传播研究取得许多重要进展。并且，目前国际上正在发展以火箭为中心的中层大气风系的探测网，在中层大气研究计划的基础上，对中层大气重力波的破碎及与基本气流的相互作用进行了较系统的研究。

（一）平流层中间层重力波的特征

大气中重力波种类繁多，层结大气受到扰动就会产生重力波，它所占据的波长范围也是最宽的，热带地区上空存在着各种各样的重力波，周期最短的是 Brunt-Väisala，大约只有 5 分钟，最长可达到数日。根据计算，在 20 千米高度上，短周期重力波垂直上传的动量通量（即 $u'w'$）为 20×10^{-3}（米/秒）^{2}，而在 30 千米高度上，短周期重力波动量通量为 60×10^{-3}（米/秒）^{2}。因此这些短周期重力波的动量通量是相当大的，是不可忽略的。

(二) 关于重力波产生机制

许多研究指出，重力波的产生主要来源于地形、斜压不稳定和对流。

1. 地形所产生的重力波

由地形激发产生的重力波是研究较早的一种定常重力波，其尺度由地形的尺度决定，以青藏高原为代表的典型大地形可以激发出大尺度重力波。Lilly 和 Kennedy (1973)、Clark 和 Peltier (1977)、Smith (1985) 分析了山脉激发的重力波，这种地形重力波的水平波长一般为 10～100 千米。这类的动力学属于中尺度的研究范畴，可以不考虑科氏力的作用，并且 Hines (1988)、Chimonas 和 Nappo (1989)、Nappo 和 Chimonas (1992) 研究了小尺度地形激发的重力波，属于小尺度重力波的范畴。此外，Lee 等 (1997) 分析了北半球森林冠层激发的重力波，属于微尺度的研究范畴。

2. 地转适应产生的重力波

斜压不稳定的大气存在着垂直方向的风切变，当非地转风较强时，在大气向地转状态调整的过程中（即地转适应过程）就会产生重力波 (Fritts, 1982; 1984)。由于大气的非地转状态将引起水平的辐合或辐散，以及铅直运动，它将引起重力波，非地转的能量通过惯性重力波的形式进行释放，从而使局部区域不稳定的能量迅速向外弥散，大气又回到准地转平衡状态。根据观测 (Heath et al., 1974)，在平流层爆发性增温期间经常观测到大振幅重力波。黄荣辉和陈金中 (2002) 研究了平流爆发性增温时大振幅重力波产生机制。他们指出：在平流层爆发性增温发生时，平流层环流场产生强烈的非地转运动，从而导致水平环流场很强的辐散和辐合，由于气压场很快调整，并向流场适应，从而诱发了大振幅惯性重力波，这说明在平流层通过地转适应过程可以产生惯性重力波。

3. 积云对流产生重力波

热带积云对流也是激发重力波的重要机制。Hodges (1967) 指出，低纬度地区的对流旺盛，激发的重力波可以穿过对流层向上传播，由于重力波的振幅与大气密度的平方根成反比，所以，大气低层的扰动进入中层大气后振幅急剧增大，以至于在中层大气顶波产生不稳定破碎，这种波动对中层大气动量收支的作用是不可忽略的，其所产生的拖曳作用也成为各种中层模式参数化中不可或缺的一部分。随着观测技术的改进，科学家们对重力波的研究越来越细化，他们研究了对流性质和尺度的不同所引起重力波的不同。Uccellini（1975）等开展了雷暴激发的重力波及其与对流的相互作用的研究，而Pfister等（1993）针对热带气旋激发的重力波的特征做了开创性的研究。最近，Ming等（2010）研究了西北太平洋热带气旋的强对流活动对重力波的激发。他们的研究指出，由热带气旋的强对流活动所激发的重力波是很可观的。

此外，火山喷发也可造成重力波的产生，它甚至可以造成电离层的异常。

（三）关于热带重力波垂直传播及其与基本气流的相互作用

Zheng等（1991；1992）的研究表明了惯性重力波在基本气流为西风中传播时，当波的相速度ω满足时$k\bar{u}-\omega<0$，波会从热带向急流折射，而当波的相速度ω满足$k\bar{u}-\omega>0$时，波会偏离急流向远离急流方向折射；而重力波在基本气流为东风中传播时，上述结论正相反。

如前所述，Holton和Lindzen利用-向东传播的Kelvin波上传说明了平流层的西风加速，用向西传播的Rossby-重力混合波（MRG波）来说明平流层东风加速。然而，根据这个理论，需Rossby-重力混合波观测值2～4倍才能说明观测到东风加速的成因（Takahashi and Boville，1992），并且，Holton和Lindzen理论没有考虑平流层的上升流，因而用Kelvin波还不能说明西风加速的一半（Dunkerton，1991）。Sato和Dunkerton（1997）指出，热带平流层重力波具有较大的动量通量。由于重力波既能向东传播，又能向西传播，所以，它既能对平均流产生向东加速，又能产生向西加速，由它们对平均流向东或向西加速动量通量相当于Kelvin波和MRG波的5～10倍。Kawatani等（2010）的研究表明：在QBO的东风位相下重力波对东风的加速作用可达到其中的50%～75%；而在西风位相下，重力波对西风加速的贡献可达到其中70%～80%。这些研究都表明了热带大气中重力波上传到平流层与中间层，对QBO形成起到重要作用。

六、关于臭氧在中层大气输运的研究

众所周知，臭氧生成源在赤道地区，但观测表明了臭氧总量最大值位于高纬度地区，并且近年来由于发现南极大气中臭氧在减少，特别是发现了南极“臭氧洞”，所以，关于臭氧在平流层大气输运的研究发展非常迅速（WMO，1994）。

（一）平流层大气臭氧输运与剩余环流

在20世纪60年代以前，关于平流层大气臭氧的输运最初都是利用一维模式。这种模式可以考虑波的传播与吸收引起的臭氧混合比的变化，反过来，由于臭氧混合比的变化又引起了基本态的变化，从而使波的传播与吸收也发生变化。从70年代末到80年代初，研究表明臭氧在平流层的净输运是剩余环流（residual circulation）引起的，显然引用拉格朗日平均环流理论来研究平流层与中间层大气中臭氧和其他痕量气体的输运过程要比用欧拉平均环流理论更合理。因此，从80年代以后，这个理论广泛用来研究臭氧、气溶胶粒子与放射性物质在大气中的输运。

平流层大气QBO对于臭氧输运的变化起到很大作用。对守恒的化学成分，如果满足无加速定理成立的条件，则没有纬向平均的输运作用产生。实际大气中，行星波在改变臭氧的平均纬向分布上有两个作用；一是行星波强迫对基本气流的加速或减速作用所产生的平均经向环流可以影响臭氧的输运；二是行星波运动产生随高度和纬度变化的非均匀混合导致经圈平面上的净输运。陈文和黄荣辉（1996a；1996b）研究了热带平流层QBO对臭氧在平流层与中间层输运过程的影响。他们利用QBO对剩余环流的影响研究了QBO不同位相对臭氧输运过程的不同影响。

（二）平流层大气物质输运的拉格朗日平均环流理论的提出

随着平流层与中间层大气环流研究的发展，以臭氧为中心的光化学反应的研究及平流层与中间层大气中微量气体成分气候效应的研究日益发展。但是，平流层和中间层的物质及热量主要是由行星波来输送的，而行星波是准定常的，在槽后是下沉气流，在槽前和脊区是上升气流，若采用欧拉平均的方法，北边是上升气流区，南边是下沉气流区。若对于每个气块沿流线平均，该气块平均垂直运动为零，这样就可以消去一个反向的经向环流。这种沿流线或质点运动的路径取平均而得到的环流又称拉格朗日平均环流。显然，应用拉格朗日平均环流理论来研究平流层与中间层大气中微量成分物质的输运过程要比用欧拉平均环流理论更合理，因此，这个理论被广泛地用来研究臭氧、气溶胶粒子及放射性同位素在大气中的输送过程。Kida（1977）首先利用拉格朗日平均环流理论研究了平流层与中间层微量物质的输送过程。

这个理论也被广泛用来研究波与基本气流的相互作用。在欧拉平均环流理论中波的动量、热量输送可以强迫出二级环流来，而拉格朗日平均环流中没有这二级环流，因而就没有这二级环流所产生的科氏力，这样可以真实地表达波的动量输送。Andrews 和 McIntyre（1976）首先利用这种环流理论来研究波与基本气流的相互作用，他们证明了 Charney 所提出的在某种条件下波与基本气流的非相互作用原理，并且证明了在拉格朗日平均环流中同样有波作用量守恒。随后，许多学者利用这种理论来说明平流层爆发性增温与 QBO 的产生机制，使得人们对这两种现象有了更进一步的认识。

七、关于平流层数值模式和数值模拟

近年来，随着对流层数值模式和气候数值模式的迅速发展，平流层与中间层数值模式也很快发展。

（一）平流层数值模式和模拟的发展

为了发展“平流层过程及其气候作用的数值模拟”，SPARC 研究计划组织了第一次“平流层大气模式比较计划”（GCM-reality intercomparison project for SPARC，GRIPS)，GRIPS 计划最基本的目标是：①发展包含平流层复杂的气候系统来评价对中层大气的模拟性能力？②各个模式在模拟平流层气候变化方面是否有一致性？总共有 13 个模式参加了这个比较计划，分析表明，模式普遍存在冷偏差，这就使得平流层极涡强度偏强（Pawson et al.，2000)，这种冷偏差主要来自辐射过程的偏差。从 2003 年起，GRIPS 被另外一个计划 CCMVal（chemistry-climate model validation）取代。该计划旨在通过面向过程的评价，更好地了解化学和气候耦合模式（CCM）及其相关的大气环流，以便提高模式对物理、化学和动力过程的模拟能力。它一方面分析模式对平流层过去变化的模拟；另一方面通过长期积分提供对未来平流层变化趋势的预估。CCMVal 的评估表中包括了平流层辐射、动力、传输，平流层化学和微物理方面的诊断分析。在 CCM-

Val 计划第一阶段（CCMVal-1），来自全球的 13 个 CCM 参加了比较计划（Eyring and Coauthors，2006；Eyring and Coauthors，2007）；在 CCMVal 计划第二阶段（CCMVal-2），18 个 CCM 参加了比较计划（Butchart et al.，2011；Eyring et al.，2010；Michou et al.，2011）。比较的内容在第一阶段主要侧重于动力学和传输过程的比较，在第二阶段向更宽领域和更细节延伸，包括上对流层和平流层的化学和辐射过程，并且也进行了更长时段的模拟，包括未来情景下变化的模拟。这些模式与普通大气环流模式（GCM）比较，动力学上要考虑平流层行星波强迫和传输、平流层重力波拖曳、平流层-对流层物质能量交换和平流层准两年振荡（QBO），物质输送要考虑纬向的物质输送（拉格朗日输送），化学和微物理过程要考虑平流层光化学过程（尤其是卤族元素的光化学反应过程），平流层气溶胶和云微物理过程。另外，这些模式还要包括太阳紫外线光化学作用、火山气溶胶活动过程。上述这些过程都是平流层模式必须考虑的重要过程，因此，平流层和中间层的 GCM 是非常复杂的。

（二）关于 QBO 的数值模拟

QBO 的数值模拟从 Holton 和 Lindzen（1972）研究之后一直是大气科学界很感兴趣的一个数值模拟问题，但是到目前为止，QBO 的数值模拟对 GCM 仍然是一个严峻的挑战（Baldwin and Dunkerton，2001）。事实上，直到最近全球也只有零星的几个 GCM 可以成功地模拟出 QBO 的一些主要特征，大多数的 GCM 甚至不能模拟出接近实际振幅的 Kelvin 波和 MRG 波。科学家还不是很清楚如何能成功地模拟 QBO，因为模拟结果依赖于若干个因子之间微妙的相互关系。由于 QBO 主要是热带积云对流激发的波动所引起的，要模拟出实际大气中的 QBO 现象就必须有合理的对流参数化方案，这种方案必须能反映出对流所激发的次网格尺度的重力波及其他可分辨的波动，这将是未来关于 QBO 数值模拟研究的一个首要难题。

（三）关于平流层臭氧变化趋势的模拟

与 CMIP3 模拟相比，CCMVal-2 模式对平流层的模拟（包括气候态及其变率）与实际观测更接近（Eyring et al.，2010）。并且，由于大多数模式均进行了包含整个臭氧损耗和恢复的时段（1960～2100 年），这就使得分析 ODSs

（损耗臭氧层的物质）和 GHGs（温室气体）对臭氧长期变化相对贡献的研究具有更高的准确度，更多的模式参与也减少了未来情形下关于臭氧变化预测的统计不确定性。与 CCMVal-1 比较，CCMVal-2 的多模式集合关于臭氧变化的趋势与实际观测更吻合，具有更高的统计一致性，这就使得关于未来臭氧长期变化的估计具有更高可信度。

平流层臭氧含量的变化是平流层数值模拟的重要内容之一，从 CMVal-2 模式对未来臭氧变化趋势模拟的主要结果如下：①热带臭氧含量在 21 世纪后半期会有部分恢复，但是很有可能 21 世纪都无法恢复到 20 世纪 80 年代的水平，长期的臭氧减少主要在平流层低层；②北半球中纬度和极地臭氧会持续增加，可能在卤素含量恢复到 80 年代之前，臭氧量即可恢复到 80 年代水平；③南半球中纬度和极地臭氧恢复速度较慢，中纬度可能在卤素恢复到 80 年代水平稍早前恢复到 80 年代水平，而极地臭氧则可能与卤素恢复速度一致；④臭氧的恢复可能与 ODS 物质的恢复、平流层 BD 环流（Brewer-Dobson circulation）的增强，以及上平流层的降温有关；⑤尽管预测南极洲臭氧将在 21 世纪恢复，但是到世纪末残余的臭氧洞可能依然会间断出现。并且，模式和观测资料都表明南极洲臭氧损耗和 GHG 浓度增加导致了南半球对流层绕极西风急流增强并向极地移动，CCMVal-2 模式预估了 21 世纪臭氧恢复会部分抵消温室气体增加的作用，因此对流层急流的位置可能不会有显著变化。BD 环流增强可能使得从平流层进入北半球对流层的臭氧通量增加近 20%左右（1965～2095 年），然而南半球臭氧通量的变化受臭氧损耗和恢复的影响，所以臭氧通量增加量相对较小（近 10%），模式变化范围比 IPCC-AR4 的对流层模式结果小，这可能是因为 CCMs 模式考虑了完整的平流层。

（四）平流层与中间层数值模式的发展态势

从目前平流层数值模式的发展态势看：包含平流层的 CCMs 模式将继续发展成为更综合性的平流层-对流层化学气候模式。如在 CCMVal-2 模式中，有一个模式是海气耦合模式，另有三个模式包含了完整的对流层化学过程，因此，评估臭氧和气候变化的模式未来发展方向将是包含完整平流层和对流层的化学过程和气候过程耦合的地球系统模式。

八、关于全球气候变暖背景下平流层与中间层气候的年代际和长期变化趋势预估的研究

“平流层过程及其气候作用研究计划”（SPARC）主题之一是平流层气候变化的监测、归因和预测。它主要分析平流层现在有什么样的气候变化和气候变率；分析自然变率和人类活动如何影响平流层气候变化；预估平流层未来有什么样的气候变化趋势。这些预估的初步结果如下。

（一）平流层温度变化趋势的预估

1. 导致平流层温度降低因子的敏感性模拟试验

现有资料揭示：平流层温度存在长期冷却趋势，降温幅度超过 1℃；另外在长期降温趋势上，叠加有三次火山爆发引起的短期增温，每次增温幅度为1℃左右，持续时间约为两年；自从 20 世纪 90 年代中期以后，平流层温度无明显变化趋势。研究表明，多种因子可以影响平流层温度长期变化趋势，其中主要是二氧化碳及其他温室气体，自工业革命以来温室气体含量增加，温室气体长波辐射在平流层引起温度降低，这种温度降低也可以影响平流层臭氧含量，臭氧含量反过来进一步会影响温度变化。

2. 平流层降温机制

由于影响平流层温度变化的各因子往往相互作用，比如太阳辐射变化与火山爆发所产生的气溶胶，或者长生命期温室气体和海表温度，区分各因子独立的效应对于气候变化研究而言，目前还有很大的困难。利用 CCM 进行敏感性试验，可以对各因子的作用进行一定的判别。研究表明：平流层温度降低最大的贡献者为长生命期温室气体（LLGHG）（Forster et al.，2011；Gillett et al.，2011；Seidel et al.，2011），LLGHG 增加引起平流层温度降低，并且降温幅度随高度增加；其次为耗损臭氧物质 ODS 增加也可引起平流层温度降低，降温幅度随高度增加，在平流层顶附近（大约在 50 千米，1 百帕）达到最大，用实际臭氧变化强迫的平流层温度变化的廓线更为复杂。此外，水汽增加也可能引起平流层温度降低效应，但是不确定性依然存在。最近的研究认为，LL-GHG 增加引起平流层温度降低，导致平流层臭氧含量增加，臭氧增加引起的

增温部分抵消掉LLGHG导致的降温，另外，ODS物质增加引起的降温可能比臭氧损耗的降温大，因为实际臭氧损耗是ODS物质导致的损耗与LLGHG引起的臭氧增加之间的残余项（Jonsson et al.，2009；Shepherd and Jonsson，2008）。在另外一个研究中，Stolarski等（2010）将平流层温度降低归因于二氧化碳、甲烷和ODS物质，并认为甲烷的变化与平流层水汽（甲烷氧化）和HO_x的浓度变化有关，在1百帕，1979～1998年由甲烷引起的降温占到二氧化碳引起降温的50%以上。Myhre等（2007）经过计算表明甲烷引起的降温大约一半是因为平流层水汽含量增加。

（二）平流层臭氧层的变化趋势

1. 平流层臭氧层的耗损

平流层臭氧的耗损及未来的变化趋势一直是全球气候变化关注的重要问题之一。臭氧含量，自从20世纪80年代早期发现了南极洲春季平流层臭氧耗损形成的臭氧洞（Farman et al.，1985），这种臭氧耗损一直持续存在，臭氧耗损引起平流层温度降低，另外臭氧耗损在全球平流层都存在，目前关于臭氧耗损纬度和高度的分布还不确定（WMO，2006；2010）。自从20世纪中叶以来，ODS含量持续增加，一直到80年代后期《蒙特利尔公约》之后对ODS进行了限制，ODS含量开始逐渐降低，大部分ODS物质也是温室气体，含量增加一方面引起臭氧耗损，另外一方面引起温度降低。

2. 臭氧耗损对气候的影响

由于国际社会对引起臭氧耗损的ODS物质的削减，平流层臭氧耗损预计在21世纪中叶可能恢复到1980年的水平。臭氧恢复是否会带来额外的气候影响，还有一些不确定性。比如，IPCC报告（2007年）认为臭氧变化引起的平流层辐射强迫变化比较小，这得到了SPARC CCMVal模式比较计划的肯定（Eyring et al.，2010）。模式结果认为，平流层臭氧耗损引起对流层增暖，臭氧恢复引起对流层降温（Eyring et al.，2010）。然而，这方面还有一些争议。比如，Hu等（2011）分析了21世纪平流层臭氧恢复对大气对流层的影响，利用IPCC-AR4模式以及化学/气候耦合模式进行分析。结果表明，臭氧耗损恢复会引起更强的对流层增温，与不考虑臭氧恢复相比，考虑臭氧恢复时，对流层增温更大，增幅最大的区域在对流层高层，北半球比南半球增温更大，尤其是北极冬季。然而，Hu等（2011）的结果受到强烈质疑，Previdi和Polvani

(2012) 通过比较分析，认为 Hu 等 (2011) 的结果可能是所比较的两组模式本身的差异所致，这两组模式对温室气体的变化有不同的响应，所以最终反映的还是温室气体的变化。McLandress 等 (2012) 利用海气耦合模式对有无臭氧恢复情形进行比较，结果表明，臭氧恢复对地面气温影响很小，并且呈现小幅度降温的趋势。

(三) 平流层水汽变化趋势预估的研究

关于平流层水汽变化，基于探空资料和卫星资料的研究都揭示了自从 20 世纪末到现在平流层水汽含量在增加 (Hurst et al., 2011; Scherer et al., 2008)。但是，这些研究都受制于有限的空间范围和有限的持续时间。水汽在 2000 年左右迅速降低及后来迅速增加有较好的观测和记载 (Fujiwara et al., 2010; Solomon et al., 2010)。例如，Solomon 等 (2010) 根据观测指出，2000～2009 年平流层水汽含量降低约 10%，这可能会减缓仅仅因为二氧化碳和其他温室气体引起的温度增温约 25%。

模式结果一致表明：GHGs 引起的全球增暖将导致热带对流层高度增加和热带对流层顶温度增加，这将使得未来通过热带对流层顶进入平流层的水汽量增加，但定量分析各模式所得的具体结果，还有一定的差别；并且，模式也一致认为随着全球变暖，Brewer-Dobson 环流强度将会加强，空气块在平流层的平均年龄（在平流层的停留时间）将降低，目前关于各种波动在其变化中所起的作用还没有一致看法。

九、平流层和中间层大气动力学急需研究的几个科学问题

从以上所述的近年来平流层与中间层大气动力学所取得的新进展可以看出，这 20 多年来，国际上关于平流层与中间层大气环流动力理论的研究取得了很大进展，它不仅揭示了平流层与中间层大气环流和波动变化的特征、成因和机制，以及对对流层环流和气候的影响过程，而且建立了数值模型并进行了数值模拟和将来变化趋势的预估。这些大大丰富了整个大气环流的动力理论，使人们对对流层、平流层和中间层大气环流和波动的本质有了更进一步的认识。但是，这些研究还是初步的，还有许多问题尚待进一步研究。

（一）急需大幅度增加平流层与中间层观测资料

对平流层和中间层大气环流和气候变化的研究和评估与对对流层大气环流和气候研究和评估相比要困难得多，这主要是由于平流层和中间层大气各要素观测数据较难获得。在全球观测系统中，平流层的观测主要倚重于气球探空和卫星观测，如果考虑数据的长期连续性（研究气候变化至少需要 30 年资料），则可利用的可探测到平流层的探空站数目大幅减少。全球有11 000多个陆地观测站、1200 多个浮标观测站和 1300 个左右的全球探空站。大多数观测站从 20 世纪 50 年代后期或 60 年代才开始有观测数据，大约只有 700 个站有连续的 30 年观测数据；并且，由于探测手段的限制，即使到现在，也只有少数探空气球可以探测到平流层中层以上的大气变化（>30 千米）；另外，由于观测站点迁移、观测仪器更新换代、仪器辐射更正，以及数据处理方法变更等引起各种误差，大大限制了探空资料的可用性。因此，当前不仅平流层与中间层观测资料大大缺乏，而且资料的订正也是研究平流层气候变化的重要环节。虽然众多组织和机构对无线电探空资料进行了分析和订正，产生了几种订正过的资料，比如 HadAT2（Hadley Centre Atmospheric Temperatures，Version 2，英国哈德莱中心）、RATPAC（Radiosonde Atmospheric Temperatures Products for Assessing Climate，美国国家海洋和大气局）、RAOBCORE（Radiosonde Observation Correction Using Reanalyses，维也纳大学气象和地球物理学系）等，但这些资料的可用性还需进一步验证。

（二）关于平流层与中间层波动与基本气流相互作用急需研究的几个重要科学问题

1. 关于热带平流层波动产生的机制

Matsuno（1966）从理论上发现热带波动以后，从实际观测资料也证实了在热带地区还存在着两种中高纬地区大气所没有的波动，即 MRG 波及 Kelvin 波。但是，产生这两种波的原因是什么至今还不太清楚，有的认为是热带 ClSK 强迫所产生的，有的则认为是中纬度的 Rossby 波与热带地区的重力波调谐而产生的。并且，近来许多研究热带太平洋、大西洋和孟加拉湾每年会出现大量热带气旋，这些热带气旋引起强对流活动将会产生重力波。这些重力波的特征、上传的动力过程及其与基本气流的相互作用至今还不清楚，急需研究。

2. 关于热带重力波在平流层 QBO 形成中作用

近年来，许多研究都表明仅用 Kelvin 波和 MRG 波不能完全解释热带平流层 QBO 产生的原因；并且理论和模式研究也表明了热带重力波在 QBO 产生时起到重要作用。然而，这些研究还仅仅是初步的，还有待进一步更有说服力的研究。因此，关于热带平流层与中间层重力波产生机制及其与基本气流相互作用过程仍是今后平流层与中间层大气动力学急需研究的重要问题之一。

3. 关于平流层爆发性增温机制

Matsuno 在 1971 年用行星波垂直传播解释了平流层爆发性增温。但是，近年来，根据气象卫星的观测资料发现南半球也存在着行星波，可是南半球并不发生爆发性增温。可见，仅仅用线性理论的观点是不能完全解释平流层爆发性增温的。因此，从非线性动力学进一步来解释平流层爆发性增温机制也是很必要的。

4. 平流层爆发性增温大振幅重力波的产生机制

根据观测资料，在爆发性增温发生时，平流层和中间层大气中的局地温度瞬时变化很大。根据 Heath 等（1974）的分析，这是受一种周期 2～4 小时，波长是 10～100 千米的大振幅重力内波作用的结果。这种大振幅重力内波是否在平流层爆发性增温时普遍存在，以及是如何产生的，这些也亟待进一步从观测和模式加以研究。

（三）关于平流层对对流层影响过程及机制

许多观测资料表明，平流层爆发性增温现象对对流层的长期天气过程有很大影响，但是，平流层爆发性增温是通过什么机制影响对流层的至今还不太清楚。并且，在北半球冬季，平流层极涡、纬向风异常和温度的下传对北半球和东亚冬季风和温度有重要影响。虽然这些影响的观测事实已有不少研究，然而，从动力上如何揭示在北半球冬季随着行星波的上传，而冷气块下传，从而影响东亚冬季风和气温的动力过程不清楚。这也是今后在研究平流层与中间层大气动力学中亟待研究的一个科学问题。

（四）急需开展对平流层光化学反应与动力过程相互作用的研究

在平流层与中间层大气中存在着臭氧与其他许多微量气体，臭氧及一些微量气体将吸收太阳辐射中的紫外线而进行光化学反应，这些光化学反应将要放出热量。这样，光化学反应所形成的热源势必影响平流层的基本气流与行星波的分布。以前讨论平流层行星波只注意对流层行星波的垂直传播，而忽略光化学过程对行星波的影响，因此，平流层光化学过程与动力过程的相互作用还有待研究。

（五）关于平流层与中间层数值模拟存在的问题与急需开展的几个重要研究

1. 平流层与中间层数值模拟存在的问题

目前平流层的数值模式远没有对流层数值模式发展得深入和全面，大多数模式在平流层和中间层大气没有足够的垂直和水平分辨率，这就使得平流层主要的变化特征，比如臭氧的输送和变化、平流层准两年振荡（QBO）等都缺乏足够的模拟（Baldwin et al.，2001）。目前平流层数值模式对平流层的模拟还存在较大误差，其系统性误差主要存在于五个方面：①热带平流层误差较大，主要表现为温度偏低，水汽含量低，传输较弱；②对火山爆发的响应较弱；③南极极涡和臭氧洞细节模拟不足；④平流层氯含量偏低；⑤硫酸盐气溶胶表面积密度数值变化较大。

2. 关于平流层 QBO 模拟与臭氧输运模式的改进

QBO 是平流层自然变率的主要模态，大多数模式现在还不能很好地模拟出平流层 QBO，这对于模式而言还是一个挑战。为了和观测相比较，有些模式选择人为加大上传 MRG 波和 Kelvin 波的振幅，以便使模拟结果与实际观测 QBO 相一致，这种处理虽可以成功地产生平流层的 QBO 现象，但并不能说明上述两种波动在 QBO 发生过程中的作用。并且，由于臭氧对太阳辐射中紫外线波段的选择吸收，所以如果在平流层和中间层数值模拟中仅仅考虑太阳辐射总量的变化，还不能模拟出平流层中太阳辐射加热率的变化，以及平流层温度和臭氧浓度数值。因此，在平流层和中间层数值模拟中还必须对辐射变化进行一定的波谱分解。

综上所述，平流层与中间层数值模拟不仅要包括大气的动力、热力过程而且还要包括臭氧的光化学过程，以及平流层和对流层的物质交换，它是很复杂的。目前国际上所提出的平流层与中间层数值模式都存在这样和那样的问题，构造一个能够较好反映平流层和中间层物理、化学、动力过程并具有很好垂直分辨率是当前许多国家密切关注的一个问题。由于平流层和中间层数值模式顶高度高，模式需要很高的垂直分辨率，因此平流层与中间层的数值模式要求不仅计算速度快，而且内存要大的超级计算系统。

3. 急需开展平流层下传信号的数值模拟及其在气候模式中的再现研究

观测研究已表明，平流层的异常信号可以向下传播到对流层，并对对流层的天气和气候产生影响。由于平流层过程的时间尺度比较长，所以平流层下传的异常信号可能是提高对流层中期预报水平的一个潜在预报因子。然而，目前利用集合预报系统模式对北半球冬季平流层异常信号下传导致的欧亚大陆低温过程的分析表明，模式虽然可以较好地抓住平流层中的初始异常信号，但却很难准确再现平流层异常信号的下传过程，而这正是模式未能准确预报对流层低温异常的重要原因。虽然还需对更多的个例和模式进行分析，但这一结果表明，数值模式对平流层异常信号的下传的再现存在很大不足，而这很可能是制约对流层中期天气预报的一个瓶颈。因此，深入分析模式不能准确再现平流层信号下传的原因，并对模式中的动力和物理过程进行有针对性的改进，将是未来平流层数值模拟和冬季气候变异预测的一个亟待开展的一项重要研究。

总之，平流层与中间层大气环流和波动中存在着许多动力学问题，这些问题正在吸引着各国大气动力学家的注意。目前为了搞清平流层和中间层大气的环流与波动特征、时空变化及机制、平流层与中间层大气的构造与组成、气溶胶、光化学及辐射、平流层与对流层相互作用过程，以及更好开展平流层与中间层数值模拟，国际上正在实行 SPARC 计划。我们可预言，通过 SPARC 计划的实施，对平流层与中间层大气动力学的认识将会取得更大进展。

参考文献

陈文，黄荣辉．1996a．中层大气行星波在臭氧的季节和年际变化中输运作用的数值研究．I. 常定流的情况．大气科学，20：513－523.

陈文，黄荣辉．1996b．中层大气行星波在臭氧的季节和年际变化中输运作用的数值研究．II.

波流相互作用的情况．大气科学，20：703－712.

陈文，康丽华．2006. 北极涛动与东亚冬季气候在年际尺度上的联系：准定常行星波的作用．大气科学，30：863－870.

陈文，魏科．2009. 大气准定常行星波异常传播及其在平流层影响东亚冬季气候中的作用．地球科学进展，24（3）：272－285.

黄荣辉，岸保勘三郎．1983. 关于冬季北半球定常行星波传播到另一波的研究．中国科学（B辑），26：940－950.

黄荣辉，陈金中．2002. 平流层球面大气地转适应过程和惯性重力波的激发．大气科学，26：289－306.

Ambaum M H P，Hoskins B J，Stephenson D B. 2001. Arctic Oscillation or North Atlantic Oscillation? J Climate，14：3495－3507.

Andrews D G，McIntyre M E. 1976. Planetary waves in horizontal and vertical shear：the generalized Eliassen-Palm relation and mean zonal acceleration. J Atmos Sci，33：2031－2048.

Baldwin M P，Dunkerton T J. 1999. Propagation of the Arctic Oscillation from the stratosphere to the troposphere. J Geophys Res，104：30937－30946.

Baldwin M P，Dunkerton T J. 2001. Stratospheric Harbingers of Anomalous Weather Regimes. Science，294：581－584.

Baldwin M P，Cheng X，Dunkerton T J. 1994. Observed correlations between winter-mean tropospheric and stratospheric circulation anomalies. Geophys Res Lett，21：1141－1144.

Baldwin M P，Gray L J，Dunkerton T J，et al. 2001. The quasi-biennial oscillation. Rev Geophys，39（2）：179－229.

Baldwin M P，Thompson D W J，Shuckburgh E F，et al. 2003a. Weather from the Stratosphere. Science，301：317－319.

Baldwin M P，Stephenson D B，Thompson D W J，et al. 2003b. Stratospheric Memory and Skill of Extended-Range Weather Forecasts. Science，301（5633）：636－640.

Black R X. 2002. Stratospheric Forcing of Surface Climate in the Arctic Oscillation. J Climate，15（3）：268－277.

Bridger A F，Stevens D E. 1982. Numerical Modeling of the Stratospheric Sudden Warming：Some Sensitivity Studies. Journal of Atmospheric Sciences，39：666－679.

Butchart N，Charlton－Perez A J，Cionni I，et al. 2011. Multimodel climate and variability of the stratosphere. J Geophys Res，116.

Charney J G，Draizin P G. 1961. Propagation of planetary-scale disturbances from the lower into the upper atmosphere. J Geophys Res，66：85－109.

Chen W，Graf H F，Takahashi M. 2002. Observed interannual oscillations of planetary wave forcing in the Northern Hemisphere winter. Geophys Res Lett，29（22）：30－31.

Chen W，Li T. 2007. Modulation of northern hemisphere wintertime stationary planetary wave activity：East Asian climate relationships by the Quasi-Biennial Oscillation. J Geophys Res，

112 (D20), doi: 10.1029.2007JD008611.

Chen W, Takahashi M, Graf H F. 2003. Interannual variations of stationary planetary wave activity in the northern winter troposphere and stratosphere and their relations to NAM and SST. J Geophys Res, 108 (D24): 4797.

Chen W, Yang S, Huang R H. 2005. Relationship between stationary planetary wave activity and the East Asian winter monsoon. J Geophys Res, 110: D14110.

Chimonas G, Nappo C J. 1989. Wave drag in the planetary boundary layer over complex terrain. Boundary-Layer Meteorol, 47: 217-232.

Christiansen B. 1999. Stratospheric Vacillations in a General Circulation Model. J Atmos Sci, 56 (12): 1858-1872.

Christiansen B. 2001. Downward propagation of zonal mean zonal wind anomalies from the stratosphere to the troposphere: Model and reanalysis. J Geophys Res, 106 (D21): 27307-27322.

Christiansen B. 2002. On the physical nature of the Arctic Oscillation. Geophys Res Lett, 29 (16): 1805.

Clark T L, Peltier W R. 1977. On the evolution and stability of finite amplitude mountain waves. J Atmos Sci, 34: 1715-1730.

Deser C. 2000. On the teleconnectivity of the Arctic oscillation. Geophys Res Lett, 27 (6): 779-782.

Dickinson R E. 1968. Planetary Rossby waves propagating vertically through weak westerly wind wave guide. J Atmos Sci, 25: 984-1002.

Dunkerton T. 1978. On the mean meridional mass motions of the stratosphere and mesosphere. Journal of the Atmospheric Sciences, 35 (12): 2325-2333.

Dunkerton T J. 1991. Nonlinear propagation of zonal winds in an atmosphere with Newtonian cooling and equatorial wave driving. J Atmos Sci, 48: 236-263.

Dunkerton T J. 1997. The role of gravity waves in the quasi-biennial oscillation. J Geophys Res, 102 (D22): 26053-26076.

Eliassen A, Palm E. 1961. On the transfer of energy in stationary mountain waves. Geophys Publ, 22: 1-23.

Eyring V, Butchart N, Waugh D W, et al. 2006. Assessment of temperature, trace species, and ozone in chemistry-climate model simulations of the recent past. J Geophys Res, 111 (D22): D22308.

Eyring V, Waugh D W, Bodeker G E, et al. 2007. Multimodel projections of stratospheric ozone in the 21st century. J Geophys Res, 112 (D16): D16303.

Eyring V, Shepherd T G, Waugh D W. 2010. SPARC Report on the Evaluation of Chemistry-Climate Models. SPARC Report No. 5, WCRP-132, WMO/TD-No. 1526.

Farman J, Gardiner B, et al. 1985. Large losses of total ozone in Antarctica reveal seasonal

ClO_x/NO_x interaction. Nature，315：207 - 210.

Forster P M，Fomichev V I，Rozanor E，et al. 2011. Evaluation of radiation scheme performance within chemistry climate models. J Geophys Res，116：D10302.

Fritts D C. 1982. Shear excitation of atmospheric gravity waves. Journal of atmospheric Sciences，39：1936 - 1952.

Fritts D C. 1984. Shear excitation of atmospheric gravity waves. II-Nonlinear radiation from a free shear layer. Journal of Atmospheric Sciences，41：524 - 537.

Fujiwara M，Vömel H，Hasebe F，et al. 2010. Seasonal to decadal variations of water vapor in the tropical lower stratosphere observed with balloon-borne cryogenic frost point hygrometers. J Geophys Res，115：D18304.

Geller M A，Alpert J C. 1980. Planetary Wave Coupling between the Troposphere and the Middle Atmosphere as a Possible Sun-Weather Mechanism. J Atmos Sci，37（6）：1197 - 1215.

Gillett N P，Akiyoshi H，Bekki S，et al. 2011. Attribution of observed changes in stratospheric ozone and temperature. Atmos Chem Phys，11（2）：599 - 609.

Harnik N，Lindzen R S. 2001. The effect of reflecting surfaces on the vertical structure and variability of stratospheric planetary waves. J Atmos Sci，58（19）：2872 - 2894.

Hartley D E，Villarin J T，Black R X，et al. 1998. A new perspective on the dynamical link between the stratosphere and troposphere. Nature，391（6666）：471 - 474.

Heath D F，Hilsenrath E，Krueger A J，et al. 1974. Observations of the global structure of the stratosphere and mesosphere with sounding rockets and with remote sensing techniques from satellites. Developments in Atmospheric Science，1：Structure and Dynamics of the Upper Atmosphere. Elsevier Scientific Publishing Co.，546：131 - 198.

Hines C O. 1974. A possible mechanism for the production of sun-weather correlations. J Atmos Sci，31（2）：589 - 591.

Hines C O. 1988. A modeling of atmospheric gravity waves and wave drag generated by isotropic and anisotropic terrain. J Atmos Sci，45：309 - 322.

Hodges Jr R. 1967. Generation of turbulence in the upper atmosphere by internal gravity waves. Journal of Geophysical Research，72（13）：3455 - 3458.

Holton J R，Lindzen R S. 1972. An updated theory for the quasi-biennial cycle of the tropical stratosphere. J Atmos Sci，29（6）：1076 - 1080.

Hu Y，Xia Y，Fu Q. 2011. Tropospheric temperature response to stratospheric ozone recovery in the 21st century. Atmos Chem Phys，11（15）：7687 - 7699.

Huang R H，Gambo K. 1982. The response of a hemispheric multi-level model atmosphere to forcing by topography and stationary heat sources. I，II. J Meteor Soc Japan，60：78 -108.

Huang R H，Gambo K. 1983. The response of a hemispheric multi-level model atmosphere to forcing by topography and stationary heat sources in summer. J Meteor Soc Japan，61：495 -

509.

Huang R H, Wang L. 2006. Interdecadal variation of Asian winter monsoon and its association with the planetary wave activity. Kuala Lumpur: Proc International Symposium on Asia monsoon: 126.

Hurst D F, Oltmans S J, Vömel H, et al. 2011. Stratospheric water vapor trends over Boulder, Colorado: Analysis of the 30 year Boulder record. J Geophys Res, 116, doi: 10.1029/2010jd015065.

IPCC. 2007. Climate Change 2007: the Physical Science Basis; Contribution of Working Group I to the fourth Assessment Report of the Intergovenmental Panel on Climate Change. Cambridge: Cambridge University Press: 996.

Jonsson A I, Fomichev V I, Shepherd T G. 2009. The effect of nonlinearity in CO_2 heating rates on the attribution of stratospheric ozone and temperature changes. Atmos Chem Phys, 9 (21): 8447 - 8452.

Kanzawa H. 1982. Eliassen-Palm flux diagnostics and the effect of the mean wind on planetary wave propagation for an observed sudden stratospheric warming. Journal of Meteorological Society of Japan, 60: 1063 - 1073.

Kawatani Y, Sato K, Dunkerton T J, et al. 2010. The roles of equatorial trapped waves and internal inertia-gravity waves in driving the quasi-biennial oscillation. Part I: Zonal mean wave forcing. J Atmos Sci, 67: 963 - 980.

Kida H. 1977. A numerical investigation of the atmospheric general circulation and stratospheric-tropospheric mass exchange. I-Long-term integration of a simplified general circulation model. II-Lagrangian motion of the atmosphere. Journal of Meteorological Society of Japan, 55: 52 - 88.

Kuroda Y, Kodera K. 1999. Role of planetary waves in the stratosphere-troposphere coupled variability in the Northern Hemisphere winter. Geophys Res Lett, 26: 2375 - 2378.

Lee X, Neumann H H, Hartog G, et al. 1997. Observation of gravity waves in a boreal forest. Boundary-Layer Meteorol, 84: 383 - 398.

Lilly D K, Kennedy P J. 1973. Observations of a stationary mountain wave and its associated momentum flux and energy dissipation. J Atmos Sci, 30: 1135 - 1152.

Lindzen R S, Holton J R. 1968. A Theory of the Quasi-Biennial Oscillation. J Atmos Sci, 25 (6):1095 - 1107.

Matsuno T. 1966. Quasi-geostrophic motions in the equatorial area. J Metor Soc Japan, 44: 25 - 43.

Matsuno T. 1970. Vertical propagation of stationary planetary waves in the winter Northern Hemisphere. Journal of the Atmospheric Sciences, 27 (6): 871 - 883.

Matsuno T. 1971. A dynamical model of the stratospheric sudden warming. J Atmos Sci, 28 (8), 1479 - 1494.

Matsuno T, Nakamura K. 1979. The eulerian and lagrangian mean meridional circulations in the stratosphere at the time of a sudden warming. J Atmos Sci，36：640－654.

McLandress C，Perlwitz J，Shepherd T C. 2012. Comment on 'Tropospheric temperature response to stratospheric ozone recovery in the 21st century' by Hu et al.（2011）. Atmos Chem Phys，12（5）：2533－2540.

Michou M，Saint-Martin D，Teyssèdre H，et al. 2011. A new version of the CNRM Chemistry-Climate Model，CNRM-CCM：description and improvements from the CCMVal-2 simulations. Geoscientific Model Development，4（4）：873－900.

Ming F C，Chen Z，et al. 2010. Analysis of gravity-waves produced by intense tropical cyclones. Ann Geophys，28：531－547.

Monahan A H，Pandolfo L，Fyfe J C. 2001. The preferred structure of variability of the Northern Hemisphere atmospheric circulation. Geophys Res Lett，28（6）：1019－1022.

Myhre G，Nilsen J S，Gulstad L，et al. 2007. Radiative forcing due to stratospheric water vapour from CH（4）oxidation. Geophys Res Lett，34（1）：L01807.

Nappo C J，Chimonas G. 1992. Wave exchange between the ground surface and a boundary-layer critical level. J Atmos Sci，49：1075－1091.

Nigam S. 1990. On the structure of variability of the observed tropospheric and stratospheric zonal-mean zonal wind. J Atmos Sci，47（14）：1799－1813.

O'Neill A，Youngblut C. 1982. Stratospheric warmings diagnosed using the transformed eulerian-mean equations and the effect of the mean state on wave propagation. Journal of Atmospheric Sciences，39：1370－1386.

Palmer T. 1981. Diagnostic study of a wavenumber-2 stratospheric sudden warming in a transformed Eulerian-mean formalism. Journal of the Atmospheric Sciences，38（4）：844－855.

Pawson S，Kodera K，Hamilton K，et al. 2000. The GCM-Reality intercomparison project for SPARC（GRIPS）：scientific issues and initial results. Bull Amer Meteor Soc，81（4）：781－796.

Perlwitz J，Graf H F. 2001. Troposphere-stratosphere dynamic coupling under strong and weak polar vortex conditions. Geophys Res Lett，28（2）：271－274.

Pfister L，Chan K R，Bui T P，et al. 1993. Gravity waves generated by a tropical cyclone during the STEP tropical cyclone program：A case study J G R，98：8611－8638.

Plumb R A，Semeniuk K. 2003. Downward migration of extratropical zonal wind anomalies. J Geophys Res，108（D7），4223.

Previdi M，Polvani L M. 2012. Comment on 'Tropospheric temperature response to stratospheric ozone recovery in the 21st century' by Hu et al.（2011）. Atmos Chem Phys，12（11）：4893－4896.

Quiroz R S. 1977. The tropospheric-stratospheric polar vortex breakdown of January 1977. Geophys Res Lett，4：151－154.

Reed R J，Rogers D G. 1962. The Circulation of the Tropical Stratosphere in the Years 1954－

1960. Journal of Atmospheric Sciences，19：127－135.

Reed R J，Wolfe J L，et al. 1963. A spectral analysis of the energetics of the stratospheric sudden warming of early 1957. Journal of Atmospheric Sciences，20：256－275.

Sato K，Dunkerton T J. 1997. Estimates of momentum flux associated with equatorial Kelvin and gravity wave. J G R，102：26247－26261.

Scherer M，Voemel H，Fueglistaler S，et al. 2008. Trends and variability of midlatitude stratospheric water vapour deduced from the re-evaluated Boulder balloon series and HALOE. Atmos Chem Phys，8（5）：1391－1402.

Scherhag R. 1952. Die explosionsartigen Stratosphärenerwärmungen des Spätwinters 1951—1952，Ber Deutsch Wetterdienst，6（38）：51－63.

Schmitz G，Grieger N. 1980. Model calculations on the structure of planetary waves in the upper troposphere and lower stratosphere as a function of the wind field in the upper stratosphere. Tellus，32：207－214.

Schoeberl M R，Strobel D F. 1980. Numerical simulation of sudden stratospheric warmings. Journal of Atmospheric Sciences，37：214－236.

Seidel D J，Gillett N P，Lanzante J R，et al. 2011. Stratospheric temperature trends：our evolving understanding. Wiley Interdisciplinary Reviews-Climate Change，2（4）：592－616.

Shepherd T G，Jonsson A L. 2008. On the attribution of stratospheric ozone and temperature changes to changes in ozone-depleting substances and well-mixed greenhouse gases. Atmos Chem Phys，8（5）：1435－1444.

Smith R B. 1985. On severe downslope winds. J Atmos Sci，42：2597－2603.

Solomon S，Rosenlof K H，Portmann R W，et al. 2010. Contributions of Stratospheric Water Vapor to Decadal Changes in the Rate of Global Warming. Science，327（5970）：1219－1223.

Stolarski R S，Douglass A R，Newman P A，et al. 2010. Relative Contribution of Greenhouse Gases and Ozone-Depleting Substances to Temperature Trends in the Stratosphere：A Chemistry-Climate Model Study. J Climate，23（1）：28－42.

Takahashi M B，Boville A. 1992. A three-dimensional Simulation of the equatorial quasi-biennial oscillation. J Atmos Sci，49：1020－1035.

Thompson D W J，Wallace J M. 1998. The Arctic Oscillation signature in the wintertime geopotential height and temperature fields. Geophys Res Lett，25（9）：1297－1300.

Thompson D W J，Wallace J M. 2000. Annular Modes in the Extratropical Circulation. Part I：Month-to-Month Variability. J Climate，13（5）：1000－1016.

Uccellini L W. 1975. A case study of apparent gravity wave initiation of severe convective storms. Mon Weather Rev，103：497－513.

Van Loon H，Jenne R L，Labitzke K. 1973. Zonal harmonic standing waves. Journal of Geophysical Research，78（21）：4463－4471.

Wallace J M. 2000. North Atlantic Oscillation/Annular Mode：Two paradigms-One phenomenon. Quart J Roy Meteor Soc，126（564）：791－805.

Wallace J M，Gutzler D S. 1981. Teleconnections in the geopotential height field during the Northern Hemisphere winter. Mon Wea Rev，109：784－812.

Wallace J M，Kousky V E. 1968. Observational evidence of Kelvin waves in the tropical stratosphere. J Atmos Sci，25：900－907.

Wallace J M，Thompson D W J. 2002. The Pacific Center of Action of the Northern Hemisphere Annular Mode：Real or Artifact? J Climate，15（14）：1987－1991.

Wang L，Huang R H，Gu L，et al. 2009. Interdecadal variation of the East Asian winter monsoon and their association with quasi-stationary planetary wave activity. J Climate，22：4860-4872.

WMO. 1994. Scientific Assessment of Ozone Depletion. WMO，Project Report 1994，No. 37.

WMO. 2006. Scientific Assessment of Ozone Depletion：2006. World Meteorological Organisation，Global Ozone Research and Monitoring Project- Report，50：572.

WMO. 2010. Scientific Assessment of Ozone Depletion：2010. 516.

Yanai M，Maruyama T. 1966. Stratospheric wave Disturbances propagating over the equatorial Pacific. J Meteor Soc Japan，44：291－294.

Zheng X Y，Zeng Q C，Huang R H. 1991. The propagation of inertia-gravity waves and their influence on mean zonal flow. Part one：the propagation of inertia-gravity waves，Adv Atmos Sci，8：431－446.

Zheng X Y，Zeng Q C，Huang R H. 1992. The propagation of inertia-gravity waves and their influence on zonal mean flow. Part two：wave breaking and critical levels. Adv Atmos Sci，9：29－36.

Zhou S，Miller A J，Wang J，et al. 2002. Downward-Propagating Temperature Anomalies in the Preconditioned Polar Stratosphere. J Climate，15（7）：781－792.

中尺度动力学研究进展*

“中尺度”这一术语最早出现在 Ligda（1951）的一篇回顾天气雷达应用的论文中。后来 Orlanski（1975）定义空间尺度为 2～2000 千米的天气系统为中尺度天气系统，并进一步分类为空间尺度为 200～2000 千米的天气系统为中-α 尺度天气系统，20～200 千米的天气系统为中-β 尺度天气系统，2～20 千米的天气系统为中-γ 尺度天气系统。Fujita（1981）进一步提出中尺度天气系统空间范围为 4～400 千米，并进一步分类如下：范围为 40～400 千米的天气系统为中-α 尺度天气系统，4～40 千米的天气系统为中-β 尺度天气系统。后来，Orlanski 的分类方法慢慢被学者默认和采用，即认为水平范围为 200～2000 千米的天气系统为中-α 尺度天气系统，20～200 千米的天气系统为中-β 尺度天气系统，2～20 千米的天气系统为中-γ 尺度天气系统。按着 Orlanski 的分类可以看出中尺度天气系统可以包括气旋波、台风、对流辐合体、中尺度对流系统、低涡、切变线、中尺度涡旋、中尺度急流、海陆风、飑线、龙卷风等。可见，中尺度天气系统内容丰富，空间尺度跨度较大，从大的气旋波、台风到小的龙卷及对流，用动力学去研究这些不同的对象，在理论和方法上必然也有极大的甚至是本质的差别。限于篇幅，这里集中回顾与展望针对典型中-β 尺度，现在通常又称为中-β 尺度天气系统的中尺度动力学研究进展。

本文回顾了中-β 尺度动力学研究的主要进展，其中包括扰动诊断气压方程。利用该诊断方程说明了在中尺度系统中也有明显的静力调整过程。中尺度不稳定理论研究进展集中在由 A-S 表示的方法上，特别阐明了理查逊数在湿大气稳定性研究上的应用问题。对位涡理论在中尺度中的应用也进行了回顾，并指出在有地形存在时，位涡表达式需要修正，且提出了二阶位涡。在重力波研究方面回顾了重力波的理论研究，特别强调了如何利用观测资料来找出重力

* 高守亭，中国科学院大气物理研究所

波。最后还回顾了目前中尺度研究中存在的若干问题，而且这些问题急需进一步深入研究。

一、扰动气压诊断方程

近些年来，中-β尺度动力学研究中的一个重要进展就是得到了扰动气压诊断方程，这为静力平衡维持与调整的物理解释做出了重要贡献。

气象学者们大都知道，大尺度天气系统在运动过程中是遵循静力平衡条件下的准地转运动，如果地转平衡或热成风平衡被破坏，则有ω方程来调整。在垂直方向上，静力平衡是永远成立的，因为在准地转理论中不涉及浮力（主要在垂直方向），所以没有明显的破坏静力平衡的要素存在。可β-中尺度天气系统就不一样了，在这类中尺度系统中，如暴雨中尺度系统中，由于潜热加热等因素，浮力明显存在。由于浮力的存在，在垂直方向上是否会像大尺度运动那样静力平衡还能保持成立，这是必须要回答的首要科学问题。针对这样一个科学问题，气象学家通过多年努力在动力学上提出了如下的扰动气压与诊断方程（Markowski and Richardson，2010）：

$$\alpha_{\circ}\nabla^2 p' = -\nabla(\vec{V}\cdot\nabla\vec{V}) + \frac{\partial B}{\partial z} - \nabla\cdot(f\vec{k}\wedge\vec{V}) \tag{1}$$

式中，$B=-\frac{p'}{p_0}g$，而另外在垂直方向上的运动方程为

$$\frac{\mathrm{d}w}{\mathrm{d}t} = -\frac{1}{p_0}\frac{\partial p'}{\partial z} - \frac{p'}{p_0} \tag{2}$$

由式（13-1）可以得到

$$\alpha_{\circ}\nabla^2 p'_b = \frac{\partial B}{\partial z} \tag{3}$$

由式（3）便知$-p'$正比于$\frac{\partial B}{\partial z}$时，当$\frac{\partial B}{\partial z}>0$时，则有$p'>0$，当$\frac{\partial B}{\partial z}<0$时，则有$p'<0$。这样一来，在最大浮力中心以上出现加压，而在最大浮力中心以下出现减压。这就造成$\frac{\partial p'}{\partial z}>0$，结果使式（2）中$-\frac{1}{p_0}\frac{\partial p'}{\partial z}<0$，造成式（2）中右边项即扰动气压垂直梯度与浮力出现两者之间的准平衡关系，这样一来，使式（2）的左边项$\frac{\mathrm{d}w}{\mathrm{d}t}$保持最小或为零，维持了静力平衡关系。从这个讨论中可以看到中-β尺度系统最主要的是通过浮力与扰动气压垂直梯度之间的平

衡来调整使得静力平衡尽量得以维持，而不是像大尺度运动那样通过准地转 ω 方程来调整从而维持地转平衡与热成风平衡。尺度不同，调整的方式与对象也都不同。

二、中尺度不稳定理论研究

众所周知，大尺度动力学中存在着正压不稳定和斜压不稳定。在这方面已有成千上万篇研究论文。这方面研究的基本前提条件是地转平衡、静力平衡及质量平衡。这两种不稳定都同速度剖面中存在拐点相联系（Drazin and Howard，1966）。这两种不稳定理论（或说拐点不稳定）遇到的瓶颈问题是它们无法很好地解释大气环流中的能量耗散。直到 20 世纪 90 年代 McWilliams 和 Yavneh（1998）提出了非平衡湍流串级才是解释环流能量耗散的一种有效方法。McWilliams 和 Yavneh（1998）提出了 A-S 与不稳定相联系的方法，这里 A 是在等熵面上的绝对涡度（实际上就是位涡），S 是等熵面上的应变场（即是变形场）。按照 Molemaker 等（2005）的论文，A 及 A-S 可以被分别表示为

$$A = f\left(1-\frac{1}{R_i}\right) \tag{4}$$

$$A\text{-}S = f\left(1-\frac{2}{R_i}\right) \tag{5}$$

式中，$S=\sqrt{(u_x-V_y)^2=(V_x+u_y)^2}$（是在等熵面上的总变形），$A=f+V_x-u_y$ 是等熵面上的绝对涡度。利用 A-S 就可以讨论不同类型的不稳定（详见他们的论文）。

由以上的讨论可以看出，不管是大尺度还是以下要讨论的中尺度运动系统，只要涉及稳定性问题，就必须要牵连到三个量，即涡度 A、变形 S 和理查逊数 R_i。如果使用 A-S 判据，由式（5）可知 R_i 是唯一出现的无量纲参数，在中尺度运动系统中也是如此，中尺度运动中的最主要不稳定是对称不稳定和切变不稳定，而这两种不稳定都是以理查逊数 R_i 的大小为判据，这些都说明理查逊数是我们最主要关注的无量纲参数。

Stone（1966）的研究结果指出，当 $R_i<1/4$ 时，会出现切变不稳定；当 $R_i<0.95$ 时，会出现对称不稳定。既然理查逊数如此重要，这就涉及理查逊数的准确表达问题。在干大气中 R_i 被定义为

$$R_i = \frac{N^2}{\left(\frac{\partial V}{\partial z}\right)^2} \tag{6}$$

式中，$N^2 = \frac{g}{\theta}\frac{\partial \theta}{\partial z}$；$V$ 是水平风速。

可见，Stone 研究的结果是针对干大气的，可实际大气是湿大气，尤其是在暴雨临发生前，大气环境是明显高湿的，甚至已有凝结发生（如云的存在），所以这时用干大气中的理查逊数去判别不稳定已不符合客观的环境条件。针对这样的实际问题，Gao 等（2004a）给出了可表征湿大气热力状况的广义湿位温，其表达式为

$$\theta^* = \theta \exp\left[\frac{Lq_s}{c_pT}\left(\frac{q}{q_s}\right)^k\right] \tag{7}$$

式中，q_s 是饱和比湿；q 是湿大气具有的实际比湿，当 $q=0$ 时，$\theta^* = \theta$ 即为干大气位温；当 $q = q_s$ 时，$\theta^* = \theta_e$ 即为饱和湿大气位温。在此基础上，魏萨拉频率可被重新定义为 $N^{*2} = \frac{g}{\theta^*}\frac{\partial \theta^*}{\partial z}$，进而有新的理查逊数为 $R_i^* = \frac{N^{*2}}{\left(\frac{\partial V}{\partial z}\right)^2}$，对稳定性判据理查逊数做了重要改进。

三、位涡动力学研究

位涡是一个动力不变量，在干大气中，最初由 Rossby（1940）给出正压大气位涡，后又由 Ertel（1942）给出了斜压大气中的位涡表达式为

$$Q = \frac{\vec{\zeta}_a \cdot \nabla \theta}{p}$$

式中，$\vec{\zeta}_a$ 是绝对涡度；θ 是位涡，且有 $\frac{dQ}{dt}=0$。

由于位涡是一个物质不变量，并在平衡条件下，它具有可反演性，所以 20 世纪在大气和海洋动力学中有广泛应用。Hoskins 等（1985）又提出了“IPV Thinking”来分析和解释如气旋等天气系统的发展。由于是干大气位涡，所以用干位涡研究的对象主要是限于干大气中的天气现象。可中-β 尺度天气系统很多是和大气的湿过程相联系的，且以暴雨中尺度天气系统最为典型。针对这样的实际问题，后来 Bennetts 和 Hoskins（1979）又给出了饱和湿大气中的湿位涡，定义为

$$Q_m = \frac{\vec{\zeta}_a \cdot \nabla\theta_e}{p}$$

式中，θ_e 是相当位温。

由于水汽的存在，湿位涡虽具有守恒性，但已不具有可反演性。利用湿位涡及其异常可研究饱和湿大气中如暴雨天气系统等问题。可实际大气中常出现相对湿度较大的非均匀饱和现象，如出现湿霾、轻雾、浓雾等天气现象，同时也发现即使在暴雨过程中，由于湍流和干空气侵入，暴雨中尺度系统内也不是处处饱和的，针对这些现象，Gao 等（2004b）又提出了基于广义位温 θ^* 基础上的广义湿位涡，其表达式为

$$Q^* = \frac{\vec{\zeta}_a \cdot \nabla\theta^*}{p}$$

式中，θ^* 是广义湿位涡。

广义湿位涡尽管只有近似守恒性，但利用它的异常特征，可展开对桑拿天气、雾及暴雨等非均匀饱和的天气现象进行 Q^* 诊断研究。

Cao 和 Xu（2011）从 WRF 模式对应的地形追随坐标系原始方程组出发，推导出静力位涡的完整表达式，发现与传统形式相比，增加了地形相关因子的完整形式满足位涡守恒定律，与传统差分计算和 WRF 后处理方法相比，直接计算方法精度高且对模式输出资料应用更便利，且这一结论可被推广到任意坐标系下，特别适用于研究中-β 尺度现象中的位涡。

尽管位涡一直显示出其优势，但在强对流天气中往往垂直涡度和位温梯度不再平行，两者之间的夹角常常比较大，这时位涡近似为零，成了一个弱信号，这时在天气诊断中位涡不好应用。Gao 等（2004a）构造出由涡度和位温梯度叉乘对应的物理量（CVV），使之成为一个强信号。在暴雨、台风等天气诊断分析中应用广泛（Gao and Cao，2007）。

天气预报实践发现，重要的不是气象要素本身，而往往是要素的梯度，如气压梯度、温度梯度、位温梯度、位涡梯度等都比其气压、温度、位温及位涡本身更重要。可见，要素的梯度才是最值得关心的。气象学者们已经知道用位温梯度可以定义锋生函数，可构成位涡等。那么自然引申的问题是位涡梯度能起什么作用，用它又可以构成什么？这就构成了一个需要回答的科学问题。另外，在预报实践中，如法国目前高空是用等位涡图来分析与预报天气，在实际需求上也提出了一个新的问题，那就是在等位涡图上分析什么？怎么最有效地利用等位涡图去做好天气预报。为了满足这种实际的需要及回答以上存在的科学问题，Gao（2011）给出了一个新的不变量叫二阶位涡，定义为

$$Q_s = \frac{\vec{\zeta}_a \cdot \nabla Q}{p}，且满足 \frac{dQ_s}{dt} = 0$$

式中，∇Q 是位涡梯度，并指出二阶位涡 Q_s 不仅可以研究对流层顶动力学，而且可以研究中-β 尺度天气现象，特别指出在等位涡面上可以分析二阶位涡的变化来诊断和预报天气，使位涡动力学向前又推进一步。

四、重力波研究

地形重力波或风切变重力波在大气中无时不在，关于重力波的研究最早可追溯到 20 世纪 40 年代，在这当中最有名的就是 Scorer（1949）的研究。他的研究中提出了 Scorer 数 $l^2 = N^2 /\overline{u}^2 - \overline{U}^{-1}\frac{d\overline{u}}{dz^2} - k^2$ 。后来有很多人来研究重力波及其对它的参数化，如 Tom Beer（1974 年）写出了《大气波动》（*Atmospheric Waves*）一书。Holton（1972）在他动力气象书中也专门有重力波的内容。Pedlosky（2003）写出了《大气海洋中的波动》一书。Paul Maxko Wski 和 Yvette Richardson（2010 年）写出《中纬度中尺度气象学》，在这部书有专门描写重力波的章节。McFarlane（1987）还专门研究了重力波的参数化。在我国，张玉玲（1999）、寿绍文等（2003）、高守亭（2007）等一批中尺度学者也都在他们的书中写了重力波的专门章节，内容涉及重力波的传播、极化、反射和临界层，以及重力波性质方面的讨论。由于该方面的内容很多，没法用有限篇幅表达出来，重力波的每一个方面都可以写成一本书，所以这里不再详细展开。在这方面最可喜的研究是 Richard S. Scorer 完成的，他不仅发表了许多关于重力波的论文，还在他的书里写了详细地推导及考证过程（Scorer，1997）。另外值得一提的是 McWilliams。他不仅有许多该方面的研究论文，而在他的研究生教材中（McWilliams，2006）也详细地研究了浅水方程框架下的重力波及适应问题，对 Rossby 变形半径 $R = \frac{N/f}{f}$ 做了很好的物理解释。另外，Pedlosky（2003）在他的书中对单个重力波不搬运位涡做了很好的证明。

以上研究主要限于重力波的理论方面，可重力波是大气和海洋中一种常见的基本波动。如何从获取的观测资料中识别各种类型的重力波是大气和海洋观测研究的一个重点，同时也是一个难点。由于实际大气具有多尺度性，并且重力波又是一种频散波，所以真实大气中的重力波多以混和波组成的波包形式存在，而单色波很少被观测到。波-流相互作用、波-波相互作用、波-湍流相互作用、波破碎及波反射等物理过程会导致重力波不断地发展变化，所以从这个角度看，重力波是瞬变的，即重力波的振幅和位相都是时间和空间的函数，并且在时间和空间上快速变化。正是重力波的这种非单色性和瞬变性使得从各种资料中识别重力波变得非常复杂。

若要从资料中全面地识别重力波，不但要确定重力波的波参数（频率和波数），还要分析这些波参数的时间演变和空间分布特征。几十年来，谱分析方法一直是分析气象和海洋观测资料的基本方法，其本质是把时间序列资料变换到谱（频率或波数）空间，在频率或波数空间根据与广义谱斜率（谱斜率是波数和频率的函数）有关的能级来识别波信号。虽然谱分析方法可以确定某波段波的存在，并且可以设计相应的带通滤波器分离出该波段的波，但是谱分析方法不能抓住波频率、波数、振幅和位相的时间和空间变化特征。在这方面，小波分析恰好可以弥补谱分析方法的不足（Torrence and Compo，1998；Grivet-Talocia et al.，1999）。小波分析的优点在于不需要增加原始资料的信息量，就可以把资料的谱空间特征与物理空间特征联系起来。

近几年来，小波分析和交叉谱分析结合使用，即交叉谱分析-小波变换方法，逐渐成为一种流行的资料分析方法，广泛地应用在各个科学研究领域（Cho，1995；Torrence and Compo，1998；Whitcher et al.，2000）。交叉谱分析-小波变换方法的优势在于它不仅能定量地分析时间序列资料中的波频率、位相和振幅，而且能明确地给出该频率在时间序列中的位置。有研究表明交叉谱分析一小波变换方法是研究重力波的有力工具，Schöch 等（2004）采用交叉谱分析-小波变换方法分析雷达资料中对流层重力波的特征，并通过计算 Stokes 参数分析重力波的传播方向；Lu 等（2005）采用这种方法分析了飞机观测资料中重力波的时间变化特征，并在物理空间重建重力波。通过计算 Stokes 参数，Lu 等（2005）进一步揭示了重力波的半极化特征。

（一）理论基础

应用交叉谱分析-小波变换方法识别重力波的理论基础是重力波的极化理论。在压力-对数坐标系中，描写短周期小尺度纯重力波的线性化扰动方程组可以写为（Andrews，1987）

$$u_t + \Phi_x = 0 \tag{8}$$

$$v_t + \Phi_y = 0 \tag{9}$$

$$u_x + v_y + p_0^{-1}(p_0 w)_z = 0 \tag{10}$$

$$\Phi_{zt} + N^2 w = 0 \tag{11}$$

式中，$z = -H\ln(p/p_s)$ 是压力-对数垂直坐标；u，v 和 w 分别为纬向、经向和垂直方向的扰动速度；N^2 是浮力振荡频率；Φ 是扰动重力位势；p_0 是基本态密度，所有变量的下标都代表偏导数。假设存在如下形式的波动解

$$(u,v,w,\Phi) = e^{z/2H}Re[(U,V,W,\hat{\Phi})\exp i(k_i + ly + mz - \omega t)] \tag{12}$$

式中，$(U, V, W, \hat{\Phi})$ 是复的扰动振幅；(k, l, m) 是实的波数，但可以是正数，也可以是负数，H 是大气标准高度。将式（13-12）代入式（8）～式（11）可以得到如下振幅方程：

$$U = \frac{k}{\omega}\hat{\Phi} \tag{13}$$

$$V = \frac{l}{\omega}\hat{\Phi} \tag{14}$$

$$W = -\frac{\omega}{N^2}\left(m - \frac{i}{2H}\right)\hat{\Phi} \tag{15}$$

由式（13）和式（14）消去 $\hat{\Phi}$，然后把结果代入式（12）可以得到

$$u = \pm(|k|/|l|)v \tag{16}$$

由式（16）可见，(u,v) 之间的位相差是 π 的整数倍。

（二）利用交叉谱分析方法识别重力波

我们知道重力波椭圆极化方程的主要参数是振幅和位相差，因此重力波的识别主要是分析这两个参数的特征。交叉谱分析在这方面具有一定的优势，一方面它可以直接给出两个变量时间序列的位相谱，另一方面交叉振幅谱和相干谱可以给出波能量，反映某频率波动的强弱。正因为如此，交叉谱分析已逐渐成为从两个时间序列资料中分析识别重力波频率的主要方法（Cho，1995）。

根据 Jenkins 和 Watts（1968）的研究，交叉位相谱可以定义为

$$P(\omega) = \arctan\left(\frac{X^I Y^R - X^R Y^I}{X^R Y^R + X^I Y^I}\right) \tag{17}$$

交叉振幅谱可以定义为

$$A(\omega) = [(X^R Y^R + X^I Y^I)^2 + (X^I Y^R - X^R Y^I)^2]^{1/2} \tag{18}$$

式中，上标 R 和 I 分别为实部和虚部，X 和 Y 分别为两个任意变量的时间序列。

相干谱（或凝聚谱）可以定义为

$$R(\omega)^2 = \| XY^* \|^2 / \| X \|^2 \| Y \|^2 \tag{19}$$

式中，Y^* 是 Y 的共轭复算子。对式（19）取谱窗口平均后，相干谱的取值范围为 0～1。

如果相干谱值较大，并且对应的位相差又与纯重力波线性极化判据一致，那么就可以确定在两个变量时间序列中存在某个频率的能量较大的重力波。例如，对于 u 和 v 两个时间序列，如果与通过 95%显著性检验的相干谱峰值对应的位相差主要集中在±180°附近，与纯重力波线性极化判据基本一致，那么可以断定这两个时间序列中存在纯重力波。

根据纯重力波极化理论，交叉谱分析通过分析相干谱和位相谱不但可以成功地证实重力波的存在，而且还可以确定重力波的频率。

（三）利用小波变换分析重力波的时间特征

为了进一步分析纯重力波的时间演变特征，可以利用小波变换对交叉谱分析成功识别的重力波进行分析。对于一个给定的时间序列资料 f（t），小波变换可以定义为

$$T(\omega,t) = \langle \psi^*_{\omega,t}, f \rangle = \int \psi^*_{\omega,t}(\tau) f(\tau) \mathrm{d}\tau \tag{20}$$

式中，T 是小波变换系数；$\psi^*_{a,b}(t) = a^{-\frac{1}{2}}\psi[a^{-1}(t-b)]$ 是局地变换母函数；$*$ 是复共轭；$\langle\rangle$ 是内积；a 是尺度参数，与频率 ω 成反比，b 是位置参数。式（20）的意义在于它可以把时间序列资料 f（t）变换到频率-时间的子空间。如果给定某波的频率 ω_1（或波数 k_1），那么该波的时间（或空间）演变特征可以通过计算 $T(\omega_1,t)$（或 $T(k_1,x)$）得到重建。例如，首先选取交叉谱分析确定的重力波某个频率，然后针对该频率，利用小波变换分析时间序列的功率谱和位相谱，对 v 时间序列也做同样的分析；对比分析 u 和 v 的功率谱和位相，找出二者位相相差 π 的整数倍，并且对应着功率谱峰值的时间点，这个时间点就是该频率重力波发生显著变化的时间。

与傅里叶（Fourier）分析不同，小波变换的优点在于它可以给出某频率波动在时间序列中的位置，精确地告诉我们给该频率的波动何时出现。

（四）重建重力波

综合利用交叉谱分析-小波变换方法分析提供的信息可以重建重力波，进一

步确定这些物理波的时间演变特征。将前面交叉谱分析得到的频率 ω 和小波变换分析得到的振幅 $U(t)$，$V(t)$，$\theta(t)$ 和位相 $\phi(t)$ 代入如下波动解

$$u = U(t)\cos[\omega t + \phi_u(t)] \tag{21}$$

$$v = V(t)\cos[\omega t + \phi_v(t)] \tag{22}$$

$$\theta = \theta(t)\cos[\omega t + \phi_\theta(t)] \tag{23}$$

可以重建单频重力波，在此基础上可以分析这些波的局地结构特征。

五、中尺度动力学存在的问题

（一）垂直运动的计算问题

中尺度系统中的一个重要特征就是存在着明显的垂直上升运动。由于垂直运动至今没有直接测量，所以垂直运动的计算是中尺度系统研究中的重要内容，如何计算好垂直运动至今还没有好的方法。散度方法、绝热方法和准地转 ω 方程方法都有它们的局限及误差。如果垂直运动计算不准确，不仅影响到对中尺度系统的强弱估计，而且影响到对中尺度系统内云雨及其他现象的估计。因此垂直运动的精确计算问题是当前中尺度动力学研究的难点之一，需要迫切解决。

（二）变形场的物理量的应用问题

空气质点在运动过程中，不断发送旋转、辐散辐合及形变，这种特性分别用涡度、散度及变形三个物理量来描述，而在研究中尺度系统时，涡度、散度都已得到广泛应用。可变形场的应用却相对少。只是在研究锋生函数时用到变形场，而实际情况是变形场有很多用处，如前文中讲到的对稳定性的研究，就用到 A-S 这个量，其中 S 就是变形。同时变形这个量与理查逊数有关，可以用它来定义理查逊数（Straka，2009）。我们知道，为了刻画涡度的演变，在教科书中有涡度方程，为了刻画散度的变化，同样在教科书中有散度方程。但在一般教科书中没有描写变形演变的方程。高守亭（2007）给出了变形方程，但没有得到广泛的应用。

（三）云中水物质运动的描述问题

很多中尺度系统中，垂直上升运动会把大气低层水汽带到大气中高层，因遇冷而产生水汽相变为水凝物，即变成了云及云中的水物质。这就造成中尺度系统中含有云水、雨水、云冰、雪和软雹等，造成中尺度系统中含有多相流运动，这种多相流运动的规律与描述问题，目前还没有办法达到。在这方面还有研究的余地与前途。Nikolay（2002）写下了 *Multiphase Flow Dynamics*，希望致力于该方面研究的学者进行参考与借鉴。

（四）地形对中尺度系统的形成与发展的作用问题

很多中尺度系统的生成与发展与地形有关，地形起着阻挡气流运动，使气流分离，产生地形重力波并使风场、气压场、温度场均受到地形的扰动，因此研究地形对中尺度系统发生发展的影响是一个不可忽视的问题。目前所有数值模式都建立在地形追随坐标之上，很难显示地形的作用。研究地形作用时，绝大多数是通过加高地形或减少地形的办法来进行的，但实际地形是不能加高与减少的。实际地形的真正作用如何需要用更好的办法来研究，但目前还在探索中。该方面的研究需科学家们进行关注与努力。

参 考 文 献

高守亭 . 2007. 大气中尺度运动的动力学基础及预报方法 . 北京：气象出版社：215.

寿绍文，励申申，姚秀萍 . 2003. 中尺度气象学 . 北京：气象出版社 .

张玉玲 . 1999. 中尺度大气动力学引论 . 北京：气象出版社：313.

Andrews D G. 1987. On the interpretation of the Eliassen-Palm flux divergence. Q J R Meteorol Soc，113：323 - 338.

Beer T. 1974. Atmospheric waves. New York：Adam Hil Ger LTD：300.

Bennetts D A，Hoskins B J. 1979. Conditional symmetric instability-a possible explanation for frontal rainbands. Quar Jour of the Royal Meteor Soc，105：945 - 962.

Cao J，Xu Q. 2011. Computing hydrostatic potential vorticity in terrain-following coordinates. Mon Wea Rev，139：2955 - 2961.

Cho J Y N. 1995. Inertio-gravity wave parameter estimation from cross-spectral analysis. J Geophys Res，100：18 727 - 18737.

Drazin P G，Howard L N. 1966. Hydrodynamic stability of parallel flow of inviscid fluid. Adv Appl Mech，9：1 - 89.

Ertel H. 1942. Ein neuer hydrodynamischer Wirbelsatz. Meteor Z，59：271 - 281.

Fujita T T. 1981. Tornadoes and downbursts in the context of generalized planetary scales. J Atmos Sci，38：1511 - 1534.

Gao S，Cao J. 2007. Physical basis of generalized potential temperature and its application to cyclone tracks in nonuniformly saturated atmosphere. J Geophys Res，112：D18101.

Gao S T. 2011. The generalized PV-q View and their applications in the severe weather events. Pakistan：Climate Change and Sistainable Management of Water Resources in the Asia-Pacific Region.

Gao S T，Ping F，Li X F，et al. 2004a. A convective vorticity vector associated with tropical convection：A two dimensional cloud-resolving modeling study. J Geophys Res，109：D14106.

Gao S T，Wang X R，Zhou Y S. 2004b. Generation of generalized moist potential vorticity in a frictionless and moist adiabatic flow. Geophys Res Lett，31：L12113.

Grivet-Talocia S，Einaudi F，Clark W L，et al. 1999. A 4-yr climatology of pressure disturbances using a barometer network in central Illinois. Mon Weather Rev，127：1613 - 1629.

Holton J R. 1972. An Introduction to Dynamic Meteorology. New York：Elseviex Acalenic Press：250.

Hoskins B J，McIntyre M E，Robertson A W. 1985. On the use and significance of isentropic potential vorticity maps. Quart. J Roy Meteor Soc，111：877 - 946.

Jenkins G M，Watts D G. 1968. Spectral Analysis and Its Applications. Holden-Day，525.

Ligda M G H. 1951. Radar storm observation，Compendium of Meteorology. Amer Meteor Soc，1265 - 1282.

Lu C，Koch S，Wang N. 2005. Determination of temporal and spatial characteristics of gravity waves using cross-spectral analysis and wavelet transformation. J Geophys Res，110：D01109.

Markowsk P，Richardson Y. 2010. Mesoscale Meteorology in Midlatitudes. London：Willey-Blackwell.

McFarlane N A. 1987. The effect of orographically excited gravity wave drag on the general circulation of the lower stratosphere and troposphere. J Atmos Sci，44：1775 - 1800.

McWilliams J C. 2006. Fundamentals of Geophysical Fluid Dynamics. Cambridge：Cambridge University Press：249.

McWilliams J C，Yavneh I. 1998. Fluctuation growth and instability associated with a singularity of the Balance Equations. Phys Fluids，10：3178 - 3184.

Molemaker M J, McWilliams J C, Yavneh I. 2005. Baroclinic instability and loss of balance. Journal of Physical Oceanography, 35: 1505 - 1517.

Nikolay I K. 2002, Multiphase Flow Dynamics. New York: Springer: 692.

Orlanski I. 1975. A Rational subdivision of scales for atmospheric processes. Bull Amer Meteor Soc, 56: 527 - 530.

Pedlosky J. 2003. Waves in the Ocean and Atmosphere. New York: Springer: 260.

Rossby C G. 1940. Planetary flow patterns in the atmosphere. Quart J Roy Meteor Soc, 66: 68 - 87.

Schöch A, Baumgarten G, Fritts D C, et al. 2004. Gravity waves in the troposphere and stratosphere during the MaCWAVE /MIDAS summer rocket program. Geophys Res Lett, 31: L24S04.

Scorer R S. 1949. Theory of waves in the lee of mountains. Q J, 75: 41 - 56.

Scorer R S. 1997. Dynamics of Meteorology and Climate. London: Praxls Publishng LTD: 686.

Stone P H. 1966. On non-geostrophic baroclinic stability. J A S, 23: 390 - 400.

Straka J M. 2009. Cloud and Precipitation Microphysics. Cambridge: Cambridge University Press: 392.

Torrence C, Compo G P. 1998. A practical guide to wavelet analysis. Bull Am Meteorol Soc, 79 (1): 61 - 78.

Whitcher B, Guttorp P, Percival D B. 2000. Wavelet analysis of covariance with application to atmospheric time series. J Geophys Res, 104 (16): 297 - 316.

大气化学与气候变化*

一、现状与问题

气候系统是由大气圈、水圈、岩石圈、冰雪圈和生物圈组成的具有极其复杂的物理、化学和生物过程的巨系统。气候变化通常表现为在长期变化趋势上叠加着各种不同时间尺度的波动。不同时间尺度的气候变化有不同的控制过程和影响因子。几十到几百年时间尺度的气候变化过程和机制是自然过程和人为影响的非线性耦合。自然因素主要有太阳活动、火山活动等。人为因素包括各种人类活动，如土地利用和土地覆盖变化、化石燃料和生物质燃烧等。

虽然我们对各种空间与时间尺度的气候变化的原因还不十分清楚，但我们已知道在十到几百年的时间尺度上气候变化与大气化学成分变化的关系十分密切，特别是自工业革命以来，经济的发展、人口的增加、大量化石燃料的使用，以及农业方面生物质燃烧的增加、化肥使用的增多、作物副产品的腐烂、以养料和纤维喂养的动物产品的增加等导致了几种主要温室气体，如二氧化碳（CO_2）、甲烷（CH_4）和氧化亚氮（N_2O）排放量的增加，使得大气中这些气体浓度逐年增加。此外，人类活动所引起的全球污染物排放的增加已经造成了大气中光化学氧化物、酸性气体、气溶胶及其他有毒化学成分浓度的增加。这些污染物不仅对人类健康和生态系统，产生不利的影响，而且还引起另外一个温室气体臭氧浓度的增加。在现有的大气微量化学成分浓度发生较大变化的同时，人类还向大气排放了新的大气成分，有些化学物种在大气对流层稳定，但在平流层不稳定，不稳定的物种在大气中进一步发生化学反应，从而产生新的

* 徐永福，中国科学院大气物理研究所大气边界层物理和大气化学国家重点实验室

化学物种。因此过去一个世纪，人类活动已经大大地改变了大气的化学成分。此外，在过去一个世纪的观测中，发现辐射活性的微量气体和大气中粒子的变化似乎对气候趋势有主要作用，尤其是过去几十年来的气候变暖。

气候变化不仅使地表气温升高，同时还影响降水和风场的分布，甚至影响天气气候系统。有预测表明，气候变化会影响农业生产、洁净水的供应、陆地和海洋生态系统，以及疾病种类的变化。这些变化会对元素生物地球化学的循环带来严重影响，从而改变各种温室气体和气溶胶的源汇分布，同时改变它们在大气中的输送，进而会加剧改变大气成分，并进一步对气候产生影响。因此，大气化学与气候变化的关系，不是一个单一的关系，而有一个非常复杂的相互作用。

过去几十年里，科学界已进行了大量的研究工作。政府间气候变化专门委员会（IPCC）先后出版了四次评估报告和一次系列特别报告，比较全面系统地总结、评估了这一领域的过去研究成果和存在的问题。近几年来，在不断深入研究这些大气化学成分的源汇，温室气体对气候变化及气候变化对大气化学成分变化的单向影响的同时，注重研究他们间的相互作用，即反馈作用。本文的目的在于简述过去几十年来大气化学成分的改变所带来的气候变化，气候变化所致的大气化学成分的变化及它们两者间的相互作用，特别是近几年的工作，分析这些研究中可能存在的不确定性，进而提出今后研究的主要科学问题及研究领域。

二、国内外研究动向

大气化学与气候是国际学术界大气化学研究的新方向。大气化学是研究大气中化学组成及其变化的学科，重在对化学过程及化学现象的探究，而气候变化则是研究气候平均状态随时间变化的学科。尽管早在 19 世纪中叶，John Tyndall 已表明保持长波辐射的关键过程是大气中 H_2O 和 CO_2 对其选择性的红外吸收，瑞典化学家 Svante Arrhenius 的研究已呈现了地表温度对大气 CO_2 增加有大的敏感性，而在 20 世纪 30 年代后期 Guy Callendar 已断定化石燃料燃烧正在使大气 CO_2 浓度增加（Crutzen and Ramanathan，2000）。辐射活性气体（也称温室气体）只吸收很少一部分太阳辐射，但在吸收和发射长波辐射方面却很有效，因此这些气体存在的净效应是减少发射到空间的辐射能，增加了供给地表-对流层系统的辐射能，使地表增温。不过长期以来，大气化学和气候的研究往往是相互独立的，或者只是研究两者间的影响，少有研究它们间的相互作用的。

（一）大气成分变化对气候的影响

尽管水汽是最重要的温室气体，但其在大气中的分布主要由物理过程驱动（化学过程亦有贡献，如 CH_4 与 OH 反应会生成 H_2O），仅稍微受到人为活动的影响。因此在增强的温室效应中，水汽并不列在其中。IPCC AR4 报告（Forster et al.，2007）详细地总结和讨论了长短寿命气体及气溶胶 1750～2005 年的辐射强迫（RF）。最近，Isaksen 等（2009）进一步综述了这些物种对辐射强迫的贡献及气候变化对这些物种在全球分布上的影响，他们将时间延长到了 2007 年，总的说来，互相是一致的。长寿命气体主要是 CO_2、CH_4、N_2O 和卤化碳，后者在 IPCC AR4 中又分成两大类，第一类为氯氟碳化物和氢氯氟碳化合物，第二类指氢氟碳化物，全氟碳化物和六氟化硫。短寿命气体主要指对流层 O_3、平流层 O_3，以及化学反应产生的平流层水汽的变化。

工业革命以来，人类活动（化石燃料燃烧、土地利用等）使大气 CO_2 浓度增加了 110 多 ppm。根据 Mauna Loa 观测站的最新报道，2011 年 11 月大气 CO_2 浓度的月平均值已达到 392ppm。Le Quéré 等（2009）对全球碳收支做了深入的分析，指出在 2000～2008 年，化石燃料及土地利用排放的 9.1PgC/a 中，大气保留了 4.1PgC/a，陆地和海洋分别吸收了 3.0 和 2.3PgC/a，剩余的有 0.3PgC/a。她们最新的研究结果表明，2010 年是有史以来排放 CO_2 最多的一年，其中化石燃料排放 9.1±0.5 PgC/a，土地利用排放 0.9±0.7 PgC/a，大气、陆地和海洋分别吸收了这些碳源的 50%、26%和 24%①。不断增加的大气 CO_2 浓度增加了大气 CO_2 的辐射强迫，2005 年（相对 1750 年）CO_2 的 RF 为 1.66 瓦/米^2（Forster et al.，2007），而 2007 年达到了 1.72 瓦/米^2，并以每年 0.03 瓦/米^2 的速度增加（Isaksen et al.，2009）。无论是 IPCC AR4 中所用的 SRES 情景还是 IPCC AR5 中在用的所谓 RCP 情景都表明，未来大气 CO_2 还会持续增加，因此 CO_2 是未来长寿命气体辐射强迫的主要贡献者。

在过去的 65 万年，冰芯记录表示，地球大气的甲烷丰度一直变化在冰期时的约 400ppb 低值和间冰期的约 700ppb 的高值之间，来自 Vostok 冰芯的一个单独观测则达到约 770ppb，2005 年由 NOAA/GMD 运作的 40 个地面空气采

---

① 参见 http：//www.globalcarbonproject.org/carbonbudget

样站测得的全球平均值为 1774.62±1.22ppb（Forster et al.，2007），2010 年达到了约 1795ppb。从工业革命前到现在 CH_4 浓度已经增加了 1ppm，由此而产生的 RF 则为 0.48 瓦/米^2（Forster et al.，2007；Isaksen et al.，2009）。

工业革命前（如 1800 年前）的大气 N_2O 浓度一直保持着相对平稳状态，约为 270±7ppb，随后以相对迅速的速度增加，2005 已达到 319±0.12ppb，在过去的几十年中大气 N_2O 近似线性地以每年约 0.26%的速率增加（Forster et al.，2007）。最近，Beaulieu 等（2011）发现，来自河流、河口等浅水系统排放的 N_2O 通量比 IPCC 原来估计的高 2 倍，达到人为排放 N_2O 通量的 10%。由 N_2O 产生的辐射强迫约为 0.16（Forster et al.，2007；Isaksen et al.，2009）。

IPCC AR4 报告将卤化碳分成《东京协议》气体及《蒙特利尔议定书》气体，除四氟化碳外，其他气体工业革命前的值均为零，认为全都是人为产生的。《东京协议》气体中含氟气体包括 HFCs、PFCs 和 SF_6，这些物种在 2005 年的含量为几个 ppt 到 100 多 ppt，它们产生的辐射强迫为 0.017 瓦/米^2。《蒙特利尔议定书》中涉及的化学物种主要是那些破坏 O_3 的物种，其主要目的是为降低平流层氯和溴的浓度，这些物种中大多是辐射性很强的温室气体。这些气体包括 CFCs、HCFCs、氯化碳、溴化碳和哈龙，其中 CFC-11、CFC-12、HCFC-22 浓度在 2005 年均在 100 多 ppt（CFC-12 达到 538ppt），它们产生的 RF 为 0.17，占了卤化碳总 RF（0.337）一半左右，《蒙特利尔议定书》气体的 RF（0.320）占了总卤化碳辐射强迫的 95%。观测资料表明，大气中 CFC-11 和 CFC-113 自 20 世纪 90 年代中期开始就下降，而最高浓度的 CFC-12 在 2003 年也许已达峰值。因此，在不久的将来，N_2O 辐射强迫可能要超过 CFC-12 而成为第三个最强辐射强迫的长寿命气体。

短寿命气体及气溶胶引起的辐射强迫跟大气中的化学过程紧密相关，主要涉及水汽、臭氧、NO_2 和气溶胶。人为活动使用的水大概 70%用于灌溉，而灌溉对湿度、温度和降水都会产生影响，环流模式（GCM）模拟结果显示，在低对流层水汽有多达 1%的变化，导致 0.03 的 RF（Boucher et al.，2004）。此外，Gordon 等（2005）估计了因非森林化导致的水汽向大气输送的通量的减少量。尽管该减少量比灌溉引起水汽增加要大 2 倍，至今未有该效应对大气水汽含量的变化及其辐射效应的估计。IPCC AR4 报告也没有更多地讨论对流层水汽人为源的辐射强迫，因为这些人为源更重要的是通过其他过程影响地面温度，如影响表面蒸发及大气中水循环等。

平流层水汽含量的变化趋势是非常不确定的，它的源也不好建立。一般认为，平流层水汽所受的直接人为影响源于飞机及平流层增加的甲烷氧化所产生的水汽。IPCC AR4 报告采用的源于 CH_4 氧化的平流层水汽 RF 的最好估计为 0.07 瓦/米^2。来自飞机废气的平流层水汽的贡献目前很小，或许在未来随着飞机数量的增加而变得不可忽略。

对流层 O_3 是由 CO、CH_4 和非甲烷挥发性有机物（NMVOCs）在 NO_x 存在下由光化学反应产生的，另一个源来自于平流层，虽然对流层-平流层交换（STE）是一个较小的贡献，但其输入到上对流层，那里 O_3 的寿命特别长（约 1 个月），因此从辐射强迫角度来说显得最为重要。而对流层 O_3 的损失是通过化学反应和干沉降完成的。对流层 O_3 的收支及其与源汇的关系常通过 3D 化学输送模式得到。Stevenson 等（2006）比较了 25 个模式，得到平均的 STE、化学生产、化学损失和干沉降分别为 520±200、5060±570、4560±720 和 1010±220Tg/a，而其载荷及寿命为 340±40（Tg）和 22±2d。由对流层 O_3 增加而产生的辐射强迫为 0.35，是继 CO_2、CH_4 后的第三强温室气体（Forster et al.，2007）。

全球 O_3 量减少主要发生在 20 世纪 70 年代后期及 90 年代早期，最低值出现在 1992～1993 年，主要发生在南极的冬末及春天，9～10 月平均柱总量低于 1980 年前值的 40%～50%（Forster et al.，2007）。Gauss 等（2006）比较了 6 个模式，得到 1850～2000 年全球平流层 O_3 柱年均减少了 14～29Du。估计平流层 O_3 的 RF 在工业革命前至 2005 年为 0.05±0.10，而基于观测的 1979～1998 年的 RF 的最好估计为－0.05±0.05（Forster et al.，2007）。

NO_2 强烈吸收太阳辐射，因此对 RF 有贡献，由 NO_2 变化给出的首次估计值为 0.04 瓦/米^2（Kvalevag and Myhre，2007）。在 IPCC AR4 报告中，对气溶胶直接效应给出的值为－0.5 瓦/米^2，其范围为－0.9～－0.1 瓦/米^2。这么大的不确定性源于全球气溶胶估计间的重要差异。使用模式和卫星观测，Myhre（2009）估计的气溶胶直接效应的 RF 约为－0.3 瓦/米^2，不确定性是 IPCC 估计的一半，而在全球气溶胶互比研究（AeroCom）中，9 个模式使用相同的排放计算 RF，得到 RF 的平均值为－0.2，不确定性范围为 0.2（Schulz et al.，2006）。基于观测的研究估计了更强的总气溶胶直接效应（－0.8），不过 Bellouin 等（2008）使用新的卫星数据及额外敏感模拟更新了他们的估计，将 RF 值减少到了－0.65。

无论是根据 IPCC AR4 SRES 排放情景还是 IPCC AR5 的 RCP 情景，未来人为排放的 CO_2 肯定有很大的增加。Meinshausen 等（2011）将一套历史时期（1765～2005 年）的大气浓度观测和温室气体排放估计同由 4 个不同集成评估模式预估相匹配了的 2005～2100 年排放结合在一块，并考虑了这些物种循环中的气候反馈，得到了 RCP 的温室气体浓度及 2100 年后的延伸结果。例如，在 2100 年 CO_2 在 RCP2.6、4.5、6 和 8.5 时分别为 421、538、670 和 936ppm，而在 2300 年，这些值分别为 361、543、752、1962。同样也给出了 CH_4、N_2O 和卤化碳的浓度。除 CH_4 外，其他物种 2000 年以后的浓度均比 2000 年时高，而 CH_4 只在 RCP8.5 时升高，其他情景均降低。不过，该研究可能并没有全面考虑气候变化所引起源汇强度的变化，如永冻土的可能解冻等。

Lamarque 等（2011）研究了 RCP 情景下，短寿命辐射活性气体和气溶胶的全球及区域的演变。模拟结果表明，2000 年以后只有 RCP8.5 情景下对流层 O_3 才会增加（约 4Du），主要是由于 O_3 的重要前体物（NO_x，CO，VOCs）在各 RCP 情景时全球排放总量没有很大差别（除个别情况外，2100 年的 RCP8.5 NO_x 排放比其他 RCP 要高 45%～60%，2100 年 RCP6 的 CO 排放比 RCP4.5 排放高 66%）。但 RCP8.5 的甲烷排放远远高于其他 RCP 的排放量，这导致甲烷对流层浓度为 1500～3750ppb，这是对流层 O_3 的主要驱动力。他们得出，在 RCP8.5 情景下，2000～2100 年对流层 O_3 额外增加了 0.2 瓦/米^2，而其他情景则分别降低 0.07～0.2 瓦/米^2。他们模式估计 2100 年平流层 O_3（0～200hPa）在所有个例中都恢复到至少 1950 年以前的水平，RCP8.5 个例产生的 O_3 水平高于 1950 年以前的水平，甚至高于 1850 年水平。

单种气溶胶的直接 RF 比总的气溶胶 RF 更不确定。IPCC AR4 给出了以下物种的直接 RF，硫酸盐－0.4±0.2，化石燃料有机碳－0.05±0.05，化石燃料黑碳（BC）0.2±0.15，生物质燃烧 0.03±0.12，硝酸盐－0.1±0.1，矿物尘－0.1±0.2。最近，Ramanathan 和 Carmicheal（2008）估计，BC 的直接气溶胶效应为 0.9 瓦/米^2，该估计是使用观测、卫星反演和模式相结合的方法得到的。尽管大气中对太阳辐射的有效吸收的气溶胶物种是 BC，但在某种程度上，矿物气溶胶及某些有机物气溶胶也能吸收太阳辐射。不过，OC 能吸收太阳光谱中的短波的建议，至今还没有借助太阳吸收或 RF 定量过。

在 RCP 情景下，Lamarque 等（2011）讨论了气溶胶的直接效应，包括硫酸盐、硝酸铵、黑碳及有机碳，结果表明，2000 年以后随着人为排放的强烈减少，全球平均的模拟气溶胶光学厚度（AOD）都随时间减少。尽管在 21 世纪黑碳和有机碳人为排放的减少并不相当快，但人为 SO_2 排放减少得较快。虽然在所有 RCP 中氨排放均在增加，但模拟的全球铵气溶胶载荷在 2100 年是 0.37～0.48Tg（NH_4），比现在的 0.55 少，该减少跟较低 NO_x 排放有关。使用气溶胶外混合假设，他们分别计算了相对于 1850 年的 2000 年和 2100 年的气溶胶直接辐射强迫，结果表明，在所有的 RCP 情景下，四种气溶胶的 RF 绝对值都比 2000 年时小，硫酸盐起到了决定性的作用。

半直接气溶胶效应的概念由 Hansen 等（1997）引入，他们在用全球气候模式研究中发现大尺度云覆盖对模式最低层的吸收气溶胶的量敏感。低层云覆盖减少相应于大气顶的正 RF，因此地球系统增暖，这引起了很多模式研究。某些研究（如 Cook and Highwood，2004）发现，吸收气溶胶减少低层云覆盖，但在 Menon 等（2002）的工作中，吸收气溶胶增加了大尺度云覆盖。因此，Penner 等（2003）指出吸收气溶胶的注入高度是他们对云效应的关键。

气溶胶的间接效应特别复杂。30 多年以前，Twomey（1974）指出了第一个关于人为气溶胶通过对云的影响可以影响气候的假设。Isaksen 等（2009）总结了有关气溶胶间接效应的建议，并讨论了一些新进展。

第一个间接效应即云反照率效应：暖云中人为气溶胶通过扮演云凝结核（CCN）增加了云反照率，因此增加云滴数浓度，减少了云滴的大小。IPCC AR4 的模式估计为－0.22～－1.85 瓦/米^2，最好估计为－0.7 瓦/米^2（Forster et al.，2007）。最近来自单独卫星数据的研究给出了更低的－0.2±0.1 瓦/米^{2}的估计。

第二个间接效应即云寿命效应：人为的云滴尺度减少引起不太有效的降水生产，从而可能导致增加云寿命或增加云的水平和垂直范围。

云结冰效应：云中冰是借助于冰核形成的，这种冰核一般是带有晶体结构的不可溶粒子，如矿物尘、生物粒子和烟炱，而烟炱粒子大多为人为源，因此人为活动可引入额外的冰核。

此外，还有去活化效应，热力效应及对卷云的间接效应。气候模式估计自工业革命以来所有气溶胶效应的总和（总的间接＋直接）的 RF 是－1.2 瓦/米^2，其范围是－0.2～－2.3 瓦/米^2，而反演估计将气溶胶间接效应限制在－0.1～1.7 瓦/米^2。最近，Chen 等（2010）模拟的硫酸盐、硝酸盐、铵盐、黑碳、有机碳和海盐气溶胶从工业化前至今的间接气候效应辐射强迫为 －1.67 瓦 /米^2。此间接气候效应导致的全球年平均地表温度降低 1.12 K，降雨量减少 3.4%。

（二）气候变化对大气化学成分的影响

气候变化将以多种方式影响大气化学成分，包括长寿命气体的源汇变化、大气环流变化的影响、化学过程（速率）的变化、表面特征变化及平流层与对流层的交换等。

作为最大辐射强迫的 CO_2 气体，在气候变化的影响下，其海-气及陆-气的交换会受到一定的影响，也就是它的陆地和海洋的汇会受到影响。因此导致其在大气中滞留的份数发生改变。至少在过去的 30 多年中，陆地生态系统是大气 CO_2 的净汇，该汇不仅受到气候变化的影响，同时还受到大气成分效应（CO_2 施肥，营养盐沉降）及土地利用变化的影响（Denman et al.，2007）。无论是异氧呼吸还是净初级生产力对水的可用性及环境温度都很敏感，但过程很复杂。众多模式的模拟结果均表明，陆地碳储藏对气候总的敏感性是负的，温度每升高 1℃陆地吸收碳的能力下降 19～175 PgC（Denman et al.，2007）。Ji 等（2008）在模拟研究中国陆地生态系统受气候变化影响时也发现，净陆地生态系统生产力随时间在下降。温度升高直接影响 CO_2 在海洋中的溶解性，此外，因气候变化导致的热层结和表层盐度减少抑制垂直混合也会降低海洋对大气 CO_2 的吸收。在更长时间尺度上（>70 年），海洋碳汇会受到气候驱动的大尺度环流的影响（如温盐环流的减慢）。众多模式结果给出，气候每升高 1℃将减少海洋碳汇 14～60PgC，也是一个正的气候- CO_2 反馈（Denman et al.，2007）。

大气 CH_4 来自于非生物源和生物源，而生物源约占了目前大气 CH_4 源的 69%。这些生物源，特别是湿地和稻田对气候变化很敏感。无论是观测研究还是模式研究都表明，北半球湿地因气候变暖增加了 CH_4 的排放，CH_4 排放速率与土壤湿度及地下水位深度相关（Denman et al.，2007）。同样，稻田 CH_4 排放也跟气候变化有关，一般跟植物生长有很好的相关性，不过增加的排放量与水灌溉有很大关系（Denman et al.，2007）。在大气 CO_2 浓度增加的情况下，土壤中生物和非生物条件会受到影响，导致 CH_4 排放的增加。大气 CH_4 的主要汇是被 OH 自由基除去。全球增暖会导致更多的水汽，进而增加 OH 自由基，同时 CH_4 与 OH 的反应速率在更高温度时更高。模式研究表明，通过上述这些机制气候对 CH_4 是负反馈的（Stevenson et al.，2005）。在他们考察的 10 个模式中，在暖气候中 CH_4 寿命会减少，全球平均增暖 0.7K，寿命平均减少 4%。

永冻土层的解冻可能是一个潜在的重要 CH_4 源，也许构成一个正反馈机制。大量有机碳储藏在永冻土层中，随着永冻土层的解冻，部分转化成 CH_4 并可排放到大气中。随着全球增暖，特别是北极的强烈温度增加，已观测到永冻土层衰减明显，同时也观测到 CH_4 正以增加的速率从冰融化的湖中冒出。此外，北极海冰下储藏着丰富的水合甲烷，随着海温升高及海冰融化，CH_4 也会释放出来。Schuur 等（2011）根据计算认为，永冻土层解冻所释放的碳量跟目前非森林化所排放的碳量相当，不过他们认为永冻土层排放的碳包括 CH_4，因此对气候的总效应会是 2.5 倍。目前因北极 CH_4 排放的气候增暖所引起的大气化学反馈效应也受到了进一步的关注。

气候变化通过影响各种过程能改变对流层 O_3，主要包括 O_3 前体物排放、化学、输送和去除。物理响应（闪电）、生物响应（土壤、植被、生物质燃烧）及人类响应（能量生产、土地利用、农业）均对 O_3 前体物源产生影响。多数模式研究表明，随着气候增暖，闪电会增加，从而使 NO_x 浓度增加。生物 VOC 排放跟温度、光合作用可用辐射、叶面积指数和植物物种有关。多数模式表示，VOC 排放增加，对流层 O_3 增加，特别在具有相对高 NO_x 浓度的区域；但在低 NO_x 区域，O_3 经常减少（Isaksen et al.，2009）。与气候变化相关的生物圈变化也可有其他重要效应，土壤 NO_x 排放很可能随陆地增暖而增加。水文循环的改变，特别是土壤湿度，或许对植物气孔打开有重要影响，因此对 O_3 及其他气体的干沉降通量有重要影响，而 CO_2 含量的增加可减少植物气孔打开，因此减少 O_3 沉降。此外，较高温度也会增加人为 VOC 排放。气候变化的化学效应主要源于 $O(^1D)$ 与 H_2O 的反应。Stevenson 等（2005）使用 GCM 对 21 世纪的模拟表示，随着增加的水汽增强了 O_3 的汇，对流层 O_3 寿命也在减小。他们在 9 个模式的 2030 年结果与 2000 年气候的互比中得到了类似的结论。气候变化对输送的影响主要是由垂直输送所致。使用 GCM 的研究均认为由于未来更强的 Brewer-Dobson 平流层环流，STE 应该增加，同样在对流层垂直输送也很重要（Denman et al.，2007；Isaksen et al.，2009）。不过，化学效应与输送效应何者重要目前尚有争议。

气候变化通过风场、温度和降水来影响大气中气溶胶的浓度及循环。近地面风速确定了一次气溶胶（海盐，沙尘，一次有机颗粒物）的源强及二次气溶胶的前体物（主要 DMS），风速也影响沉降速度，因此影响到气溶胶寿命。降水直接影响湿清除，因此影响大气气溶胶的寿命，而更多气溶胶减少降水生成速率，反过来增加气溶胶寿命会导致更长距离的输送（Denman et al.，2007）。某些气溶胶物种的热力学平衡也许会受气候变化而转移（Liao et al.，2006），而某些气溶胶源（如生物质燃烧）会随气候变暖而增加（Jacob and Winner，2009）。物理气候状态与自然排放间的反馈机制会导致气溶胶丰度的变化，为定义包括这种反馈的可信的情景，定量这种变化需在全球模式中就相关参数化做大量的研究工作。不仅在自然排放中存在着不确定性，在气溶胶对气候变化的响应中也同样存在着很大的不确定性。Liao 等（2009）在研究中发现，气候变化会加剧人口密集处的大气成分浓度增加，并认为其主要原因是：气候增暖减慢大气传输，导致污染物聚集在排放源附近；气溶胶直接辐射强迫减弱对流（减小边界层厚度），减少降雨（污染物湿沉降），形成气溶胶局地气候效应和污染物浓度间的正反馈；温度增高时，植被排放的碳氢化合物增加，增加臭氧的形成。Zhang 等（2010）研究了过去数十年夏季风减弱对中国东部气溶胶浓度的影响，模式结果发现季风降雨导致的湿沉降和季风期间跨赤道气流带来的较清洁的空气对中国气溶胶的季节变化有决定性作用。在排放固定的情形下，发现弱季风年，即 1998 年中国东部气溶胶浓度能比强季风年 2002 年高 44%。

（三）大气化学成分变化与气候变化双向耦合研究

从上面的描述可知，大气化学成分变化导致气候变化，而气候变化影响大气化学成分的丰度及分布，在研究中往往采用各种模式去分析估计这些变化的大小，而这种单向的影响与双向的影响是有一定差异的。较早研究相互作用的是碳循环与气候变化。IPCC AR3 报道了两个最早碳循环与气候变化耦合的研究结果。Cox 等（2000）指出了非常大的正反馈，而 Friedlingstein 等（2001）则表明非常弱的反馈。随后，Friedlingstein 等（2003）在对反馈做了进一步分析后发现，模式结果的差异主要是南大洋环流和陆地生物圈对全球增暖的响应的差异导致的，陆地对气候变化响应的不同是两个模式模拟 21 世纪主要差异的原因。Zeng 等（2004）利用一个大气模式、简化陆面模式、平板海洋混合层模式和陆地碳模式耦合的全球气候-碳模式，研究了碳循环（1869～2100 年）对气候的敏感性，结果表明，碳循环对气候变暖有着正反馈，存在着增加 90ppm 的 CO_2 对应着温度升高 0.6℃的关系。Matthews 等（2005）利用气候-碳循环模式揭示了陆地碳与气候的正反馈作用对模拟未来气候变化的显著影响，在碳-气候的模式中，植被碳的生产力对气候变化的响应是碳循化-气候反馈模拟中的主要控制因素。Govindasamy 等（2005）采用温室气体辐射强迫的气候敏感度来研究碳循环反馈的增强，结果表明，如果对大气 CO_2 含量的增加有高气候敏感度，碳循环的气候增暖作用会较大。耦合模拟研究已认为辐射强迫的气候敏感度会在长期积分中随时间增加，多世纪模拟的增暖会大于单世纪模拟的结果（Gregory et al.，2004）。Bala 等（2005）研究了如果到 2300 年所有目前估计的化石燃料都释放到大气中全球的气候和碳循环会怎样变化，结果是在 2300 年全球平均地面温度会升高 8℃。Friedlingstein 等（2006）分析比对了参与 C4MIP 的 11 个模式，11 个模式都给出在 21 世纪潜留在大气中的总排放的气留比在增加，9 个和 10 个模式分别表示海洋和陆地吸收碳排放的分数在下降，因耦合作用导致大气中 CO_2 浓度在 2100 年多增加了 87ppm（20～224ppm），而额外的增暖为 0.1～1.5℃。

大气化学与气候变化相互作用的另一个重要研究领域是气候变化中的短寿命物种的变化。Liao 等（2009）采用环流模式（GISS GCMⅡ），设计了多个数值实验，分别研究了在 2000 年和 2100 年由给定的长寿命温室气体（CO_2 等）条件下对流层 O_3 和气溶胶在演变的气候中如何生产、转化和清除，结果得到完全耦合和完全不耦合的模拟在预估平衡的全球平均温度，以及全球和区域的 O_3 及气溶胶水平上有重要的差异，并指出，模拟未来 O_3 必须考虑温室气体导致的气候变化，而模拟未来气溶胶除考虑未来温室气体导致的气候变化外，还应考虑气溶胶自身对气候变化的影响及对其浓度的反馈，耦合模拟的 2100 年全球平均地表温度比非耦合的值可高出 10%，区域温度差甚至可达 20%～50%。不过，该研究并没有包括气溶胶的间接效应。Unger 等（2009）使用全球大气成分-气候模式（GISS-PUCCIN2）进行敏感性研究以评估气溶胶因其对云的改变及其与云的相互作用（ACI）对对流层化学的影响，模式包括在对流层中气相化学与气溶胶化学的耦合，以及气溶胶和液相云的耦合。研究了工业革命前到现代的过去影响及现代到 2050 年的未来影响，着重考察了 O_3 及气溶胶与云微物理过程的耦合效应，特别是 ACI 的作用，包括对降水和温度的影响，对 OH 自由基及全球平均 CH_4 寿命的影响，对云中生产硫酸盐及湿清除的影响，对地表空气质量，以及对 O_3 和气溶胶直接辐射强迫的影响等。此外，他们还得到气溶胶的过去及未来间接效应分别为 −2.0 瓦/米^2 和 −0.60 瓦/米^2。类似于 Liao 等（2009）的研究，他们的研究，如 Liao 等（2009），并非在完全耦合的物理气候系统中进行，因海表温度及海冰在模式中是预先给定的，缺少完全的气候反馈机制。

Raes 等（2010）针对大气成分与气候相互作用的耦合研究问题，提出了气候系统中大气化学反馈及大气化学系统中的气候反馈的概念，也就是说，大气中化学活性物种的存在如何导致气候系统中的反馈，以及气候如何导致大气化学系统中的反馈，后者的反馈主要影响排放和化学成分载荷的关系，比较详细地讨论了这些反馈的机制。他们采用上述类似的气候-大气化学模式（GISS GCM Ⅱ）进行扰动实验以定量两个反馈过程，他们部分模拟结果表明了气候反馈在大气化学系统中的重要作用。

三、主要科学问题及未来研究领域

未来几十年，随着经济的发展、人口的增加，人们对能源的需求仍会日益增加，而能源结构难以发生根本的改变，土地利用格局仍在发生变化。这些人类活动会使大气化学成分继续发生变化，包括温室气体浓度增加（特别是CO_2）和发生空气污染。一个地区长期大量的污染物排放，不但会造成该地区生态环境的恶化，而且可能影响到区域乃至全球。因此，未来要着重关注以下的科学问题及相应的研究方向。

大气中重要化学成分是如何演变的，其对气候和环境会产生怎样的影响？为此，要掌握主要大气成分（如CO_2、CH_4、N_2O、O_3、NO_x、SO_2、VOCs及各类气溶胶）的源汇机制，收集并建立他们的自然和人为的排放源清单，区分一次气溶胶及二次气溶胶的重要性，特别要关注东亚地区的沙尘排放，建立适合于气候与环境模式的起沙机制模型。

30年前，全球对流层化学及气候变化研究都是刚刚起步，几乎没有可用的对流层大气化学成分的大尺度观测资料，许多化学变化机制还不清楚，全球生物地球化学过程及大气化学模式还比较粗糙。过去10多年中，对许多重要的大气化学成分的全球循环有了较全面的认识，各种观测技术（包括卫星）提供了大量的大气化学成分的数据，化学过程的研究也在不同尺度上开始进行，全球化学输送模式现在可以比较成功地模拟对流层内主要化学成分的分布，也能模拟未来不同大气情景下的变化。如何较准确考虑VOC及NO_x排放对大气化学的影响，进而对气候产生影响是一个较为复杂的问题，特别是短寿命的辐射活性物质，如O_3、气溶胶及气溶胶和云的相互作用。

人口增长及食物结构的改变，特别在某些东亚国家，带来了农业生产方式的改变，持续的大量使用化肥是一个例子。自然界活性氮的增加改变了氮在大气-陆地和海洋之间的氮通量，进而影响陆地和海洋生态系统的生产力，碳氮耦合是怎样影响它们各自的循环及如何影响气候系统是一个值得研究的课题。

目前，气候变化与大气化学成分（主要包括O_3和气溶胶）的相互作用的研究主要在大气环流模式中，并且缺少随时间演变的研究。十多年前，“地球系统”这个概念还比较模糊。随着认识的深入，在未来要将大气化学成分变化与气候变化的研究逐步纳入到地球系统模式中来研究，以了解更多的反馈作用。同时，在长时间尺度上要将大气污染问题与气候问题作为一个整体来考虑。很多大气化学成分其实就是大气污染物（如对流层 O_3 及气溶胶）。这些化学成分在影响气候的同时，也会影响环境质量。要不断改进模式的预报和预估能力，必须要对物理、化学及生物过程有更为深入的认识，为此要重视和加强一些基础性的研究工作，包括大气主要化学物种的排放、转化、输送和沉降过程及其影响因子，为模式参数化提供更为准确的依据。

参 考 文 献

Bala G，Caldeira K，Mirin A，et al. 2005. Multicentury changes to the global climate and carbon cycle：results from a coupled climate anc carbon cycle model. J Climate，18：4531－4544.

Beaulieu J J，Tank J L，Hamilton S K，et al. 2011. Nitrous oxide emission from denitrification in stream and river networks. Proceedings of the National Academy of Sciences，108：214－219.

Bellouin N，Jones A，Haywood J，et al. 2008. Updated estimate of aerosol direct radiative forcing from satellite observations and comparison against the Hadley Centre Climate Model. Journal Geophysical Research，113（D10）：D10205.

Boucher O，Myhre G，Myhre A. 2004. Direct human influence of irrigation on atmospheric water vapour and climate. Climate Dynamics，22（6－7）：597－603.

Chen W T，Nenes A，Liao H，et al. 2010. J Global climate response to anthropogenic aerosol indirect effects：present day and year 2100. J Geophys Res，115：D12207.

Cook J，Highwood E J. 2004. Climate response to tropospheric absorbing aerosols in an intermediate general-circulation model. Quarterly Journal of the Royal Meteorological Society，130（596）：175－191.

Cox P M，Betts R A，Jones C D，et al. 2000. Acceleration of global warming due to carbon-cycle feedbacks in a coupled climate model. Nature，408：184－187.

Crutzen P J，Ramanathan V. 2000. The asent of atmospheric sciences. Science，290：299－304.

Denman K L，Brasseur G，Chidthaisong A，et al. 2007. Couplings between changes in the climate system and biogeochemistry//Solomon S，Qin D，Manning M，et al. Climate Change 2007：the Physical Science Basis. Contribution of Working Group I to the FourthAssessment Report of the Intergovernmental Panel on Climate Change. New York：Cambridge University Press.

Forster P，Ramaswamy V，Artaxo P，et al. 2007. Changes in atmospheric constituents and in radiative forcing// Solomon S，Qin D，Manning M，et al. Climate Change 2007：the Physical Science Basis. Contribution of Working Group I to the Fourth Assessment Report of the

Intergovernmental Panel on Climate Change. New York：Cambridge University Press.

Friedlingstein P，Bopp L，Ciais P，et al. 2001. Positive feedback between future climate change and the carbon cycle. Geophysical Research Letters，28：1543－1546.

Friedlingstein P，Cox P，Betts R，et al. 2006. Climate-carbon cycle feedback analysis：results from the C4MIP model intercomparison. Journal of Climate，19（14）：3337－3353.

Friedlingstein P，Dufresne J L，Cox P M，et al. 2003. How positive is the feedback between climate change and the carbon cycle? Tellus，55B：692－700.

Gauss M，Myhre G，Isaksen I S A，et al. 2006. Radiative forcing since preindustrial times due to ozone change in the troposphere and the lower stratosphere. Atmospheric Chemistry and Physics，6：575－599.

Gordon L J，Steffen W，Jönsson B F，et al. 2005. Human modification of global water vapor flows from the land surface. Proc Natl Acad Sci U S A，102：7612－7617.

Govindasamy B，Thompson S，Mirin A，et al. 2005. Increase of carbon cycle feedback with climate sensitivity：results from a coupled climate and carbon cycle model. Tellus B，57：153－163.

Gregory J M，Huybrechts P，Raper S C B. 2004. Threatened loss of the Greenland ice- sheet，Nature，428：616.

Hansen J，Sato M，Ruedy R. 1997. Radiative forcing and climate response. Journal of Geophysical Research，102：6831－6864.

Isaksen I S A，Granier C，Myhre G，et al. 2009. Atmospheric composition change：Climate-chemistry interactions. Atmos Environ，43：5138－5192.

Jacob D J，Winner D A. 2009. Effect of climate change on air quality. Atmospheric Environment，43：51－63.

Ji J J，Huang M，Li K R. 2008. Prediction of carbon exchanges between China terrestrial ecosystem and atmosphere in 21st century. Sci China Ser D-Earth Sci，51：885－898.

Kvalevag M M，Myhre G. 2007. Human impact on direct and diffuse solar radiation during the industrial era. Journal of Climate，20（19）：4874－4883.

Lamarque J F，Kyle G P，Meinshausen M，et al. 2011. Global and regional evolution of short-lived radiavtively-active gases and aerosols in the representative concentration pathways. Climatic Change，109：191－212.

Le Quéré C，Michael R，Josep G，et al. 2009. Trends in the sources and sinks of carbon dioxide. Nature Geosci，2：831－836.

Liao H，Chen W T，Seinfeld J H. 2006. Role of climate change in global predictions of future tropospheric ozone and aerosols. J Geophys Res，111：D12304.

Liao H，Zhang Y，Chen W T，et al. 2009. Effect of chemistry-aerosol-climate coupling on predictions of future climate and future levels of tropospheric ozone and aerosols. J Geophys Res，114：D10306.

Matthews H D, Eby M, Weaver A J, et al. 2005. Primary productivity control of simulated carbon cycle-climate feedbacks. Geophysical Research Letters, 32: L14708.

Meinshausen M, Smith S J, Calvin K, et al. 2011. The RCP greenhouse gas concentrations and their extensions from 1765 to 2300. Climatic Change, 109: 213 – 241.

Menon S, Hansen J, Nazarenko L, et al. 2002. Climate effects of black carbon aerosols in China and India. Science, 297: 2250 – 2252.

Myhre G. 2009. Consistency between satellite-derived and modeled estimates of the direct aerosol effect. Science, 325 (5937): 187 – 190.

Penner J E, Zhang S Y, Chuang C C. 2003. Soot and smoke aerosols may not warm climate. Journal of Geophysical Research, 108 (21): 4657.

Raes F, Liao H, Chen W T, et al. 2010. Atmospheric chemistry-climate feedbacks. J Geophys Res, 115: D12121.

Ramanathan V, Carmichael G. 2008. Global and regional climate changes due to black carbon. Nature Geoscience, 1 (4): 221 – 227.

Schulz M, Textor C, Kinne S, et al. 2006. Radiative forcing by aerosols as derived from the Aerocom present-day and pre-industrial simulations. Atmospheric Chemistry and Physics, 6: 5225 – 5246.

Schuur E A G, Abbott B, the Permafrost Carbon Network. 2011. High risk of permafrost thaw. Nature, 480: 32, 33.

Stevenson D S, Dentener F J, Schultz M G, et al. 2006. Multimodel ensemble simulations of present-day and near-future tropospheric ozone. Journal of Geophysical Research, 111: D08301.

Stevenson D S, Doherty R M, Sanderson M G, et al. 2005. Impacts of climate change and variability on tropospheric ozone and its precursors. Faraday Discussions, 130: 41 – 57.

Twomey S. 1974. Pollution and the planetary albedo. Atmospheric Environment, 8: 1251 – 1256.

Unger N, Menon S, Koch D M. 2009. Impacts of aerosol-cloud interactions on past and future changes in tropospheric composition. Atmos Chem Phys, 9: 4115 – 4129.

Zeng N, Qian H, Munoz E. 2004. How strong is carbon cycle-climate feedback under global warming? Geophysical Research Letters, 31: L20203.

Zhang L, Liao H, Li J P. 2010. Impacts of Asian summer monsoon on seasonal and interannual variations of aerosols over eastern China. J Geophys Res, 115: D00K05.

行星大气研究进展综述*

一、引　　言

在太阳系的八大行星中，除了距离太阳最近的水星只有极为稀薄的大气之外，其他七大行星均有大气层。另外，木星和土星的一些卫星也具有大气层（如土卫六、木卫一等）。这些行星大气的化学成分、物理特性和运动特征既具有共性，又各不相同。研究行星大气有助于我们理解地球大气的起源、演化和现代人类生存环境的变化和稳定性。通过对其他星球气候变化的研究，尤其是对金星和火星气候变化的研究，也将有助于我们理解地球历史气候演化及目前所关心的全球气候变化问题，还将有助于我们理解地球生命的起源、演化及地外生命存在的可能性。研究行星大气的物理、化学、动力学、气象学、光化学、太阳风和磁层/大气相互作用、火星系统对太阳周期的反应和在火星极端条件下的温室效应都可以大大加深人类对地球系统科学的认知。

行星大气科学最早起源于天文学。当天文学的主要研究兴趣从太阳系转向外太空之后，行星大气科学便逐步与地球大气科学相结合，通过与地球大气研究相比较成为一门独立的学科。在欧美等地，行星大气科学早已作为一门独立的学科普遍存在于高等院校和专门研究机构中。附录一给出的是不完全统计的欧盟、美国和日本主要高校和研究机构所拥有的行星大气科学系和研究机构。可以看出，这些国家的一流大学均设有行星大气科学系或专业，说明行星大气科学是属于国际前沿的基础研究领域。美国国家航空航天局（NASA）是美国

* 胡永云，北京大学物理学院大气与海洋科学系；田丰，清华大学地球系统科学研究中心；刘钧钧，加州理工学院地质与行星科学学部

行星和太空科学研究的专门机构，于 1958 年 7 月 29 日成立，现拥有一系列的研究院/所。近年来，欧洲行星探测技术和行星科学基础研究的发展非常迅速。与美国 NASA 相对应的机构是欧盟的欧洲空间局（European Space Agency，ESA），ESA 于 1975 年成立，近年发射了针对金星的探测器。日本的行星大气研究在近年来发展也很快，成立了太空探测署（Japan Aerospace Exploration Agency，JAXA），日本的许多大学都设有行星科学系或专业。与美国、欧盟和日本等国家相比较，我国在行星大气科学研究领域基本是空白。目前，我国还没有专门的行星大气研究机构，国家自然科学基金委员会虽然列有行星大气研究方向，但几乎没有人申报该研究方向的科研项目。在我国各高等院校中，没有行星大气科学专业，在教育部所列出的各学科方向中，也没有行星大气学科。行星科学或行星大气科学是连接地球科学与天文学的桥梁。在我国，地球科学和天文学都有相对完善的研究机构和教育机构，但唯独缺少了行星科学或行星大气科学这一重要的桥梁。因此，在我国研究机构和高校中尽快建立行星大气的教育和研究机构并开始人才培养是一项非常迫切的任务。

行星大气科学研究不仅具有重要的基础科学意义，也具有极为重要的国防意义。近代行星大气科学的发展一方面是由科学家们的科学兴趣驱动的；另一方面也与美国和苏联冷战时期的军备竞赛密切相关，近代大规模的行星探测和研究主要起源于美国和苏联的冷战竞争①。自苏联在 1957 年 10 月 4 日发射第一颗人造卫星开始，美苏之间的太空竞赛日趋白热化，这种竞争一直持续到苏联 20 世纪 90 年代初解体。两者的竞争首先围绕登月，其次是金星探测，然后是火星探测。在苏联太空项目无以为继之后，美国继续开展了一系列行星探测研究，对太阳系除地球之外的其他七大行星进行了广泛和系统的探测和研究。美苏之间太空竞赛的主要目的并不是基础科学研究，而是军备技术和政治层面的竞争。即使在冷战后的和平年代，对太空技术发展及其在军事方面应用的强调和重视仍然是行星探测的首要目的，而科学层面的意义则是相对次要的。因此，发展行星科学对促进我国高科技的发展及其在国防方面的应用也是极为重要的。

本文将只集中在行星大气学科的科学层面，不涉及该学科对提升高科技发展及其应用的方面。本文我们将首先简要综述行星大气的起源、演化，概述除

① 月球和行星探测项目时间表参见 http：//nssdc. gsfc. nasa. gov/planetary/chronology. html，该网页列出了已知的世界各国发射的月球和行星探测器时间表和简要描述，包括成功的和未成功的。与行星大气有关的主要探测项目可参见表 2

地球和水星之外的其他六大行星的大气基本特征；其次，我们将分别综述各个行星大气的研究进展、最新研究动向、未来发展方向及与行星大气相关的主要行星探测项目；再次，我们还将简要介绍最近几年新兴起的太阳系外行星（简称系外行星）大气的研究进展；最后，我们对行星大气科学研究提出展望，并结合我国的情况给出一些建议。

二、太阳系行星大气的起源和演化

（一）行星大气的起源

如图 1 所示，太阳系的 8 颗行星大致可以分为两大类：靠近太阳的 4 颗行星（水星、金星、地球、火星）是固态星球，它们的体积和质量相对较小，外围的 4 颗行星（木星、土星、天王星和海王星）是气态星球，它们的体积和质量都较内侧的固态星球大得多（胡永云和田丰，2014）。例如，木星的质量大约是地球的 318 倍，而其体积是地球的 1300 倍（太阳系行星及土卫六的基本物理参数参见表 1）。固态星球和气态星球大气成分截然不同（表 2）。在内围的固态星球中，金星和火星的主要大气成分都是二氧化碳（CO_2），而地球的主要大气成分是氮气（N_2）和氧气（O_2）。外围 4 个气态星球的主要大气成分都是氢气（H_2）和氦气（He）。为什么靠近太阳的行星是固态星球，而外围的是气态星球？为什么固态星球与气态星球的大气成分截然不同？这涉及行星形成的基本问题，详细的论述可参见教科书 *Planetary Sciences*（de Pater and Lissauer，2010）。简单地讲，在太阳系形成之初，距离太阳较近的范围温度较高，易气化的物质都在高温下挥发，仅留下岩石和金属性的物质，这些密度较大的物质经碰并逐步汇集形成了固态行星，一些分子量较大的气态物质也储存在固态行星内部，这些气态物质逐步从固态星球内部，后来通过地质活动释放出来，形成固态星球的大气层。而太阳系外围的温度相对较低，水和其他气体以固态存在，如冰或含冰的物质，这些物质形成气态星球的核，当这些星球的质量快速增长到其引力可以吸引住周围分子量较低的气体（如 H_2 和 He）时，便形成巨型气态星球。宇宙大爆炸产生的主要成分是 H_2 和 He，它们构成了这些气态星球的大气层。固态和气态星球的范围由所谓的“雪线”分离开来。在太阳系，“雪线”位于火星和木星之间，正好是固态和气态星球的分界线。

图 1　太阳系八大行星的体积对比

资料来源：NASA

表 1　太阳系有大气的各行星的物理参数

行星	半径/10^6 米	重力加速度/（米/秒^2）	太阳常数/（瓦/米^2）	行星反照率	自转速度/（10^{-5}/秒）	公转周期/年
金星	6.05	8.60	2620	0.77	0.03	0.615
地球	6.37	9.81	1370	0.29	7.29	1.00
火星	3.40	3.72	590	0.15	7.09	1.88
木星	71.4	22.88	50.6	0.45	17.57	11.86
土星	60.0	9.05	15.1	0.61	16.34	29.5
土卫六	2.56	1.44	15.1	0.21	0.456	29.5
天王星	26.15	7.77	3.72	0.37	11.26	84.0
海王星	24.75	11.00	1.52	0.37	11.05	165

表 2　太阳系行星大气成分、表面气压* 和温度

行星	主要大气成分	表面气压/巴	表面温度/K
金星	CO_2（96%），N_2（3%）	90	730
地球	N_2（77%），O_2（21%），H_2O（1%）	1	288
火星	CO_2（95%），N_2（3%），Ar（2%）	0.007－0.01	218
木星	H_2（90%），He（10%）	0.42*	125
土星	H_2（97%），He（3%）	1.1*	95
土卫六	N_2（82%～99%），Ar（0～12%），CH_4（1%～6%）	1.8	92
天王星	H_2（83%），He（15%），CH_4（2%）	5*	57
海王星	H_2（83%），He（15%），CH_4（2%）	1.5?*	57

* 气态行星无固体表面，表中所示气压与温度相应

（二）行星大气的演化

宇宙大爆炸所形成的主要成分是 H_2 和 He，它们是宇宙最具丰度的物质，占宇宙总量的 99%。所以，行星的原始大气成分主要都应该是 H_2 和 He。固态和气态行星之所以在今天有着截然不同的化学成分，是因为行星大气的化学成分处于不断的演化过程中。在行星的演化过程中，太阳系外围一些较小的固态天体曾经频繁地撞击固态行星，这些撞击可能给固态行星带来气体和水，也可能造成固态行星失去其原始大气和水。固态行星还可以通过其他热力、动力、物理、化学过程改变其大气成分。这些过程包括大气逃逸、大气成分凝结或凝固沉降到地面、大气成分与地面物质发生化学反应、生物化学反应等。

太阳风侵蚀是造成固态行星早期大气逃逸和演化的主要机制之一。在太阳形成的早期，太阳风比现在要强烈得多，足以在较短的时间内（估计在千万年时间尺度内）卷走固态星球早期的原始大气（H_2和 He），这也是为什么太阳系内侧固态星球大气中缺少原始大气成分的重要原因。水星之所以几乎没有大气层，其较小的质量和受较强的太阳风影响应是主要原因。尽管太阳风强度随时间在不断地减弱，但对没有磁场屏蔽太阳风的行星，如金星和火星仍有很大的影响。即使今天，太阳风仍具有足够的能量造成金星和火星大气的逃逸。早期太阳的超紫外辐射很强，而较强的超紫外辐射可以造成大气动力逃逸，这一过程不受行星磁场的影响，因此，动力逃逸是影响有磁场的固态行星早期大气演化的重要机制。除太阳风侵蚀和大气动力逃逸之外，行星高层大气的热力学、化学和粒子碰撞过程都可能造成固态行星大气逃逸。

行星原始大气逃逸之后，固态星球的次生大气成分应主要由行星的内部排气和逃逸来决定。从理论上来讲，金星、地球和火星应具有类似的次生大气成分，因为它们固体成分大致是类似的。什么原因造成地球大气的化学成分与金星和火星如此不同？首先，行星的质量及行星与太阳的距离都影响次生大气的逃逸率。火星的质量太小，不足以吸引大量的次生大气，这被认为是火星大气比地球和金星大气稀薄的多重要原因之一。其次，还有两个因素起着关键的作用：一个是地球有液态水，另一个是地球有生命存在。在液态水的作用下，固态星球大气中的 CO_2 可以形成弱的碳酸，并与地表岩石（如硅酸盐岩石等）发生化学反应（风化反应），最终形成碳酸岩沉降到地表和海底；地球内部的碳酸岩在高温作用下分解出 CO_2，并通过地质过程（火山、大洋中脊等）使得 CO_2 重新进入大气中，这就是所谓的碳酸盐-硅酸盐之间的循环。正是这一循环的存在使目前大气 CO_2 维持在 400ppmv 的水平。与地球不同的是，金星至少在最近二三十亿年都没有液态水存在，所以，行星内部释放的 CO_2 都保留在了大气中，从而形成了很高浓度的 CO_2。另外，铁的氧化（生锈）和硫化物循环也属于这种类型的化学反应。一般认为，地球早期大气是还原性的，并没有 O_2 存在，因为那时地表和水圈还存在大量的还原性铁，即使水的光解可以产生部分 O_2，也很容易与铁发生化学反应。直到地表中的铁沉降到地球深层，而且水圈中的还原性铁全部被氧化了之后，地球大气才有可能存在 O_2。与金星和火星大气相比，地球大气之所以具有丰富的 O_2，是因为地球上有生命存在，生物的光合作用降低大气中的 CO_2，产生 O_2。因此，生物化学反应也是行星大气演化一个重要因素。

（三）固态星球的气候演化

伴随着固态星球的大气演化，这些星球的气候环境也发生了剧烈的变化。有证据表明在 30 亿年前，金星、地球、火星表面都有液态水存在，但这三个星球现代的气候环境却截然不同。现在，金星表面极端炎热，其表面平均温度大约是 730 K，而火星则极端寒冷，大约是 220 K，只有地球的表面温度仍然处于液态水存在的范围内，并且适宜生命存在。什么原因导致这些行星的气候和大气朝着截然不同的和不可逆的方向演化？为什么地球气候系统是一个充满活力的系统？气候演变和生命演化的关系是什么？这些问题一直是行星气候演化的根本问题，也与理解地球气候变化密切相关。

关于金星的气候演化，目前被广泛接受的理论是，在金星的早期，太阳比现在昏暗，也就是太阳的辐照度较现在小得多，在 30 亿年前，太阳的辐照度只是现在的 70%，所以，金星表面可以存在液态水，金星的大气与地球类似。但随着太阳的亮度（辐照度）增强，金星表面温度逐渐升高，当表面温度超过温室逃逸的阈值（粗略估计是 340 K），在水汽正反馈的作用下，液态水被完全蒸发，并进入大气中高层。在太阳紫外辐射的作用下，水汽光解，氢原子由于分子质量较小，很容易达到逃逸速度，所以逃逸到太空。一个有力的证据是金星大气中氢同位素氘与氢的比例是 200∶1（地球大气中两者的比例大约是 2∶1），意味着较轻的氢同位素比较重的逃逸更多，说明了金星大气中确实存在水光解和氢大量逃逸的事实。金星大气的温室逃逸问题一直是进行大气的研究热点（Ingersoll，1969；Pierrehumbert，2010）

当金星的液态水完全蒸发之后，金星大气和地表缺乏水循环。在没有液态水的环境下，大气中的CO_2无法与地表岩石发生风化反应，其结果是火山喷发出的CO_2完全累积在金星大气中，使得金星大气中CO_2的分压高达90个大气压。图2很好地展示了在没有液态水的条件下，金星大气缺乏有效的循环机制来稳定金星的气候。CO_2一旦由于火山爆发而被喷发到大气中，它将永久性地留在大气中；水汽一旦被光解，氢原子将永久性地逃逸到太空，氧则与其他物质发生化学反应；SO_2一旦与其他物质发生化学反应，将永久性地堆积在金星表面（仅有一少部分与大气中微量的水汽之间存在可逆的化学反应）。部分SO_2与大气中的水汽结合形成硫酸云，因此，金星大气非常浑浊，云层的反照率高达0.78。如此高浓度CO_2产生了非常强的温室效应，温室效应使得金星表面温度升高了近500 K，这也是为什么金星气候如此炎热的重要原因。

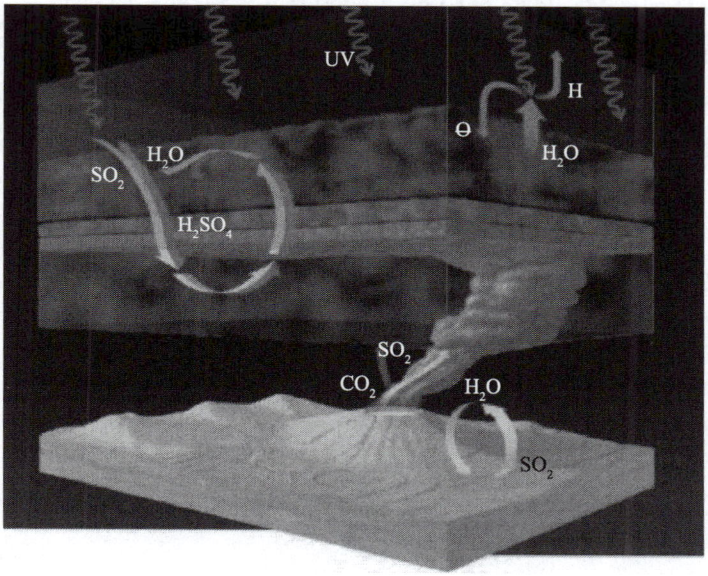

图2 金星大气的不可逆物理和化学过程示意图

资料来源：Bullock and Grinspoon，1999

相对于金星，地球因为有液态水存在，以上的过程都是可逆的，尤其是在液态水的作用下，CO_2可以与地面硅酸盐石发生风化反应。虽然火山喷发不断地向大气中释放CO_2，但风化反应不断地降低大气中的CO_2含量，从而使地球大气中CO_2维持在一个较低的水平，地球气候也保持在一个比较温和的水平。因此，碳酸盐-硅酸盐之间的化学反应在地质时间尺度上提供了一个能够维持地球气候稳定的负反馈机制（Walker et al.，1981）。关于该负反馈机制的一个典型例子是发生在 7 亿年前新元古代时期的冰雪地球（snowball earth）（Hoffman and Schrag，2002）。在大约 7 亿年前，大陆板块主要位于热带地区，没有冰雪覆盖，地表完全裸露，大气中的 CO_2 很容易与地表硅酸岩发生风化反应，导致大气中 CO_2 含量降低，温室效应减弱，从而形成了冰雪地球。冰雪地球一旦形成之后，大气中的 CO_2 与地表硅酸岩之间的风化反应被终止或变得非常弱，于是，火山喷发出的 CO_2 都累积在大气中，经过上千万年的积累，大气中 CO_2 变得足够高，温室效应足够强，从而使冰雪地球融化。

如果说太阳辐射的逐步增强可以解释金星大气温室逃逸和气候变得极端炎热，这一机制则很难解释地球和火星的气候演变。大量的证据表明，地球早期的气候比现在更温暖。为什么地球早期气候在太阳辐射弱的时候比现在温暖？这便是著名的“暗弱太阳问题”。目前的观点一致认为地球早期大气的温室效应比现在强，也就是说温室气体的浓度比现在高得多，但哪一种温室气体起着主要的作用，则存在各种不同的观点。对火星气候演变的解释也同样存在“暗弱太阳问题”。有研究认为火星表面在早期存在液态水并且有可能有生命存在。如果是这样的话，为什么现在火星是一个极端寒冷的星球？一个可能的解释是火星早期有一个比较浓密的大气层，但由于火星的质量较小，其引力不足以维持该浓密的大气层，当其大气层变得稀薄之后，火星表面温度降低了。也有其他机制被提出来解释火星早期表面温暖的问题（Forget and Pierrehumbert，1997）。

三、行星大气研究进展

（一）金星大气

在太阳系八大行星中，金星位于地球的内侧，是距离地球最近的行星。金星的自转速度非常慢，自转周期大约是 243 天（地球天数），但其自转方向与其他星球相反，是自东向西旋转的。金星的公转周期与其自转周期接近，大约是 225 天。观测表明，金星没有磁场，金星的地壳没有板块运动，却有比地球更活跃的火山活动。

金星大气层厚重而又浑浊（图 2 和图 3），表面大气压力大约是 92 个大气压，CO_2 含量为 96%。火山喷发的 SO_2 气溶胶及其与少量水汽结合形成的硫酸云层对太阳辐射有很强的散射和反射，造成金星的反照率高达 0.78，只有 2%～4%的太阳光可以透过大气层最终到达金星表面。根据辐射能量平衡原理，我们可以很容易计算出金星的辐射平衡温度（黑体温度）大约是 240 K。虽然早在 20 世纪 30 年代，人们已经认识到金星的大气成分以 CO_2 为主（Adams and Dunham，1932），但当时并不知道 CO_2 的含量如此之高，其温室效应如此之强。直到 50 年代，人们使用可以穿透金星云层的地基微波望远镜进行观测，才发现金星表面温度超出了液态水和生命存在的范围。60 年代初，美国发射的"水手 2 号"证实了金星表面的温度确实很高。苏联发射的"金星号"系列探测在金星表面着陆，确定了金星表面温度高达 730 K，超过了铅和锌的熔点，并且给出了金星的表面大气压力高达 92 个大气压。"金星 13 号"发回的照片表明，金星的天空完全被浓密的云层覆盖、到达地面的太阳光非常微弱、大气中有放电现象（云团之间的放电，而非云层与地面的放电），金星的主要地貌特征是火山和熔岩冲积的平原。

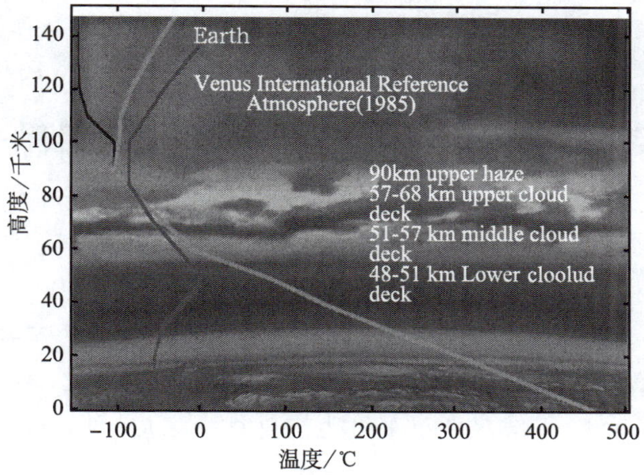

图 3　金星大气垂直温度廓线和云层示意图

资料来源：ESA

由于金星的自转很慢，金星大气的哈德雷环流比地球大气的宽得多，基本是从赤道延伸到两极（图 2）。同样是由于很慢的自转速度，金星大气的 Rossby 变形半径很大，这意味着金星大气很少有涡旋。这些都从观测中得到了证实。金星大气环流的另一个重要特征是其赤道上空气流呈现强的超级旋转，东风风速高达 100 米/秒。

金星大气存在三类重要的化学反应：SO_2 生成硫酸的循环反应、CO 和

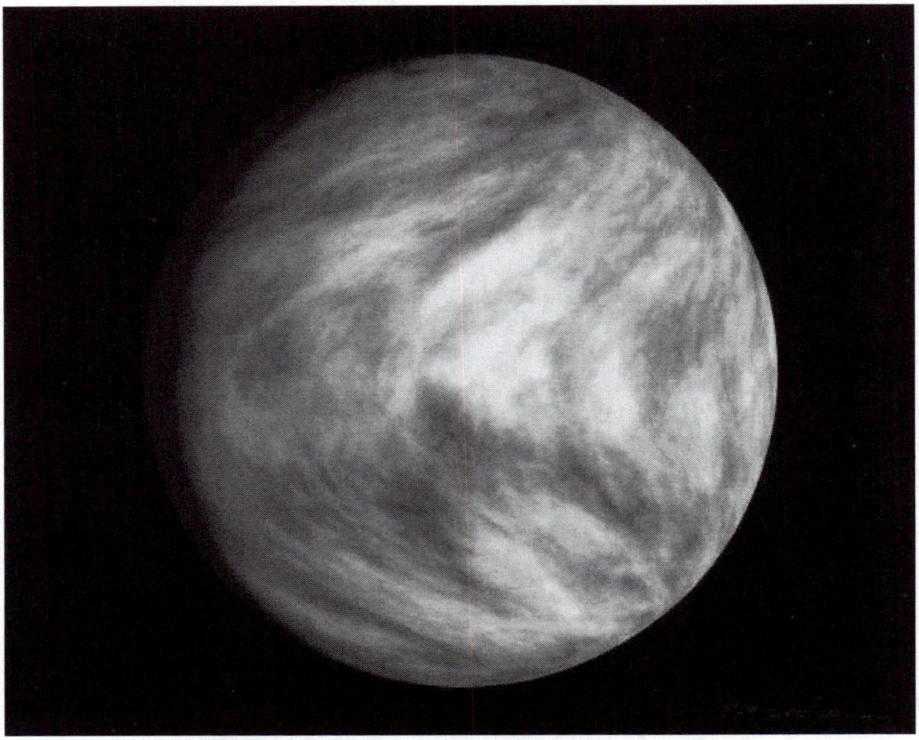

图 4　“水手 10 号”拍摄的金星图片

混浊的大气、浓密的云层及自赤道到极地的气流结构都可以看到

资料来源：NASA

CO_2 之间的循环反应、水汽光解反应。火山喷发的 SO_2 与大气中的氧原子反应生成 SO_3，后者与水结合生成硫酸（H_2SO_4），H_2SO_4 光解后再生成 SO_2。金星大气高层的 CO_2 在紫外辐射作用下生成 CO 和氧原子。这一反应过程非常迅速，如果没有其他化学过程使得 CO 很快地再合成为 CO_2 的话，那么金星大气将在很早以前就以 CO 为主要成分。这需要有其他极端有效的机制很快地使 CO 转换成 CO_2。现在，人们认为水光解后生成的氢氧根（OH）起着关键的作用。当大气高层 CO_2 被光解成 CO 之后，CO 迅速地与 OH 反应生成 CO_2 和 H_2O。同时，CO 还与 SO_3 反应并将其还原成 SO_2。这些反应方程式如下：

1）水汽光解

$H_2O + h\nu \rightarrow OH + O$（$\lambda <$ 190 纳米）

2）二氧化碳循环

$CO_2 + h\nu \rightarrow CO + O$（$\lambda <$ 224 纳米）

$CO+2OH \rightarrow CO_2+H_2O$

3）二氧化硫循环

$SO_2+O+M=SO_3+M$

$SO_3+H_2O=H_2SO_4$

$H_2SO_4 \rightarrow H_2O+SO_3$

$SO_3+CO=SO_2+CO_2$

目前，对金星大气的研究仅次于对火星大气的研究。金星大气探测面临的两大主要困难。①金星的极端高温对进入大气低层和地表探测的探测器材料要求很高。如前所述，金星的地表温度高达 730 K，超过了铅和锌等金属的熔点，这要求制造探测器的材料必须是耐高温的，探测器在如此高温条件下如何长时间工作也是一个问题。②由于金星大气中的云层非常浓密，轨道探测器使用的波段必须是微波波段或某些红外波段，这样才能穿透云层和探测到大气低层及近地面的温度，如“水手 2 号”携带的是一个双通道的辐射计，两个通道的波长分别是 1.9 厘米和 1.35 厘米。正是由于金星大气的复杂性，金星大气最下层的 10 千米至今还没有被探测过。

到目前为止，还没有比较可靠的大气辐射传输模式可以用来研究金星大气的垂直温度结构、大气成分和化学反应等，现有的地球大气辐射传输模式无法适用，这是因为金星大气很高的大气压和高浓度 CO_2。在气压很高的情况下，温室气体（CO_2 等）的吸收谱线会变宽，也就是所谓的压致增宽效应。另外，在 CO_2 浓度较高的情况下，CO_2 分子之间的碰撞也会产生吸收谱线增宽的效应（碰撞增宽效应）。在研究金星大气的辐射传输过程时，这些吸收谱线增宽效应必须考虑。目前所使用的 CO_2 在高压和高浓情况下的谱线吸收系数基本是根据 Baranov 等（2004）的实验结果，这些结果的可靠性还需要进一步检验。金星大气中的 SO_2 气溶胶和硫酸云的散射特性也需要进一步的研究。

金星大气在赤道上空的超级旋转及其宽广的哈德雷环流是金星大气动力学的研究重点。但除了使用一些理想的大气环流模式对这些问题进行研究之外，目前还没有被一致认可的金星大气环流模式用于研究这些问题。除了金星大气动力学本身的复杂性，缺乏可靠的辐射传输模式也是制约发展较复杂和真实的金星大气环流模式的因素。

在 2009 年发表的“行星科学 10 年（2013～2022）规划”中，美国科学院科学研究顾问委员会行星科学专家组建议的金星研究计划是在 21 世纪 20 年代中期发射“金星气候探测器”，其目的如下。

（1）确定金星强 CO_2 温室大气的辐射平衡、云的性质、大气动力和化学在三维空间的分布和随时间变化的特征。

（2）确定金星大气超级旋转的动力学性质和变化特征，提高金星大气环流模式的模拟和预测能力。

（3）更准确地理解金星低层大气与金星表面的化学反应。

（4）确定金星大气的起源。

（5）寻找金星大气近期气候变化的大气证据。

（6）搞清楚金星大气气候演化对地球历史气候长期演化的重要意义，尤其是为什么金星从一个与地球类似的气候环境发生了剧烈的气候变化，地球在何时也有可能经历一个类似的气候变化？

（二）火星大气

在太阳系各行星中，火星的自转速度和自转轴倾角都与地球的最为接近。在火星早期，其气候环境可能与地球的相似，气候比较温和，有液态水，并适合生命的生存。因此，研究火星大气为理解地球气候系统和地球生命的演化进程提供了最佳的参照。

火星大气非常稀薄，其地表大气压只有 6～7 百帕，大气的主要成分同样是 CO_2，其含量是 96%。虽然 CO_2 浓度很高，但由于其大气稀薄，所以，火星地表平均温度大约是－60 ℃。火星表面呈红褐色（图 5），这是因为其表面土壤含有丰富的三氧化二铁（铁锈）。图 5 中火星两极的白色物质为 CO_2 干冰和水冰冰盖。因为火星的冬半球温度极低，低于 CO_2 凝固成干冰的温度（在 6 hPa 大气压的条件下大约是－123℃），所以，在火星的两极冠区有长年存在的干冰冰盖。因为没有臭氧层，火星大气的平流层基本是等温的（图 6）。火星大气的对流层有沙尘暴卷起的沙尘，在对流层上层存在冰晶云（H_2O）。在平流层低层，温度更低，开始出现干冰云。

图 7 给出的是观测的火星纬向平均温度、风速和火星大气环流模式模拟的纬向平均质量流函数的分布（Haberle et al.，1993；Leovy，2001）。火星大气的温度场与地球大气不同，其地面和对流层最高温度并不位于赤道，而是位于夏半球中纬度。这是因为火星大气的下垫面是陆地而不是海洋。陆地的热力惯性很小，地表温度对太阳辐射响应很快。因此，地表最高温度并不位于赤道。简单地讲，火星大气的纬向平均温度场很像地球大气平流层的温度分布。温度场的分布决定了火星大气的纬向风分布与地球不同（热成风关系），没有副热带急流，仅在冬半球副极地有一支急流，很像地球大气平流层的极夜急流。另

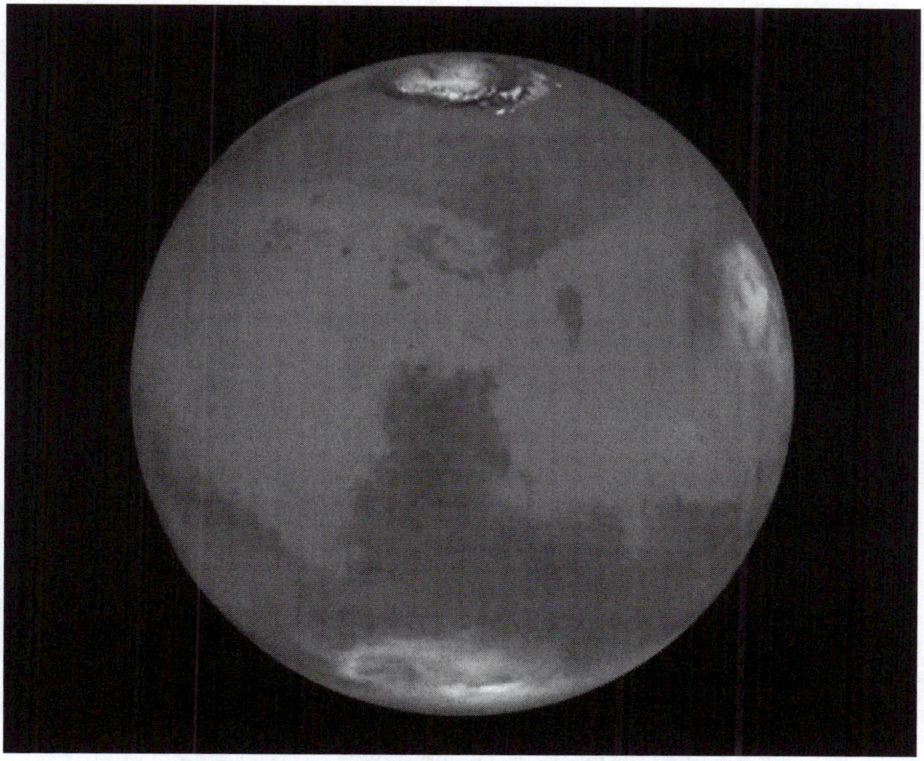

图 5 哈勃望远镜拍摄的火星照片

两极的白色为 CO_2 干冰和水冰盖。火星表面呈红褐色是由于其土壤中含有大量的三氧化二铁

资料来源：NASA

外，无论在对流层还是平流层，热带和夏半球基本为东风，而冬半球为西风，这些也都与地球大气平流层的纬向风场很相似。火星平流层极夜急流风速比地球的大得多，高达 120 米/秒。火星大气的哈德雷环流也与地球不太一样，其冬半球的环流圈占主导地位，相应的夏半球环流圈区域较小又微弱。冬半球的单圈跨赤道环流圈主导了火星大气两个半球之间的质量输送。火星大气环流与地球的差异在很大程度上是由下垫面不同造成的（没有海洋），火星表面的热力惯性较小，而且大气的辐射平衡时间尺度也较短。

火星大气环流与二氧化碳循环、水循环和沙尘循环是密切耦合在一起的。大气运动卷起沙尘，而扬起的沙尘反过来影响大气辐射传输和热力场，进而影响火星大气运动。在夏半球，在太阳光照射下，地表升温，大气被加热后产生上升运动。另外，地表干冰由于温度的升高而升华进入大气（CO_2 基本是从固

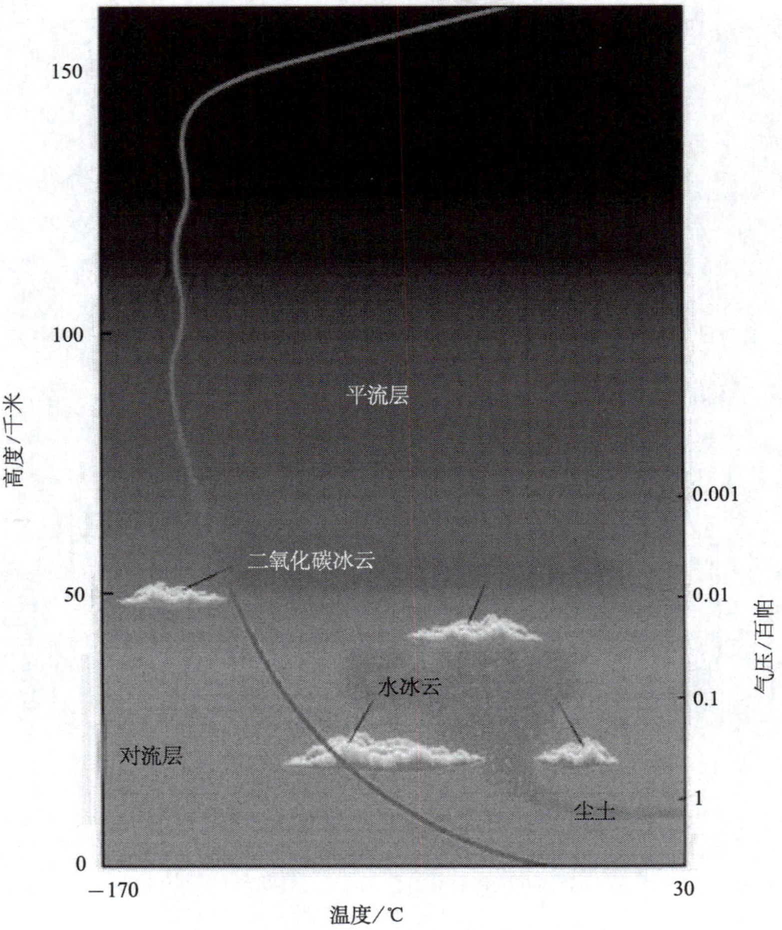

图 6　火星大气温度垂直廓线和云层示意图

资料来源：NASA

态直接转换成气态，很少以液态的形式出现，因为液态 CO_2 存在的温度-压强相空间非常小)，在冬季，大气中的部分 CO_2 凝固并沉降到地表，到了夏季，部分地表干冰升华进入大气，构成 CO_2 相变循环过程。通过哈德雷环流被输送到冬半球。在冬半球，由于地表和大气温度较低，CO_2 凝固成干冰，一部分以干冰云留在大气里，另一部分降落到地面。因此，火星季节性极冠区 CO_2 的相变在哈德雷环流的作用下形成了 CO_2 在两半球之间的质量迁移，使两个半球的大气压力呈现周期性变化。火星大气中的水汽也在哈德雷环流的作用下在不同的源区之间随季节迁移，并在大气中形成云、霜、雾等气象现象。

火星早期的气候是否曾与地球一样温暖？是否曾有液态水存在？是否曾有

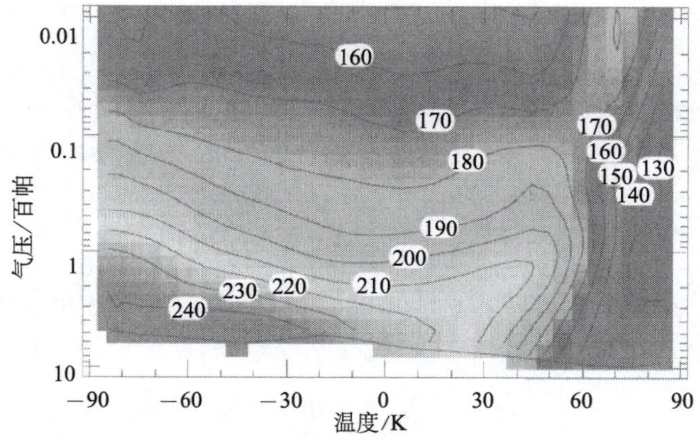

(a) 纬向平均温度

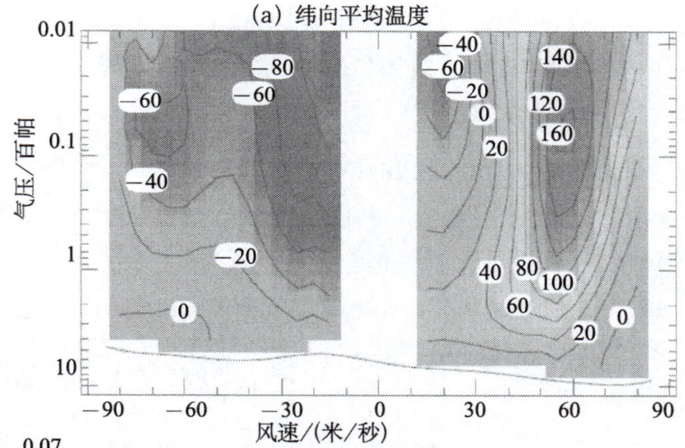

(b) 纬向平均风速

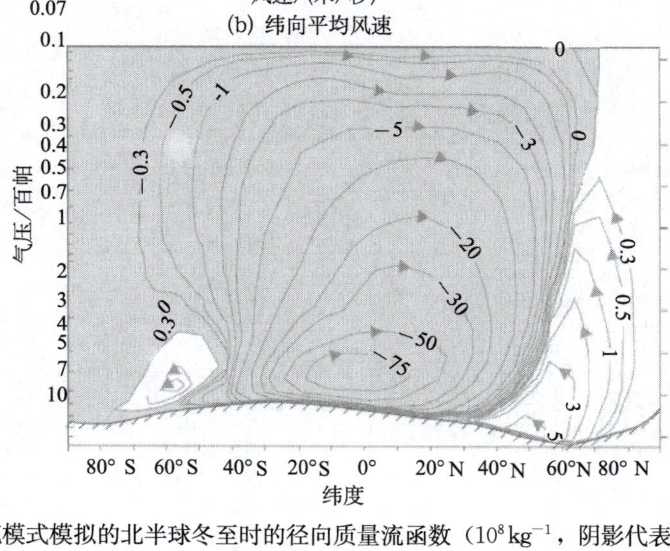

(c) 大气环流模式模拟的北半球冬至时的径向质量流函数（10^8 kg^{-1}，阴影代表顺时针旋转）

图 7　火星探测器观测的北半球冬至时各参数变化

资料来源：Haberle et al.，1993；Leovy，2001

生命存在？这些问题一直是火星大气研究的热点。图 8 是 1984 年 12 月 27 日在南极发现的一块被认为是来自早期火星的陨石（编号为：ALH84001）。该陨石表面有原始微生物的特征，一些学者据此认为火星早期曾有原始生命存在（McKay et al.，1996），这也意味着火星的早期气候可能曾经像地球那样温和，并曾有液态水存在。由于现在火星的表面温度很低，火星表面目前不可能有液态水存在，但在远古时期是否曾存在液态水一直是人们关注的中心问题。过去的十年里，人们对火星演化历史的知识增进了很多。火星表面古老的地质单元的地质和矿物学证据（包括高密度的河流系统、三角洲沉积、静态水体沉积物和蒸发矿物等）都表明，远古火星可能曾经有温暖和湿润的环境（Carr and Head，2003；Malin and Edgett，2003；Bibring et al.，2006），而这一温暖湿润的环境到距今约 35 亿年时逐渐消失了（Andrews-Hanna et al.，2010）。值得指出的是所有温暖湿润环境的证据都不存在于早于 40 亿年前，有学者指出这可能代表着古代火星的温暖湿润的环境是与距今 40 亿～38 亿年的晚重轰击时期有关（Segura et al.，2002；Toon et al.，2010）。另外，如果早期火星有过温暖湿润的环境，是什么导致火星环境从暖至冷这一气候变化呢？“火星全球观测者”发现了远古时代火星存在磁场的证据。远古时代火星的磁场有可能

图 8　1984 年 12 月 27 日在南极发现的被认为是来自火星的陨石（编号：ALH84001）

图中显示的是在电子显微镜下看到的类似菌类微生物化石的特征，左下角的图给出了整个陨石的形状

资料来源：McKay et al.，1996

减弱了太阳风对古火星大气的剥蚀作用，从而使得古火星得以保持其大气。到35亿年前，古火星磁场减弱了，火星大气逃逸，从而引发了前述的气候变化(Solomon et al.，2005)。值得注意的是，迄今为止所有的数值计算都不能支持从38亿年以来火星大气逃逸是其气候变化的原因这一说法（Tian et al.，2009)。NASA于2013年发射的MAVEN探测器，用于探测火星的高层大气，它将有利于加强我们对火星演化历史的理解。另一个未解之谜是古火星的大气和岩石成分可能与现在非常不同。如果远古火星有温暖湿润的环境，应当形成大规模的碳酸盐岩石。尽管在火星陨石中和火星表面都已经发现了碳酸盐(Ehlmann et al.，2008)，火星上到底有多少碳酸岩仍有待回答。

寻找火星上是否曾存在液态水一直是行星科学学者们的巨大兴趣。NASA于2003年发射的“勇气号”和“机会号”火星探测车（图9）为火星曾存在液态水提供了有力的证据。火星探测车的数据显示，在35亿年前火星表面的液相化学呈酸性，并在古老的地层中发现了局部的碳酸岩，而碳酸岩的形成需要液态水，说明火星早期确实曾经温和而且湿润。这些岩石形成时火星环境酸性应该比35亿年前的更弱。这一环境变化究竟是全球性的还是局域性的仍然是

图9 “勇气号”和“机会号”火星车外观

资料来源：NASA

激烈争论的课题（Morris et al.，2010）。长时间的火山运动可能导致了大范围的酸性环境出现，从而掩盖了更古老碳酸岩的纪录（Murchie et al.，2009）。如果火星上存在全球性的古代碳酸岩沉积，古火星的环境可能适合生命的存在。

最近人们发现火星大气中存在较多的甲烷，并且其随时间和空间的变化均较强（Mumma et al.，2009）。由于甲烷在火星大气里的光化反应时标约为 300 年，如果有关火星大气甲烷的发现被未来的行星探测计划证实，某种快速产生甲烷的地下过程（火山、地热、地球化学或生物活动）正在火星上发生（Lefèvre and Forget，2009）。今天火星的表面不适于维持生命。火星的表面环境类似于寒带沙漠，并且呈氧化性。另外火星的稀薄大气使太阳紫外辐射可以直达其表面。这些都使得火星表面难以维持生命。有人认为，在金星和火星演化历史的前 5 亿年这两颗行星都可能有液态水存在，从而可能有生命存在的环境。比较行星学试图通过研究地球的近邻或相似体来理解地球的过程和发展历史。除液态水和相对稳定的环境以外，火星地下生命还需要有机物和能量以维持其新陈代谢功能。当我们考虑古火星上的可能的生命环境时，这些都需要考虑。

如何来验证火星大气甲烷的观测并验证有关甲烷起源的假说呢？NASA 和 ESA 计划于 2016 年发射火星大气痕量气体观测任务来测量关键痕量气体及其同位素在大气中的成分、含量和变化。虽然对火星地下生命的确凿无疑的验证工作需要等待样品返回计划的实施，但研究火星大气中的甲烷和其他痕量气体将能够来验证火星大气甲烷的探测并回答火星大气甲烷是由地质过程还是由生命过程产生的这一问题。因此测量火星大气痕量气体是 2020 年以前火星研究的重点课题。

远古火星可能是温暖湿润的，但是远古时期的太阳光度却很弱。如何使远古火星维持温暖湿润的环境还是未解之谜（Haberle，1998；Jakosky and Phillips，2001）。火山活动所喷发的 SO_2 可能为远古火星提供了额外的温室效应（Johnson et al.，2008），但硫酸盐气溶胶会使火星表面冷却（Tian et al.，2010）。干冰云可能对表面有加热作用（Forget and Pierrehumbert，1997），但如何维持全球性的干冰云覆盖是个问题（Colaprete and Toon，2002）。在较晚的重轰击时期火星表面可能发生频繁而又短暂的暖化事件（Segura et al.，2008），这种短暂的暖化能否解释今天的火星地貌值得进一步研究。继续通过观测和理论研究远古火星气候变化是今后一段时间火星研究的重点课题。

火星大气中 CO_2 循环的凝结部分因大气沉降、近地表加热和其他气体混合等过程而变得相当复杂。在其升华过程中，高速 CO_2 喷柱可以把沙子大小的颗粒带到表面并形成可以影响极冠反照率的暗斑（Kieffer et al.，2006）。火星南极有厚约几米的干冰极冠，其下面是水冰极冠（Byrne and Ingersoll，2003；Bibring et al.，2004）。气候模式计算表明这一干冰极冠的厚度应该在 10 年的时间尺度上发生明显变化（增厚或完全消失）。因此我们观测到的南极干冰极冠可能意味着火星气候变化的时间尺度只有 10 年左右。更令人惊讶的是这一发现也意味着火星上可以很容易地进入大气层的 CO_2 远远小于原来的估计（Byrne and Ingersoll，2003）。火星极区的地貌和沉积物结构告诉我们火星在最近千万年时间尺度里经历了较大的气候变化，火星大气中的水汽含量变化较大，相当多的地表冰在极区和低纬地区之间迁移，这些有可能与其自转轴倾角和轨道偏心率的周期性变化有关（Head et al.，2003；Mischna et al.，2003；Levrard et al.，2004；Forget et al.，2006）。我们还不理解与此周期性变化相关的气候过程，对这些过程和火星极区的进一步研究将有利于我们对火星古气候变化的理解。

尽管已有的火星探测为我们提供了比较丰富的关于水、CO_2 和沙尘的季节性循环的记录（Smith，2004；Kleinböhl et al.，2009），但这些记录中火星气候变化的复杂程度使得归纳总结季节循环的规律非常困难，而且数值模式计算结果与气候记录之间的比对尚未完全成功。我们还不懂得火星沙尘暴发生和发展的规律。我们也不理解火星极区沉积层中有关沙尘和水汽的记录与有关冰云的观测（Fouchet et al.，2007；Whiteway et al.，2009）。

火星热层和电离层的光化学过程在某种程度上控制了今天火星大气的逃逸过程，而大气逃逸对火星气候从远古至今的演化历史有重大影响。最近的观测显示火星高层大气随时间的变化比较剧烈（Forget et al.，2009），这些变化在多大程度上影响大气逃逸还不为人所知。研究火星大气逃逸和气候可以验证地球气象学和高层大气动力学的理论。

目前，有关火星大气和气候研究的重要问题如下（Smith，2009；Mischna，2009；Titus，2009）。

（1）控制现代火星气候变化的物理过程是什么，从表面边界层到大气顶层的火星大气四维风场结构是怎样的，引发和影响火星全球沙尘暴的主要原因是什么，火星大气中 CO_2、水和沙尘之间的耦合过程是怎样的。

（2）火星大气化学组分的分布和源与汇的信息；痕量气体是否能够告诉我们关于近火星表面的地质、地球化学甚至生命活动的信息；火山活动及气溶胶对大气成分和气候的影响。

（3）能否观测到火星气候在 10～1000 年时间尺度上的变化，这些变化的原因是什么，什么影响了火星极区的残余干冰和水冰冠的形成，火星气候和水循环是如何受其轨道和自转轴倾角变化影响的，火星全球水冰的演化历史是怎样的。

(4) 远古火星的气候环境是什么样的，表面气候环境是否曾经适于生命存在。

(5) 什么过程影响了火星环境从远古时期至今的演化，什么物理过程控制了大气逃逸和火星内部的去气化过程。

火星是目前人类探测次数最多，也是探测最广泛的行星。在过去几十年，美国、苏联、欧洲等国家和地区已发射了一系列火星探测器（附录 2），这些探测提供了火星地形、地质结构、表面矿物质和元素成分、近表面水分布、内在和残余磁场、重力场和壳层结构、和大气成分等的系统信息。这一阶段的探测告诉我们水在火星演化历史上扮演了重要的角色。近几年的"火星快车"、"火星勘测卫星"等探测项目告诉我们火星的表面环境是多种多样的。为了加强对火星的研究，NASA 和 ESA 计划在近期向火星发射一系列的探测器，其主要火星探测项目及其科学研究目标有三个。

(1) 火星科学实验室（MSL，已于 2011 年 11 月 26 日发射，于 2012 年 8 月 6 日着陆），目的是研究火星表面是否有支撑生命存在的条件。

(2) 火星高层大气观测任务（MAVEN，已于 2013 年 11 月 18 日发射）研究高层大气和大气逃逸过程。

(3) 火星痕量气体观测任务（TGO，将于 2016 年入轨）研究痕量气体（包括甲烷）的空间和时间分布与变化。

日程未定的火星探测项目及其科学研究目标有四个。

(1) 火星采样返回任务（MSRM）获得火星岩石和土壤样品并将其返回地球。

(2) 火星空间生命探险者（MAX-C）收集火星岩石和土壤样品，应视为火星采样返回任务的先导。

(3) 火星地球物理网络（MGN）探测火星内部结构，测量壳层、幔层和核心厚度、密度和成分；收集局部气象数据用以验证在轨探测器的数据。

(4) 火星极区气候任务（MPCM）探测火星极区冰层沉积从而为研究火星气候变化提供数据，这一任务可以与研究地球气候变化紧密联系。

（三）土卫六（Titan）

土卫六是土星最大的卫星（图 10），它的体积甚至比水星还要大。在太阳系各行星的卫星中，土卫六仅比木星的卫星 Ganymede 小一些。与其他太阳系卫星不同的是土卫六拥有相当厚的大气层，地表大气压力为 1.467 个大气压。土卫六大气的重要成分是氮气，占大气总质量的 95%，其余为甲烷。为什么一个质量比火星还小的卫星能够拥有比地球还厚重的大气层，而火星只有很稀薄的大气层，这至今还没有确定的答案。这也从一方面说明，火星的质量是可以吸引更多大气的。

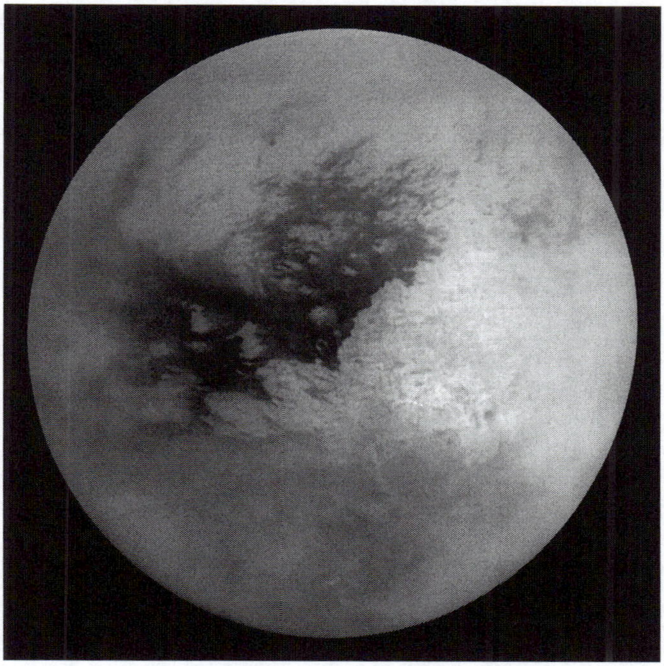

图 10 “卡西尼号”飞船拍摄的土卫六

资料来源：NASA

土卫六大气层丰富的氮气最初很可能是由氨气分解而来的，因为氨气很容易光解为氮和氢，当氢逃逸向太空后，留下的氮气成为土卫六的主要成分。在太阳紫外辐射作用下，土卫六大气中的甲烷大约在 100 万年的时间内就可以被完全光解掉。因此，一定存在一个甲烷的生成源，现有的估计是甲烷来自土卫六内部的排气过程。“卡西尼”宇宙飞船已探测到甲烷自土卫六内部喷发出来的情景。土卫六的密度相当小，只有 1.88 千克/米^3，因此，它的固体核应该主要是由固态的甲烷、氨和水冰等组成的。

土卫六大气高层有一层烯类橙色的有机气溶胶（霾）。这层有机气溶胶能够吸收太阳短波辐射，而使地表温度降低，这种效应通常称为“反温室效应”，其作用就像地球大气平流层臭氧那样，在大气上层形成逆温现象（图 11）。这些有机气溶胶应主要是甲烷和氮气光解后，经过一系列化学反应生成的，并逐步合并成气溶胶颗粒。“卡西尼”携带的“惠更斯”探测器在土卫六大气层中观测到了这些气溶胶颗粒。

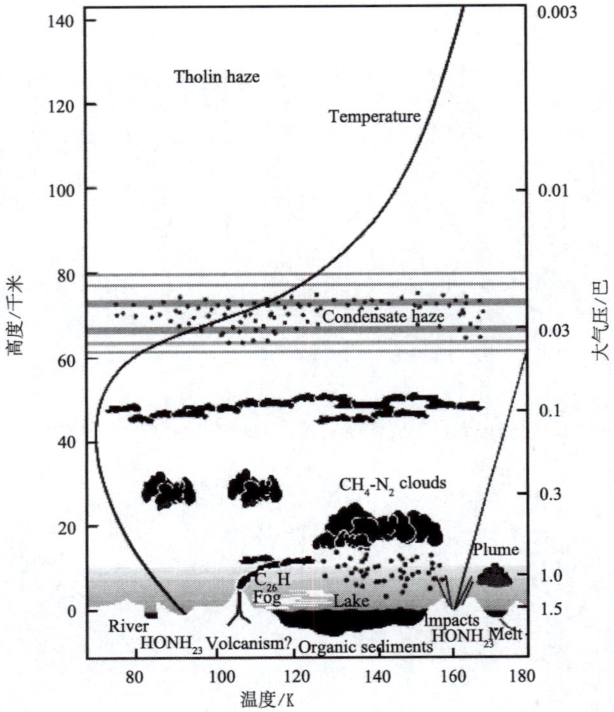

图 11　土卫六大气温度垂直廓线、霾层、云层、“甲烷雨”和地面湖泊示意图

资料来源：University of Virginia

土卫六的表面温度大约是－178℃（95 K），低于甲烷等的凝结温度。因此，土卫六的表面有可能存在液态的甲烷。“卡西尼”飞船确实发现土卫六表面有甲烷等碳水化合物的湖泊和河流存在的迹象。“卡西尼”飞船还发现土卫六大气层中存在强的对流运动风暴等“天气现象”，伴随风暴的是液态的甲烷“雨”降到地面，蒸发后又返回大气中。

与金星类似，土卫六的自转速度比较慢，自转周期大约是 16 个地球日，所以，在很多方面，土卫六大气的环流特征可与金星大气环流比较。“卡西尼”和“旅行者”飞船测量的土卫六的纬向风高达 100 米/秒，在平流层，风速甚至高达 160 米/秒。与金星一样，土卫六大气也具有超级旋转现象。与金星和地球大气的哈德雷环流不一样，土卫六大气的哈德雷环流基本是从一个极地到另外一个极地，这很可能与土卫六的自转轴倾角较大有关（26°）。与金星大气不一样的是，土卫六大气运动有很强的季节性，这是由于金星地表温度主要是由大气的温室效应决定的，而非由太阳辐射决定的，其表面温度比较均匀，没有明显的季节性。土卫六的对流层顶高达 40 千米，有利于垂直对流运动和丰富“天气现象”及风暴的发生。伴随着风暴活动，有两种“降水”发生，一种是较缓慢的和较重的有机气溶胶粒子，另一种是液态甲烷等。“卡西尼”飞船甚至观测到了闪电的发生。

土卫六是目前所发现的除地球以外唯一有液态流体的星球。液态流体为那些需要液态物质作为循环载体的生命提供了必要的生存条件，其丰富的氮气也是生命所必需的元素。土卫六的气候环境是否适于生命（至少是厌氧生命）存在一直是人们关心的一个重要问题。土卫六大气的成分有可能与早期地球大气成分类似，因此对土卫六大气逃逸、大气化学和气候的研究对理解早期地球大气、生命起源和早期演化有重要意义，也是当前国际上土卫六大气研究的热点之一。

（四）巨行星大气

木星、土星、天王星和海王星是太阳系外围的巨行星。这些巨行星由流体外层和很小的固体内核构成。木星和土星是气态巨行星，它们的流体外层主要是氢、氦及少量重元素组成的气层。天王星和海王星是冰巨行星，它们的流体外层可分为两层：外层主要是由氢和氦组成的大气层；内层是由水、甲烷和氨混合组成的冰层（Guillot，2005）。以木星为例，其大气温度在 100 百帕以下随高度升高而递减，类似于地球大气的对流层（图 12）。由对流运动造成的氨气和水汽所凝结成的云层分别分布于 1～3 个大气压及 5～10 个大气压。在 100 百帕之上，有逆温层。这是由甲烷光解后生成有机气溶胶吸收太阳辐射造成的。巨行星具有很大的体积和质量，这四颗行星的总质量占太阳系行星质量的 99.5%。这些巨行星主要由流体构成，并不适宜生命存在。

与地球大气层不同的是，巨行星的大气层与其下层没有明显的界线。在巨行星上，没有陆地和海洋对大气层的运动产生较大的摩擦。也就是说，巨行星的大气层是没有底的，它们直接深入行星的内部。对于巨行星，驱动大气运动的能量不仅来自太阳辐射，还来自于行星内部发射出的热能。“旅行者”宇宙飞船上的红外干涉光谱仪收集到的数据表明，木星、土星和海王星的行星内部热能都超过了它们所吸收的太阳辐射能量。天王星内部热能很小，可以忽略不

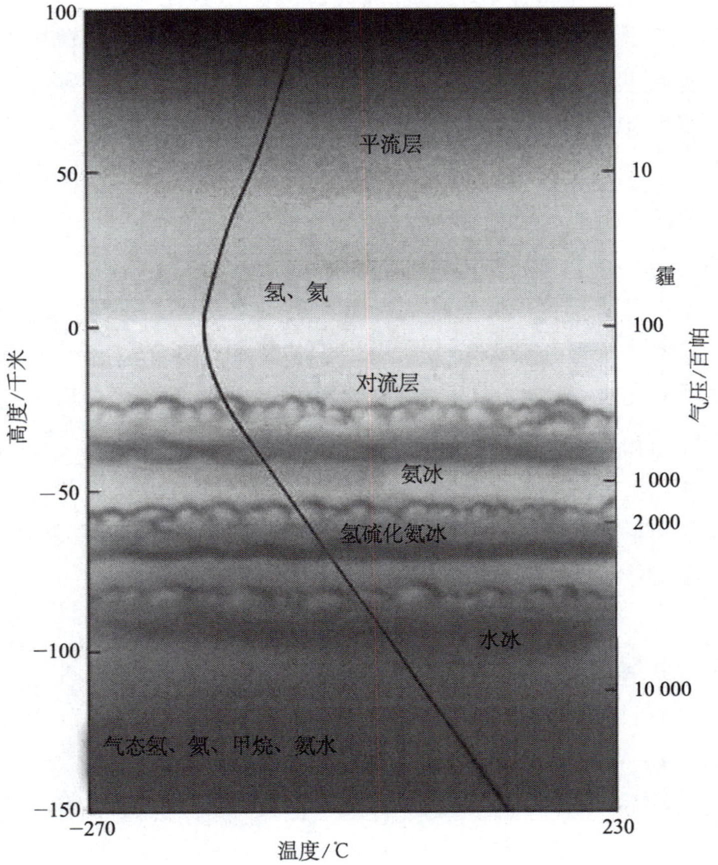

图 12　木星大气温度垂直廓线和云层示意图

资料来源：NASA

计（Lodders and Fegley，1998）。

巨行星大气环流的重要特征是多急流和涡旋，如木星大气在每个半球都有许多东西风交替的急流带。巨行星的风速是通过跟踪小尺度云系相对于行星磁场的运动而测量的。巨行星的风速非常强，并且非常稳定，在数十年中变化很小。木星和土星的赤道上空有强的西风急流，也就是所谓的超级旋转，最大风速分别为 100 米/秒和 400 米/秒。天王星和海王星的赤道上空有东风急流，最高风速分别达到 100 米/秒和 450 米/秒。在中高纬度区域，木星和土星的东西风交替的急流分别对应于观测到的亮暗交替的云带，而天王星和海王星在中高纬度只有西风急流。

除了非常强的急流，巨行星的大气层中还有很多不同尺度、颜色和旋转方向的涡旋。其中最值得注意的涡旋是木星上的大红斑和海王星上的大黑斑。木星上的大红斑是太阳系中最大的涡旋。它可以装下2～3个地球，并且已经存在了至少346年（由Robert Hooke于1664年首次观测到，而非伽利略首次观测到的（Lodders and Fegley，1998））。由局部强对流所生成的强风暴和闪电也在最近被观察到。在2010年12月5日爆发的土星超级风暴非常壮观，爆发两个月后，超级风暴环绕了整个土星。在风暴最强时，每秒钟有10次闪电产生（图13）。

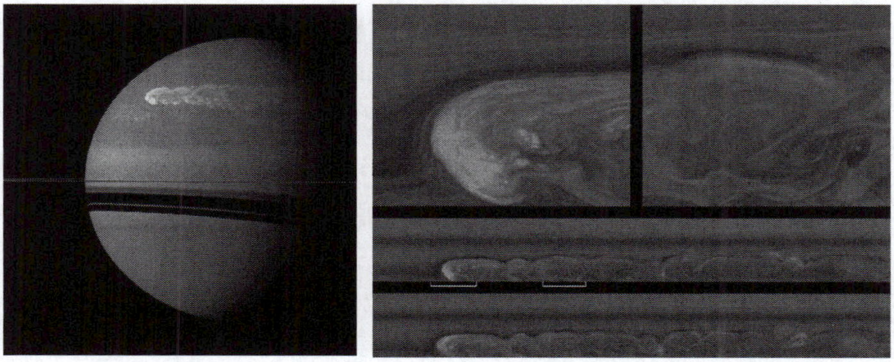

图13 土星上的超风暴（左）和超风暴的局部合成图（右）
资料来源：卡西尼宇宙飞船：NASA/JPL-Caltech/SSI

NASA向太阳系外围的巨行星发射了一系列的宇宙飞船和探测器。例如，“先锋10号”探测器是第一个穿越小行星带并且访问木星的宇宙飞船，它于1973年经过木星飞向太阳系的边缘；“先锋11号”是第一个访问土星的宇宙飞船；“旅行者1号”和“旅行者2号”宇宙飞船去探索太阳系外围，包括巨行星和它们的卫星。“旅行者1号”和“旅行者2号”于1979年飞过木星，于1980年飞过土星。“旅行者1号”在对土卫六号进行了短暂的观测之后，飞往了太阳系的边缘。“旅行者2号”于1986年飞经天王星，于1989年飞经海王星，完成了对太阳系外围的探测。“旅行者2号”发现了海王星上的大黑斑（Ingersoll et al.，2004）。“伽利略号”是第一个环绕木星飞行的宇宙飞船，1995～2003年，该飞船对木星进行了长期的观测（Porco et al.，2003），它探测到了闪电并且给出了闪电分布图。“伽利略号”还第一次把探测器抛入木星的大气层，该探测器测量了木星外大气层（深达22个大气压）中的温度和风速。“卡西尼号”于2000年年底经过木星，于2004年到达土星并且围绕土星进行观测直到现在。“卡西尼号”宇宙飞船对土星的南极涡旋、深度闪电、赤道纬向风的变化及土星大气的季节变化进行了详细的探测，它于 2005 年向土卫六抛入了“惠更斯”探测器，考察了土卫六大气和地表。这些宇宙飞船上安装的摄像机连续地拍摄了许多高分辨率的图片，另外，这些宇宙飞船上还安装了红外干涉光谱仪，用于测量行星发出的红外辐射。

除了宇宙飞船对巨行星的观测，地基望远镜和空间望远镜也对巨行星大气进行了连续的观测。这些观测记录了巨行星大气的长期演变和突发现象。地基望远镜观测到的现象包括彗木大撞击（1994 年）、木星上的白色大涡旋合并（1998 年和 2000 年）、木星上的大面积云变色（2009 年）、土星上的超级风暴（2010 年）、天王星大气的季节变化、海王星的南极涡旋（2007 年）等。宇宙飞船和望远镜的观测对研究巨行星的大气运动非常重要。

由于巨行星的快速自转，巨行星大气层中的风主要是纬向风。对于云层下面的风向及风速，我们所知甚少。当“伽利略号”宇宙飞船上的探测器被抛入木星时，它测量到 6.4 °N 附近纬向风的风向和风速，所测量到的西风风速从 0.7 大气压处的 90 米/秒增加到 4.0 大气压处的 170 米/秒，然后保持不变一直到大约 20 个大气压（Atkinson et al.，1998）。巨行星内部的压强大概在百万大气压，“伽利略号”探测器仅测量了不到巨行星半径 1%的纬向风的垂直结构。由于巨行星上的大气层与行星内部没有明显的界线，我们不知道观测到的行星表面纬向风是否一直延伸到行星的内部，还是在云层下就很快消失了。它们有可能延伸到行星内部，但是风速是否是逐渐减弱，目前还不太清楚。与此相关的一个问题是：巨行星大气中的纬向风是如何形成的。对于纬向风纵向结构和形成机制的研究是巨行星大气动力学中非常重要的课题。

目前，有两种模型被用于研究巨行星大气中风的形成机制和纵向结构：深流体模型和浅流体模型。深流体模型假设巨行星大气中的风是由行星内部发出的热能驱动的（Busse，1976；Busse，1994；Christensen，2002；Aurnou and Olson，2001；Kaspi et al.，2009；Vasavada and Showman，2005）。Busse（1976）最先提出了以下理论：由于巨行星的快速自转和大气的很小的黏度，行星大气中流体的流速和气压梯度沿着转轴的方向保持不变（Taylor-Proudman 原理）。所以，行星大气中的对流单体是沿着转轴方向的细柱形结构（图 14）。对流单体之间的相互作用形成了套在一起的、以转轴为中心的并沿着转轴的柱状结构。Busse（1976）认为这些转速不同的柱状结构于行星表面相互作用形成了在木星和土星大气中观测到的纬向风。最近的三维数值模型的计算表明由热能驱动的球层内部的对流可以生成表面的纬向风，包括赤道的超转动的纬向风及中高纬度区域的东西交替的纬向急流（Aurnou and Olson，2001；Christensen，2002)。然而，由于这些数值模型模拟延伸到几百万大气压的很厚的流体层，它们必须在计算中使用很大的数值黏度来保证计算的稳定性。一般来说，所用的数值黏度是巨行星内部流体黏度的 10^6～10^{10}倍。所以，在这些模型中驱动球层内部对流的热能要比观测到的巨行星内部的热能大很多（Heimpel and Aurnou，2007)。此外，由深流动模型所生成的纬向风一般会沿着柱状结构一直延伸到行星内部，并且风速在转轴方向保持不变（Taylor-Proudman 原理)。但是，冲激波实验表明在木星和土星行星内部，随着温度和压强的升高，氢（巨行星大气的主要成分）逐渐转化为具有金属性质的导电半导体（Nellis et. al，1996)，这也是木星等具有磁场的重要原因。如果观测到的纬向风在沿转轴方向保持常速并且延伸到行星内部由半导体氢组成的部分，这些纬向风将和行星的磁场相互作用，所产生的欧姆热能将远远大于行星受到的太阳热辐射和行星内部发出的热能之和（Liu et al.，2008)。近年，用深流动模型进行的研究开始包括球层内部流体和磁场的相互作用，并且在三维数值模型中同时模拟纬向风和磁场的形成。这些研究还包括考察流体的可压缩性对纬向风生成的影响和用超级计算机进行计算以减小数值黏度并且使模型参数接近行星内部参数值。

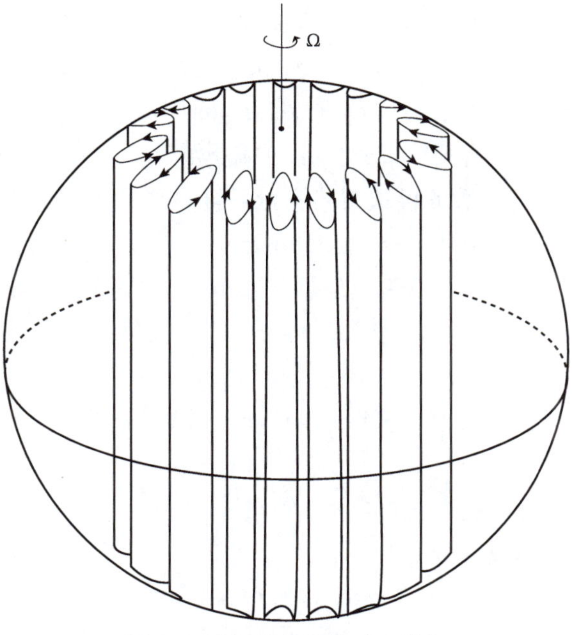

图 14　巨行星的柱状对流单体

资料来源：Busse，1976

浅流体模型假设纬向急流是由云层中的湍流生成的，或者是由行星受到的随纬度变化的太阳辐射生成的。巨行星的云层中存在由对流形成的流体纵向运动，但由于纵向运动的速度较小，巨行星的云层常被近似成二维的球面。根据二维湍流运动理论，巨行星云层中的纬向急流是湍流动能由小尺度向大尺度传播而形成的（Rhines，1975；Williams，1978；Rhines，1994）。Rhines（1975）首先提出由于科氏力参数随纬度而变化，快速转动的二维球层上的湍流是各向异性的。因此在湍流动能由小尺度向大尺度传播的过程中，在南北方向的大尺度涡动被随纬度变化的科氏力参数限制，而沿东西方向的大尺度涡动不被限制。所以，小尺度湍流自我重组成纬向急流，而急流沿南北方向的尺度由Rhines 尺度确定。建立在二维湍流运动理论上的数值模拟可以产生类似于巨行星大气中的中高纬度的东西交替的急流，但一般不能产生在木星和土星大气中观测到赤道的超级旋转急流（Cho and Polvani，1996）。

在浅流动模型中，如果用行星所受到的随纬度变化的太阳辐射驱动大气，可以形成中高纬度区域东西交替的纬向急流。这些急流的形成机制与地球大气中的纬向急流的形成机制相同（Williams，2003a）。也就是说，当随纬度变化的太阳能照射大气时，行星大气中产生沿纬向的温度梯度。中高纬度斜压不稳定并生成斜压涡旋。当斜压涡旋从生成区域传出并消散，它们将角动量传入纬向并生成纬向急流（Vallis，2006）。但是仅由太阳能驱动的流体模型一般不能生成赤道上的超级旋转急流，除非是在赤道区域添加额外的热源或是波动源（Williams，2003a；Williams，2003b；Lian and Showman，2008），而巨行星的大气的赤道区域并没有这些额外的热源或是波动源。最近，使用全球环流大气模型（GCM）进行的数值模拟表明，行星接收到的太阳辐射和行星内部的热能对驱动行星大气运动同样重要（Schneider and Liu，2009；Liu and Schneider，2010）。如果行星内部的热能足够强，行星大气将产生对流不稳定，并且对流将在赤道区域产生 Rossby 波源。当 Rossby 波传播出赤道区域时，向东的角动量被传入赤道区域而形成赤道超级旋转急流。也就是说，行星内部的热能驱动了赤道超级旋转急流（Schneider and Liu，2009；Lian and Showman，2009）。

在巨行星的大气中还存在很多不同尺度的涡旋。一层或两层的 QG 模型及多层模型都被用于模拟巨行星上的涡旋（Ingersoll and Cuong，1981；Marcus，1988；Williams and Wilson，1988；Dowling and Ingersoll，1988；Cho and Polvani，1996；Marcus，1993；Cho et al.，2001）。这些模型都很好地模拟了涡旋的相互作用及涡旋合并，可以用于解释大尺度涡旋的稳定性。但是，人们仍不清楚这些涡旋是怎样生成的和消散的，以及是什么因素决定它们的存在时间。在 QG 模型中，使用具有均匀的背景绝对涡度的条件可以模拟大尺度涡旋的生成（Marcus，1988；1993；2004）。然而，人们并不清楚大尺度涡旋是怎样在球面上及行星表面生成的，因为球面上有绝对涡度的梯度。

多急流带和多涡旋是这些快速旋转的巨型气态星球的共同特点。为什么木星和土星的超级旋转如此之强？为什么木星的大红斑能够持续如此长的时间？为什么土星上会出现环绕全球的超级风暴（巨白斑），其北极的正六边形极涡是如何形成的？什么物理机制驱动了所观测到的行星表面大气的运动？行星表面大气的运动如何随深度变化及怎样与深层大气运动相连？巨行星大气赤道区域平流层的温度波动是由什么机制驱动的？地球大气平流层的风、温度和相关的丰度物质（臭氧、水汽等）的变化是否也由同样的机制驱动？虽然上面提到的各种机制可以解释现象的某些方面，但都还无法对这些现象做出更完整和全面的解释。如何进一步理解巨行星大气环流的动力学特征仍然需要进一步加强研究。整体来说，目前对巨行星大气的观测认知仍然太少，尤其不清楚巨行星大气的急流带和涡旋随深度的变化，因此，只有在未来加强对这些巨行星的探测才能够从根本上促进我们对巨行星大气环流结构的认识。

上面我们曾谈到过固态星球大气的演化，但对气态星球的演化还知之甚少。巨行星在演化的过程中，其内部不断向外辐射热能。巨行星大气中的能量来自于行星形成过程中所积累的引力势能、元素衰变所释放的能量及所吸收的太阳辐射。巨行星大气不仅控制了热辐射的速度，并且还随着行星的演化而变化。行星演化理论可以很好地描述木星的演化，但却不能描述土星的演化，因为土星比行星演化理论预测的要热很多。一个基本假设是土星内部的氦雨（百万大气压）可以延长土星的热演化，使得它冷却得慢一些。但这个假设必须通过测量土星内部的氦来验证。同样，我们对天王星和海王星的热演化了解得也很少。其主要原因是，我们对行星大气中的能量的分布并不了解。“旅行者号”宇宙飞船只测量到了天王星行星辐射热能的上限，但没有测到行星辐射的具体数值。

我们对巨行星大气化学还知之甚少。目前已知的是巨行星大气中有少量的甲烷，在太阳紫外辐射的作用下，甲烷产生一系列的化学反应，生成有机气溶胶，它们能够吸收太阳短波辐射，对巨行星大气的热力结构有重要的影响。NASA 于 2011 年 8 月发射的朱诺号飞船将于 2016 年抵达木星，该飞船的主要目的是研究木星的形成、演化、大气深层结构和磁场等，该探测计划将有望大大地提高我们对木星及其他巨行星大气的认识。

地球和火星大气随季节的变化已被很好地观测和了解。但是，我们对巨行星的大气是怎样随季节变化的所知甚少。除了木星，其他的巨行星都有随季节的变化。特别值得一提的是海王星，它的黄道面与赤道面的夹角是 98°。也就是说，在公转周期中一半的时间，太阳直接照射在海王星的两极。由于公转周期较长（土星 29 地球年；天王星 84 地球年；海王星 165 地球年），人们需要对巨行星大气长时间的观测来了解它们随季节的变化。

（五）太阳系外行星大气

过去，太阳系外行星（简称系外行星）的探测和发现主要是天文学界的关注范畴，但近几年对系外行星的研究已远远超出了天文学的范围，世界各国原来从事地球科学、行星科学、甚至生命科学的学者一部分转到系外行星研究领域，使得这一领域在短短的几年中有了迅速的发展，并成为一个交叉性的热点学科（胡永云，2013；胡永云和田丰，2014；王炜等，2014）。自 1995 年发现第一颗系外行星以来，随着天文观测技术的发展，越来越多的太阳系外行星被发现，截至 2013 年 3 月 1 日，已有 861 颗系外行星被发现（图 15），预计未来几年被发现的系外行星的数量将会成倍地增长。但由于现有观测技术的局限，目前被观测到的系外行星绝大部分是质量较大、距离其恒星较近的行星，而行星质量与地球相当的则比较少。但是开普勒计划有望在未来 3～5 年发现大量类地系外行星，可以预见对类地系外行星大气的研究将成为系外行星研究的新焦点。

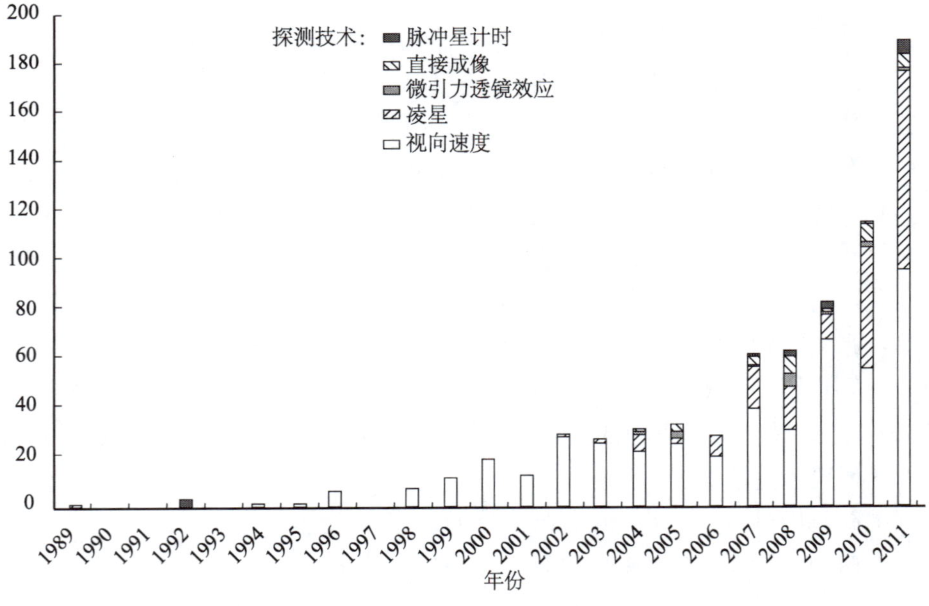

图 15　近 30 年来每年所发现的系外行星数量分布图

资料来源：行星百科网站，http：//exoplanet. eu/index. php

系外行星研究关注的热点之一是太阳系之外是否有适合生命存在的行星（简称宜居行星）。一般认为，宜居行星首先必须是固态星球，因为气态星球质量较大，巨大的引力和大气压力并不适合生命的存在。其次，固态星球必须位于其恒星的宜居带之区。图 16 所示的蓝色带状区域是太阳系和红矮星系 Gliese 581（简称 Gl 581）的宜居带示意图（Selsis et al.，2007）。在太阳系，地球位于宜居带的中央，金星不在宜居带内，而火星则位于外侧边沿。宜居带表示位于其中的行星表面温度不低于 273 K（也就是液态水存在的温度），也不高于引发快速大气逃逸的温度阈值（Kasting et al.，1993；Selsis et al.，2007）。即使位于在宜居带内，系外行星的表面温度还由行星大气的成分决定。如果一个行星的温室气体浓度较高，其表面温度也将较高，也有可能不适于液态水和生命存在。相反，温室气体浓度较低，行星表面温度也较低，同样不适于液态水和生命存在。例如，地球大气的温室效应是地球表面温度升高了 30 K，如果没有温室效应的作用，地表平均温度将是－15℃，也将不适于生命存在。目前，国际上对宜居带的研究主要关注能否在行星表面维持液态水长期存在的环境，对生命所需的其他元素（如氮、碳等）的研究正在逐渐增加并有可能改变系外行星可居住性的认识。目前，很多研究结果是使用一维辐射-对流模式或单独的大气环流模式得到，将来还需要考虑海洋及海冰对气候环境所起的作用（Hu and Yang，2013）。因为恒星宜居带的范围直接影响人们发现太阳系之外是否有适于生命存在的行星的前景，关于宜居带的研究是目前系外行星大气研究的重点之一。

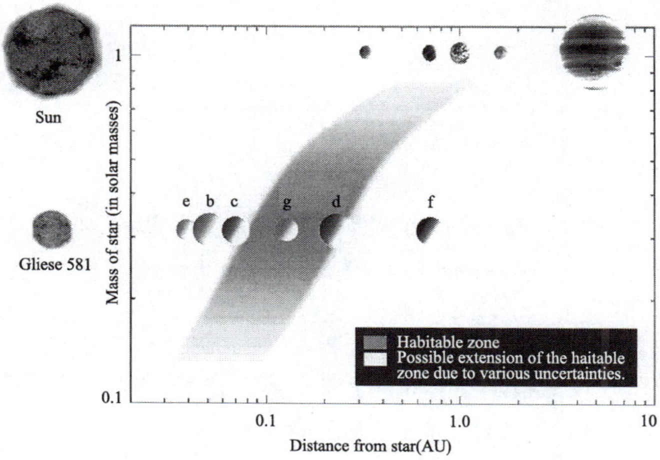

图 16　太阳和红矮星的宜居带（考虑液态水在行星表面的长期存在）

资料来源：ESO

到目前为止，还没有发现一颗真正的宜居系外行星，只有 7 颗系外行星被认为是宜居行星（胡永云，2013）。2007 年曾在 Gl 581 星系发现两个被认为宜居的星球（即 Gl 581c 和 Gl 581d，Udry et al.，2007），但后来的计算表明，Gl 581c 太热，很可能像金星那样曾出现温室逃逸现象，而 Gl 581d 则比较冷，需要大约 7 个大气压的 CO_2 才能使其地表温度高于 273 K（Hu and Ding，2011）（图 17）。另外，这两颗行星的最小质量分别大约是地球的 5 倍和 8 倍，其实际质量很可能超出地球的 10 倍，所以，有可能是气态行星或类似较小的海王星。

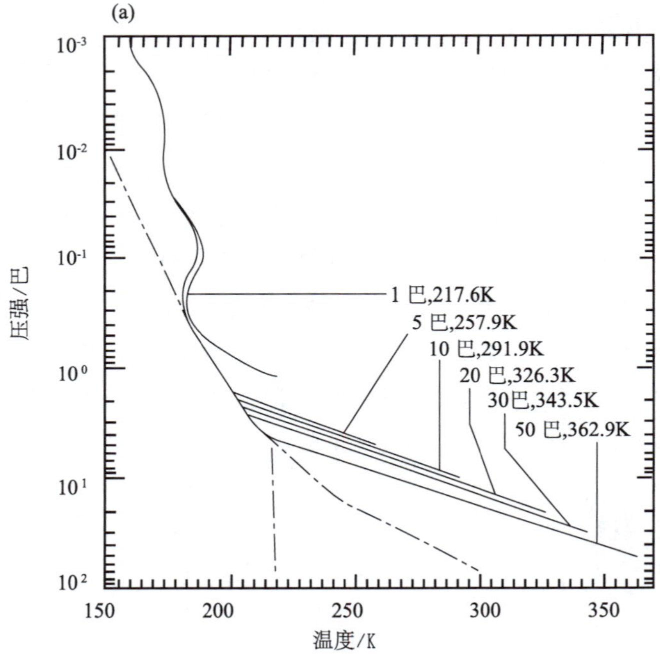

图 17　辐射-对流模式模拟的在不同 CO_2 含量条件下的 Gliese 581d 垂直温度廓线和地面温度

资料来源：Hu and Ding，2011

由于目前所发现的系外行星基本上都距离其恒星比较近，一部分非常近的系外行星由于较强的引力作用而处于潮汐锁相的运动状态中，也就是一面永久性面对其恒星，而另一面永远背向其恒星，就像月球被地球潮汐锁相，我们只能看到月球的一面。这样，就造成向阳的一面被加热，而背阳的一面接收不到恒星的辐射能量，向阳面和背阳面的温度形成强烈反差。这一特定的热力结构决定了潮汐锁相行星的大气环流和气候状态与地球或太阳系行星的不同。这是目前系外行星大气研究的一个重要方向。目前所发现的系外行星中大部分是气态巨行星。其中一部分由于距其恒星较近，表面温度可达 1000 K 以上。虽然这些巨行星的质量接近太阳系木星，但它们的热力、动力性质都与太阳系木星不同，所以被称为“热木星”，热木星通常是潮汐锁相行星。热木星距离它们的恒星很近，它们所受到的太阳辐射远远大于行星发出的热能。相比较而言，在太阳系中，木星、土星和海王星的行星热辐射大于行星所受到的太阳辐射（天王星的行星热辐射很小，可以忽略不计）。系外巨行星中比较年轻的行星距离它们的恒星通常很远，所受到的太阳辐射远远小于行星发出的热能。可以预期这些系外巨行星的大气在热力、动力和化学等方面都有非常不同的性质。这些都将是系外巨行星大气研究的重点。

在目前阶段，对系外行星大气的观测仍然是相当困难的，这主要是因为系外行星距离我们太遥远。现在所观测到的距离我们最近的系外行星是半人马座 αBb（Alpha Centauri Bb），它距离太阳系也在 15 光年之外。目前对行星大气成分的观测还仅限于热木星一类的巨型气态星球，对超级地球等体积较小或温度较低的行星大气进行观测还比较困难。这是因为现在对系外行星大气的观测方法是掩星法，也就是当行星运行到与地球和其恒星在一条直线上并且遮挡恒星时（“凌日”），使用地基或太空望远镜观测恒星辐射的透过光谱（或者是行星大气的吸收谱）。这需要行星的大气层足够浓密并且有较大标高［$H = kT/(Mg)$］，这里 H 是大气层的标高，k、T、M 和 g 分别是波尔兹曼常数、大气温度、平均分子质量和重力加速度，浓密的大气意味着大气层对恒星辐射有较大的光学厚度，而较大的标高意味着大气分子分布在较大的垂直尺度上，这样才能够产生较强的吸收/透过谱信号。热木星的大气成分以 H_2 和 He 为主，分子量较小，但温度较高（超过 1000 K），因此，其大气标高超过 100 千米，满足现有观测精度的要求。相对而言，太阳系木星因为大气温度较低，其标高大约是 27 千米，而地球大气的标高仅仅是 8 千米。所以，现有的观测技术还不能使用“凌日”法对类地行星的大气成分进行观测。尽管如此，现在还是初步观测到了一些系外行星的大气成分。例如，现有的观测和模拟结果很好地证实了热木星 HD 189733b 大气中含有水汽和甲烷（Swain et al.，2008）。HD 189733b 的质量和半径均与太阳系的木星类似，但它距离其恒星（HD 189733）非常近，大约是 0.03 AU，所以，HD 189733b 是一颗潮汐锁相的热木星，其向阳面的表面温度超过 1000 K（太阳系木星在 1 个大气压处的温度大约是 165 K）。

四、总　　结

在本文中，我们对太阳系行星大气的起源、演化，以及现有的物理、化学和动力特性做了简要的介绍，我们同时也简要地介绍了太阳系行星和系外行星大气目前的研究动态，我们尤其强调了以探测项目为主导的行星大气研究的未来发展方向。希望这些能够帮助我们了解行星大气与地球大气的相似性和不同之处，认识到自然规律的普适性和自然界的复杂性。我们特别希望强调的是研究行星大气对认识地球大气、气候和生命演化的重要性。

在表 1 中，我们特别给出了国际上行星大气科学的主要研究机构，是为了说明在国际上，尤其是在美国、欧洲、日本等国家和地区，行星大气科学早已成为一门独立的学科和研究领域，但在我国，行星大气科学无论是在教育还是在研究方面都基本是空白。随着我国经济和太空探测项目的发展，我们也必将进行深层太空探测。要实现这一目标，我们需要在行星大气科学的人才培养和基础研究方面做好充分准备，在一些高校（尤其是一流的高校）成立行星大气学科和在一些研究机构成立专门的研究组织是一项刻不容缓的任务，组织相关人员开始对行星大气探测探测项目进行讨论和筹划也应该从现在开始。

在表 2 中，我们还给出了美国、日本、欧洲及苏联的一些主要行星探测项目。通过这些探测项目，我们希望能够意识到行星大气探测项目不仅具有重要的科学意义，也具有技术层面的重要意义。这些探测计划的实施首先是一个系统工程，需要事先的周密计划、各方面的严密组织、大规模的团队合作。其次，这些探测项目需要尖端的技术，包括星际间的远距离通信和遥控、复杂和精准的计算、大推力的火箭等。最后，对制作探测仪器的材料也有极高的要求，因为这些仪器需要在或是极端寒冷（如火星或外围巨行星）或是极端高温（如金星或水星）的严酷环境条件下工作。这些技术的研发、特殊材料的制造不仅对我国国防而且对民用都有极为重要的意义。

参 考 文 献

胡永云．2013. 太阳系外行星大气与气候．大气科学，37（2）：451－466.

胡永云，田丰．2014. 太阳系行星//陆埮．现代天体物理．北京：北京大学出版社．

王炜，刘玉娟，胡永云，等．2014. 太阳系外行星系统的搜寻和研究//陆埮．现代天体物理．

北京：北京大学出版社.

Adams W S, Dunham Jr T. 1932. Absorption bands in the infra-red specturm of Venus. Publications of the Astronomical Society of the Pacific, 44 (260): 243-245.

Andrews-Hanna J C, Zuber M T, Arvidson R E, et al. 2010. Early Mars hydrology: Meridiani playa deposits and the sedimentary record of Arabia Terra. Journal of Geophysical Research, 115: E06002.

Atkinson D H, Pollack J B, Seiff A. 1998. The Galileo probe Doppler wind experiment: Measurement of the deep zonal winds on Jupiter. J Geophys Res, 103: 22911 - 22928.

Aurnou J M, Olson P L. 2001. Strong zonal winds from thermal convection in a rotating spherical shell. Geophys Rev Lett, 28: 2557 - 2559.

Baranov Y I, Lafferty W J, Fraser G T. 2004. Infrared spectrum of the continuum and dimer absorption in the vicinity of the O_2 vibrational fundamental in O_2/CO_2 mixtures. J Mol Spectrosc, 228: 432 - 440.

Bibring J P, Langevin Y, Mustard J F, et al. 2006. Global mineralogical and aqueous Mars history derived from OMEGA/Mars Express data. Science, 312: 400-404.

Bibring J P, Langevin Y, Poulet F, et al. 2004. Perennial water ice identified in the south polar cap of Mars. Nature, 428: 627 - 630.

Bullock M A, Grinspoon D H. 1999. Global climate change on Venus. Scientific American, 3: 50 - 57.

Busse F H. 1976. Simple model of convection in Jovian atmosphere. Icarus, 29: 255 - 260.

Busse F H. 1994. Convection driven zonal flows and vortices in the major planets. Chaos, 4: 123 - 134.

Byrne S, Ingersoll A P. 2003. A sublimation model for martian south polar ice features. Science, 299: 1051 - 1053.

Carr M H, Head J W. 2003. Oceans on Mars: An assessment of the observational evidence and possible fate, J Geophys Res, 108 (E5): 5042.

Cho J Y K, Polvani L M. 1996. The emergence of jets and vortices in freely evolving, shallow-water turbulence on a sphere. Phys Fluids, 8 (6): 1531 - 1552.

Cho J Y K, Juarez M D, Ingersoll A P, et al. 2001. A high-resolution, three-dimensional model of Jupiter's Great Red Spot. J Geophy Res, 106: 5099 - 5105.

Christensen U R. 2002. Zonal flow driven by strongly supercritical convection in rotating sperical shells. J Fluid Mech, 470: 115 - 133.

Colaprete A, Toon O B. 2002. Carbon dioxide snow storms during the polar night on Mars. Journal of Geophysical Research, 107.

Committee on the Planetary Science Decadal Survey. 2011. Vision and Voyages for Planetary Science in the Decade 2013 - 2022. National Research Council of the National Academies. Washington D C: The National Academies Press: 400.

de Pater I, Lissauer J J. 2010. Planetary Sciences. Cambridge: Cambridge University Press: 647.

Dowling T E, Ingersoll A P. 1988. Potential vorticity and layer thickness variations in the flow around Jupiter's Great Red Spot and white oval BC. J Atmos Sci, 45: 1380 - 1396.

Ehlmann B L, Mustard J F, Swayze G A, et al. 2009. Journal of geophysical research, 114. E00D08.

Forget F, Pierrehumbert R T. 1997. Warming early Mars with carbon dioxide clouds that scatter infrared radiation. Science, 278 (5341): 1273.

Forget F, Haberle R M, Montmessin F, et al. 2006. Formation of glaciers on Mars by atmospheric precipitation at high obliquity. Science, 311: 368 - 371.

Forget F, Montmessin F, Bertaux J, et al. 2009. Density and temperatures of the upper martian atmosphere measured by stellar occultations with Mars Express SPICAM. Journal of Geophysical Research, 114: E01004.

Fouchet T, Lellouch E, Ignatiev N I, et al. 2007. Martian water vapor: Mars Express PFS/LW observations. Icarus, 90: 32 - 49.

Guillot T. 2005. The interiors of giant planets: Models and outstanding questions. Ann Rev Earth Planet Sci, 33: 493 - 530.

Haberle R M. 1998. Early Mars climate models. Journal of Geophysical Research, 103: 28467 - 28479.

Haberle R, Pollack J B, Barnes J R, et al. 1993. Mars atmospheric dynamics as simulated by the NASA/Ames general circulation model, 1. The zonal-mean circulation. J Geophys Res, 102: 13301 - 13311.

Hammel H B, Rages K, Lockwood G W, et al. 2001. New measurements of the winds of Uranus. Icarus, 153: 229 - 235.

Head J W, Mustard J F, Kreslavsky M A, et al. 2003. Recent ice ages on Mars. Nature, 426: 797 - 802.

Heimpel M, Aurnou J. 2007. Turbulent convection in rapidly rotating spherical shells: A model for equatorial and high latitude jets on Jupiter and Saturn. Icarus, 187: 540 - 557.

Hoffman P F, Schrag D P. 2002. The snowball Earth hypothesis: Testing the limits of global change. Terra Nova, 14: 129 - 155.

Hu Y, Ding F. 2011. Radiative constraints on the habitability of exoplanets Gliese 581c and Gliese 581d. Astron & Astrophys, 526: A135.

Hu Y, Yang J. 2014. Role of ocean heat transport in climates of tidally locked exoplanets around M-dwarf stars. PNAS, 111: 629 - 634.

Ingersoll A P. 1969. The runaway greenhouse: A history of water on Venus. J Atmos Sci, 26: 1191 - 1197.

Ingersoll A P, Dowling T E, Gierasch P J, et al., 2004. Dynamics of Jupiter's atmosphere//Bagenal E, Dowling T E, McKinnon W B. Jupiter: The Planet, Satellites and Magnetosphere. Cambridge: Cambridge University Press: 105－128.

Ingersoll A P, Cuong P G. 1981. Numerical model of long-lived Jovian vortices, J Atmos Sci, 38: 2067－2076.

Jakosky B M, Phillips R J. 2001. Mars' volatile and climate history. Nature, 412: 237－244.

Johnson S S, Mischna M A, Grove T L, et al. 2008. Sulfur-induced greenhouse warming on early Mars. J Geophys Res, 113: E08005.

Kaspi Y, Flierl G R, Showman A P. 2009. The deep wind structure of the giant planets: results from an anelastic general circulation model. Icarus, 202: 525－542.

Kasting J F, Whitmire D P, Reynolds R T. 1993. Habitable Zones around Main Sequence Stars. Icarus, 101: 108－128.

Kieffer H H, Christensen P R, Titus T N. 2006. CO_2 jets formed by sublimation beneath translucent slab ice in Mars' seasonal south polar ice cap. Nature, 442: 793－796.

Kleinböhl A, Schofield J T, Kass D M, et al. 2009. Mars Climate Sounder limb profile retrieval of atmospheric temperature, pressure, and dust and water ice opacity. Journal of Geophysical Research, 113: E10006.

Lefèvre F, Forget F. 2009. Observed variations of methane on Mars unexplained by known atmospheric chemistry and physics. Nature, 460: 720－723.

Leovy C. 2001. Weather and climate on Mars. Nature, 412: 245－249.

Levrard B, Forget F, Montmessin F, et al. 2004. Recent ice-rich deposits formed at high latitudes on Mars by sublimation of unstable equatorial ice during low obliquity. Nature, 431: 1072－1075.

Lian Y, Showman A P. 2008. Deep jets on gas giant planets. Icarus, 194, 597－615.

Lian Y, Showman A P. 2009. Generation of equatorial jets by large-scale latent heating on the giant planets. Icarus, doi: 10.1016/j.icarus.2009.10.006.

Liu J J, Schneider T. 2010. Mechanisms of jet formation on the giant planets. J Atmos Sci, 67: 3652－3672.

Liu J J, Goldreich P M, Stevenson D J. 2008. Constraints on deep-seated zonal winds inside Jupiter and Saturn. Icarus, 196: 653－664.

Lodders K, Fegley Jr B. 1998. The Planetary Scientist's Companion. New York: Oxford University Press: 400.

Malin M C, Edgett K S. 2003. Evidence for persistent flow and aqueous sedimentation on early Mars. Science, 302: 1931－1934.

Marcus P S. 1993. Jupiter's Great Red Spot and other vortices. Annu Rev Astron Astronphys, 31: 523－573.

Marcus P S. 1988. Numerical simulation of Jupiter's Great Red Spot. Nature, 331: 693－696.

Marcus P S. 2004. Prediction of a global climate change on Jupiter. Nature, 428: 828－831.

McKay D S, Gibson Jr E K, Thomas-Keprta K L, et al. 1996. Search for past life on Mars: Possible relic biogenic activity in Martian meteorite ALH84001. Science, 273: 924－930.

Mischna M A. 2009. Atmospheric Science Research Priorities for Mars. White paper submitted to the Planetary Science Decadal Survey. Washington D C: National Research Council.

Mischna M A, Richardson M I, Wilson R J, et al. 2003. On the orbital forcing of Martian water and CO_2 cycles: A general circulation model study with simplified volatile schemes. Journal of Geophysical Research, 108: 5062.

Morris R V, Ruff S W, Gellert R, et al. 2010. Identification of carbonate-rich outcrops on Mars by the Spirit rover. Science, 329: 421－424.

Mumma M J, Villanueva G L, Novak R E, et al. 2009. Strong release of methane on Mars in Northern Summer 2003. Science, 323: 1041－1045.

Murchie S L, Seelos F P, Hash C D, et al. 2009. Compact Reconnaissance Imaging Spectrometer for Mars investigation and data set from the Mars Reconnaissance Orbiter's primary science phase. Journal of Geophysical Research, Planets (1991－2012), 114 (E2).

Nellis W J, Weir S T, Mitchell A C. 1996. Metallization and electrical conductivity of hydrogen in Jupiter. Science, 273: 936－938.

Pierrehumbert R T. 2010. Principles of Planetary Climate. New York: Cambridge University Press: 652.

Porco C C, ThroopH, Tiscareno M, et al. 2003. Cassini imaging of Jupiter's atmosphere, satellites, and rings. Science, 299: 1541－1547.

Porco C C, ThroopH, Tiscareno M, et al. 2005. Cassini Imaging Science: Initial results on Saturn's atmosphere. Science, 307: 1243－1247.

Rhines P B. 1975. Waves and turbulence on a β-plane. J Fluid Mech, 69: 417－443.

Rhines P B. 1994. Jets. Chaos, 4: 313－339.

Schneider T, Liu J J. 2009. Formation of jets and equatorial superrotation on Jupiter. J Atmos Sci, 66: 579－601.

Seager S, Deming D. 2010. Exoplanet atmospheres. Annu Rev Astron Astrophys, 48: 631－672.

Segura T L, Toon O B, Colaprete A. 2008. Modeling the environmental effects of moderate-sized impacts on Mars. Journal of Geophysical Research, 113: E11007.

Segura T L, Toon O B, Colaprete A, et al. 2002. Environmental Effects of Large Impacts on Mars. Science, 298: 1977－1980.

Selsis F, Kasting J F, Paillet J, et al. 2007. Habitable planets around the star Gl581? Astron. & Astrophys, 476: 1373－1387.

Smith M D. 2004. Interannual variability in TES atmospheric observations of Mars during 1999－2003. Icarus, 167: 148－165.

Smith M D. 2009. Mars Trace Gas Mission: Scientific Goals and Measurement Objectives. White paper submitted to the Planetary Science Decadal Survey. Washington D C: National Research Council.

Solomon S C, Aharonson O, Aurnou J M, et al. 2005. New perspectives on ancient Mars. Science, 307 (5713): 1214 - 1220.

Sromovsky L A, Fry P M, Dowling T E, et al. 2001. Coordinated 1996 HST and IRTF imaging of Neptune and Triton III. Neptune's atmospheric circulation and cloud structure. Icarus, 149: 459 - 488.

Sánchez, L A, Hueso R, Perez-Hoyos S. 2007. The three-dimensional structure of Saturn's equatorial jet at cloud level. Icarus, 187: 510 - 519.

Sánchez, L A, Perez-Hoyos S, Rojas J F, et al. 2003. A strong decrease in Saturn's equatorial jet at cloud level. Nature, 423: 623 - 625.

Swain M R, Vasisht G, Tinetti G. 2008. The presence of methane in the atmosphere of an extrasolar planet. Nature, 452: 329 - 331.

Taylor F W. 2010. Planetary Atmospheres. New York: Oxford University Press: 261.

Tian F, Kasting J F, Solomon S C. 2009. Thermal escape of carbon from the early Martian atmosphere. Geophys Res Lett, 36: L02205.

Tian F, Claire M W, Haqq-Misra J D, et al. 2010. Photochemical and climate consequences of sulfur outgassing on early mars. Earth and Planetary Sciene Letters, 295: 412.

Titus T N. 2009. Mars Polar Science for the Next Decade. White paper submitted to the Planetary Science Decadal Survey. Washington D C: National Research Council.

Toon O B, Segura T, Zahnle K. 2010. The formation of Martian river valleys by impacts. Annual Review of Earth and Planetary Sciences, 38: 303 - 322.

Udry S, Bonfils X, Delfosse X, et al. 2007. The HARPS search for southern extra-solar planets. XI. Super-Earths (5 and 8 $M_{\oplus}$) in a 3-planet system. *A&A*, 469: L43.

Vallis G K. 2006. Atmospheric and Oceanic Fluid Dynamics: Fundamentals and Large-Scale Circulation. Cambridge: Cambridge University Press.

Vasavada A R, Showman A P. 2005. Jovian atmospheric dynamics: an update after Galileo and Cassini. Rep Prog Phys, 68: 1935 - 1996.

Walker J C G, Hays P B, Kasting J F. 1981. A negative feedback mechanism for the long-term stabilization of Earth's surface temperature. J Geophys Res, 86: 9776 - 9782.

Whiteway A, Komguem L, Dickinson C, et al. 2009. Mars water-ice clouds and precipitation. Science, 325: 68.

Williams G P. 1978. Planetary circulations: 1. Barotropic representation of jovian and terrestrial turbulence. J Atmos Sci, 35: 1399 - 1426.

Williams G P. 2003a. Jovian dynamics. Part III: Multiple, migrating, and equatorial Jets. J Atmos Sci, 60: 1270 - 1296.

Williams G P. 2003b. Jet sets. Journal of the Meteorological Society of Japan, 81: 439 - 476.

Williams G P, Wilson R J. 1988. The stability and genesis of Rossby vortices. J Atmos Sci, 45: 207 - 241.

附录一　国际主要行星大气科学院系和研究机构（不完全统计）

（一）美国

（1）National Aeronautics and Space Administration

（2）California Institute of Technology：Division of Geological and Planetary Sciences，Jet Propulsion Laboratory

（3）Cornell University：Space and Planetary Sciences

（4）Harvard University：Earth and Planetary Sciences

（5）MIT：Dept. of Earth，Atmosphere，Ocean and Planetary Sciences

（6）University of Chicago：Dept. of Geophysical Sciences，Dept. of Astrophysics

（7）University of Arizona：Department of Planetary Sciences，Lunar and Planetary Labobratory

（8）University of California，Los Angeles：Dept. of Earth and Planetary Sciences

（9）University of California，Berkeley：Dept. of Earth and Planetary Sciences

（10）University of California，Santa Cruz：Dept. of Earth and Planetary Sciences

（11）Brown University：Dept. of Earth and Planetary Sciences

（12）Johns Hopkins University：Dept. of Earth and Planetary Sciences

（13）University of Colorado at Buolder：Astrophysics and Planetary Sciences

（14）University of Michigan：Dept. of Atmospheric，Oceanic，and Space Sciences

（15）University of Washington：Dept. of Earth and Planetary Sciences

（16）Purdue University：Dept. of Earth，Atmospheric and Planetary Sciences

（二）欧洲

（1）European Space Agency
（2）Oxford University：Atmospheric，Oceanic and Planetary Sciences
（3）University of College London：Birkbeck Centre for Planetary Sciences
（4）University of Cambridge：Institute of Astronomy
（5）University of Copenhagen：Center of Planetary Research
（6）CNRS
（7）Laboratory of Meteorological Dynamics
（8）Max-Planck Insititute

（三）加拿大

（1）British Columbia University：Institute of Planetary Sciences
（2）University of Western Ontario ，Center for Planetary Sciences and Exploration

（四）日本

（1）Japan Aerospace and Exploration Agency
（2）University of Tokyo：Dept. of Earth and Planetary Sciences
（3）Kyoto University：Division of Earth and Planetary Sciences
（4）Kobe University：Dept. of Earth and Planetary Sciences
（5）Tokyo Polytechnic University：Dept. of Earth and Planetary Sciences
（6）Nagoya University：Dept. of Earth and Planetary Sciences

附录二 世界各国发射的主要行星大气探测器

（一）金星

（1）苏联在 1961～1984 年发射了一系列金星探测器，命名为“金星号”

系列，九次是成功的。其中，“金星 4 号”探测器是首个进入其他行星大气层的人造仪器，它于 1967 年 6 月 12 日发射，1967 年 10 月 18 日进入金星大气层，一直到达金星上空 24.96 千米的高度。1970 年 8 月 17 日发射的“金星 7 号”于 1970 年 12 月 15 日到达金星表面，是第一个在其他行星表面“软”着陆的探测器，着陆后向地球发射了 24 分钟的信号。1975 年 6 月 14 日发射的“金星 9 号”于 1975 年 10 月 25 日在金星表面着陆，是首个向地球发射回照片的探测器。1975 年 6 月 14 日发射的“金星 10 号”于 1975 年 10 月 25 日在金星表面着陆，给出了金星温度廓线并发射回电视画面。这些探测器对金星大气压、温度、云层、带电粒子、表面风速和金星磁场进行了探测。

（2）美国 NASA 自 1961 年向金星和火星发射了 10 个探测器，命名为“水手号”系列。其中，1962 年 8 月 27 日发射的“水手 2 号”于 1962 年 12 月 14 日飞过金星，是第一个进行星际空间探测并发回探测数据的探测器。它对金星的表面温度、大气成分、磁场和带电粒子进行了探测，探测到的金星表面温度是 500℃。

（3）NASA 自 1978 年发射了一系列金星探测器，命名为“金星先锋号”系列。用于探测金星大气温度、云、气溶胶、地形和极端气候条件等。

（4）ESA 于 2006 年 4 月 11 日发射了第一个金星探测器，也就是“金星快车号”，主要目的是测量金星大气环流。

（5）日本于 2010 年 5 月 21 日发射了“金星气候轨道飞行器”，但飞行器没有进入正确的金星轨道。

（二）火星

（1）NASA 于 1971 年 5 月 30 日发射了“水手 9 号”火星人造卫星，该卫星于 1971 年 11 月 13 日开始绕火星运行。它的主要目的是探测火星大气的温度和湿度。

（2）NASA 于 1975 年 8 月 20 日和 9 月 9 日分别发射了“海盗 1 号”和“海盗 2 号”探测器。这两个探测器都包括火星轨道飞行器和着陆器两个部分。这些飞行器的目的是探测大气温度、水汽含量和地表物质特征，以及寻找生命是否存在的证据。“海盗 1 号”于 1976 年 6 月 19 日到达火星，着陆器于 1976 年 7 月 20 日在火星着陆。“海盗 2 号”于 8 月 7 日进入火星轨道，着陆器于 9 月 3 日在火星表面着陆。两个轨道飞行器在绕火星飞行了 1400 圈和 708 圈之后失去动力，分别于 1980 年 8 月 17 日和 1978 年 7 月 25 日终止。“海盗 1 号”和

“海盗 2 号”着陆器分别于 1982 年 11 月 13 日和 1980 年 4 月 11 日终止与地球的通信联系。其间发回了大量的火星表面照片。

(3) ESA 于 2003 年 6 月 2 日发射了“火星快车号”探测器，该探测器于 2003 年 12 月 25 日到达火星。“火星快车号”的目的是探测火星大气成分、全球大气环流、地表，以及地表与大气之间的相互作用。

(4) NASA 于 2003 年 6 月 10 日和 2003 年 7 月 8 日分别发射了设计相同的火星车“勇气号”和“机会号”。两辆火星车的主要目的是通过测量火星表面岩石和土壤的化学成分寻找液态水存在和活动过的证据和痕迹。“勇气号”在 2004 年 1 月 4 日在火星表面着陆，“机会号”在 2004 年 1 月 25 日在火星表面着陆。两辆火星车的设计寿命是 90 天，但它们在火星表面的实际运行时间远超过设计寿命。“勇气号”在 2009 年晚些时候一个轮子陷入沙土，但还可以发射信号，它停止与地球的通信时间是 2010 年 3 月 22 日。它运行的实际距离是 7.73 千米，远超过设计的运行距离 600 米。“机会号”至今还在工作，其运行距离已超过 34 千米。

(5) NASA 与 2005 年 8 月 12 日发射了“火星巡行号”。该探测器于 2006 年 3 月 10 日进入火星轨道，其目的是探测火星气候季节和年际变化的机制、全球垂直温度廓线、地表层的复杂性、有水的地貌特征、水活动的地貌特征等。

(6) NASA 于 2007 年 8 月 4 日发射了“凤凰号”火星探测器，它于 2008 年 5 月 25 日在火星北极地区着陆，其目的是研究火星的极地环境，研究水对火星表面矿物分布的影响。

(7) NASA 于 2011 年 11 月 26 日成功发射了“好奇号”火星探测器，2012 年 8 月 6 日成功着陆在火星表面。“好奇号”火星车比“勇气号”和“机遇号”大得多，设计寿命大约为两个地球年（大约一个火星年），它的主要任务是探测火星上是否存在适合生物生存的环境。与前两者不同的是，“好奇号”携带有一整套实验仪器，可以现场对火星表面岩石、土壤等矿物质进行测验和分析。

（三）外围气态巨行星

(1) NASA 于 1977 年 9 月 5 日和 1977 年 8 月 20 日分别发射了“旅行者 1 号”和“旅行者 2 号”。这两个探测器的目的是探测太阳系外围四个巨型气态行星的大气环流，行星大气的动力、结构和化学成分，揭示这些行星的卫星的地表、地质和物理状态，提供这些行星，以及它们的卫星的质量、体积、形状等。由于种种原因，“旅行者 1 号”比“旅行者 2 号”发射晚半个月。到目前为止，“旅行者 1 号”是飞行距太阳最远的人造飞行器。它于 1979 年 3 月 5 日最近距离经过木星、于 1980 年 11 月 12 日最近距离经过土星，发回了 18 000 张木星及其卫星的照片和16 000张土星及其卫星的照片。“旅行者 2 号”最近距离飞过木星是 1979 年 7 月 9 日，最近距离飞过土星是 1981 年 8 月 5 日，发回了大致同等数量的照片。“旅行者 2 号”于 1986 年 1 月 24 日飞过天王星，于 1989 年 8 月 25 日飞过海王星，分别发回了 8000 张和 10 000 张这两个行星及其卫星的照片。

(2) NASA 于 1989 年 10 月 18 日发射了“伽利略号”(Galileo)。该探测器分两个部分：轨道飞行器和大气探测器。其大气探测器的目的是确定木星大气的化学成分，揭示木星大气层深至 10 个大气压的大气结构，研究木星大气中云颗粒的性质，以及云层的结构和高度，测量木星热辐射收支，研究木星大气闪电活动，测量木星大气高层高能带电粒子通量。其轨道飞行器的目的是研究木星大气动力学和大气环流，研究木星高层大气，揭示木星卫星的地表特征、地质和物理学状态，研究木星卫星的地表物质成分和分布，揭示木星卫星的重力和磁场性质，揭示木星卫星的磁层、电离层等。在飞向木星的过程中，“旅行者 2 号”还对金星、月球和小行星带中的小行星进行了探测。

(3) NASA 于 1997 年 10 月 15 日发射了“卡西尼号”土星探测器。“卡西尼号”的目的是确定土星光环的三维结构和动力特征，确定土星卫星的地表物质成分和地质历史，测量图形磁层的三维结构和动力学特征，研究木星大气在云层附近的动力学特征。“卡西尼号”还搭载了 EPA 的“惠更斯号”探测器，用于探测土卫六的云物理特征、大气放电现象、大气环流，以及其地形、地表物质成分。由于在当时无法把飞行器发射到土星，“卡西尼号”是在“金星-金星-地球-木星”重力助推作用下飞行的，它在 1998 年 4 月和 1999 年 6 月两次飞过金星，于 1999 年 8 月飞过地球，于 2000 年 12 月飞过木星，于 2004 年 12 月进入土星轨道。

措施与建议

地球系统数值模拟装置*

进入 21 世纪，全球变化研究促进了地球系统科学的发展，随着各类观测实验的丰富和计算机技术的发展，数值模拟手段在地球系统科学研究中变得越来越重要。地球系统是由大气圈、水圈、岩石圈、生物圈（包括人类，以及地幔与地核组成的有机整体，大气圈与地球其他圈层的相互作用决定着地球系统的整体行为。地球系统科学的研究步骤如下：①现象的观测和数据的积累；②对观测数据进行分析和解释，从物理、化学和生物学的基本规律出发，建立有关地球过程的定量关系；③在前两部分研究的基础上建立地球系统演变的概念模型和数学（数值）模型；④验证模型，并用它对未来的变化趋势进行预测。

为了实现地球系统的数值模拟，需要发展地球系统数值模拟装置。地球系统数值模拟装置建设的先进性，体现了一个国家在地球系统科学研究的核心竞争力，是衡量一个国家地球科学研究综合水平的重要指标。地球系统的数值模拟是从地球系统各圈层相互作用的角度出发，发展具有中国特色和国际影响的地球系统模式，研究全球变化的机制和原因，预测未来的变化趋势，为制订应对措施和长远规划、进行国际谈判提供科学依据。需要发展的地球系统数值模拟装置是一个国家级的国际先进、开放的地球系统模拟实验公共平台，它包括软件环境、硬件环境和可视化系统等。

地球系统的数值模拟的建设可以极大地提高人类对复杂地球系统的认识和理解，是我国应对全球变化、防灾减灾、环境治理、掌握国际外交谈判的主动权等不可或缺的科学支撑。建成国际领先的地球系统模拟装置对大幅度提升我国在地球系统科学领域的水平具有不可替代的作用。本文概述了地球系统数值模拟装置建设的科学意义、国家需求、国际发展态势、主要技术方案、我国已有的基础积累和未来的主要发展任务。

---

* 浦一芬，朱江，中国科学院大气物理研究所

一、地球系统数值模拟装置建设的重要科学意义

地球系统是由大气圈、水圈、岩石圈、生物圈（包括人类）以及地幔与地核组成的有机整体。地球系统科学就是研究组成地球系统的这些圈层之间的相互联系、相互作用的机制，地球系统变化的规律和机制，从而为全球环境变化预测建立科学基础，并为相关科学管理提供依据。地球系统科学研究的空间范围从地心到地球外层空间，时间尺度从几分钟到上亿年。

传统地学包含许多分支，如大气科学、海洋学、地理学、地质学、地球物理学、空间物理学、生态学等。它们是对地球的某一圈层的分门别类的研究，并且已达定量、半定量化的研究水平，但仍不能完整地认识地球。为了解决传统地学面临的挑战，如全球变化及人类活动对生态环境的影响等，用系统的、多要素相互联系和作用的观点去研究、认识地球，20 世纪末气候学研究提出了“气候系统”的概念，把大气、海洋、冰雪和陆面四个圈层作为一个整体来考虑。进入 21 世纪，地球系统的概念应运而生，在气候系统的基础上，进一步考虑生态系统、空间天气和固体地球系统，通过研究圈层之间的能量、动量和物质交换来了解行星能量过程、生态过程和新陈代谢过程的运行规律，特别是碳、氮循环等生物地球化学耦合过程在气候系统中的作用、人类对这些循环过程的影响及其气候效应。

鉴于当今全球气候与环境变化的事实及人类活动对这种变化的可能影响，世界上有关全球气候与环境变化的四大科学计划（“世界气候研究计划”、“国际地圈生物圈计划”、“全球变化人文因素影响计划”、“生物多样性计划”）组成了地球系统科学联盟（ESSP），旨在促进各学科的深入和相互交叉，弥补空白，集成研究地球系统及其变化对全球可持续发展的影响，提高人类对复杂地球系统的认识和理解。

当前，全球气候与生态环境变化问题已经成为头等重大的科学问题，其不但是国际气候环境外交的核心问题之一，也是关乎我国可持续发展的重要因素。我国政府在哥本哈根联合国气候变化大会上承诺 2℃阈值，这一阈值的“科学基础”是：气候系统模式模拟研究表明，当地球平均气温升高 2℃后，地球上大部分地区的大尺度生态系统将会出现不可逆转的崩溃，而现阶段地球气温的升高主要源于人类活动向大气排放的温室气体的增加。然而现今的气候系统模式还存在很多缺陷和不足，而且全球生态系统及其与气候相互作用的描述

很不健全，地球气候对温室气体的敏感性大小也一直是一个争论的焦点，这个由复杂的气候系统模式（或地球系统模式）在预设不同温室气体排放情景下模拟计算得到的阈值，即使在科学上也还存在很大的不确定性。根据 2°C 阈值，今后发达国家必然会进一步提出排放的阈值，因此，针对“全球气候和生态环境变化”这样的重大的国际性的科学问题，我国必须有能力做出独立的有见解的科学模拟和预测，掌握话语权。必须发展、完善和提高我们自己的地球系统模拟技术和实验手段。

发展地球系统模拟装置，不仅可以研究和预测全球环境和气候变化，可以用于天气、气候预测预报，生态水文环境，大气环境特别是环境污染的预报预警预测，中高层大气等的研究，还可以大力推动我国高端计算机产业发展并带动 IT 相关行业技术进步。

1. 促进对地球系统模式的研发

为了研究各圈层之间的相互作用这一地球系统演变的重要特征和地球系统科学的关键科学问题，发展能够反映地球各圈层之间相互作用的数值模式（即地球系统模式）是地球系统科学研究的迫切需求和有效方法。

地球系统模式基于地球系统中的动力、物理、化学和生物过程建立起来的数学方程组（包括动力学方程组和参数化方案）来确定其各个部分（大气圈、水圈、冰雪圈、岩石圈、生物圈）的性状，由此构成地球系统的数学物理模型，然后用数值的方法进行求解，编制成一种大型综合性计算程序，并通过计算机实现对地球系统复杂行为和过程的模拟与预测的科学工具。利用地球系统模式，在高性能超级计算机支持下进行数值模拟，是开展认识自然变化和人类活动影响的定量研究，寻求解决一系列重大资源、环境与灾害问题（包括全球变化与区域响应问题）的不可或缺的重要途径，其作用是用物理、化学、生物实验室的研究方法无法实现和替代的。

2. 在大气科学及天气预报中发挥重要作用

传统大气科学的研究对象是自然发生的大气过程，其任务是摸清大气现象的基本规律，理解并预估未来的现象与过程。现代大气科学是系统研究地球大气的结构、组成、物理和化学过程、演变规律和机制，大气圈与其他地球系统圈层的相互作用，并建立大气环流模式进行预测研究。

天气预报的重要性是众所周知的。对于短期天气预报来说，未来天气变化最主要的是依赖于模式积分时所用的初值。初值资料的好坏及协调性与未来短期天气预测得准确与否关系极大。要输入数值模式中的资料将越来越多，如各种雷达资料、卫星资料、多通道微波辐射器和GPS水汽资料等，这些海量观测资料的同化必须依赖于计算能力为万万亿次的地球模拟器来实现。

到目前为止，降水预报的准确率非常低，主要原因之一是模式的分辨率太低，根本没法捕捉到小范围的强降水事件，需要把模式的分辨率从几千米提高到几十米，方可抓住积云尺度的生消演变，目前，所有计算机都没法实现在几个小时内完成计算来进行降水预报。此外，除资料同化及实现数值模式的高分辨计算之外，由于大气中某物理变量的观测资料与大气中某物理变量的真值之间存在着误差，而且数值模式本身是由大气运动的方程组通过格点离散手段来实现的，与实际连续性大气的运动方程组存在着明显误差，观测资料误差与模式本身误差就会引起天气预报的不准确，因此目前国际上进行天气预报不再是单一模式的预报，而是利用多模式并且是多资料扰动的集合预报技术。集合数值预报必须建立在高速计算的基础上，地球模拟装置是实现集合预报、四维变分同化、几小时的降水预报的唯一工具和手段。

3. 对海洋科学发展的促进作用

海洋环流和海气相互作用对月以上时间尺度的气候变化具有重要影响，因此无论是研究短期气候预测还是人类活动对长期气候变化的影响都必须考虑海洋的热力和动力过程对大气环流的影响。海洋和大气同属地球流体，研究方法有很多相似之处。例如，海洋数值模式的研制和应用也是提高对海洋环流预报能力的关键手段之一。但是海洋模式对空间分辨率的要求远高于大气模式，这是因为海洋一阶斜压 Rossby 变形半径在中纬度一般为几十千米，远远小于大气中一阶斜压 Rossby 变形半径。如果需要重现海洋中的天气尺度涡旋和西边界流特征，模式水平网格距至少要达到 10 公里。但是受到计算机能力的限制，目前耦合气候模式中的海洋分量模式的水平分辨率仅仅在 100 千米左右，远远不能满足长期气候变化模拟研究的需要。另外一方面，相对于已经业务化的气象要素观测，海洋观测数据十分贫乏，这就使得对海洋观测资料同化的需求非常迫切。在相同空间分辨率下，资料同化的计算量比相应的海洋环流模式高 1～2 个数量级。因此海洋环流数值模拟和资料同化能力的提高，都极大地依赖于高性能计算硬件和软件的发展。

4. 促进对区域气候环境模拟的能力

人类活动对区域气候环境的影响越来越凸显出区域气候环境模拟研究的重要性。全球模式是研究大尺度气候变化形成机理的有效工具，然而由于相对较低的分辨率及全球尺度上所使用的单一的物理过程（及其他过程），全球模式难以细致刻画区域尺度上的非均一性，无法充分考虑区域尺度不同过程之间的复杂相互作用，而且全球模式物理过程往往不够详尽，因而其对区域气候环境的模拟和预报能力相对较差。区域模式分辨率高，物理过程（及生物过程和化学过程等）更加详尽，在描述区域尺度的生态过程、水文过程和土地利用变化等方面显示出了优越的性能，对区域气候变化及极端气候事件的模拟和预测能力显著提高。尤其在城市气候环境、流域水循环等区域和局地尺度问题的研究和模拟方面，耦合了各种完整过程的高分辨率（1 千米及以下）区域地球系统模式是必不可少的有力工具，而随着时空分辨率的提高，模式对高性能计算能力的需求呈指数增长。因此，“地球模拟装置”的建设无疑将极大地促进区域地球系统模式的发展和应用。

5. 气候和环境相互作用研究

从大气环境和气候相互作用的观点出发来研究我国的大气环境、气候及其变化规律并做出准确的大气环境和气候变化预估是学科的前沿发展领域。由于大气环境和气候变化研究在考虑大气成分排放、化学反应、传输和沉降上有许多共性，而且还在中长期影响评估和应对措施计划方面相互依赖，通过这方面的研究，可制定出能同时减少空气污染和减缓气候变化的减排措施和中长期应对策略，包括研究各污染物成分在整个中国区域的时间和空间分布特征、单一和混合气溶胶在中国近百年温度和降雨变化中的作用、气溶胶与季风相互影响及国家节能减排的环境气候效应等。

6. 水文学

水文学研究大气、地球表面和地壳内部各种形态水的运动变化与分布，以及其与环境、人类活动之间的相互作用。我国区域地理环境空间差异大，具有复杂的水文地质及气候条件，洪水及干旱、滑坡与泥石流等自然灾害和环境事故频发。水资源同时受着较大的自然气候变异、不利的人为气候变化影响及高强度人类活动等三方面因素的制约。正确认识气候、地表水地下水、人类活动的非线性相互作用及其对水文循环过程与水资源格局的影响，减少全球变化对水资源影响预估的不确定性，是当代地学和资源环境领域的难点和亟待解决的重大课题，也是正确预估未来水资源总量、年际一年代际变化和水文极值变化的基础。与地球系统模式耦合的高分辨区域陆地水循环数值模拟可以充分考虑地形、地理环境、土壤植被、水文地质，以及土地利用土地覆盖变化空间变异性这些复杂因素，是解决上述科学问题的重要手段。

7. 促进 IT 产业的发展

通过万万亿次超级计算机的研制和应用，可以推动我国高端计算机产业发展并带动 IT 相关行业的技术进步，如促进 CPU 芯片、高端计算机体系结构和应用软件等核心技术的创新。高性能算法是加速我国地球系统模式发展的迫切需求。地球系统模式中相关并行算法与软件实现技术在我国是薄弱环节，制约着我国地球系统模式的发展。容错问题已成为软硬件开发者所必须共同应对的巨大挑战，必须在软件设计中充分考虑容错技术，而不是仅仅依赖硬件级容错。高效耦合器是多学科交叉地球系统模式耦合的主要手段，要开发一个高度模块化的、灵活的工具软件即“耦合器”，用户可以把自己的子模式通过类似计算机硬件中的“插拔方式”方便地连接到耦合器上，从而与其他部分一起构成一个完整的耦合地球系统模式。能耗问题是主导新一代超级计算机发展方向的关键技术瓶颈，需要通过加速模块获得比较高的性能。可视化是分析地球系统模式海量数据的关键手段。

协同设计的学科框架软件是地球系统模式必然选择，需要最大限度地联合编程模型、算法的可扩展性、学科框架软件、可靠性、能耗、IO 与内存等方面的研究力量，以高性能地球系统模式为目标，统筹考虑，并与硬件系统的研发互动，为地球系统模式研究提供高质量软件。

二、国内外现状和发展趋势

地球系统模拟装置的第一个核心是地球系统动力学模式，第二个核心是高性能计算机系统。

地球系统模式发展的初级阶段即目前以地球流体（大气、海洋）为主体的物理气候系统模式阶段，重点考虑的是大气-海洋-陆面-海冰四个圈层间的能量和水循环交换等过程，其发展经历了从只考虑海洋-大气相互作用过程的海气耦合模式到完整考虑四个圈层间相互作用过程的完全耦合模式的阶段。国际上第一个海气耦合模式在 20 世纪 60 年代末由美国地球流体力学实验室（GFDL）建立，主要用于气候变化研究。随后，国际上很多研究机构陆续开展大气模式、海洋模式、陆面模式、海冰模式及其耦合模式的研发和应用。早期的分量模式和耦合模式典型的空间分辨率是几百千米，其中的物理过程也相对简单。因此，当时一个研究小组就能独立发展耦合气候模式。

到了 20 世纪 90 年代，气候模式的分辨率不断提高，其包含的各种物理过程不断增加、并且更加复杂，所需要的计算资源也呈几何级数不断增长。因此，耦合气候模式的发展逐渐变成了一个巨大的系统工程，需要来自数学、物理、化学、大气、海洋、生态和计算机各个学科的科学家和工程师通力合作才有可能完成。为了应对气候模式研发的复杂化和工程化，科学界开始认识到必须自上而下特别是从国家层面上统一组织模式研发。当前在气候、地球系统模式研发及其模拟研究领域占据国际前沿位置的研究机构，分别来自美国、英国、德国、日本和法国。

美国国家大气研究中心（NCAR）由美国国家自然科学基金会资助。NCAR 在 1994 年提出《通用气候系统模式研究计划（1995～2000 年）》，并取得了巨大的成功，其研发的气候系统模式 CCSM 的系列版本，在世界上具有广泛的影响力。随后，NCAR 又于 2000 年提出《通用气候系统模式研究计划（2001～2005 年）》，美国各主要大学和研究机构参与了该计划。为了实施该计划，NCAR 还建立了完整的管理机构和研究实体。该计划的目标是：在一个统一的灵活而协调的框架内，将性能优良的气候系统各分量模式实现耦合，从而发展一个优秀的耦合的气候系统模式，一方面使各方面科学家更方便、更容易地参与模式发展；另一方面，针对气候变率和全球变化等问题进行高水平科学研究，为国际和国内决策提供科学依据。除美国国家自然科学基金会外，美国国家海洋和大气局（NOAA）、能源部（DOE）、国家航空航天局（NASA）等单位，也支持发展气候系统模式。2001 年，在美国国家航空航天局、国防部和国家自然科学基金会的共同资助下，美国启动了“地球系统模拟框架”（ESMF），有 19 个实力雄厚的研究机构投入该计划的实施中。在 IPCC 第四次科学评估报告之后，国际上开始认识到发展地球系统模式的重要性。因此，NCAR 在 2009 年进一步提出了《通用地球系统模式（CESM）科学计划（2009～2015 年）》，目标是发展一个包括完整地球生物化学过程的地球系统模式，用于研究地球系统各种时空尺度变化的内在规律和机制，并利用 CESM 预估未来的气候和环境变化。目前 CESM 已经公布成熟的版本。

在欧洲，英国、德国、法国等国研制的气候系统模式也居于本领域国际前沿，其优势领域各有不同，英国的优势是大气环流模式，德国的优势是大气环流模式和海洋环流模式，法国的优势是海洋环流模式和陆面过程模式。欧洲各国也意识到合作的重要性，联合提出了“欧洲地球系统模拟网络”（ENES）计划，下属“地球系统模拟集成”（PRISM）和“气候资料存储与分发”两个计划。PRISM 自 2001 年启动以来，欧洲各国的 22 个研究机构投入了该计划的实施。其目标是建立一个高效的欧洲地球系统模拟、气候预测系统及超级计算机平台，选用 10 个优秀的耦合气候模式进行集成模拟研究。

日本在科学技术厅、原子能研究所、国家空间发展署、海洋科学技术中心、物理化学研究所等单位支持下提出了两大气候研究计划，一个是从 1997 年开始的“全球变化前沿研究系统”（FRSGC）计划，目标是预测异常气候、全球变暖和生态破坏等灾害。与此同步启动了“地球模拟器”计划，于 2002 年研制成功当时世界上最快的超级计算机系统——地球模拟器。地球模拟器在当时具有颠覆性意义，其计算能力超过美国能源部和国防部所有超级计算机的总和，在计算机 TOP500 排名中雄踞榜首达三年之久。正是利用地球模拟器，日本在国际上率先开展了超高分辨率的全球气候系统模式的发展和模拟研究。现今地球模拟器已不仅仅是一台超级计算机的名字，而是基于该超级计算平台的日本地球科学模拟研究中心，包含五个主要的研究小组：大气与海洋模拟研究小组（AOSG）、固体地球模拟研究小组、复杂性模拟研究小组、可视化表现方法研究小组、算法研究小组。基于地球模拟器研发的日本气候系统模式、地球系统模式和超高分辨率大气环流模式，代表着本领域的国际前沿水平。

澳大利亚气象局与澳大利亚联邦科学与工业研究组织（CSIRO）联合其境内大学共同发起了《澳大利亚气候与地球系统模拟器计划（2005 年）》（ACCESS）。其宗旨是通过发展气候/地球系统模式和模拟技术，为涉及气象、海洋、气候影响与适应、自然资源管理等领域的决策提供科学支撑。

此外，美国（GFDL 实验室）、英国（Hadley 中心）、德国（MPI）、法国、韩国、挪威等国家也都提出了各自的模式发展计划。

上述地球系统模拟研究计划有几个共同的特点。首先，它们都十分重视建立一个可供地球系统模式持续发展的总体体系结构的技术平台。该技术平台在上述计划的实施中起着十分重要的支撑作用，是凝聚多个研究单位、多个研究人员共同为一个地球系统模式框架做贡献的纽带。它包括了从最底层的支撑软件系统到针对性的应用管理软件系统的发展，以及总体算法的研究，在这个技术平台的支撑下，地球科学不同领域的科学家可以针对不同的科学问题开展相关研究，对整个地球系统模拟研究的发展起着重要的推动作用。这正是这些研究计划的先进性所在。其次，这些计划都是一种国家行为或地区性行为，有一个专门的机构来协调和组织计划的实施，有着持久、稳定的经费支持，并且有很多相关的研究机构或专家利用上述公共技术平台共同参与协作，这样既有效地保障了对这些研究计划的人力和财力资源的集中投入，又使科学家们在这个公共平台上能够专注发挥自己的特长来研究所关心的科学问题。最后，这些计划都把观测系统及其处理技术（资料同化）作为地球系统模拟的一个有机整体，并在公共技术平台的底层软件支持系统中考虑了资料的存储、传输和共享等技术，使得参与计划的科学家们能够有效地获取相关的研究资料，从而最大限度地发挥整体效益。

自 20 世纪 80 年代初起，中国科学院的科学家就开始研发中国的气候系统模式，并在完整考虑气候系统模式的动力学框架和整体协调性的基础上，于 20 世纪 80 年代初建成我国第一个大气环流模式——IAP2L AGCM，并代表中国参与国际大气环流模式比较计划 AMIP；随后，又研制出具有独创特性的我国第一个海洋环流模式。基于 IAP2L AGCM 及混合层海洋耦合模式的全球变暖试验结果，代表中国参与第一次 IPCC 报告；第一个陆面过程模式 IAP94 完成于 1995 年，代表中国参加国际 PILPS 计划，并成为 NCAR 通用陆面过程模式 CLM 的三个蓝本模型之一；发展了在国际上首次考虑植被动态变化的植被大气相互作用模式（AVIM），获得 2004 年国家自然科学奖二等奖。在上述研究的基础上，中国科学院的科学家又发展了不同版本的 IAP 气候系统各分量模式及其耦合模式，包括大气环流模式 IAPAGCM2.0、IAP-AGCM3.0、IAP-AGCM4.0、GAMIL、SMAIL，海洋环流模式 LICOM，以及耦合气候系统模式 GOALS 和 FGOALS 等，并广泛应用于气候科学的研究。特别是耦合气候系统模式 GOALS 和 FGOALS 参与了历次国际耦合模式比较计划（CMIP），结果被历次 IPCC 科学评估报告引用。在上述物理气候系统模式的基础上，中国科学院大气物理研究所的科学家正在海洋模式和陆面模式中分别引进碳循环过程，逐步构建地球系统模式。

进入 21 世纪，除中国科学院大气物理研究所之外，国内其他研究和业务机构也开始发展气候系统模式。例如，国家气候中心已经发展了两个版本的物理气候系统模式 BCC_CSM1.0 和 BCC_CSM2.0，以及地球系统模式BCC_ESM。北京师范大学发展了地球系统模式 BNU_ESM。国家海洋局第一海洋研究所发展了地球系统模式 FIO_ESM。此外，清华大学地球系统科学中心还参与了中国科学院大气物理研究所气候系统模式 FGOALS-G2.0 的发展完善。

总体说来，国内虽然已经建立了不同复杂程度的气候系统模式，但是完整的地球系统模式的研制在我国还没有完全开展（如至少缺少生态系统动力学和地球生物化学过程的模式这一环）。我国的气候/地球系统模式研发工作起步早、基础好，但是尚存在四方面亟待解决的问题。

（1）目前国内还没有一个真正意义上的、完整的地球系统模式。

（2）在高分辨率气候模式的研发方面全面落后于国际领先水平。目前国内尚没有一个成熟的分辨率在 25 千米以上的大气环流模式。

（3）模式发展团队缺乏系统的管理和组织，缺乏国家层次的协调和持续投入的经费支持，严重制约模式的发展。

（4）地球系统模式需要专业的高性能计算机平台来支撑。对比国外的超级计算机计算性能，我国在这方面与国际水平存在很大差距。国内专用于气候模式研发的超级计算机的计算速度慢至少 1 个数量级甚至 2 个数量级。现有的计算能力远远不能满足地球系统模式研发的需要。

如以上问题不解决，我国在气候/地球系统模式研发领域与国际先进水平的差距将被进一步拉大。

三、地球系统模拟装置的建设可以更好地满足国家重大需求

近年来我国自然灾害污染事件频繁发生，给人民群众带来了巨大的物质和精神损失，建设地球系统数值模拟装置是预防、减少包括气候变化、气象灾害、大气污染、生态安全等自然灾害的不可替代的科学工具。

（1）更好地应对全球气候变化问题。全球变暖已成为人类迄今为止面临的最为严重、规模最为广泛、影响最为深远的问题之一，也是影响未来国际体系、重塑全球政治和发展格局的因素之一。由于全球变化涉及地球系统各圈层的相互作用问题，建立耦合各圈层的地球系统模式、建立地球系统模拟器大科学工程装置自然成为全球变化研究最重要手段之一。目前，全球气候变化的检测、评估与预测主要依靠地球系统模式的长时间数值模拟来完成。随着人类对自然界的各种物理、化学、生物过程及其相互作用认识的深入，科学家对用于模拟过去气候演变、预估未来气候变化的地球系统模式也提出了更高的要求，包括在数值模式的分辨率上要求更为精细，在地球系统模式的分量过程方面要求考虑更多圈层及其相互作用（包括碳循环模块等），还要求模式进行更长时间的气候变化模拟试验及其检验等。

（2）完善精细化天气预报和风能预报。高分辨率的数值预报和基于数值集合预报的概率预报是未来天气预报发展的必然趋势，地球模拟装置对大气中云的发展与演变的模拟起着决定性的作用。云的发展与演变是气候变化及降水预报中的重要内容。因为云的发展直接影响到大气中的辐散传输，影响大气的热量、水汽平衡，同时云也是产生降水的源。为了描述云的生消变化，国际上已发展了可分辨云的云模式，云模式不仅具备分辨率高的特点，而且其中含有描

述云内微物理详细过程，如云滴的形成与转化，雨滴的形成与转化，霰、雪及冰晶的形成与转化等。近年来，由于空间分辨率不断提高，云分辨模式已受到气象、航空航海、环保和军事等部门的高度重视，并开始获得巨大的经济效益和社会效益。风力发电主要是要解决风功率的预报问题，就需要建立适合于我国气候特征和地形特点的大气边界层风场精细预报的多尺度模式系统，为我国风能资源的大规模可持续开发利用提供强有力的科学支持。

（3）提高气候灾害及次生灾害的高分辨模拟与预测水平。我国气候灾害种类多，发生频繁，危害面广，灾情严重。现有全球气候模式一般分辨率较低，对区域尺度的局地气候灾害及次生灾害事件的模拟和预测能力薄弱，急需构建适合我国气候特点的高分辨率、高效能的气候灾害及其引发的次生灾害的模拟和预测系统。建成一个包含适合我国气候特点的统计降尺度模型和高分辨率、多物理过程区域气候集合模拟预测软件系统可以对包括暴雨、暴雪等在内的气候灾害进行科学有效预测。在此基础上，考虑滑坡泥石流的动力学原理，构建滑坡泥石流动力预测模型，可实现对气候灾害及其引发的次生灾害的科学有效预测。这不仅能推动我国区域气候灾害及次生灾害预测理论和技术的发展，提高我国气候灾害预测和防治能力，还能为气象、水文、民政及国土资源等部门决策提供科学依据。

（4）进一步开发水循环模拟与水资源规划。由于缺乏对水循环大系统整体过程的足够认识，难以综合考虑“水与气候”、“水与生态”等多种过程的联系与反馈作用，所以许多管理与规划决策往往“顾此失彼”，兴修水利的同时却带来了更大的生态环境灾害，对经济社会的发展产生负面的影响。地球系统模拟装置可以将水循环及其伴生水沙、水环境、水生态等过程研究纳入一个框架中，并根据国家或地区特点和不同需求，开发和应用流域水文模型、地下水模型、水土侵蚀模型、水质水量联合模拟模型、生态水文模型和水循环综合模拟软件系统等先进工具，满足不同时空尺度和适应不同自然与人文环境的大规模数值模拟需要，为流域水资源科学评价、合理利用和有效保护提供重要的技术支撑平台。

（5）增强大气污染的协同控制和预报预警能力。随着我国城市化进程的推进，已经形成以京津冀、长江三角洲和珠江三角洲为典型代表的超大城市群，大城市重要污染企业向中小城市转移，污染源分布格局发生改变，从城市局地污染发展为城市群的区域污染，大气污染类型也正从煤烟型污染转变为一次污染、二次污染并存的复合型污染，灰霾天气、光化学烟雾、酸沉降等多种问题并存，呈现出煤烟型与氧化型污染共存、局地污染与区域污染相叠加、污染物之间相互耦合的复合型大气污染。加强大气污染预报预警研究，针对当前突出的大气污染问题，建立高性能的大气污染预报预警系统是目前我国大气环境保护的重要内容。大气污染数值模式可以解析不同过程和来源相对贡献的时空分布，还可以实现对灰霾天气的预报预警，方便进行各种污染控制措施的效果评估，能协助制订污染协同控制方案。

四、地球系统模拟装置建设的总体思路

1. 建设目标

地球系统数值模拟装置是利用描述地球系统（气候、生态、环境、固体地球、近地空间乃至深层空间）的物理、化学和生命过程及其演化规律的地球系统模式在超级计算机上进行大规模科学计算，以认识和再现地球系统过去和当代状况，并预测未来。该装置目标是用 5 年时间建成国内首台用于地球系统科学模拟的装置，该装置具备地球表面全圈层模拟能力，高空间分辨率和长期气候系统变化的模拟能力，对各类物理、化学和生物过程的精细描述能力及海量数据的三维沉浸式实时交互式可视化分析能力。

2. 总体技术方案

为了实现建设目标，本装置由地球系统模拟软件系统、超级计算及存储专用系统、超级模拟支撑与管理专用软件系统、地球系统海量数据交互式可视化系统等几部分组成。

（1）地球系统模拟软件平台方案。地球系统模拟软件系统包括完整的物理气候系统与生态环境及生物地球化学过程耦合的地球系统模式，主要包括大气、海洋（含海冰）、陆面、生态植被、大气化学和气溶胶及陆地和海洋的生物化学等子系统模式或分量模块并通过一个通量耦合器实现它们之间的完整耦合。该系统具备地球表面全圈层模拟能力，这些圈层包括大气、海洋（含海冰）、陆面、生态植被、大气化学和气溶胶及陆地和海洋的生物地球化学过程，以及上述不同圈层之间的相互作用，还将拓展至陆地冰盖模式、空间天气模式、板块构造模式的研制和应用；具备对各类物理、化学和生物过程的精细描述的能力，包括大气中的各类化学反应、气溶胶微物理过程、云-气溶胶-辐射的相互作用、陆地植被生态的生长和凋零、海洋生态及其碳循环过程等；具备高度模块化和灵活性，模式能够在各主流计算机平台及其操作系统上稳定运行，模拟结果基本一致；具备高空间分辨率的模拟能力，全球模式水平分辨率最

高达到5～10千米，垂直分辨率50～100层，使得模式可以直接模拟，如台风和海洋中尺度涡旋等重要过程；具备长期气候系统变化的模拟能力；具备先进的模拟现实能力，与中国科学院大气物理研究所最近参与的IPCC AR5的两个耦合模式FGOALS-G2和FGOALS-S2相比，该模式在平均气候态、亚澳季风模拟、ENSO模拟、20世纪气温变化趋势等关键要素的模拟性能方面有明显改进。

(2) 建设上述数值模拟软件的支撑数据库和资料同化系统。形成我国及周边区域大气、陆面的环境要素及全球海洋多源观测资料的分析和同化能力。

(3) 超级计算及存储专用系统。根据地球系统科学数值模拟对计算、数据处理、存储、可视化计算的需求，建设峰值计算能力至少万万亿次的高性能计算机系统，用于研究与地球科学系统数值模拟相适应的系统架构、耦合计算等关键技术，以及开发地球模式气候模拟等数值模拟的并行软件、研究全球气候变化的公共计算平台。

(4) 超级模拟支撑与管理专用软件系统。建设并行软件支撑框架，解决我国上述数值模拟软件在并行化、组件化和耦合器技术等方面的瓶颈问题，实现数值模拟软件的高效开发和运行。可以支持地球系统各分量模式及区域模式进行剖分并行和GPU等加速；支持各分量模式的并行耦合；提供基于脚本及Web图形化的地球系统模式组装和计算工具。

(5) 地球系统海量数据交互式可视化系统。可视化平台包括高性能可视化服务器、多尺度投影系统和可视化软件系统，可以有效地支撑地球系统数值模拟装置的各类数据可视化分析，通过先进的三维沉浸式可视分析与智能交互手段，方便科学家发现新的科学现象和机制。该装置将不是一个通用的超级计算机系统。尽管地球系统数值模拟对超级计算能力有着永不满足的需求，但不是一个通用的超级计算机就可以有效地实现其功能。这些圈层和过程的数值模拟分系统需要有效地进行同步交互和集成才能实现地球系统数值模拟的目标。地球系统数值模拟装置除了需要超级计算机和科学软件，同时还需要一个高性能计算支撑软件系统的"操作系统"来支持。地球系统数值模拟装置的数值模拟软件和数据库将覆盖地球科学的众多研究和应用领域。

五、我国具备的实施条件和已有科学研究基础

1. 研制了气候系统模式、建立了地球系统模式的雏形

我国是世界上在地球科学中应用数值模拟研究方面最早提出问题、开展研

究和取得成就的国家之一。中国科学院大气物理研究所自 20 世纪 80 年代以来就一直致力于气候模式和生态环境系统模式等的发展，在过去 30 年中，我们建立的模式系统经历了四次主要的飞跃，即由简单的海气耦合模式到气候系统模式的飞跃、由人为“通量订正”到“无通量订正”完全耦合的飞跃、由单一模式选择到多模式选择的飞跃及由物理气候系统模式向地球系统模式的飞跃。

中国科学院大气物理研究所是我国唯一参加了全部五次 IPCC 报告的模式结果评估的研究机构，研制的耦合气候系统集成模式 FGOALS 具有鲜明的自主设计和研发特色，形成了我国自己的气候系统模式体系，其中大气和海洋模式已发展到第四代。完整的气候系统模式可较好地模拟出当代气候状况，尤其是能很好地模拟出东亚季风气候的平均状态和变化，如亚洲季风雨带的结构和随月份的推移，甚至季节突变现象等。作为世界上最早开展气候模式研制的研究群体之一，其率先提出的一些模式研制关键技术（如标准层结扣除、自由起伏海面等），已为国际上一些著名大气科学研究机构（如欧洲中期数值天气预报中心）所采用。利用所研制的气候系统模式，大气物理研究所开展了人类活动对气候变化影响的数值模拟，并向全世界公开。其预估结果不仅为历次 IPCC 科学评估报告（1992 年，1995 年，2000 年，2007 年，2013 年）所引用，而且参加了“古气候模式比较计划”（PMIP）、“大气模式比较计划”（AMIP）、“20 世纪气候模拟比较计划”（C20C）、“大气模式水球比较计划”（APE）、“气候预测与社会应用计划”（CliPAS）等一系列国际模式比较计划。利用这些模式，广泛开展 20 世纪气候变化、东亚季风和副高、亚澳季风变率等研究，建立了一个季节-年际尺度的短期气候预测系统，并完成了 1200 年的连续耦合积分。目前，海冰模式已应用于国家海洋环境预报中心的海冰数值业务化预报系统。

进入 21 世纪，我国亦关注世界地球系统联盟和地球系统模式的发展，中国科学技术协会于 2005 年召开了主题为“地球系统模式研制及其应用”的中国科协青年学者论坛，此后，在 2007 年 CNC-WCRP、CNC-IGBP、CNC-IHDP 和 CNC-DIVERSITAS 联合学术大会发展地球系统动力学模式的重要性得到了广泛的关注。随后，中国科学院、科技部和国家自然科学基金委员会等机构相继支持研制地球系统模式。2007 年，中国科学院在国内率先启动了“中国科学院地球系统模式平台”——CAS-ESM（Chinese Academy of Sciences-Earth-System Model）的研发；2009 年，国家自然科学基金委员会启动重点项目“地球系统动力学模式的理论框架及初步设计”，科技部开始部署全球气候与生态环境变化研究计划。中国科学院 ESM 除更新改进气候系统模式外，在

“生态和环境系统”各模式分系统方面也有许多独创特色。例如，全球植被动力学模式 IAP-DGVM 能够正确模拟出灌木林及其分布、给出正确的植被类型与气候因子的关系，能够正确模拟出全球火焚毁植被的强度和分布，特别是给出正确的火灾导致的 CO_2 等的排放（是世界上第一个能够做到这点的模式），从而都被国际采用。又如，气溶胶与大气化学模式能正确描述像沙尘和海盐气溶胶等的发射和进入大气边界层过程，以及正确模拟出我国是世界沙尘净输入和主要的沉降积聚地区。不久将发布中国科学院地球系统模式第一版本。

2. 面向地球科学的高性能计算机系统构建技术已有基础

我国计算机产业在近十几年来有了很大发展，产生了一批具有高性能计算实力雄厚的计算机公司。随着我国综合国力的不断发展，国家也开始加大对超级计算机建设的投入。“十一五”期间，在国家“863”计划“高效能计算机及网格服务环境”等重大项目的支持下，我国先后研制成功若干台百万亿次和千万亿次高性能计算机系统，包括 2010 年 6 月由中国科学院计算技术研究所和曙光公司研制完成的“曙光 6000”（星云）高效能计算机，2011 年 10 月我国首台国产处理器千万亿次“神威蓝光”超级计算机落户济南国家超级计算中心，2013 年 6 月国防科学技术大学发布了“天河-2”超级计算机，“天河-2”继“天河-1A”之后，再次勇夺世界最快超级计算机称号，其应用包括油气勘探、航空航天、物理化学、材料科学、生命科学和大气科学等众多的领域。

我国在高性能通用处理器设计方面已达到世界先进水平，近 10 年中先后研制成功多款高性能通用处理器芯片，申请处理器设计相关的专利近百项，授权专利近 40 项。例如，中国科学院计算技术研究所在纳米级工艺设计方面有着丰富的经验，是国内最先采用 90 纳米工艺和 65 纳米工艺设计通用处理器的单位。龙芯处理器在高性能计算方面有着良好的应用基础，联想、曙光等单位均已采用龙芯 3A 设计服务器和高性能计算机，2010 年完成研制的龙芯 3B 将应用于曙光 6000 千万亿次计算机中。此外，中国科学院计算技术研究所高性能计算机研究中心开展了大量的前瞻性研究工作，取得了一系列成果，包括支持异构的多核心单一映像操作系统、核到核并行通信、大规模异构并行编程技术和超大规模并行算法等，针对本装置工作已取得了包括刀片技术、分区技术、高性能互连网络技术、分布式存储技术、高性能系统软件、液冷机柜技术等在内的多项关键技术的研究成果。

高性能计算服务及可视化也是该装置的关键技术之一。我国在数值和非数值高效并行算法、高效基础算法库及并行实现技术研究方面有很好的研究基础和积累，实现了多个科学领域（包括地学领域）软件千核以上的计算。中国科学院计算机网络信息中心在长期的科学研究及项目实践中储备了一些关键技术，包括大规模并行算法及其软件实现技术、异构计算加速算法及其软件实现技术、并行耦合器研制技术、地球系统模式易用环境研制技术。我国不少研究机构，如中国科学院网络中心不断探索 GPU 加速技术研究，可用 GPU 编程以提高计算机处理速度，拥有并行的体绘制、等值面绘制、流线绘制、GPU 加速的粒子绘制、易用的传输函数算法及远程可视化技术等。

六、未来 5～10 年建设我国地球系统模拟装置的主要任务

1. 研制具有较高分辨率的全球地球系统模式

全球地球系统模式包括完整的物理气候系统与生态环境及生物地球化学过程耦合的地球系统模式，主要包括大气、海洋、海冰、陆面、大气化学和气溶胶、生态、水文、碳循环、地球生物化学等子系统模式或分量模块，并通过一个通量耦合器实现它们之间的完整耦合，同时还将拓展包括空间天气、固体地球、大陆冰盖等过程在内的模块。模式水平分辨率最高可达 5～10 千米；随着分辨率的不断提高，其包含的各种物理过程不断增加并且更加复杂，所需要的计算资源也呈几何级数不断增长。因此，全球地球系统模式的发展逐渐变成一个巨大的系统工程，需要来自数学、物理、化学、大气、海洋、生态和计算机各个学科的科学家和工程师通力合作才有可能完成。为了应对地球系统模式研发的复杂化和工程化，科学界已认识到必须自上而下特别是从国家层面上统一组织全球模式的研发。

2. 研制我国的区域高精度环境模拟系统

东亚和我国经济活动发展迅猛，环境问题日益严重，急需利用东亚区域高精度环境耦合系统开展相关研究，但是目前区域还没有一个包含大气成分和大气化学过程、气候、固体地球、陆表生态系统、水文循环、人类活动等多个分量的高精度环境耦合系统。研制建立我国的区域高精度环境数值模拟系统，形成对我国主要环境要素的模拟和预测能力，空间分辨率可达 1～3 千米。

3. 建设专用结构高性能计算机系统

为了实现全球和区域模式系统的高效运行，必须设计和建设专用结构高性

能计算机系统，并在性能指标上比目前专用于地球系统科学数值模拟的国际最高水平提高一个数量级；建设并行软件支撑框架，解决我国上述数值模式系统在并行化、组件化和耦合器技术等方面的瓶颈问题，实现数值模拟软件的高效开发和运行；建设科学可视化系统，通过先进的三维沉浸式可视分析与智能交互手段，方便科学家发现新的科学现象和机理。

4. 建立资料同化和地球系统科学模拟数据系统以及软件平台

建设全球和区域模式系统的支撑数据库和资料同化系统，形成我国及周边区域大气、陆面的环境要素及全球海洋多源观测资料的分析和同化能力；有效应用多源观测资料（包括各种常规及遥感观测资料，特别是卫星观测资料），建成我国及周边区域环境（主要包括大气、陆地、海洋环境等）的高精度、高分辨率分析数据集，包括大气资料同化、海洋资料同化、陆面资料同化、多源资料融合、大气化学及污染资料同化、关键环境参数反演及地球观测系统模拟子系统和若干应用示范。

地球系统观测与大型观测试验基地建设*

一、现状、问题与国内外研究动向

进入 21 世纪以来，人类持续的社会进步和经济发展面临巨大困难和挑战，资源短缺、环境恶化、灾害频发等问题十分严重。气候变化导致的气象和气候灾害频发和大气环境快速恶化成为当今世界关注的焦点问题。要正确认识全球气候变化和环境恶化的进程，解决人类生存和可持续发展的严重障碍，就必须要对引起这些变化的大气物理、化学过程有更深入的认识，对相关的物理过程、大气成分和大气状态参数等进行系统而准确的探测。实际上，近代大气科学的进步在很大程度上得益于包括地基、天基和空基在内的地球系统观测技术的进步，观测技术的进步同时也为解决人类生存和可持续发展提供了重要的科学基础和技术支撑。

（一）有关的科学计划和观测网络

地球大气是一个整体，对它的认识离不开对整个地球大气，甚至是整个地球系统的全面系统的观测。从 20 世纪 80 年代开始，国际上开展了一系列全球性的大型科学研究计划或科学实验，如“世界气候研究计划”（WCRP）、“地球系统观测和预测协调研究计划”（COPES）、“全球观测系统研究与可预报性试验”（THORPEX）、“热带海洋与全球大气研究计划”（TOGA）、“国际地圈

---

* 郄秀书、王普才、李万莉、卞建春，中国科学院大气物理研究所中层大气和全球环境探测重点实验室（LAGEO）

生物圈研究计划”(IGBP)、“全球能量水分循环研究计划”(GEWEX)、“全球洋流实验”(WOCE)、“气候变率及其可预报性研究计划”(CLIVAR)及“世界天气研究计划”(WWRP)等，这些研究计划极大地增进了对地球系统科学的认识，促进了不同学科之间的交叉，并随着全球气候系统概念和地球系统科学概念的提出而不断深化。

在国际重大科学计划科学目标的指导下，几十年来，世界各国建立的大气物理和大气环境等多种监测站也逐步连成网络，包括全球大气观测网络(GAW)、全球气溶胶观测网络(AERONET)、地面辐射监测基准网络(BSRN)、全球雷电监测网络(WWLLN)、激光雷达监测网络(MPLNET)、区域多普勒雷达监测网络等。这些网络的建立，不仅保证了大空间范围内长期观测数据的获取和积累，也促进了观测数据的规范化和系统化，为地球系统科学的研究和深入认识奠定了重要的数据基础。

(二) 空间对地观测技术

空间对地观测技术是地球系统观测的核心组成部分，具有不可替代的重要地位。1960 年 4 月，美国发射的世界上第一颗气象卫星“泰罗斯-1 号”开创了卫星遥感时代。自那时起，卫星对地观测取得了日新月异的发展，10 多年来更是得到了迅猛的发展。1997 年美国和日本合作开展的“热带降雨测量计划”(TRMM)卫星搭载了空基测雨雷达(PR)、微波成像仪(TMI)、闪电成像仪(LIS)、可见光/红外辐射计(VIRS)，以及云和地球能量辐射系统(CERES)，实现了对全球热带和亚热带地区降水系统多传感器的同步综合探测，不仅为在热带全球尺度上和区域尺度上研究降水特征提供了重要手段，也为在雷暴尺度上研究多参量之间的关系提供了重要的数据基础。

针对全球变化研究对建立长期的数据积累的实际需求，美国国家航空航天局(NASA)推出了“地球科学事业计划”(ESE)，旨在加强对地球系统变化的认识和预测能力(NASA，1999)。卫星队列(A-Train)作为 ESE 计划的顶层组成部分之一，以多颗卫星编队组合方式飞行，实现多平台、多传感器、多谱段的协同对地观测，图 1 给出了 A-Train 编队飞行组成示意图。目前 A-Train 星座主要由 5 颗卫星组成(严卫等，2008)：地球观测系统(EOS)的 Aqua 和 Aura 卫星、地球系统科学探路者(ESSP)的 CloudSat 卫星和 CALIPSO 卫星、法国国家空间研究中心(CNES)的 PARASOL 卫星。Aqua 卫星 2002 年 5 月发射，主要用于研究地球大气系统中的水资源；Aura 卫星

2004 年 7 月发射，主要研究有关空气质量、平流层臭氧和气候变化问题；CloudSat 卫星和 CALIPSO 卫星于 2006 年 4 月同时发射，CloudSat 对云的探测极为细致，其用途是提高对全球云属性的认识；CALIPSO（云-气溶胶激光雷达与红外探路者观测卫星）旨在增强人类对云和气溶胶在地球气候系统中的作用的认识；PARASOL 2004 年 12 月发射，主要特点是探测大气反射率极化及其各向异性，可以获得气溶胶粒子的大小、形状和化学成分。这 5 颗卫星能够测量多通道、多角度、带偏振的信号，同时采取主动和被动遥感方式，获取时空近似一致的大气参数信息（臧海佳等，2011）。A-Train 卫星编队飞行的优势在于，各颗卫星通过发挥各自的特点来获取不同角度的对地观测数据，通过各颗卫星观测数据的协同分析，进而使人类能够进行更充分、更全面、更深入的气候和环境研究。

图 1　A-Train 编队飞行组成

资料来源：严卫等，2008

经过半个世纪的努力，人们已经发展了合成孔径雷达遥感技术（SAR，可用于测量高程、地面位移和地表变化的全新技术）、成像光谱仪、推帚式扫描成像光谱技术、多模态微波遥感器等先进技术，具有提供云顶温度、闪电、整层水汽和三维风场的分布的能力，能跟踪各种灾害性天气系统的演变。我们已经进入了一个能动态、快速、多平台、多时相、高分辨率地提供对地观测数据的新阶段，极大地增进了人类对地球系统五大圈层间相互作用和全球变化的认识。

自 20 世纪 70 年代以来，中国的卫星观测和应用也受到了高度重视，并取得了重大进展（方宗义等，2004；许健民等，2010；李俊和方宗义，2012）。目前我国的卫星观测已有业务和试验等多种类别，包括了极轨和地球同步卫星系列。由气象卫星获取的地球大气信息已经广泛地应用于大气科学的许多领域，并在灾害性天气监测中发挥了重要的作用。我国目前在轨地球静止卫星包括“风云二号”C星和D星，主要获取白天可见光云图、昼夜红外云图和水汽分布图，采取双星协同观测方式，可以实现每15分钟观测大气一次，极大地提高了监测灾害性天气的时效，对于跟踪台风、暴雨等灾害性天气的发展、实现预警非常关键。

中国第二代极轨气象卫星“风云三号”（FY-3）已经于2008年和2010年分别发射了A、B两颗卫星，实现了中国极轨气象卫星上午星和下午星的双星组网观测，使得全球观测频次由12小时提高到6小时，极大提升了气象灾害监测时效。FY3A卫星作为我国新一代风云极轨气象卫星的首发试验试用卫星，具有有效载荷多、运动部件多的特点，且大部分仪器属于首次上星，仪器的定量探测性能要求高、技术复杂、研制难度大，整星研制水平已经与国际同类气象卫星相当。“风云三号”气象卫星的资料已经受到欧洲中期预报中心的认可，进入其数据同化系统（许建民等，2010）。

在光学遥感方面，我国与国际先进水平之间差距不大。主要的差距在主动遥感、GPS掩星探测、高光谱大气探测方面（许建民等，2010）。目前中国正在研发“风云四号”地球静止卫星，卫星上的探测器不仅光谱分辨率有极大的提高，同时探测波段将包括光学和微波两种类型。卫星将采用三轴稳定的姿态控制方式和具有探测表面特征、大气温湿三维分布、闪电和空间天气监测等方面的能力。目前已完成光学星关键技术攻关，计划2015年前后发射首颗试验卫星（李俊和方宗义，2012）。

（三）有关的国内外大型科学实验

除地基联网观测、卫星遥感之外，国际上还开展了多项针对大气科学不同分支学科的大型实验，如为期15年的“全球对流层化学计划”（GTCP）、“全球对流层试验”（GTE）、“强雷暴起电和降水研究”（STEPS）等。STEPS是美国2000年发起的在中小尺度灾害性天气方面一个非常重要的科学实验，旨在研究美国中部龙卷、强雷暴等致灾天气系统中的起电、降水及其与雷暴结构、微物理特征、上升气流等的关系，为改进强对流天气的监测和预报寻求新途径（Lang et al.，2004）。实验采用多普勒雷达、高时空分辨率雷电探测和三维定位、雷暴云内气象和电场探空、T-28 装甲飞机等先进探测手段获取了大量资料。

面对国际组织提出的核心研究计划，我国科学家也积极响应，并开展了多项有重要影响的科学实验，其中代表性的实验包括“黑河外场实验计划”(HEIFE)、“青藏高原地-气系统物理过程及其对全球气候和中国灾害性天气影响的观测研究”（TIPEX)、“内蒙古半干旱草原土壤-植被-大气相互作用”(IMGRASS)、“我国西北干旱区陆-气相互作用观测试验”（NWC-LAIEX)，以及在“973”等一些重大项目支持下开展的一系列大型科学实验等，这些实验的实施和获取的宝贵资料为促进我国大气科学的发展做出了重大贡献。

（四）存在的不足

对比国内外相关的地球系统观测技术和大型科学实验，分析我国存在的主要问题，大致在下列几方面还存在较大差距。

（1）自主设计、研发的实验方法和仪器设备不足，一些重要仪器设备主要依靠从美国、日本、欧洲等国家和地区购买。依赖购买仪器设备和现成技术方法进行科学研究，不可避免地沿用国外的实验手段，甚至重复国外的工作，也必然影响取得原创性科学成果。

（2）保障高水平技术支撑系统的体制和机制不健全，导致能够适应和有效支撑我国大气科学甚至地球系统科学发展需要的高水平技术人才缺乏，特别是具有高技术研发能力的人才匮乏。

（3）进行综合观测和技术创新的大型实验基地不足，从而导致高质量的长期持续监测数据缺乏，特别是一些特种观测数据缺乏，观测数据不完整、不系统，或者观测数据单一，从而影响科学研究的水平和对科学问题的深入认识。

二、主要科学问题和应采取的重要措施

大气遥感是 20 世纪 60 年代以来发展最为迅速的学科分支之一，也是大气科学发展的关键技术支柱之一。它的发展一方面取决于气象与大气科学研究和应用发展对全球和区域大气特征的时空连续观测的需求，另一方面也是近代物理学、传感器与计算机信息技术、大气物理学密切结合的产物，是高技术与基础研究相结合并紧密围绕应用需求开展研发的产物（吕达仁等，2003；郄秀书

等，2008）。近代大气科学之所以取得迅速的发展，一个重要的原因是新观测技术的应用和观测系统的建设（黄荣辉，2006）。从21世纪开始，国际几个大型研究计划，如CLIVAR、GEWEX、WWRP、COPES、THORPEX等都把观测系统的发展放在了十分重要的位置（黄荣辉，2001）。不断提出和发展大气探测新原理和新技术，以及在此基础之上的大型观测系统的建设和综合野外观测实验已成为国际大气科学发展的重要途径，如已经建立的全球气候观测系统（GCOS）、全球观测系统（EOS）等，而且在CLIVAR、GEWEX、WWRP、COPES、THORPEX等研究计划中也都在继续组织大型的野外观测实验。

我国的大气科学发展不仅要重视数值模拟和理论研究，而且也应该更加重视大气探测高技术的研发，同时也应该把大型观测系统的建设和野外综合观测实验放在重要的位置。

（一）大气探测高技术

在大气探测高技术方面，除要充分利用国内外已有的成熟技术和产品对大气科学发展提供支持外，更应注重新的大气探测高技术的研究和开发，以及大气探测系统的网络化与集成，建立以原理探索、设计开发和技术集成为基础的综合高技术研究体系，主要包括如下十一个方面的内容。

（1）大气气溶胶和大气温室气体的地基和卫星遥感探测技术。

（2）云微物理参量和全球降水的卫星遥感与反演技术。

（3）中小天气系统的多普勒双偏振雷达探测及准确反演和验证技术。

（4）中层大气风场和大气成分雷达探测技术。

（5）雷电的高时间分辨率地基和空间探测技术。

（6）大气探测飞机实验室和无人机探测平台技术及相关传感器技术。

（7）无人山区和海区大气状态参数的自动探测技术。

（8）快速大气辐射传输计算模式的发展。

（9）针对科学目标的系列科学小卫星及传感器技术的发展。

（10）气象卫星资料对各种大气和环境参数的可靠反演和应用。

（11）特种观测资料的四维同化方案，包括卫星遥感资料、雷达资料和雷电资料等。

（二）大气科学观测系统和观测网络

在大气科学观测系统和观测网络的建设方面，应重视建立包括卫星、飞机、气球，以及地面多平台、多探测技术在内的全球大气和环境立体监测网络，并通过组织开展大型综合观测实验，获取与气候和环境研究密切相关的长期连续高质量数据，从而为新观测事实的揭示、各种数值模式中有关参数化方案的建立奠定基础。具体体现在五个方面。

（1）陆-气相互作用、陆面能量和水分循环的观测系统的建设，特别是青藏高原和我国西北典型干旱区陆-气相互作用观测系统的建设、海-气相互作用观测系统的建设，以及必要的大型科学实验等。

（2）辐射、气溶胶、云和降水的观测系统建设及联网观测。

（3）与环境有关的综合观测系统的建设，如大气气溶胶特性、O_3、CH_4 等温室气体、化学活性大气微量气体的地基监测网络的建设。

（4）与强对流灾害性天气有关的观测实验系统的建设，包括暴雨观测系统建设、雷电监测网络的建设，以及必要的大型科学实验等。

（5）在大气科学观测系统和观测网络的建设方面，还应重视观测实验系统观测数据的快速收集、处理和数据产品发布，重视观测数据的规范化、科学化等。

三、大型观测实验基地建设的重要性

随着技术的进步和经济的发展，我国在大气科学的各个学科分支都取得了长足的进步，但是与国际水平还有一定差距。作为促使我国从气象大国走向气象强国的途径之一，建设大型观测实验基地是十分必要的。

大型野外观测实验基地的核心功能是获取长期的、连续的、系统的、多学科交叉的高质量综合观测数据，为地球系统科学的认识提供重要的数据基础。良好的大型野外观测实验基地的建设在地球系统科学的发展中具有与实验室同等重要的地位，并可发挥不可替代的作用。大型野外观测实验基地由于可以进行长期的持续监测和数据积累，对促进科学观测的规范化，观测数据的系统化，观测项目的综合化将有重要作用。完善的野外观测实验基地不仅可以为承担国际和国内大型科学计划提供良好的科学实验观测平台，也可促进不同学科之间的交叉，推进科学技术与应用示范的密切结合，同时对提升我国的探测能力、建设探测技术队伍也有重要的推动作用。

（一）我国已有的观测实验基地

由于实验基地建设的重要性，我国已经建设了具有一定规模的相对规范的五大野外台站网络，包括国家生态系统研究台站网络（CERN）、国家特殊环境与灾害监测研究台站网络、国家大气成分本底观测研究台站网络、中国科学院日地空间环境观测台链、中国科学院近海海洋观测研究网络等。与大气科学有关的代表性综合观测试验站（基地）如下。

1. 中国科学院大气物理研究所香河大气综合观测试验站

香河大气综合观测试验站位于河北香河，是中国科学院日地空间环境观测台链站网之一，开展以近地层空间环境和全球气候环境变化为主的有关大气过程的观测和研究，为大气物理学、大气环境、中高层大气、气象与气候学、气候变化等学科及国家环境外交与国家安全需求、大型国事活动的环境保障等提供必需的基础数据和理论依据。主要研究方向包括大气臭氧层监测与生态环境影响研究、中高层大气（临近空间）环境探测与研究、云-气溶胶-辐射观测及对气候变化的影响研究、大气物理过程及大气化学观测研究、大气探测高新技术研发与遥感验证。该站 1979 年加入世界气象组织（WMO）“全球大气观测”计划（GAW）五大世界数据中心之一的国际地基臭氧和紫外辐射数据中心（WOUDC），并先后加入了国际 AERONET 和 BSRN 等国际大气观测网。

2. 中国科学院大气物理研究所大气本底网兴隆观测站

兴隆观测站位于河北兴隆，主要开展华北地区区域大气环境本底（大气化学、大气物理、气象要素等）的长期监测研究，为华北地区，尤其是京津渤地区的大气环境评价、治理及可持续发展提供可靠的数据支持和科学决策依据，同时为该地区的气候变化研究提供与复杂地形有关的基础大气观测数据。主要观测内容大气微量气体（O_3、NO_x、SO_2、CO_2 等）、大气气溶胶（光学厚度）、太阳辐射（总辐射、紫外辐射、可见光辐射、反射辐射、净辐射等）、大气状态参数（温、湿、压、风、降水等、能见度、云量、云地高度等）、空间监测。

3. 中国科学院大气物理研究所中国东部半干旱区气候与环境通榆观测站

通榆站位于吉林通榆，主要研究半干旱区土地利用和水资源利用对区域能量和水分循环的影响，为北方干旱化趋势预测、影响评估和对策研究提供第一手的科学观测依据。主要监测内容如下：①地-气交换过程长期监测；②生态植被长期监测；③遥感监测；④土壤含水量、温度和热通量观测；⑤气溶胶和大气辐射观测。

4. 中国科学院大气物理研究所敦煌双墩子戈壁观测站

敦煌双墩子戈壁观测站位于甘肃敦煌，主要观测典型西北干旱区陆-气相互作用，提出西北干旱区有代表性的陆-气相互作用的陆面过程参数，为陆面过程参数化方案的设计和改进提供观测依据，研究西北干旱区陆-气相互作用对东亚季风系统变异的影响。主要观测内容有常规气象要素在近地面和土壤的多层观测，以及湍流通量和辐射通量的观测、边界层结构特征等

5. 中国科学院寒区旱区环境与工程研究所平凉雷电与雹暴试验站

平凉雷电与雹暴试验站位于甘肃平凉，是中国科学院特殊环境与灾害监测研究网络台站之一，试验站以我国黄土高原特殊的雷电、冰雹、陆气能量和物质交换为主要监测对象，进行雷达气象、雷电物理与雷电防护技术、云和降水物理、半干旱区气候与环境动力学等方面的研究。

6. 兰州大学半干旱气候与环境观测站

半干旱气候与环境观测站位于甘肃榆中，是按国际标准建设的气候观测平台，拥有先进的气候和环境观测设备和仪器，可以进行各种大规模的观测实验，已加入 CEOP、AERONET 和 MPLNET 等国际大气观测网，并被授予全国气象科普教育基地。

7. 南京大学地球系统区域过程综合观测试验基地

地球系统区域过程综合观测试验基地位于江苏南京，主要关注地表物理过程、大气成分-气候相互作用、生态系统-大气相互作用、水文过程及水循环四大过程，以及不同过程之间的相互作用问题，通过集成试验和分析，在区域尺度上获得对地球系统中能量、物质和水分循环等科学问题的认识。

（二）大型野外实验基地的综合考虑与要求

虽然我国依托一些研究所和大学，已经建立了几个有一定规模的大型观测实验基地，但是与地球系统科学的日益发展相比，其设备的先进性、系统性和规模尚有一定距离。大型野外观测实验基地的建设要求有先进仪器设备作为支

撑，除适时引进和使用国际先进的仪器设备之外，应该更加注重自主研发和集成有自主知识产权的先进仪器设备，而具有自主研发先进仪器设备的高水平技术人才和进行仪器设备运行维护的技术支撑队伍则是大型观测实验基地良好运行，并发挥重要作用的关键。在大型野外实验基地建设中应考虑如下内容。

（1）注重大气物理、大气环境、气象和气候等多学科交叉的先进观测设备的配置。

（2）发展天气-空基-地基大气立体综合探测系统，注重相应的定量反演技术和遥感验证。

（3）加强支持大气物理关键要素的测量能力，发展高时空分辨率的多波段大气综合探测系统。

（4）重视在发展先进探测手段基础上的强扰动天气现象的特殊观测系统的配置。

（5）重视野外观测实验基地的网络化建设，促进在不同地理位置、不同气候环境区域的合理布局，以及通用观测设备的标准化。

（6）加强观测和数值模式的结合，注重卫星、雷达、雷电等非常规观测资料的同化方法研究。

（7）加强观测信息系统的集成与应用，促进观测数据的共享。

（8）加强对大气探测技术的投入和队伍建设，改善学科发展的不平衡问题。

以大型野外观测实验基地为平台，通过相关学科的有机结合，可以形成资源配置集中合理、仪器设备先进，并与国际接轨的地球系统观测研究基地和多学科交叉的基础研究基地，在我国地球系统地基观测和卫星遥感验证等方面都将起到重要作用，并可在地球各圈层耦合及相互作用、气候变化和环境变迁的基础性研究中发挥不可替代的作用。不同地理位置和气候环境区域大型野外观测实验基地的合理布局和建设，可以使得观测实验围绕地球系统科学关注的一些核心科学问题组织协同观测，获得系统的高质量的第一手观测数据，在有限投入的情况下，可以充分利用观测实验基地最大限度地发挥资源优势，提高我国地球系统科学研究的总体水平，为国家应对气候变化和国际环境外交谈判等战略需求提供坚实的科学基础和数据基础，并为国民经济发展和国防建设的应用研究做出贡献。

参 考 文 献

方宗义，许健民，赵凤生 . 2004. 中国气象卫星和卫星气象研究的回顾和发展 . 气象学报，62 (5)：550 - 560.

黄荣辉 . 2001. 大气科学发展的回顾与展望 . 地球科学进展，16 (5)：543 - 657.

黄荣辉 . 2006. 21 世纪大气科学的发展成就和 21 世纪初大气科学的前沿科学问题//国家自然科学基金委员会地球科学部，等 . 21 世纪初大气科学前沿与展望 . 北京：气象出版社：11 - 23.

李俊，方宗义 . 2012. 卫星气象的发展——机遇与挑战 . 气象，38 (2)：129 - 146.

吕达仁，王普才，邱金桓，等 . 2003. 大气遥感与卫星气象学研究的进展与回顾 . 大气科学，27 (4)：552 - 566.

郄秀书，吕达仁，陈洪滨，等 . 2008. 大气探测高技术及应用研究进展 . 大气科学，32 (4)：867 - 881.

许健民，杨军，张志清，等 . 2010. 我国气象卫星的发展与应用 . 气象，36 (7)：94 - 100.

严卫，杨汉乐，周兴旺 . 2008. A-Train 卫星编队及其在云研究领域中的应用 . 遥感信息，2：93 - 96.

臧海佳，王旻燕，李湛清 . 2011. 美国对地观测系统卫星资料产品及服务 . 北京：气象出版社 .

Lang T J，Miller L J，Weisman M，et al. 2004. The severe thunderstorm electrification and precipitation study. Bull Amer Meteor Soc，85：1107 - 1125.

NASA. 1999. EOS Science Plan：The state of science in the EOS Program. Washington D C：NASA：397.

中层大气综合观测平台建设*

中层大气一般指高度为10～100千米的大气层，包括对流层上部、平流层、中间层和低热层，其主体部分分为平流层和中间层。与对流层天气气候的研究相比较，对中层大气情况的了解及其作用的研究长期以来比较薄弱。究其原因，最主要的是该层作为稀薄的中性大气，探测十分困难，因而难以做系统分析研究。20世纪70年代中期以来，随着现代科技的发展，近几十年来中层大气的探测能力得到很大的提升，主要表现在以下几个方面。

一、气球探空

气球探空是获取大气垂直结构的使用频率高、范围最广泛的手段。随着信息数字化的普及，20世纪80年代开始数字化电子探空仪逐渐取代了原先的机械式探空仪，使得垂直分辨率信息有了很大的飞跃，采样频率由原先的1分钟提升到1秒钟。原先采用的机械式温、湿、压探测仪也被电阻、电容等感应元件代替，探测精度明显改进；原先采用的人工雷达跟踪测风技术，实现了自动化，并逐渐向GPS定位过渡，明显提高了风速测量时的定高精度，也大大提高了风速垂直分辨率和测量精度。利用自然橡胶，探空球皮质量得到显著提高，目前气球探测高度可达30千米以上，甚至达到35～38千米。因而利

---

* 卞建春、陈洪滨、潘蔚林，中国科学院大气物理研究所中国科学院中层大气与全球环境探测重点实验室（LAGEO）

用气球探空技术可以广泛获取平流层中下层的大气温度、风场结构。此外一些球载大气成分探空仪也研制出来，可以观测平流层中下层臭氧、水汽和气溶胶等垂直结构。

二、平流层气球

平流层气球是一种大型科学研究气球，由聚乙烯（一种优质塑料）构成，长度可达 240 米，能够充几十万乃至百万立方米氦气，最大载荷可达数吨，最大飞行高度可达 30～45 千米。以平流层气球为平台，科学家可以装备测量大气成分（臭氧、水汽、认为污染物）、气溶胶、卷云、大气辐射、温度、风速等科学仪器。平流层气球也可用于一些星载科学仪器样机的测试。在特定大气环流条件下，平流层气球可以长时间停留在极涡内部围绕南极或北极飘流，也可在热带东风带长时间，欧美等地区和国家的科学家已经多次开展了这些区域的试验。

三、中层大气甚高频和中频雷达

(1) 中间层-平流层-对流层（MST）雷达。其依据电磁波与大气湍流运动相互作用所引起的晴空大气散射原理，工作于甚高频（VHF）段的大型多普勒雷达。MST 雷达能够连续提供高分辨率大气参数，对研究不同尺度的大气动力过程非常有意义。它能够探测水平风速廓线、垂直速度分布、湍流强度、垂直方向表观反射率、大气波动。

(2) 中频雷达。60～100 千米高度属于电离层 D 区和 E 区的下部，其特点是电子密度比较低，大气湍流比较强，电子与中性大气成分之间的碰撞频率较高，因此电子与中性大气运动速度是一致的。通过测量电子运动速度，可以得到中性大气风场。在这个区域存在几米至几百米尺度的电离层不均匀团块，不均匀块界面上存在折射指数梯度，无线电波发生部分反射。在这个高度范围内还存在其他回波反射和散射机制，如湍流散射和 Thompson 散射，对于中频雷达，部分反射过程是主要的。中频雷达发射信号强度与电子密度的梯度成正比，与电波频率的平方成反比。当频率太低时，电波将在较低高度上发生全反射，不能够得到较高高度上的回波。通常选择 1.8～2.5 兆赫兹的中频频段为宜。在这个频率附近噪声电平比较低，有利于提高接收信号的信噪比，提高探测精度。中频雷达可以实现 60～100 千米大气风场和电子密度的连续测量。中国科学院武汉物理与数学研究所于 2000 年在武汉建成中频雷达站。

四、中层大气激光雷达

激光雷达是微波雷达向光学频段的延伸。波长的缩短和光束指向性的提高，使激光雷达的探测灵敏度和空间分辨率得以大大提高。波长缩短导致激光与被探测物质的相互作用进入了微观层次，从而使激光雷达能实现对极稀薄大气的分物种探测。这一特点使得激光雷达成为大气遥感探测的一种重要技术手段。早期的激光雷达多用于探测 0～30 千米范围。该高度范围大气密度相对较大，使激光束与大气分子的瑞利散射回波强度较强。此外，大气中存在着大量称为气溶胶的固体和液体微粒，对激光束产生的米散射回波信号更强。这两种强回波信号大大降低了低空激光雷达的技术难度，且由于这两种回波信号难以分离，使得激光雷达既难以精确研究大气，又难以精确研究气溶胶。

激光雷达作为一种主动式光学遥感探测设备，具有高时空分辨率和高探测精度等优点。20 世纪 60 年代激光器发明后不久，1963 年美国建成的第一台激光雷达就应用于大气探测。1965～1967 年中科院大气物理研究所与上海光学精密机械研究所合作研制成功我国第一台激光雷达。近年来中科院系统和高校都已研制出基于各种工作机制的激光雷达，并取得了大量科学数据。

差分吸收激光雷达（DIAL）是探测臭氧垂直廓线的有效手段之一。臭氧探测差分吸收激光雷达发射多波长（289 纳米、299 纳米、308 纳米和 355 纳米）的激光对臭氧浓度廓线进行高精度探测。接收 289 纳米和 299 纳米回波用以探测 5～18 千米高度的臭氧垂直分布，332 纳米和 387 纳米回波用以探测 15～40 千米的臭氧垂直分布。美国、日本、欧洲等先后建成了臭氧探测激光雷达，其中 NASA 喷气推进实验室（JPL）的 DIAL 激光雷达在加利福尼亚州和夏威夷州进行了近 20 年平流层臭氧观测，对研究气候变化具有重要的意义。中科院安徽光机所于 1996 年研制出国内首台紫外差分吸收激光雷达（UV-DIAL）测量平流层臭氧的垂直分布。对流层臭氧垂直廓线的常规测量是西欧一些国家组成的激光雷达联合监测网的主要目标之一。德国 ELIGHT 公司研制了车载激光雷达用于测量对流层臭氧，中国科学院安徽光学精密机械研究所（简称中科院安徽光机所）也研制了相应的激光雷达系统。然而这些对流层激光雷达系统只能探测近地面的高度范围。

CO_2 廓线和浓度参数是大气与环境科学研究与应用的核心支撑数据。目前探测 CO_2 的激光雷达主要有拉曼探测和差分吸收两种方式。拉曼探测方式通过测量 CO_2 对发射激光的拉曼频移来反演 CO_2 浓度分布，优点是系统结构简单、技术要求低，但其拉曼散射截面过小，导致回波信号极为微弱；差分吸收方式发射两束不同波长的激光束，通过测量随高度增加的大气 CO_2 吸收的变化来反演 CO_2 浓度分布，优点是测量精度高，但其缺点是系统复杂、技术要求高。比较而言，目前最好的系统是由美国 NASA 和日本 JAXA 建立的差分吸收 CO_2 激光雷达。差分吸收激光雷达探测 CO_2、NO_x 和 SO_2，利用声光调制移频、二极管泵浦等设计形成固体和半导体相结合的全固态激光器。对于 CO_2 激光雷达而言，完全抛弃掉染料激光器，免除频繁更换染料之累；对于 NO_x 和 SO_2 激光雷达，则无须气体的拉曼频移系统。在技术创新方面，全固态激光发射技术是世界上先进的激光雷达关键技术。由于 CO_2 的吸收线非常精密，需要非常稳定的激光器、超精密滤光器和高灵敏度探测器，技术上有相当的难度。目前国内已部署的地基激光雷达，由于其设计与应用的限制，还没有精确测量 CO_2 的能力。

欧洲在 20 世纪 80 年代就尝试运用紫外差分吸收激光雷达来监测大气中的 NO 含量，目前对 N_2O、CO_2、CH_4 进行联合观测的星载激光雷达也正在研制过程中。但其系统较为复杂，且往往只针对某一种 NO_x 进行观测，缺乏对所有 NO_x 对大气环境影响的联合观测与分析。此外，针对 NO_x 和 SO_2 的差分激光雷达系统并不多见。中科院安徽光机所 2004 年成功研制出车载测污激光雷达系统，可对大气中 NO_2、SO_2、O_3 和气溶胶这些污染物进行监测，但是由于经费限制，在 NO_x 的监测中同样只能监测 NO_2 一种氮氧化物，而缺乏对几种主要 NO_x 和高精度 SO_2 的监测。

国际上早在 20 世纪 70 年代初就出现采用拉曼激光雷达测量大气温度分布的研究。但由于拉曼散射信号很弱，在接收系统中仅用干涉滤光片分离拉曼散射信号有难度。中国科学院武汉物理与数学研究所、中国科学院安徽光机所、西安理工大学等单位也进行了拉曼激光雷达的探测研究工作。对于 80～110 千米的大气温度和矢量风场探测，目前只有美国和德国的少数高光谱分辨率窄带纳荧光激光雷达系统可以做到。2010 年日本信州大学的全固态窄带钠激光雷达系统研制成功，目前部署在北极地区。我国子午工程的多台钠激光雷达系统已经进入常规探测阶段，但由于是宽带系统，无法探测温度和风场。目前我国中科院空间中心正在进行车载钠荧光测温测风激光雷达的研制。根据 N_2 或 O_2 的转动拉曼光谱强度按玻尔兹曼分布的原理，分别探测高、低量子数转动拉曼光谱的光强分布，由此反演出近地面到 25 千米的大气温度分布。此外，根据大气分子的瑞利散射回波信号可获得 30～70 千米的大气密度，并反演出大气温度。

激光测风雷达技术的发展大致经历了 20 世纪 70 年代的连续相干多普勒测风、80 年代的脉冲相干多普勒测风到 90 年代的脉冲非相干多普勒测风的发展路线。激光雷达平流层测风的方式通常有采用非相干测风，其中使用最多的是边缘测风。国内在激光雷达测风方面有多年的研究，包括中国科技大学开展的 F-P 双边缘鉴频技术、中国海洋大学开展的碘分子吸收鉴频技术，以及中科院武汉物理与数学研究所开展的原子法拉第鉴频技术等。瑞利测风激光雷达：采用鉴频光学器件将瑞利散射信号的左、右边缘光谱分离出来，根据两路信号强度之差来反演大气回波中的多普勒频移量，由此得到径向风速，并且在扫描机构的控制下，测量不同方向的径向风速，以此合成空间风场分布，可以获得 10～40千米的大气风场。钠荧光测温测风激光雷达：探测钠原子的超精细光谱，通过其多普勒展宽来反演温度，通过多普勒频移来反演风场。具体实现是发射三个不同频率的激光束，通过回波强度的变化来实现对 80～110 千米的大气温度和风场探测。

五、高空飞机

自从飞机进入实际应用以后，就成为一种重要的大气和环境监测的平台，完成了许多重要的大气、陆地和海洋环境的观测任务，包括对多种云系、天气系统和台风的穿越探测、对沙尘暴的穿越和跟踪飞行探测、对温室气体或/和污染气体的洲际飞行监测等。美国、英国和德国等大气和环境研究机构都拥有飞机探测平台，光是美国的一些主要大气和地球科学研究机构就装备了 C-130、ER-2、湾流、麦道等机型，在大型科学试验中发挥了重要作用。美国国家大气研究中心（NCAR）拥有当今最先进的机载环境探测平台 HIAPER；美国空军有专门的台风探测飞机中队；NOAA 等机构正实施全球鹰无人机大气和环境探测研究计划。

我国高校大气科学学科建设和人才培养现状、问题及建议*

一、学科历史沿革

我国近代气象学的研究开始于20世纪20年代，20～50年代经历了艰辛的创业阶段，在气象观测、天气学、动力气象学、气候学和大气物理学等领域做出了不少开创性的工作，为我国大气科学的形成奠定了基础。

与大气科学发展同步，中国的大气科学教育也兴起于20世纪初，到40年代末形成了我国近代大气科学教育体系，为现代大气科学教育打下了坚实的基础。

20世纪初，随着西方气象观测仪器的引入和现代测候站、气象观测站的建立，急需培养具有现代气象知识和掌握现代气象仪器的人才。于是，早期的气象学者开办气象人员训练班，并在一些私人学堂中传授气象知识。例如，1905年，两江师范学堂在物理类科目中开设气象内容的课程；1913年，张謇在私立南通甲种农业学校开设气候学课程；此后，各省农业学校均开设气象学课程。1912年，蒋丙然从比利时留学回国，先后在航空教练所、山东大学讲授气象学；1917年，他在北京大学讲授气象学，并编写教材《理论气象学》，该书是我国最早的近代气象学教科书。1918年，竺可桢从美国哈佛大学获得博士学位回国后，相继在武昌高等师范学堂、南京高等师范学堂和东南大学等执教，尤其是1921年在东南大学创立了包含气象专业的地学系，这是我国近代大气科学教育的开端。1928年气象研究所成立后，1929～1937年，竺可桢开办了四

* 杨修群，南京大学大气科学学院；胡永云，北京大学大气与海洋科学系；管兆勇，南京信息工程大学；温之平，中山大学大气科学系

届气象学习班，培养了我国最早一批高级气象人才。

20 世纪 30 年代后，我国一批公费留学生获学位后陆续回国，并先后在各大学任教。例如，1935 年，留英博士涂长望在清华大学任教；1936 年，留德博士李宪之归国后也到清华大学执教，开设气象学、天气预报和理论气象学三门课程；1938 年，留德博士赵九章回国，到西南联大任教，讲授高空气象学、理论气象学和大气物理学。1939 年，涂长望应当时浙江大学校长竺可桢的聘请，到浙江大学史地系任教。竺可桢从 1936 年以后，任浙江大学校长 13 年，创建研究生部，培养了我国较早的一批气象学家，其中 1943 年第一批硕士生毕业的有郭晓岚、叶笃正和谢义炳等，1945 年毕业于西南联大研究生院的有顾震潮。

20 世纪 20～40 年代时期，我国老一辈气象学先驱开拓创业，历经千辛万苦，创建了我国近代大气科学教育体系。1920 年，竺可桢在“国立中央大学”（南京大学前身）开设了国内最早现代气象学课程并培养现代气象人才，1930 年建立了国内第一个气象学专业，1944 年成立国内第一个气象学系。随后，清华大学在 1946 年成立气象学系，李宪之任系主任。他们培养了不少后来成为气象界著名专家、教授的学生，如程纯枢、陶诗言、黄士松和高由禧等，还有一大批学生后来成为中国气象科教战线上的中坚力量。

1949 年 12 月，涂长望和赵九章分别写信给国外的朋友和学生，动员他们回国为新中国的气象事业发挥才智。先后响应召唤回国的有朱岗昆、顾震潮、叶笃正、谢义炳、顾钧禧、朱和周、谢光道、黄士松、刘好治等。

由此，20 世纪 50 年代，我国的气象教育得到了蓬勃发展，逐步形成了与现代数学、物理、高新技术相结合，与地球系统科学相衔接的大气科学教育体系，朝着培养新一代综合人才的方向发展。

1952 年，全国大专院校进行院系调整，原南京大学气象系与浙江大学、齐鲁大学相关学科合并成立新的南京大学气象系，在气象系中设有气象、气候、大气物理三个专业。气象学家涂长望、朱炳海、么枕生、徐尔灏、黄士松先后主持该气象系工作。清华大学气象系并入北京大学物理系，设立气象学专业，谢义炳任该专业主任，当年应国家急需招生 100 名，是清华大学以往年招生名额的 10 倍。1955 年，在北京创建我国第一所气象专业学校，培养了一大批开创新中国气象事业的专业技术骨干和领导干部。1956 年，中国气象局在成都也设立了气象专业学校，之后逐步发展为成都气象专科学校、成都气象学院，现为成都信息工程学院。1960 年 1 月，南京大学气象学院成立，是隶属于国家气象局的全国重点院校；1963 年 5 月独立建院，更名为南京气象学院（现名为南京信息工程大学)，是我国大气科学学科专业设置最齐全的学院，曾设有天气动力学、气候学、大气探测学、大气物理学、农业气象学等专业。20 世纪 50 年代之后，在中山大学、兰州大学、原青岛海洋大学（现更名为中国海洋大学)，原杭州大学（现并入浙江大学)、云南大学、中国科技大学、原北京农业大学（现更名为中国农业大学）和沈阳农业大学等高校中也设立了大气科学类专业，现大部分已发展成为大气科学系。

1952 年后，研究生培养工作有所改变，规定硕士研究生学制位 3 年。从 1956 年改为 4 年，一直延续到 1966 年，这一时期毕业的气象专业硕士研究生不多，自 1978 年恢复研究生招生和 1981 年实施学位制度以来，我国研究生教育发展很快，目前，所有高等院校气象类专业中，基本上都设有硕士点，但博士点仅在有关重点大学气象类专业中设置，设有大气科学博士后流动站的仅有中国科学院大气物理研究所、中国气象科学研究院、北京大学大气科学系、南京大学大气科学系、兰州大学大气科学系、南京信息工程大学等单位。

以 1990～2003 年的 13 年为例，我国大气科学领域本科毕业生近 8600 人，平均每年毕业 600 余人，1991 年最多达到 750 多人；硕士毕业生近 1600 人，平均每年毕业 110 多人，进入 21 世纪毕业人数明显增加，达到 150 人/年以上；博士毕业生共 600 余人，平均每年毕业 40 多人，1990 年以后呈明显上升趋势，从 1994 年以前的 20 人/年左右，增加到 1999 年前后的 60 人/年左右，到 2000 年以后接近 100 人/年。近几年，大气科学领域无论是本科、硕士，还是博士毕业生人数，均呈上升趋势。

二、现　　状

21 世纪是人口、经济与环境、资源及灾害之间矛盾更加突出和尖锐的时代，随着社会经济可持续地发展，如何使人类拥有一个清洁的地球、安全的地球和富裕的地球，将是 21 世纪地球科学研究的主题。同时，随着生产力的提高和社会经济的发展，人类社会对大气状况的深入了解和对未来天气、气候的预测等提出了更为巨大的需求，大气科学的发展是涉及国计民生和社会、经济发展的大事，是社会主义现代化建设事业中的重要环节。在世界大气科学发展的主流下，在国家和社会的大力支持下，我国大气科学学科取得了迅猛发展，在充分结合了中国地域和环境特点的基础上，创建出了一批各具特色并在国内国际上产生重要影响的教学科研团体。

目前，承担我国大气科学学科建设和人才培养工作的高校及部门主要有北京大学、南京大学、南京信息工程大学、兰州大学、中山大学、解放军理工大学、中国海洋大学、成都信息工程学院、云南大学、中国科学技术大学、浙江大学、中国农业大学，以及中国科学院大气物理研究所、中国气象科学研究院等。

为适应学科发展国际趋势，培养21世纪具有国际视野和创新能力的大气科学拔尖人才，2004年，兰州大学成立了大气科学学院，创建了既具有地方特色又具有国内国际影响的教学科研集体，并发展成为西部地区具有完整体系的人才培养基地、高水平科学研究基地和国家大气科学创新体系的重要组成部分。2008年，南京大学成立大气科学学院，为解决国家经济社会快速发展中面临的重大科学问题，为培养更多符合社会发展需要的创新大气科学的高素质、高层次人才提供了更为广阔的平台，并成为输送高层次气象科技成果的高地。近年来，随着气候与全球变化成为人类面临的重大环境问题，各高校相继成立了以地球系统科学为核心的交叉科学研究院。2008年，北京师范大学成立地球系统与全球变化研究院；2009年，南京大学成立气候与全球变化研究院；2010年，清华大学成立全球变化研究院（地球系统科学研究中心）等。

目前，我国大气科学中一级学科为大气科学，二级学科为气象学、大气物理学与大气环境。拥有大气科学一级国家重点学科的只有北京大学一所，拥有气象学二级国家重点学科的学校有南京大学和南京信息工程大学。目前设有大气科学博士点的学校有北京大学、南京大学、南京信息工程大学、兰州大学、解放军理工大学、中山大学、中国海洋大学等。只有北京大学和南京大学是国家理科基础科学研究和教学人才培养基地。

大气科学学科教学队伍的整体知识结构、年龄结构合理，且具有较高学术水平。根据11所主要高校和两个国家级科研机构的数据统计（表1），2011年，我国大气科学专业师资约1103人，其中高级职称约635人，占总师资比例约56%。

表1 2011年我国主要高校科研院所的师资情况 （单位：人）

学校及单位	教授	副教授	讲师及以下	合计
北京大学	12	11	2	25
南京大学	19	16	17	52
南京信息工程大学	50	60	100	210
解放军理工大学	24	50	79	153
兰州大学	11	11	22	44
中山大学	6	7	5	18

续表

学校及单位	教授	副教授	讲师及以下	合计
中国科技大学	2	8	2	12
云南大学	6	0	7	13
成都信息工程学院	10	6	15	31
中国海洋大学	9	3	5	17
浙江大学	1	6	1	8
中科院大气所	66	90	123	279
中国气象科学研究院	55	96	90	241
合计	271	364	468	1103

我国大气科学研究机构人员以往绝大部分是气象或大气科学专业出身，知识背景较为单一，如今逐渐重视培养具有物理、数学、化学或其他学科学习和工作背景的人才。尤其在一些交叉学科领域，从其他学科转而从事气象业务和大气科学研究的人也不少。我国气象系统和大气科学研究人员的结构变化，将有利于我国气象系统的发展和大气科学研究的创新。

三、本科生培养情况

本科阶段的专业教学上，对大气科学人才的基本要求是培养学生们坚实的数学、物理基础，以及一定的化学和地球科学基础；系统地掌握本专业的基本理论和基本知识；了解或熟悉现代化的大气探测技术和数据处理技术；能比较熟练地使用计算机；受到良好的科学思维和科学实验的训练；对本学科的新发展有所了解；能有初步的科学研究和解决实际问题的能力等。在强化了学科基础后，在后期的学习中，应逐步加强应用知识的学习和技能的训练，加强实践性教育，密切与社会的联系，培养他们的实际工作能力和适应社会发展的心理素质。在四年的教学过程中，实行按基础型、应用型两种方向进行分流的培养方案，这样既保护了基础型人才的培养，又把多数学生培养成为真正的符合社会发展建设所需要的、能面向实际工作部门的应用型人才。

在以“拓宽基础、强化实践、注重创新”的理念指导下，在“个性化”、“多元化”人才培养框架下，构建现代大气科学教学体系，培养具有创新能力和国际化视野的大气科学拔尖人才。目前大气科学设置了 2 个本科专业，即大气科学专业和应用气象学专业。其中，北京大学和南京大学的大气科学专业被评为教育部特色专业，北京大学和南京大学同时也是国家理科基础科学研究和教学人才培养基地。

据初步统计，2008～2011 年，我国大气科学本科招生人数合计约 7414 人。其中，2008 年约 1901 人，2009 年约 1878 人，2010 年约 1876 人，2011 年约 1759 人，规模总体保持平衡，略呈减少趋势（表 2）。南京信息工程大学本科生招生数占全部高校招收总学生数的 49%。

表 2　我国主要高校大气科学本科生招生情况　　（单位：人）

学校及单位	2008 年	2009 年	2010 年	2011 年	合计
北京大学	16	22	37	21	96
南京大学	93	93	95	115	396
南京信息工程大学	967	877	931	859	3634
解放军理工大学	229	268	180	123	800
兰州大学	173	193	194	173	733
中山大学	94	94	95	105	388
中国科技大学	12	19	10	15	56
云南大学	41	28	36	43	148
成都信息工程学院	172	188	202	214	776
中国海洋大学	83	83	79	82	327
浙江大学	21	13	17	9	60
合计	1901	1878	1876	1759	7414

四、研究生培养情况

硕士研究生教育，主要致力于培养学生从事研究课题的基本能力和素质，使之成为基础研究型人才，并鼓励学科交叉，以适应研究课题多学科联合的需要。

大气科学学科近四年来的硕士研究生的培养规模基本稳定，招生人数变化不大，毕业生就业率较高。该学科注重培养研究生独立工作能力和勇于创新的精神，注重打好学科基础，科学确定培养定位，反映学科前沿。

据统计，2008～2011 年，我国大气科学专业硕士研究生招生人数合计约 2824 人，其中，2008 年约 619 人，2009 年约 751 人，2010 年约 729 人，2011 年约 725 人，总体平缓，变幅不大。

对于博士研究生，我们注重其创新能力的开发，使其科研能直接面向国家重要科研项目，力求能解决重要科学问题，并发表高水平研究成果。

据统计，2008～2011 年，我国大气科学专业博士研究生招生人数合计约 897 人，其中，2008 年约 225 人，2009 年约 225 人，2010 年约 218 人，2011 年约 229 人，总体呈逐渐上升趋势（表 3）。

表 3　我国主要高校和科研院所大气科学研究生招生情况（单位：人）

学校及单位	2008 年		2009 年		2010 年		2011 年		合计
	硕士	博士	硕士	博士	硕士	博士	硕士	博士	
北京大学	16	12	18	13	16	14	17	14	120
南京大学	30	21	31	15	33	8	38	16	192
南京信息工程大学	255	59	354	60	327	72	314	69	1510
解放军理工大学	89	16	74	11	56	10	64	8	328
兰州大学	46	20	49	21	60	18	59	19	292
中山大学	19	3	19	4	21	4	25	6	101
中国科技大学	7	3	6	5	8	3	8	3	43
云南大学	14	1	15	2	20	2	12	1	67
成都信息工程学院	23	0	49	0	50	0	60	0	182
中国海洋大学	16	2	26	5	32	3	22	7	113
浙江大学	6	1	6	1	6	0	6	1	27
中科院大气所	54	72	59	71	57	70	55	73	511
中国气象科学研究院	44	15	45	17	43	14	44	12	234
合计	619	225	751	225	729	218	724	229	3720

五、科研情况

在“211”工程、“985”工程及各类科研项目的支持下，高校大气科学学科在主持国家重大科研项目方面，科研能力明显增强。其中，近五年来，高校主持国家“973”项目和全球变化重大计划项目 8 项。

据初步统计，我国 10 所主要高校（不包括解放军理工大学）和 2 个国家级科研院所大气科学纵向科研经费数（表 4）2006 年约 14 006 万元，2007 年约 20 676 万元，2008 年约 23 413 万元，2009 年约 19 116 万元，2010 年约 28 267万元；横向科研经费数 2006 年约 9782 万元，2007 年约 9107 万元，2008 年约 17 173 万元，2009 年约 143 005 万元，2010 年约 20 989 万元，两者整体均呈逐步上升趋势（表 4）。

表 4 我国主要高校和科研院所大气科学纵向科研经费情况

（单位：万元）

学校及单位	2006 年	2007 年	2008 年	2009 年	2010 年
北京大学	617	585	794	1165	1513
南京大学	427	630	1159	1458	1749
南京信息工程大学	500	1000	2000	3000	4000
兰州大学	554	389	592	521	491
中山大学	198	232	213	337	380
中国科技大学	128	238	246	203	212
云南大学	0	10	0	108	227
成都信息工程学院	133	144	145	111	219
中国海洋大学	164	145	196	190	215
浙江大学	30	24	53	87	46
中科院大气所	6637	11536	11168	8566	10161
中国气象科学研究院	4618	5743	6847	3370	9054
合计	14006	20676	23413	19116	28267

近年来，我国高校和科研院所在学术刊物上发表的大气科学高水平论文也显著增加。据统计（表 5），我国 11 所主要高校和 2 个国家级科研院所，在 SCI 刊物上发表的论文 2006 年约 406 篇，2007 年约 504 篇，2008 年约 558 篇，2009 年约 605 篇，2010 年约 619 篇；在国内核心期刊上发表的论文 2006 年约 1015 篇，2007 年约 1010 篇，2008 年约 1052 篇，2009 年约 1112 篇，2010 年约 1148 篇。

表 5 我国主要高校和科研院所发表大气科学论文情况 （单位：篇）

学校及单位	2006 年		2007 年		2008 年		2009 年		2010 年	
	SCI	核心	SCI	核心	SCI	核心	SCI	核心	SCI	核心
北京大学	30		29		27		37		28	50
南京大学	17	96	20	83	20	89	27	95	34	55
南京信息工程大学	15	298	20	342	25	468	30	416	45	420
解放军理工大学	5	50	9	56	20	59	25	61	26	86
兰州大学	15		13		15		14		11	
中山大学	5	23	8	35	11	33	15	28	13	23
中国科技大学	8	15	11	14	13	17	15	14	12	13
云南大学	6	19	4	11	4	13	4	7	2	4
成都信息工程学院	2	7	2	11	4	21	2	33	2	68
中国海洋大学	16	18	14	20	10	15	15	20	20	28
浙江大学	1	2	1	3	1	3	3	5	2	3
中科院大气所	232	280	297	289	330	231	337	235	336	242
中国气象科学研究院	54	207	76	146	78	103	81	169	88	160
合计	406	1015	504	1010	558	1052	605	1112	619	1148

六、学科支撑能力情况（拥有科研平台、教学平台、观测平台等）

目前，全国高校大气科学学科发展拥有良好的科研平台，其中，被评为省部级重点实验室的有中尺度灾害性天气教育部重点实验室（南京大学）、江苏省气象灾害省部共建重点实验室（南京信息工程大学）、物理海洋教育部重点实验室（中国海洋大学）、半干旱气候变化教育部重点实验室（兰州大学）等。另外，南京大学、北京师范大学、清华大学等设立的关于地球系统科学与全球变化交叉科学研究院，将发展成我国气候与全球变化重大问题研究的重要实体，成为交叉性高层次创新人才培养重要基地和国外一流科研机构国际学术交流合作的平台。

在教学平台方面，几乎所有高等院校气象类专业都有自己的教学平台。其中，北京大学的大气科学综合实验室被评为国家级地球科学教学实验中心；南京大学建有具有省级业务水平的现代化气象台、地球系统区域过程综合观测基地和江苏省实验教学示范中心等；南京信息工程大学的教学平台有大气科学实验教学中心气象台、中国气象局国家一级农业气象试验站、中国气象局南京大气综合观测试验基地、江苏省实验教学示范中心、国家自然科学基金委员会南京大气资料中心等。

在观测平台方面，南京大学建有地球系统区域过程国际综合观测站、以雷达探测为核心的灾害性中尺度天气综合移动探测系统；南京信息工程大学有中国气象局南京大气综合观测试验基地；兰州大学有半干旱气候与环境观测站、榆中综合观测站、兰州城市观测站、野外移动观测站等。

七、存在的问题和建议

1. 存在的问题

（1）全国拥有大气科学学科的高校偏少。目前全国只有 12 所高校拥有大气科学人才的完整培养体系，而美国有 46 所高校拥有大气科学。

（2）大气科学学科设置偏窄，国家重点学科偏少。根据教育部的学科设置目录，目前大气科学一级学科只包含气象学、大气物理学与大气环境两个二级学科，这样的设置与当代大气科学学科的内容和发展趋势严重不符，当代大气科学在气候学、大气化学、地球综合探测等领域已经得到极大的拓展。另外，目前全国高校只有北京大学、南京大学和南京信息工程大学拥有国家重点学科，这与气象大气大国地位不相称。

（3）大气科学分支学科布局还很不平衡。例如，现代探测领域非常薄弱，大气化学领域亟待加强，气象工程和应用方向不成体系等。另外，目前大气科学学科只有理学，没有工学，这严重制约了社会急需的气象工学人才的培养。

（4）高层次人才培养数量偏少，这些远不能满足经济社会发展的迫切要求。目前，全国高校每年培养的大气科学本科及以上人才总数为1800名左右，其中，硕士生大约700名，博士生大约250名。

（5）各高校大气科学学科发展的特色不突出。这就要求我们高校大气科学学科建设要有所侧重，不能千篇一律，要把培养创新型人才放在第一位。

（6）我国高校尚未建立国家级科研平台和实验室，大气科学研究力量较为分散、组织较为松散、协作缺乏力度、资源和资料的共享程度差。

（7）与国家级科研院所相比，高校在科研创新能力方面具有巨大的发展提升空间。据统计，目前全国主要高校和国家级科研院所直接参与大气科学人才培养的师资约1100人，主要高校与国家级科研院所师资比大约为1∶1；全国主要高校和国家级科研院所每年获取的纵向科研经费约为3亿元，其中高校经费占三分之一，而SCI论文产出为每年约650篇，其中高校也占约三分之一。

（8）与国际先进水平相比，大气科学学科国际化程度有待进一步提高，高水平成果有待进一步加强。我国主要高校和科研院所人均每年科研产出SCI论文0.6篇，核心期刊论文1篇，人均1.6篇，而美国高校大气科学人均SCI论文2～3篇。

2. 建议

（1）鼓励我国有条件的高校发展大气科学学科。

（2）根据学科发展国际趋势，增加大气科学二级学科，如气候学、大气化学、地球探测等。

（3）根据国家迫切需求，突破大气科学的工学学科，培养专业学位研究生等应用型人才。

（4）增加高层次人才（尤其是博士生）培养规模。

（5）在有条件的高校设立国家级科研平台或重点实验室，提升高校解决国家重大科学技术问题科研创新能力和空间，是中国从气象大国向强国发展的重要战略举措。

（6）进一步推进我国高校大气科学学科的国际化发展。

发展大气科学，培养创新人才*

研究生教育是培养国家高层次人才的重要途径，是实施“科教兴国”伟大战略的重要任务。当今世界，经济和综合国力的竞争实质上是科学技术的竞争，是人才的竞争。培养高层次人才是当前我国大气科学教育的重大战略目标。青年硕士生、博士生不仅是当前我国大气科学科研主力军的一部分，而且是我国大气科学在第一线从事知识创新研究的生力军。因此，培养好具有创新能力的青年硕士生、博士生不仅是每位教师的重要任务，也是国家赋予我们每位博士生导师的历史使命。最近，中国科学院地学部把“大气科学与全球气候变化重大科学问题”作为当前我国学科发展战略研究的一个重要项目。这个项目旨在回顾国际和我国近百年来（特别是最近 60 年）大气科学发展历程及中国科学家对国际大气科学和全球气候变化研究发展的贡献；分析当前国际大气科学和全球气候变化研究发展的特征、动向和趋势；提炼我国当前大气科学和全球气候变化研究的重大科学问题，从而提出符合我国发展需求的重大战略研究方向及应采取相应的发展措施。在 2011 年 9 月初举行的中国科学院地学部学科发展战略研究“大气科学与全球气候变化重大科学问题”第一次研讨会上，提出我国应从大气科学大国走向大气科学强国的口号。然而，目前我国在大气科学人才培养方面离此目标还有一定距离，我国从当前在读博士生人数而论，已近千人，与美国持平，但我国大气科学人才培养方面还缺乏创新；各有关院校专业设置太窄，名校大气科学招生数太少，教学还缺乏基础性和前沿性，课程多而杂，并且各有关院校专业通篇一律，缺失特色，特别是大气探测、大气物理、中层大气有关专业设置还不多，有关人才缺乏。这些都要求我们共同努力，把我国大气科学人才培养搞上去。下面谈谈有关发展大气科学，

* 黄荣辉，中国科学院大气物理研究所

培养创新人才方面的一些看法和点滴体会。

一、首要的是扩展大气科学二级学科，多培养有致力于大气科学的学生

第一，大气科学经过百年的发展现已成为一门现代的综合性学科，它在地学就现代科学而论具有引领性，并且随着我国经济的快速发展，在应对全球气候变化、人工影响天气、气象卫星和雷达探测、风能和太阳能的利用、环境保护等方面急需大批大气科学人才。但是，现在我们大气科学只有两个二级学科，大大局限了我们硕士生、博士生的招生，无法满足上述各项事业发展的需求。我们兄弟学科海洋科学还有 7 个二级学科，地质学则有 10 多个二级学科。因此，大气科学首要的任务是应把大气科学二级学科扩展，把大气物理与大气环境分开，而且应增设地球流体力学、气候系统和大气探测，以及气象工程等二级学科。尽快使大气科学教育和人才培养跟上国家经济发展。

第二，当前有些大学大气科学的招生规模和教师队伍比起 20 世纪 60 年代不仅没有发展而且还在萎缩，有的名校在五六十年代教授达 20 多名，招生数达近百名，而现在教授加副教授的编制也不过 10 多名。量是质的基础，没有量，谈什么质。当前在高校的老师负担很大，他们有很重的教学任务，还要他们承担很重的科研任务，还要求他们做出创新性研究，这是不好做到的。因此，在一些名校应尽快壮大大气科学教师队伍，设置一定附属研究中心、研究院等，以便来壮大师资队伍，扩大招生规模。

第三，大家知道大气科学是一门既艰苦待遇又低的科学，因此，很多学生对大气科学不感兴趣，不愿从事大气科学研究，一些名校进入大气科学学习的本科生有些不是第一志愿，加上从事大气科学研究的学生去欧美一些国家留学比较容易，致使大批学生出国留学并滞留在国外，这造成 20 世纪 80 年代后期到 90 年代国内大气科学的研究生的生源紧缺。从 21 世纪初开始这种局面虽已扭转，但一些名校的学生报考研究生的情况仍不令人满意，这可能是造成目前国内大气科学高层次人才缺乏的原因之一。因此，如何吸引、凝聚全国大气科学的本科学生，特别是那些有作为的学生到大气科学来读研究生还存在问题。在此，我呼吁大家应不厌其烦地讲述我国大气科学在国民经济建设、社会发展和环境保护中的重要性，以及中国大气科学研究在世界的重要性及其地位，以鼓舞同学们热爱大气科学。叶笃正先生在新中国成立初期国

家最需要大气科学科研人才时，他毅然放弃在美国的学术地位和优厚的生活待遇回国，开拓了中国现代大气科学的科学研究，培育了一大批国家现代大气科学的高层次人才。

二、重要的是大气科学课程设置要不断创新，激励学生对科学研究的兴趣

当前国家学科领域非常需要具有高素质的高层次人才，我认为当前我国大气科学的有关院校和科研院所不仅必须而且完全有能力培养出大气科学的高层次人才，这就要求我们大气科学教学要不断创新。

第一，大气科学从 19 世纪地理学科的一个分支学科发展成为今天已拥有多个分支学科的一门综合性学科。在她的发展中诞生了许多重要理论，有些理论对整个自然科学有重要贡献，如非线性动力学。这些理论不断推动大气科学的发展。但我国有些高校的课程几十年一贯制，不能把当前新发展的分支学科及时向学生介绍，因此，我国大气科学的课程设计要不断创新，我们大气科学的课程设计既要有基础又要有一定前沿性，如地球系统、非线性动力学要适当介绍一些。

第二，大气科学的基础课程要不断创新，现在我国高校推行 PPT 教学，有的老师平常很忙，上课前把 PPT 拿到教室一放，效果如同函授教学；有的学校大气科学的本科生还不知道赤道大气波动。当前，大气科学迅速发展，如地球系统数值模拟正在对大气科学的研究提出许多新课题，因此，大气科学的课程不仅具有基础性，而且要不断创新。

第三，为了激励学生们对大气科学的兴趣，培养一批有创新精神的大气科学高层次人才，作为博士生导师首先必须把课程不断创新，把课教得活泼、生动。科研是很重要，但讲课也很重要。因此，尽管大家学术事务和行政工作繁忙，一定要从事一定的教学任务。有些院士尽管工作忙，并没有中断在研究生院的讲课，还是一直坚持着，并且有些课程尽管讲了多年，但每年他们都进行修改和补充，把枯燥、不易明白的理论深入浅出地讲解，使同学们产生浓厚兴趣。与教室打交道、与学生打交道，其乐无穷，它不仅使你感到年轻，而且使你基础知识不断加强。当老师最欣慰的莫过于一个个学生听过你的课，通过论文答辩成为国家有用的人才，到祖国大气科学的科研、教育或业务系统的第一线去。

第四，营造一个和谐、宽松而有浓厚的科研气氛的科研团队对激励学生对大气科学研究的兴趣是很重要的。现在是大科学时代，不是以前师傅带徒弟的小作坊科研时代，科研项目不是只凭个人的灵感就能完成的，而是靠一个有合作精神的团队才能完成，特别是大气科学，更是这样。大气科学不仅需要研究气候系统中大气、海洋、陆面、冰雪变化及其它们之间的相互作用，而且还得研究这些变化及其相互作用对我国天气气候灾害的影响，这是一项庞大而复杂的研究任务，没有一个通力合作的团队是完成不了的。要完成这个庞大气候系统的研究，就必须要求有的学生从大气环流变化来研究，有的学生从海洋热力变化来研究，有的学生从陆面过程来研究，有的学生从冰雪变化来研究，有的学生从事观测资料分析，有的学生从事动力诊断研究，有的学生从事数值模拟研究。同学们互相讨论、互相帮助，形成一个和谐、生动活泼的研究团体。

三、关键是培养学生对研究的进取精神、创新精神

培养什么样的高层次人才才能适应 21 世纪的要求？许多导师都在谈论和探讨这个问题。有的专家认为，21 世纪高层次人才是具有创新思想全面发展的人才；有的专家认为，21 世纪需要的高层次人才是能认识和掌握自然界和社会发展规律并对国家对社会有无私奉献精神的人才。总之，21 世纪需要的高层次人才是高素质、具有创新能力全面发展的人才。要造就这样高层次的人才不是一件容易的事。

第一，要求导师必须站得高、看得远，不仅要学生学好基础课程和专业课程，重视文献阅读，而且重视培养研究生对实验、观测资料的分析能力，对机制的研究能力，以及利用计算机进行数值模拟等创新能力。在研究生论文的研究过程中要始终强调创新。要求学生不要在文献堆中找问题，既要查阅文献，又不要被文献束缚住，选题不仅要立足于国家需求，而且更要注意学科的前沿性和国际的发展趋势。研究生研究课题不要仅仅局限于完成国家重大科研项目，而是要强调具有一定学科的基础性、前沿性和创新性。要高度重视研究生开题报告制度，把研究生开题报告看成是硕士学位论文是否具有前沿性、创新性的重要开端。要培养跨越创新能力还必须把学生放到国内外学术研讨会去磨炼，为了培养学生的跨越创新能力，要利用国内、国际学术会议，如研究项目

全体会议、暑假举办的青年大气科学学术研讨会、国际大气科学学术研讨会等，鼓励学生们去参加这些会议并发表论文，与国内外有关学者讨论，认识到国内外本领域的研究进展、发展趋势，提高他们的创新能力。因此，利用广泛的国内外学术交流，给研究生们提供良好的学习机会，促进研究生创新能力的培养。

第二，为了要培养学生对科学的认真态度和治学的严谨精神。对学生的论文要严格把关：一是本研究组学术沙龙会上要认可；二是在全国或项目学术讨论会上要认可；三是国际学术讨论会上要认可。经过严格把关后的论文投到有关 SCI 杂志上审稿都较容易通过，并且，学生在文章中不要动不动就用“发现”等大词汇，在文章中“表明”或“指出”大气中一些新现象、新机制就已足矣。各位老师尽管事务繁忙，对于学生的论文，都要修改多遍，培养学生对科学的认真态度、治学的严谨精神就必须从一个个小课题的具体研究，一篇篇文章的撰写、修改、发表做起，持之以恒，绝不松懈，只有这样，才能形成治学严谨的作风。另外，要求博士生的文章不要动不动就签上导师的名字，要锻炼学生独立发表论文的能力，只有这样，才能逐渐锻炼学生自己去发展一个分支学科。

第三，导师对研究生成才负有义不容辞的责任，导师不仅是研究生学术的指路人，也是研究生灵魂的工程师，既要教书又要育人。导师不仅自己要治学严谨、作风正派、为人师表，而且对学生的治学、道德和团结协作精神也要提出严格要求。应该说，最近几年来，国家对科研加大了投入，通过许多重大科研规划的出台，使我国科研水平有很大提高，国际影响也不断扩大了。但是，也应该看到，当前很多老师为了要任务，申请课题，或是参加种种评审会、学术会议等，不得不成为“空中飞人”，加上各种晋升、课题评估和结题验收都需要论文，这样，许多论文要靠学生来完成。为了应付课题评估、结题验收，许多老师不得不追赶学生要论文，这就容易使学生养成浮躁作风。这种现象在别的科学领域存在，在我们大气科学领域也存在。现在认真搞观测、细致分析数据的人少了，而喜欢从网上下载一个模式，让计算机转出一个结果管它符合不符合实际的人多了；刻苦钻研、探讨物理机制的学生少了，从而文献上直接引用外国人的研究结果管它符合不符合中国实际的人多了；对课题研究孜孜以求的人少了，而过分夸大结果的人多了。这些作风是不利于大气科学的发展的。因此，当前在研究生培养上，要紧的是培养学生对科学的认真态度和治学的严谨精神。

总之，为适应 21 世纪我国经济和社会快速发展的需求，特别在防灾减灾和应对全球气候变化方面国家需要大批具有高素质的高层次大气科学人才，我们应尽快把我国大气科学的教育和人才培养搞上去。当前，一批批对科学有志向、有兴趣，对研究有进取的高层次大气科学创新人才正在涌现，“桐花万里丹山路，雏凤清于老凤声”。让我们紧紧把握住这大好时机，为国家培养和造就更多有志向的大气科学的高层次创新人才，完成国家赋予我们的神圣的历史使命。“长风破浪会有时，直挂云帆济沧海”，希望大家为把我国从大气科学大国变成大气科学强国而努力奋斗！